房屋建筑构造

主　编　于瑾佳
副主编　吴姗姗　孟银忠
　　　　陈　晨　赵　鑫
主　审　董晓英

北京理工大学出版社
BEIJING INSTITUTE OF TECHNOLOGY PRESS

内 容 提 要

本书根据建筑工程最新标准规范进行编写，以房屋构造为重点，兼顾设计的基本知识，重点阐述了民用与工业建筑房屋的基本构造和主要细部构造。全书除绪论外，分为上、下两篇。其中上篇为民用建筑构造与设计，主要包括民用建筑构造概论、基础和地下室、墙体、楼地层、楼梯、屋顶、门和窗、变形缝、民用建筑设计等内容；下篇为工业建筑构造，主要介绍了工业建筑的类别与分类、单层厂房的构造、天窗构造、厂房外墙及其他构造等内容。

本书可作为高等院校土木工程类相关专业的教材，也可供建筑工程施工技术管理人员参考使用。

图书在版编目(CIP)数据

房屋建筑构造／于瑾佳主编.—北京：北京理工大学出版社，2018.2
ISBN 978-7-5682-5333-8

Ⅰ.①房…　Ⅱ.①于…　Ⅲ.①建筑构造－高等学校－教材　Ⅳ.①TU22

中国版本图书馆CIP数据核字(2018)第036686号

出版发行／北京理工大学出版社有限责任公司
社　　址／北京市海淀区中关村南大街5号
邮　　编／100081
电　　话／（010）68914775（总编室）
（010）82562903（教材售后服务热线）
（010）68948351（其他图书服务热线）
网　　址／http://www.bitpress.com.cn
经　　销／全国各地新华书店
印　　刷／北京紫瑞利印刷有限公司
开　　本／787毫米×1092毫米　1/16
印　　张／16
字　　数／387千字
版　　次／2018年2月第1版　2018年2月第1次印刷
定　　价／62.00元

责任编辑／李志敏
文案编辑／李志敏
责任校对／周瑞红
责任印制／边心超

前 言

随着房屋建筑的发展，新的施工方法、工艺和建筑材料不断涌现，新规范、新标准不断颁布实施，以及教育部对高等院校人才培养的目标和要求不断调整，为了适应目前的实际情况，本书在编写过程中采用了现行最新规范、规程和标准，结合高等教育的特点强调实用性和适用性，突出新材料、新技术和新方法的运用，并调整了大量图片，使插图更加清晰、准确，同时，对工业建筑部分进行了压缩和改编。

本书根据土木工程类相关专业的培养目标和本课程的教学要求进行编写，具有适用性、实用性、适时性的特点，同时还兼顾了地域特色。具体特点如下：

（1）2016年后，国家陆续修订颁布了一系列行业技术规范及标准，内容涉及建筑材料、建筑制图、建筑结构、建筑设计、建筑防火、施工技术等方面，本书编写均选用现行最新技术标准。

（2）尊重高等教育的特点和发展趋势，合理把握“基础知识够用为度、注重专业技能培养”的编写原则。

（3）更加注重与工程实践的结合和技能方面的培养，从图例、图表的选用及思考题的选型上，都考虑了实际工程设计和施工方面的具体要求，力求深浅适度。

（4）更加注重语言的通俗性，力求语言流畅，深入浅出，便于学生阅读。在内容上力求体系完整，内容精练，插图准确、直观。

本书由于瑾佳担任主编，吴姗姗、孟银忠、陈晨、赵鑫担任副主编。具体编写分工为：绪论、第一、六、八、十章由于瑾佳编写，第二、七章由吴姗姗编写，第三章由赵鑫编写，第五章由孟银忠编写，第四、九章由陈晨编写。于瑾佳负责组织编写及全书整体统稿工作。全书由董晓英主审。

本书在编写过程中，查阅了大量公开或内部发行的技术资料和书刊，借用了其中一些图表及内容，在此向原作者致以衷心的感谢。

由于编者水平有限，加之时间仓促，书中难免存在缺漏和不妥之处，敬请广大读者和专家批评指正。

编　者

目录

绪　论

一、房屋建筑学的含义和内容

建筑是人工创造的空间环境，通常认为是建筑物和构筑物的总称。

建筑物——直接供人们使用的建筑称为建筑物。如住宅、学校、办公楼、影剧院、体育馆等。

构筑物——间接供人们使用的建筑称为构筑物。如水塔、蓄水池、烟囱、贮油罐等。

我国的建筑方针是全面贯彻实施“适用、安全、经济、美观”。这个方针又是评价建筑优劣的基本准则。

二、本课程的学习要点

1. 建筑的构成要素

构成建筑的基本要素是指在不同历史条件下的建筑功能、建筑技术和建筑形象。

(1)建筑功能。建筑功能是指满足人体尺度和人体活动所需的空间尺度，满足不同建筑不同使用特点的要求。不同性质的建筑物在使用上有不同的特点，例如，火车站要求人流、货流畅通；影剧院要求听得清、看得见和疏散快；工业厂房要求符合产品的生产工艺流程；某些实验室对温度、湿度的要求等，都直接影响着建筑物的使用功能。

满足功能要求也是建筑的主要目的，在构成要素中起主导作用。

(2)建筑技术。建筑技术是指建造房屋的手段。其包括建筑材料及制品技术、结构技术、施工技术和设备技术等。所以，建筑是多门技术科学的综合产物，是建筑发展的重要因素。

(3)建筑形象。构成建筑形象的因素有建筑的体型、立面形式、细部与重点的处理、材料的色彩和质感、光影和装饰处理等。建筑形象是功能和技术的综合反映。建筑形象处理得当，就能产生良好的艺术效果，给人以美的享受。有些建筑使人感受到庄严雄伟、朴素大方、简洁明朗等，这就是建筑艺术形象的魅力。

不同社会和时代、不同地域和民族的建筑都有不同的建筑形象，它反映了时代的生产水平、文化传统、民族风格等特点。

建筑三要素是相互联系、相互约束，又不可分割的。在一定功能和技术条件下，充分发挥设计者的主观作用，可以使建筑形象更加美观。历史上优秀的建筑作品，这三个要素都是辩证统一的。

2. 建筑的分类

(1)按使用性质分类。

1)工业建筑：指为工业生产服务的生产车间及为生产服务的辅助车间、动力用房、仓储等。

2)农业建筑：指供农(牧)业生产和加工用的建筑，如种子库、温室、畜禽饲养场、农副产品加工厂、农机修理厂(站)等。

3)民用建筑：指供人们工作、学习、生活、居住用的建筑物。民用建筑按使用功能又可分为居住建筑和公共建筑。居住建筑如住宅、宿舍、公寓等；公共建筑按性质不同又可分为15类之多，如文教建筑，托幼建筑，医疗卫生建筑，观演性建筑，体育建筑，展览建筑，旅馆建筑，商业建筑，电信、广播电视建筑，交通建筑，行政办公建筑，金融建筑，饮食建筑，园林建筑，纪念建筑等。

(2)按建筑规模和数量分类。

1)大量性建筑：指建筑规模不大，但修建数量多，与人们生活密切相关的分布面广的建筑，如住宅、中小学教学楼、医院、中小型影剧院、中小型工厂等。

2)大型性建筑：指规模大、耗资多的建筑，如大型体育馆、大型剧院、航空港、站、博览馆、大型工厂等。与大量性建筑相比，其修建数量是很有限的，这类建筑在一个国家或一个地区具有代表性，对城市面貌的影响也较大。

(3)按建筑层数分类。住宅建筑按层数划分为：1～3层为低层；4～6层为多层；7～9层为中高层；10层以上为高层。

《建筑防火设计规范》(GB 50016—2014)规定：住宅建筑高度超过27 m者为高层建筑(包括设置商业服务网点的住宅建筑)；建筑高度大于24 m的单层公共建筑和不大于24 m的其他公共建筑为高层建筑；建筑物高度超过100 m时，无论住宅或公共建筑均为超高层。

(4)按承重结构的材料分类。

1)木结构建筑：指以木材作房屋承重骨架的建筑。

2)砌体结构建筑：指以砖或石材为承重墙柱和楼板的建筑。这种结构便于就地取材，能节约钢材、水泥和降低造价；但抗震性能差，自重大。

3)钢筋混凝土结构建筑：指以钢筋混凝土作承重结构的建筑。如框架结构、剪力墙结构、框架-剪力墙结构、筒体结构等，具有坚固耐久、防火和可塑性强等优点，故应用较为广泛。

4)钢结构建筑：指以型钢等钢材作为房屋承重骨架的建筑。钢结构力学性能好，便于制作和安装，工期短，结构自重轻，适宜于超高层和大跨度建筑中采用。随着我国高层、大跨度建筑的发展，采用钢结构的趋势正在增长。

5)混合结构建筑：指采用两种或两种以上材料作承重结构的建筑。如由砖墙、木楼板构成的砖木结构建筑；由砖墙、钢筋混凝土楼板构成的砖混结构建筑；由钢屋架和混凝土(或柱)构成的钢混结构建筑。其中，砖混结构在大量性民用建筑中应用最为广泛。

3. 建筑的等级划分

建筑物的等级一般按耐久性和耐火性进行划分。

(1)按耐久性能划分等级。建筑物的耐久等级主要根据建筑物的重要性和规模大小划分，作为基建投资和建筑设计的重要依据。《民用建筑设计通则》(GB 50352—2005)中规定：以主体结构确定的建筑耐久年限分为四级，具体见表0.1。

(2)按耐火性能划分等级。耐火等级取决于房屋的主要构件的耐火极限和燃烧性能，单位为小时。耐火极限是指从受到火的作用起，到失去支持能力或发生穿透性裂缝或构件背火一面温度升高到220 ℃时所延续的时间。

表 0.1 建筑物的耐久等级

耐久等级	耐久年限	适用范围
一级	100 年以上	适用于重要的建筑和高层建筑，如纪念馆、博物馆、国家会堂等
二级	50～100 年	适用于一般性建筑，如城市火车站、宾馆、大型体育馆、大剧院等
三级	25～50 年	适用于次要的建筑，如文教、交通、居住建筑及厂房等
四级	15 年以下	适用于简易建筑和临时性建筑

按材料的燃烧性能将材料分为燃烧材料(如木材等)、难燃烧材料(如木丝板等)和非燃烧材料(如砖、石等)三种。用上述材料制作的构件分别称为燃烧体、难燃烧体和非燃烧体。多层民用建筑的耐火等级分为四级，不同耐火等级建筑相应构件的燃烧性能和耐火极限不应低于表 0.2 的规定。

表 0.2 多层民用建筑的燃烧性能和耐火极限 h

构件名称		耐火等级			
		一级	二级	三级	四级
墙	防火墙	不燃性 3.00	不燃性 3.00	不燃性 3.00	不燃性 3.00
	承重墙	不燃性 3.00	不燃性 2.50	不燃性 2.00	难燃性 0.50
	非承重外墙	不燃性 1.00	不燃性 1.00	不燃性 0.50	可燃性
	楼梯间和前室的墙 电梯井的墙 住宅建筑单元之间的墙和分户墙	不燃性 2.00	不燃性 2.00	不燃性 1.50	难燃性 0.50
	疏散走道两侧的隔墙	不燃性 1.00	不燃性 1.00	不燃性 0.50	难燃性 0.25
	房间隔墙	不燃性 0.75	不燃性 0.50	不燃性 0.50	难燃性 0.25
柱		不燃性 3.00	不燃性 2.50	不燃性 2.00	难燃性 0.50
梁		不燃性 2.00	不燃性 1.50	不燃性 1.00	难燃性 0.50
楼板		不燃性 1.50	不燃性 1.00	不燃性 0.50	可燃性
屋顶承重构件		不燃性 1.50	不燃性 1.00	不燃性 0.50	可燃性
疏散楼梯		不燃性 1.50	不燃性 1.00	不燃性 0.50	可燃性
吊顶(包括吊顶搁栅)		不燃性 0.25	不燃性 0.25	不燃性 0.15	可燃性

注：1. 除《建筑防火设计规范》(GB 50016—2014)另有规定外，以木柱承重且墙体采用不燃材料的建筑，其耐火等级应按四级确定。
2. 住宅建筑的耐火极限和燃烧性能可按现行国家标准《住宅建筑规范》(GB 50368—2005)的规定执行。

复习思考题

参考答案

一、填空题

1. 从广义上讲，建筑是指__________与__________的总称。
2. 构成建筑的基本要素是__________、__________和__________。
3. 建筑按民用建筑的使用功能可分为__________和__________。

4. 建筑物的耐久等级根据建筑物的重要性和规模大小划分为__________级。耐久等级为二级的建筑物其耐久年限不少于__________年。

5. 建筑物的耐火等级分为__________级。

6. 建筑物按其规模和数量可分为__________和__________建筑。

7. 住宅建筑按层数划分为：__________层为低层，__________层为多层，__________层为中高层，__________层为高层。

8. 建筑物按照承重结构的材料分为__________、__________、__________、__________以及__________建筑。

二、单项选择题

1. 建筑三要素之间的关系是(　　)。

A. 相互独立，无主次之分

B. 建筑功能第一，建筑技术第二，建筑形象第三

C. 建筑功能第一，建筑形象第二，建筑技术第三

D. 建筑形象第一，建筑功能第二，建筑技术第三

2. 民用建筑包括居住建筑和公共建筑，下面属于居住建筑的是(　　)。

A. 幼儿园　　B. 疗养院　　C. 宿舍　　D. 旅馆

3. 建筑是建筑物和构筑物的总称，下面属于建筑物的是(　　)。

A. 住宅、电塔　　B. 学校、堤坝　　C. 工厂、商场　　D. 烟囱、水塔

4. 建筑耐久等级二级指的是(　　)年。

A. 100　　B. 50～100　　C. 25～50　　D. 150

5. 耐火等级为一级的承重墙燃烧性能和耐火极限应满足(　　)。

A. 难燃性，3.0 h　　B. 不燃性，4.0 h

C. 难燃性，5.0 h　　D. 不燃性，3.0 h

6. 建筑物高度超过(　　)m 时，无论住宅建筑或公共建筑均称为超高层。

A. 80　　B. 60　　C. 100　　D. 200

三、多项选择题

我国建筑业应全面贯彻的建筑方针是(　　)。

A. 适用　　B. 经济　　C. 安全　　D. 环保

E. 美观

四、简答题

1. 什么是建筑物？什么是构筑物？

2. 建筑物按层数如何划分？

上篇　民用建筑构造与设计

第一章　民用建筑构造概论

一、建筑物的构造组成

一幢建筑，一般是由基础、墙或柱、楼地层、楼梯、屋顶和门窗六大部分所组成，如图 1.1 所示。

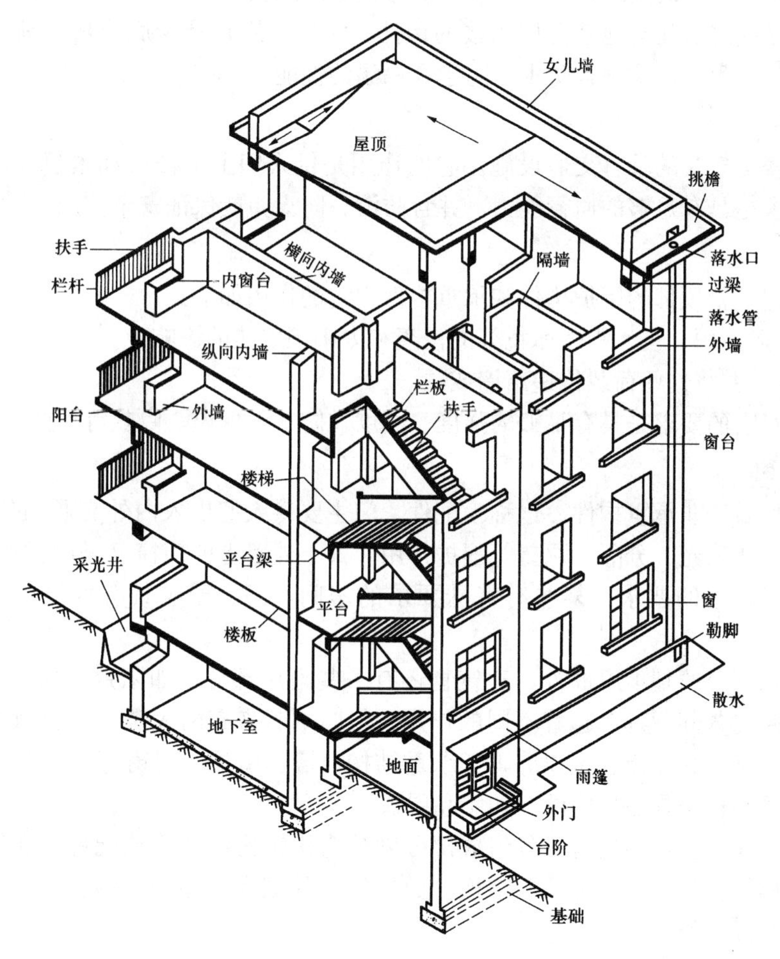

图 1.1　建筑物的组成

1. 基础

基础是建筑物的墙或柱埋在地下的扩大部分，它是建筑物最下部的承重构件。基础的作用是承受建筑物的全部荷载，并将这些荷载传递给地基。建筑物对基础的要求是具有足够的强度，并能抵御地下各种有害因素的侵蚀。

2. 墙(或柱)

墙(或柱)是建筑物的承重构件和围护构件。它的作用是抵御自然界各种因素对室内的侵袭；内墙主要起分隔空间及保证舒适环境的作用。框架或排架结构的建筑物中，柱起承重作用，墙仅起围护作用。建筑物对墙或柱的要求是具有足够的强度、稳定性，保温、隔热、防水、防火、耐久及经济等性能。

3. 楼地层

楼地层分为楼板层和地坪层。楼板层是水平方向的承重构件，按房间层高将整幢建筑物沿水平方向分为若干层。它的作用如下：

(1)承受家具、设备和人体荷载以及本身的自重，并将这些荷载传递给墙或柱。

(2)对墙体起着水平支撑的作用。

(3)分隔上下楼层。

建筑物对楼板层的要求是具有足够的抗弯强度、刚度和隔声、防潮、防水性能。

地坪层是底层房间与地基土层相接的构件。它的作用是承受底层房间荷载。建筑物对它的要求是具有耐磨、防潮、防水、防尘和保温的性能。

4. 楼梯

楼梯是楼房建筑的垂直交通设施。它的作用是供人们上下楼层和紧急疏散之用。建筑物对它的要求是具有足够的通行能力，并且防滑、防火，能保证安全使用。

5. 屋顶

屋顶是建筑物顶部的围护构件和承重构件。它的作用如下：

(1)抵抗风、雨、雪、霜、冰雹等的侵袭和太阳辐射热的影响。

(2)承载，并将这些荷载传递给墙或柱。

建筑物对它的要求是具有足够的强度、刚度及防水、保温、隔热等性能。

6. 门和窗

门和窗均属于非承重构件，也称为配件。门主要供人们出入内外交通和分隔房间之用；窗主要起通风、采光、分隔、眺望等围护作用。处于外墙上的门窗又是围护构件的一部分，要满足热工及防水的要求；某些有特殊要求的房间，门、窗应具有保温、隔声、防火的能力。

除上述六部分的基本组成外，建筑物还有一些附属部分，如阳台、雨篷、台阶、烟囱等。组成房屋的各部分各自起着不同的作用，但归纳起来有两大类，即承重结构和围护构件。墙、柱、基础、楼板、屋顶等属于承重结构；墙、屋顶、门窗等属于围护构件；有些部分既是承重结构也是围护构件，如墙和屋顶。

在设计工作中，还将建筑的各组成部分划分为建筑构件和建筑配件。建筑构件主要是指墙、柱、梁、楼板、屋架等承重结构；而建筑配件则是指屋面、地面、路面、门窗、栏杆、花格、细部装修等。

二、影响建筑构造的因素及设计原则

1. 影响建筑构造的因素

(1)外界环境的影响。

1)外力作用的影响——荷载。荷载可分为恒荷载(如结构自重)和活荷载(如人群、家具、风雪及地震荷载)两类；或者分为主要荷载(使用荷载和自重)、附加荷载(风、雨、雪、霜等)和特殊荷载(地震、水灾)。

荷载的大小是建筑结构设计的主要依据，也是结构选型及构造设计的重要基础，其起着决定构件尺度、用料多少的重要作用。

2)气候条件的影响。气象条件有太阳的辐射热，自然界的风、雨、雪、霜等，还有地下水的影响，如酸、碱性液体的腐蚀作用。

在进行构造设计时，应针对建筑物所受影响的性质与程度，对各有关构、配件及部位采取必要的防范措施，如防潮、防水、保温、隔热、设伸缩缝、设隔蒸汽层等，以防患于未然。

3)各种人为因素的影响。火灾、爆炸、机械振动、化学腐蚀、噪声等人为因素的影响，在进行建筑构造设计时，必须针对这些影响因素，采取相应的防火、防爆、防振、防腐、隔声等构造措施，以防止建筑物遭受不应有的损失。

(2)建筑技术条件的影响——材料、结构、施工。由于建筑材料技术的日新月异，建筑结构技术的不断发展，建筑施工技术的不断进步，建筑构造技术也不断翻新、丰富多彩。

建筑构造没有一成不变的固定模式，因而，在构造设计中要以构造原理为基础，在利用原有的、标准的、典型的建筑构造的同时，不断发展或创造新的构造方案。

(3)经济条件的影响。随着建筑技术的不断发展和人们生活水平的日益提高，人们对建筑的使用要求也越来越高。建筑标准的变化也带来建筑的质量标准、建筑造价等出现较大的差别。对建筑构造的要求也将随着经济条件的改变而发生大的变化。

2. 建筑构造的设计原则

在满足建筑物各项功能要求的前提下，必须综合运用有关技术知识，并遵循以下设计原则：

(1)结构坚固、耐久。除按荷载大小及结构要求确定构件的基本断面尺寸外，对阳台、楼梯栏杆、顶棚、门窗与墙体的连接等构造设计，都必须保证建筑物构、配件在使用时的安全。

(2)技术先进。在进行建筑构造设计时，应大力改进传统的建筑方式，从材料、结构、施工等方面引入先进技术，并注意因地制宜。

(3)合理降低造价。各种构造设计，均要注重整体建筑物的经济、社会和环境的三方面效益，即综合效益。在经济上注意节约建筑造价，降低材料的能源消耗，又能保证工程质量，不能单纯追求效益而偷工减料，降低质量标准，应做到合理降低造价。

(4)美观大方。建筑物的形象除取决于建筑设计中的体型组合和立面处理外，一些建筑细部的构造设计对整体美观也有很大影响。

参考答案

一、单项选择题

1. 房屋一般由(　　)几部分组成。

A. 基础、楼地层、楼梯、墙(柱)、屋顶、门窗

B. 地基、楼板、地面、楼梯、墙(柱)、屋顶、门窗

C. 基础、楼地层、楼梯、墙、柱、门窗

D. 基础、地基、楼地层、楼梯、墙、柱、门窗

2. 建筑物的六大组成部分中属于非承重构件的是(　　)。

A. 楼梯　　B. 门窗　　C. 屋顶　　D. 吊顶

3. 房屋建筑中作为水平方向承重构件的是(　　)。

A. 柱　　B. 基础　　C. 楼板层　　D. 楼梯

二、多项选择题

1. 建筑构造设计的原则有(　　)。

A. 坚固耐久　　B. 技术先进　　C. 经济合理　　D. 结构简单

E. 美观大方

2. 下面既属承重构件，又属围护构件的是(　　)。

A. 墙　　B. 基础　　C. 屋顶　　D. 门窗

三、简答题

1. 民用建筑主要由哪些部分组成？各部分的基本作用是什么？

2. 影响建筑构造的主要因素有哪些？

3. 建筑构造设计应遵循哪些原则？

第二章　基础和地下室

第一节　基础和地基概述

一、基础和地基的基本概念

在建筑工程中，建筑物与土层直接接触的部分称为基础；支承建筑物重量的土层叫作地基。基础是建筑物的组成部分，它承受着建筑物的全部荷载，并将其传递给地基。而地基则不是建筑物的组成部分，它只是承受建筑物荷载的土壤层。其具有一定的地耐力，直接支承基础，持有一定承载能力的土层称为持力层；持力层以下的土层称为下卧层。地基土层在荷载作用下产生的变形，随着土层深度的增加而减少，到了一定深度则可忽略不计，如图 2.1 所示。

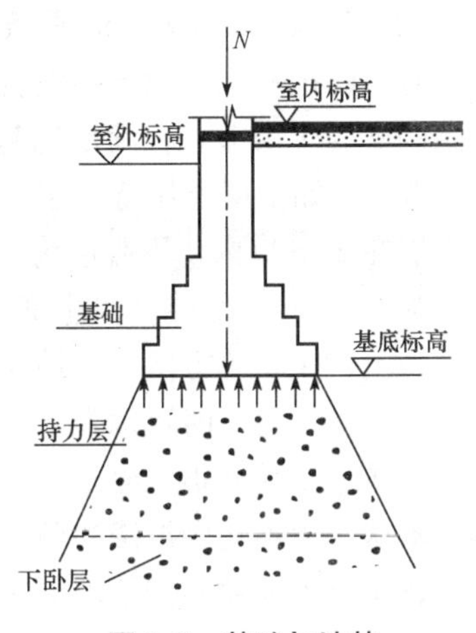

图 2.1　基础与地基

二、基础的作用和地基的分类

基础是建筑物的主要承重构件，在建筑物地面以下，属于隐蔽工程。基础质量的好坏，关系着建筑物的安全问题。建筑设计中合理地选择基础极为重要。

地基按土层性质不同，分为天然地基和人工地基两大类。凡天然土层具有足够的承载能力，无须经人工改良或加固，可直接在上面建造房屋的称为天然地基；当建筑物上部的荷载较大或地基土层的承载能力较弱，缺乏足够的稳定性，须预先对土壤进行人工加固后才能在上面建造房屋的称为人工地基。人工加固地基通常采用压实法、换土法、化学加固法和打桩法。

三、基础的埋深与影响因素

1. 基础的埋深

室外设计地面至基础底面的垂直距离称为基础的埋置深度，简称基础的埋深。埋深大于或等于 5 m 的称为深基础；埋深小于 5 m 的称为浅基础；当基础直接做在地表表面时称为不埋基础。在保证安全使用的前提下，应优先选用浅基础，可降低工程造价。但当基础埋深过小时，可能在地基受到压力后把基础四周的土挤出，使基础产生滑移而失去稳定，同时，易受到自然因素的侵蚀和影响，使基础破坏。故基础的埋深在一般情况下，不应小于 0.5 m。

2. 影响基础埋深的因素

基础埋深的大小关系到地基是否可靠、施工难易及造价高低。影响基础埋深的因素很多，其主要影响因素如下：

(1)建筑物的使用要求、基础形式及荷载。当建筑物设置地下室、设备基础或地下设施时，基础埋深应满足其使用要求；高层建筑基础埋深随建筑高度的增加适当增大，才能满足稳定性要求；荷载的大小和性质也影响基础埋深，一般荷载较大时应加大埋深；受向上拔力的基础，应有较大埋深以满足抗拔力的要求。一般高层建筑的基础埋置深度为地面以上建筑物总高度的1/10。

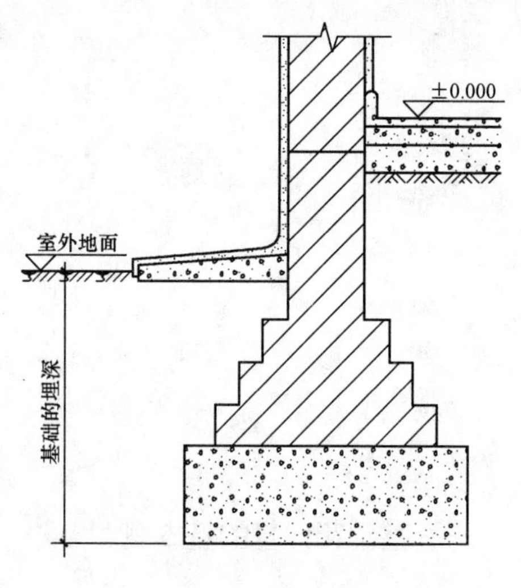

图 2.2 基础的深埋

(2)工程地质和水文地质条件。基础应建造在坚实可靠的地基上，而不能设置在承载力低、压缩性高的软弱土层上。在满足地基稳定和变形要求的前提下，基础应尽量浅埋，但通常不小于0.5 m。如浅层土作持力层不能满足要求，可考虑深埋，但应与其他方案比较。地基软弱土层在2 m以内，下卧层为压缩性低的土时，一般应将基础埋在下卧层上；如软弱土层厚度为2～5 m，低层轻型建筑应争取将基础埋于表层软弱土层内，可加宽基础，必要时也可用换土、压实等方法进行地基处理；如软弱土层大于5 m，低层轻型建筑应尽量浅埋于软弱土层内，必要时可加强上部结构或进行地基处理；如地基土由多层土组成且均属于软弱土层或上部荷载很大时，常采用深基础方案，如桩基等。按地基条件选择埋深时，还经常要求从减少不均匀沉降的角度来考虑，当土层分布明显不均匀或各部分荷载差别很大时，同一建筑物可采用不同的埋深来调整不均匀沉降量，如图2.3所示。

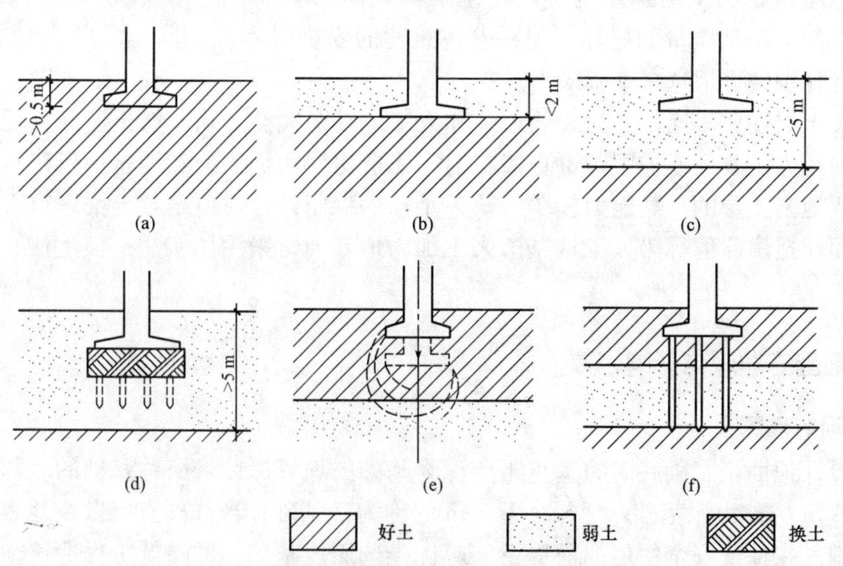

图 2.3 基础埋深与地质构造的关系

存在地下水时，在确定基础埋深时一般应考虑将基础埋于地下水水位以上不小于200 mm

处。当地下水水位较高，基础不能埋置在地下水水位以上时，宜将基础埋置在最低地下水水位以上不小于200 mm的深度，且同时考虑施工时基坑的排水和坑壁的支护等因素。地下水水位以下的基础，选材时应考虑地下水是否对基础有腐蚀性，如有，应采取防腐措施，如图2.4所示。

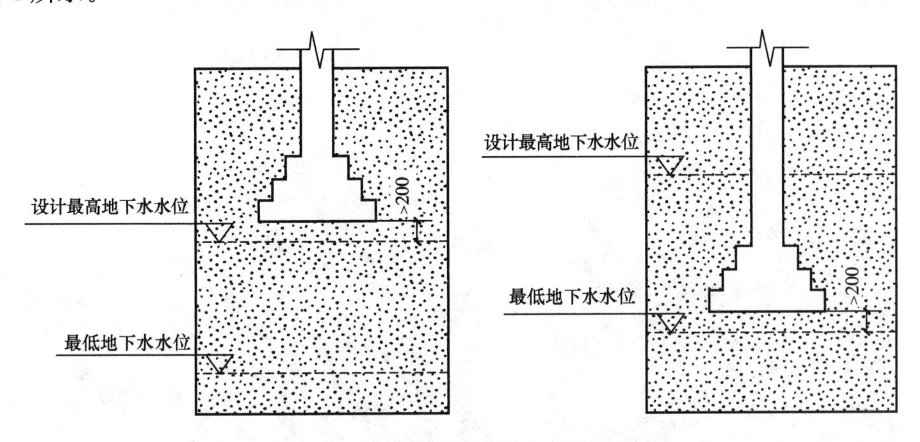

图2.4 基础埋深与地下水水位的关系

(3)地基土壤冻胀深度的影响。粉砂、粉土和黏性土等细粒土具有冻胀现象，冻胀会将基础向上拱起；土层解冻，基础又下沉，使基础处于不稳定状态。冻融的不均匀使建筑物产生变形，严重时产生开裂等破坏情况，因此，建筑物基础应埋置在冰冻层以下不小于200 mm处，如图2.5所示。

(4)相邻建筑物基础的影响。新建建筑物基础埋深不宜大于相邻原基础埋深，当埋深大于原有建筑物基础时，基础间的净距应根据荷载大小和性质等确定，一般为相邻基础底面高差的1～2倍，如图2.6所示。如不能满足时，应加固原有地基或采取分段施工、设临时加固支撑、打板桩、地下连续墙等施工措施。

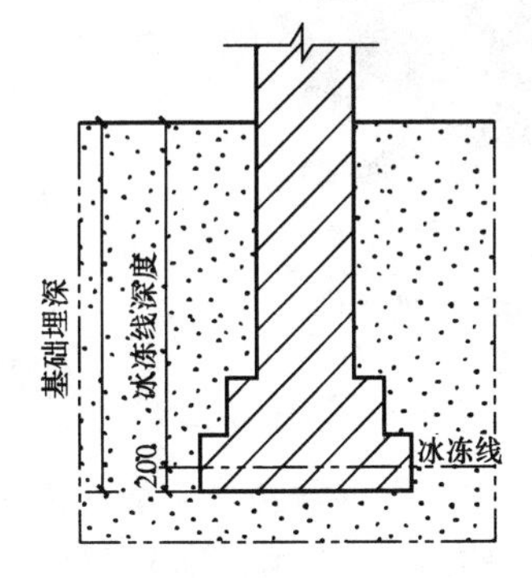

图2.5 基础埋深与冰冻线的关系

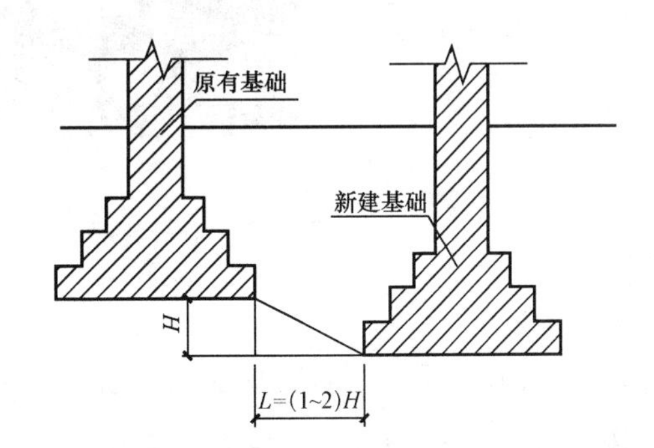

图2.6 基础埋深与相邻基础的关系

第二节 基础的类型

研究基础的类型是为了经济、合理地选择基础的形式和材料，确定其构造。对于民用建筑基础，可按材料和传力特点、构造形式进行分类。

一、按材料及传力特点分类

按基础材料不同可分为砖基础、石基础、混凝土基础、毛石混凝土基础、钢筋混凝土基础等，如图 2.7 所示；按基础的传力情况分可分为刚性基础和柔性基础。

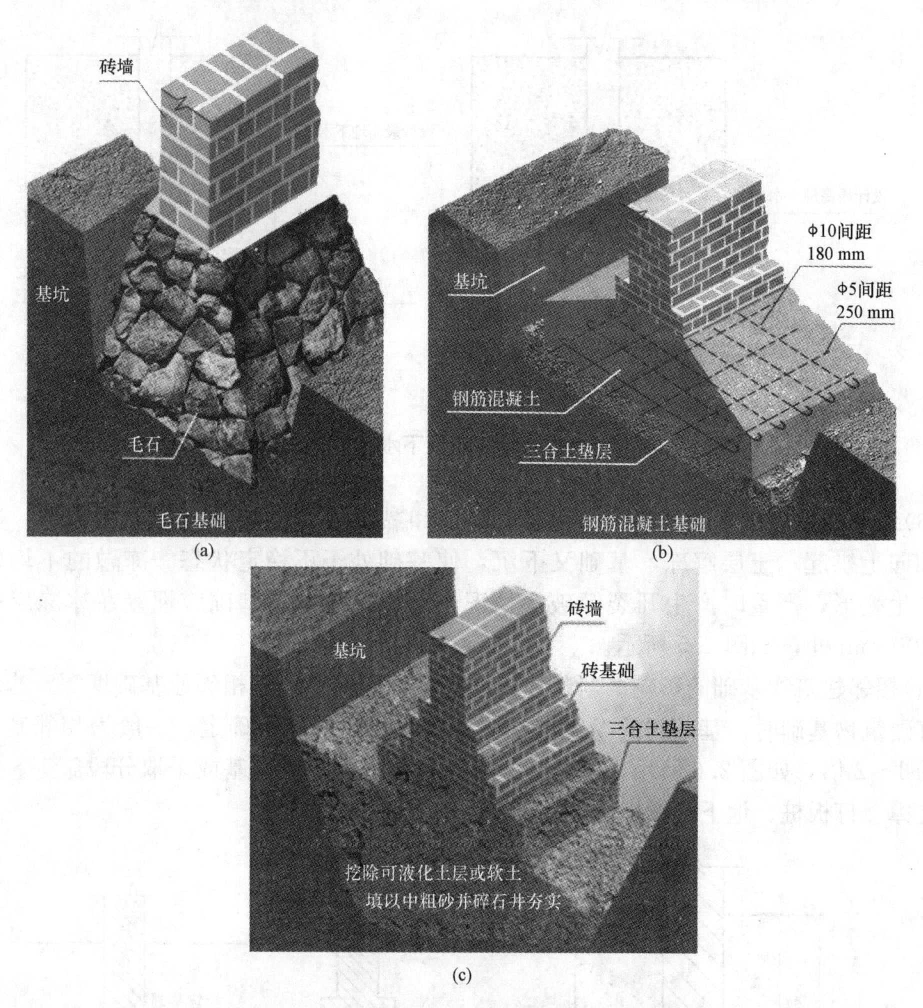

图 2.7　毛石基础、钢筋混凝土基础和砖基础

1. 刚性基础

由刚性材料制作的基础称为刚性基础。一般抗压强度高，而抗拉、抗剪强度较低的材料称为刚性材料。常用的有砖、灰土、混凝土、三合土、毛石等。为满足地基允许承载力的要求，基底宽 B 一般大于上部墙宽，为了保证基础不被拉力、剪力而破坏，基础必须具有相应的高度。通常按刚性材料的受力状况，基础在传力时只能在材料的允许范围内控制，这个控制范围的夹角称为刚性角，用 α 表示。砖、石基础的刚性角控制在(1∶1.25)～(1∶1.50)(26°～33°)以内，混凝土基础刚性角控制在 1∶1(45°)以内。刚性基础的受力、传力特点如图 2.8 所示。

2. 柔性基础

当建筑物的荷载较大而地基承载能力较小时，基础底面 B 必须加宽，如果仍采用混凝

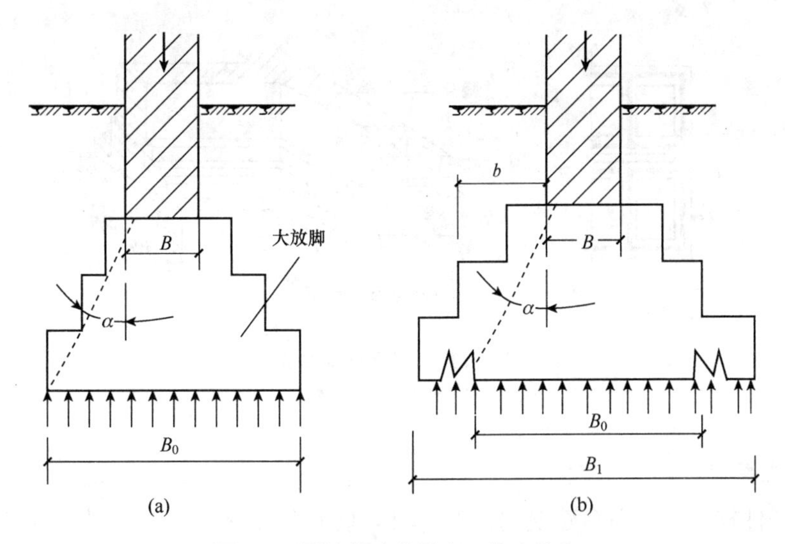

图 2.8　刚性基础的受力、传力特点

(a)基础在刚性角范围内传力；(b)基础底面宽超过刚性角范围而破坏

土材料做基础，势必加大基础的深度，这样很不经济。如果在混凝土基础的底部配以钢筋，利用钢筋来承受拉应力，使基础底部能够承受较大的弯矩，这时，基础宽度不受刚性角的限制，故称钢筋混凝土基础为非刚性基础或称为柔性基础。

二、按构造形式分类

1. 独立基础

当建筑物上部结构采用框架结构或单层排架结构承重时，基础常采用方形或矩形的基础，这类基础称为独立式基础或柱式基础。独立式基础是柱下基础的基本形式，其可分为阶形基础、坡形基础、杯形基础三种(图 2.9)。

当柱采用预制构件时，则基础做成杯口形，然后将柱子插入并嵌固在杯口内，故称杯形基础。

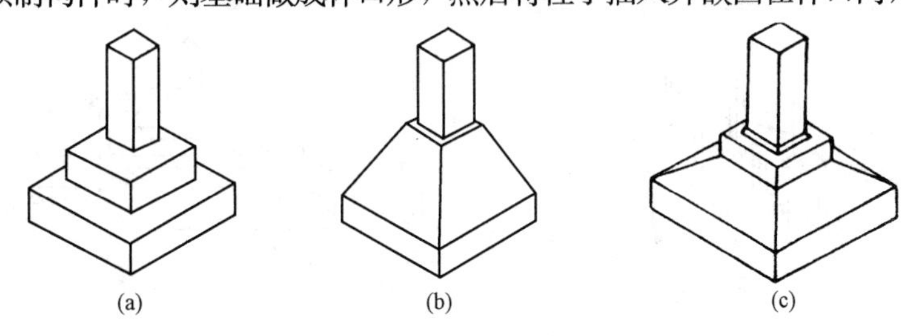

图 2.9　独立基础

(a)阶形基础；(b)坡形基础；(c)杯形基础

2. 条形基础

条形基础有墙下条形基础和柱下条形基础两种。

当建筑物上部结构采用墙承重时，基础沿墙身设置，多做成长条形，这类基础称为墙下条形基础或带形基础，是墙承式建筑基础的基本形式，如图 2.10 所示。

因为上部结构为框架结构或排架结构，荷载较大或荷载分布不均匀，地基承载力偏低，为增加基底面积或增强整体刚度，以减少不均匀沉降，常采用钢筋混凝土柱下条形基础，如图 2.11 所示。

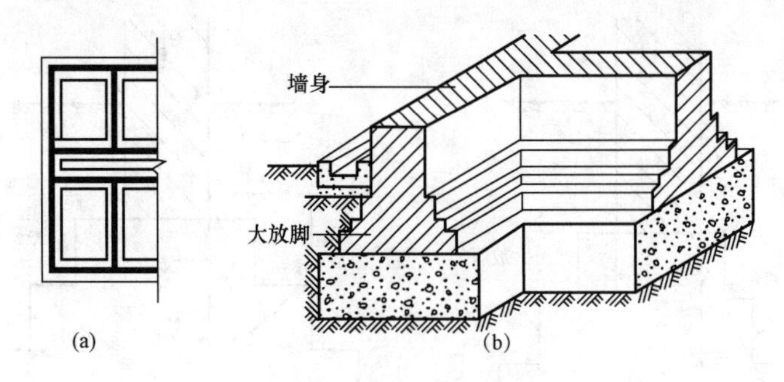

图 2.10　墙下条形基础

(a)平面；(b)剖面

3. 井格式基础

当地基条件较差，为提高建筑物的整体性，防止柱子之间产生不均匀沉降，常将柱下基础沿纵、横两个方向扩展连接起来，做成十字交叉的井格基础，如图 2.12 所示。

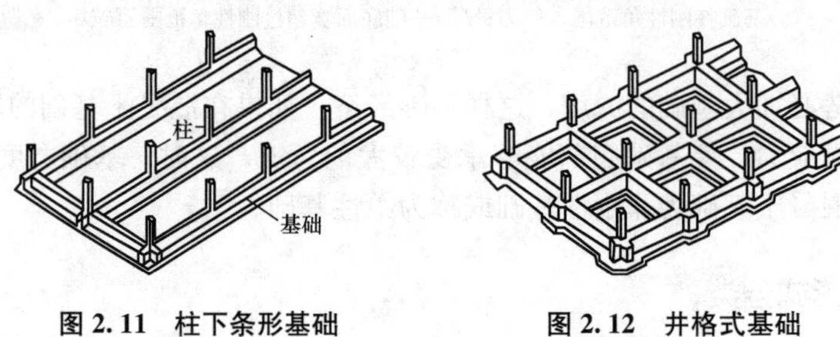

图 2.11　柱下条形基础　　**图 2.12　井格式基础**

4. 片筏基础

当建筑物上部荷载大，而地基又较弱，这时采用简单的条形基础或井格式基础已不能适应地基变形的需要，通常将墙或柱下基础连成一片，使建筑物的荷载承受在一块整板上成为片筏基础。片筏基础有平板式和梁板式两种，如图 2.13 所示。

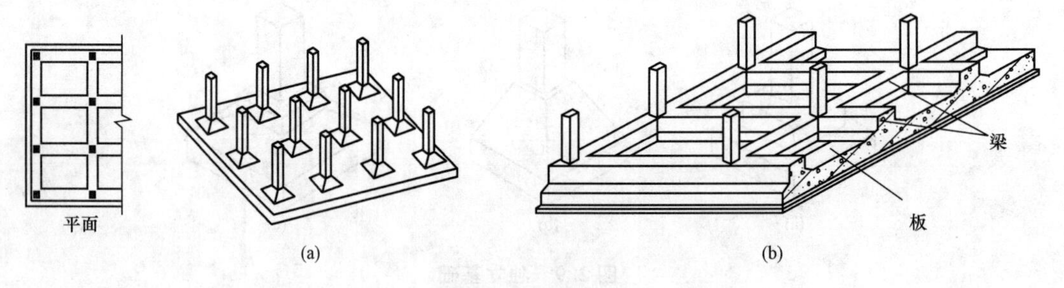

图 2.13　片筏基础

(a)平板式；(b)梁板式

5. 箱形基础

当板式基础做得很深时，常将基础改做成箱形基础。箱形基础是由钢筋混凝土底板、顶板和若干纵、横隔墙组成的整体结构，基础的中空部分可用作地下室(单层或多层的)或地下停车库，如图 2.14 所示。箱形基础整体空间刚度大，整体性强，能抵抗地基的不均匀沉降，比较适用于高层建筑或在软弱地基上建造的重型建筑物。

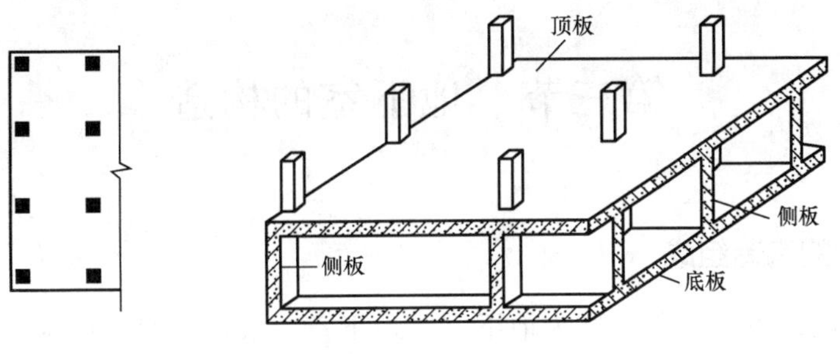

图 2.14　箱形基础

6. 桩基础

当浅层地基不能满足建筑物对地基承载力和变形的要求，而由于某些原因，其他地基处理措施又不适用时，可以考虑采用桩基础，以地基下较深处坚实土层或岩层作为持力层。桩基础由桩和承接上部结构的承台(梁或板)组成，如图 2.15 所示。桩基是按设计的点位将基桩置于土中，桩的上端浇筑钢筋混凝土承台梁或承台板，承台上接柱或墙体，以便使建筑荷载均匀地传递给桩基。

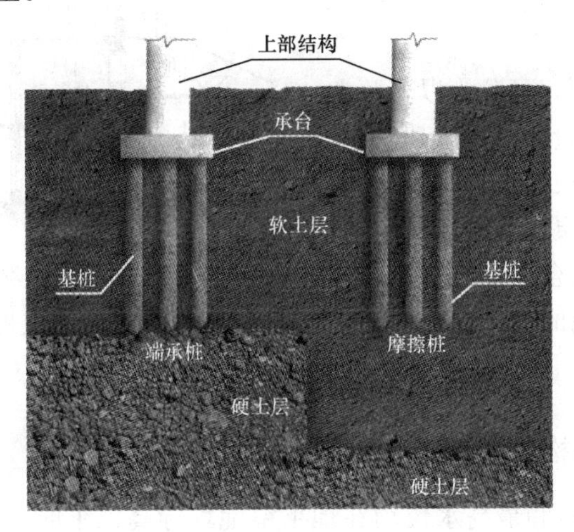

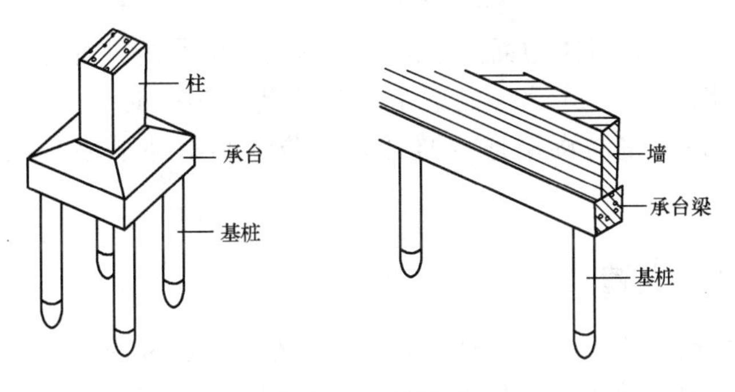

图 2.15　桩基础

第三节　地下室的构造

一、地下室的构造组成

建筑物下部的地下使用空间称为地下室。地下室一般由墙身、底板、顶板、门窗、楼梯等部分组成。

二、地下室的分类

(1)按埋入地下深度的不同，可分为全地下室和半地下室。全地下室是指地下室地面低于室外地坪的高度超过该房间净高的1/2；半地下室是指地下室地面低于室外地坪的高度为该房间净高的 1/3 ～ 1/2，如图 2.16 所示。

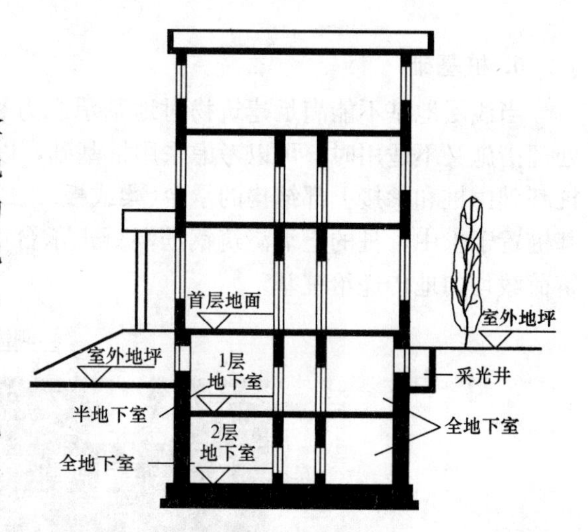

图 2.16　地下室的分类

(2)按使用功能不同，可分为以下两类：

1)普通地下室：一般用作高层建筑的地下停车库、设备用房；根据用途及结构需要可做成一层或二层、三层、多层地下室。

2)人防地下室：结合人防要求设置的地下空间，用以应付战时情况下人员的隐蔽和疏散，并具备保障人身安全的各项技术措施。

三、地下室的防潮构造

当地下水的常年水位和最高水位均在地下室地坪标高以下时，须在地下室外墙外面设垂直防潮层。其做法是在墙体外表面先抹一层 20 mm 厚的 1∶2.5 水泥砂浆找平，再涂一道冷底子油和两道热沥青；然后在外侧回填低渗透性土壤，如黏土、灰土等，并逐层夯实，土层宽度为 500 mm 左右，以防地面雨水或其他地表水的影响。另外，地下室的所有墙体都应设两道水平防潮层，一道设在地下室地坪附近，另一道设在室外地坪以上 150～200 mm 处，使整个地下室防潮层连成整体，以防地潮沿地下墙身或勒脚处进入室内，如图 2.17 所示。

四、地下室的防水构造

当设计最高水位高于地下室地坪时，地下室的外墙和底板都浸泡在水中，应考虑进行防水处理。常采用的防水措施有以下三种。

1. 沥青卷材防水

(1)外防水。外防水是将防水层贴在地下室外墙的外表面，这对防水有利，但维修困难。外防水的构造要点是：先在墙外侧抹 20 mm 厚的 1∶3 水泥砂浆找平层，并刷冷底子油

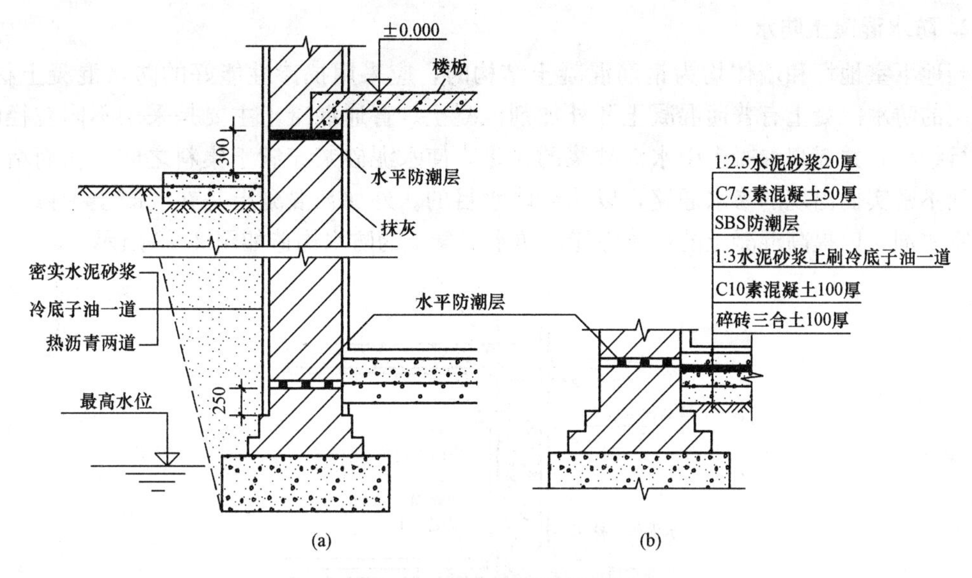

图 2.17　地下室的防潮处理

(a)墙身防潮；(b)地坪防潮

一道，然后选定油毡层数，分层粘贴防水卷材，防水层须高出最高地下水水位 500～1 000 mm 为宜。油毡防水层以上的地下室侧墙应抹水泥砂浆涂两道热沥青，直至室外散水处。垂直防水层外侧砌半砖厚的保护墙一道。

(2)内防水。内防水是将防水层贴在地下室外墙的内表面，这样施工方便，容易维修，但对防水不利，故常用于修缮工程。

地下室地坪的防水构造是先浇混凝土垫层，厚度约为 100 mm；再以选定的油毡层数在地坪垫层上做防水层，并在防水层上抹 20～30 mm 厚的水泥砂浆保护层，以便于上面浇筑钢筋混凝土，如图 2.18 所示。为了保证水平防水层包向垂直墙面，地坪防水层必须留出足够的长度以便与垂直防水层搭接，同时要做好转折处油毡的保护工作，以免因转折交接处的油毡断裂而影响地下室的防水。

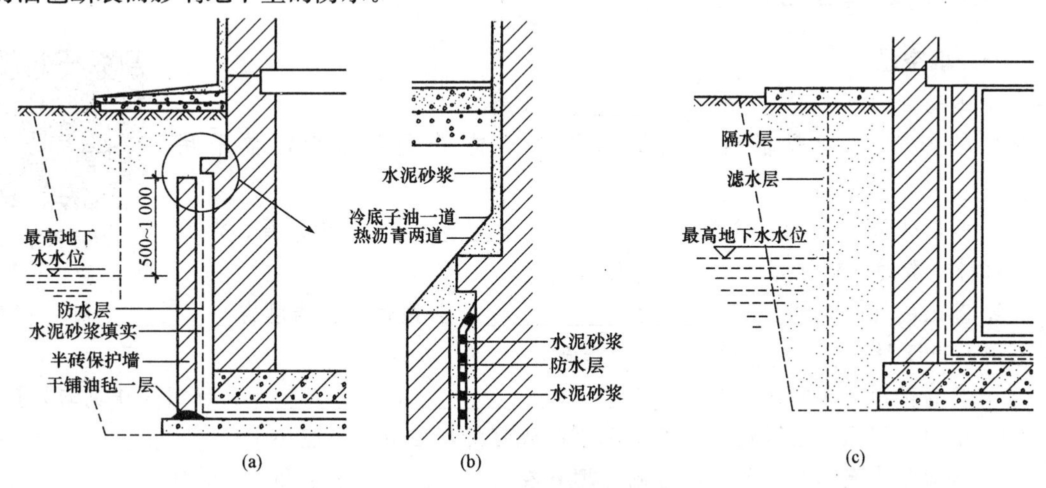

图 2.18　地下室防水构造

(a)外包防水；(b)墙身防水层收头处理；(c)内包防水

2. 防水混凝土防水

当地下室地坪和墙体均为钢筋混凝土结构时，应采用抗渗性能好的防水混凝土材料，常采用的防水混凝土有普通混凝土和外加剂混凝土。普通混凝土主要是采用不同粒径的集料进行级配，并提高混凝土中水泥砂浆的含量，使水泥砂浆充满于集料之间，从而堵塞因集料间不密实而出现的渗水通路，以达到防水目的。外加剂混凝土是在混凝土中掺入加气剂或密实剂，以提高混凝土的抗渗性能。防水混凝土的防水构造如图 2.19 所示。

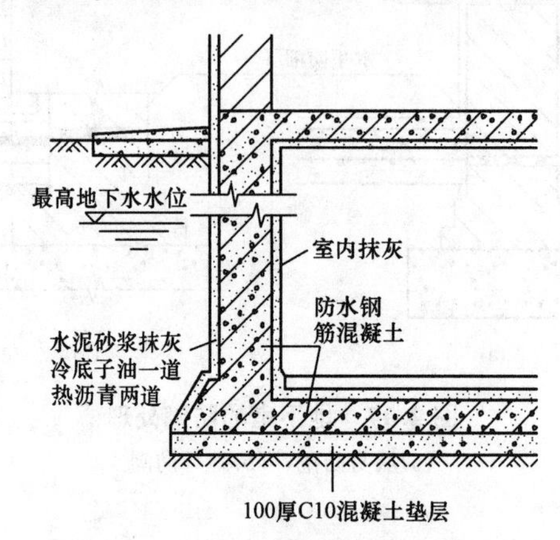

图 2.19　防水混凝土的防水构造

3. 弹性材料防水

随着新型高分子合成防水材料的不断出现，地下室的防水构造也在更新。如我国目前使用的三元乙丙橡胶卷材，能充分适应防水基层的伸缩及开裂变形，拉伸强度高，拉断延伸率大，能承受一定的冲击荷载，是耐久性极好的弹性卷材；又如聚氨酯涂膜防水材料，有利于形成完整的防水涂层，对在建筑内有管道、转折和高差等特殊部位的防水处理极为有利。

复习思考题

一、填空题

参考答案

1. 地基分为__________和__________两大类。

2. 当建筑物荷载很大，地基承载力不能满足要求时，常采用__________地基。

3. 基础按传力情况可分为__________和__________。用砖、石、混凝土等材料建造的基础称为__________基础。

4. 基础的埋深是指__________至__________的垂直距离。当埋深__________时，称为深基础；当埋深__________时，称为浅基础。

5. 影响基础埋深的因素有__________、__________、__________及与相邻建筑的关系。

6. 基础的埋深，在满足要求的情况下越浅越好，但最小不能小于__________m。

7. 当地基土有冻胀现象时，基础应埋置在__________不小于 200 mm 处。

8. 当设计最高地下水水位高于地下室地坪时，地下室的外墙和底板都浸泡在水中，此时地下室应作__________处理。

二、单项选择题

1. 地基（　）。

A. 是建筑物的组成部分　　B. 不是建筑物的组成部分

C. 是墙的连续部分　　D. 是基础的混凝土垫层

2. 基础埋深的最小深度为（　）m。

A. 0.3　　B. 0.5　　C. 0.6　　D. 0.8

3. 地基中需要进行计算的土层称为（　）。

A. 基础　　B. 持力层　　C. 下卧层　　D. 人工地基

4. 柔性基础与刚性基础受力的主要区别是（　）。

A. 柔性基础比刚性基础能承受更大的荷载

B. 柔性基础只能承受压力，刚性基础既能承受拉力，又能承受压力

C. 柔性基础既能承受压力，又能承受拉力，刚性基础只能承受压力

D. 刚性基础比柔性基础能承受更大的拉力

5. 下面属于柔性基础的是（　）。

A. 钢筋混凝土基础　　B. 毛石基础

C. 素混凝土基础　　D. 砖基础

6. 一刚性基础，墙宽为 240 mm，基础高为 600 mm，刚性角控制在 1∶1.5，则该基础宽度为（　）mm。

A. 1 800　　B. 800　　C. 800　　D. 1 040

7. 当地下水水位很高，基础不能埋在地下水水位以上时，应将基础底面埋置在（　）以下，从而减少和避免地下水的浮力等。

A. 最高水位 200 mm　　B. 最低水位 200 mm

C. 最低水位 500 mm　　D. 最高与最低水位之间

8. 当上部荷载很大、地基比较软弱或地下水位较高时，常采用（　）基础。

A. 条形　　B. 独立　　C. 片筏　　D. 箱形

9. 如图 2.20 所示，一栋六层建筑贴邻一栋已有的三层建筑建造，基础底相差 1.5 m，则两基础水平距离最小应为（　）m。

A. 1.5　　B. 1.8　　C. 3.0　　D. 5.0

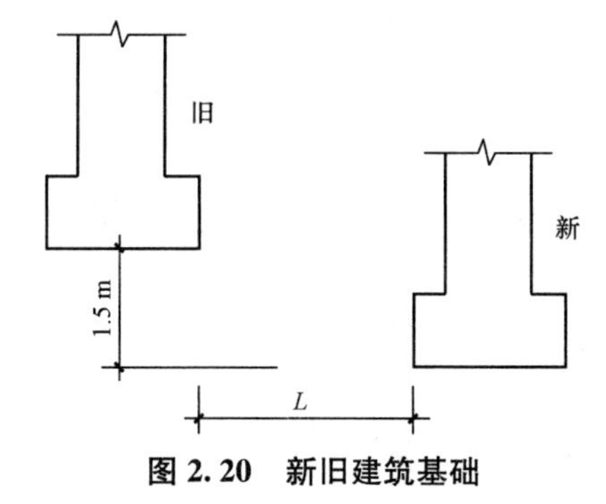

图 2.20　新旧建筑基础

10. 半地下室是指房间地面低于室外地坪的高度超过该房间净高的（　）且不超过（　）。

A. 1/4、1/3　　B. 1/4、1/2　　C. 1/3、1/2　　D. 1/2、2/3

11. 以下承载能力最强的基础类型是(　　)。

A. 片筏基础　　B. 井格式基础　　C. 独立基础　　D. 条形基础

12. 下列不属于刚性基础的是(　　)。

A. 砖基础　　B. 石基础　　C. 钢筋混凝土基础　　D. 混凝土基础

三、简答题

1. 什么是基础的埋深？其影响因素有哪些？
2. 地基应满足什么要求？
3. 什么是刚性基础、柔性基础？
4. 基础按构造形式分为哪几类？一般适用于什么情况？
5. 地下室由哪些部分组成？
6. 地下室防潮和防水构造有何相同点和不同点？

第三章　墙　　体

第一节　墙体的类型及设计要求

一、墙体的类型

1. 按墙体所在位置分类

墙体按在平面上所处的位置不同，可分为外墙和内墙；按布置方向又可分为纵墙和横墙。沿建筑物长轴方向布置的墙称为纵墙；沿建筑物短轴方向布置的墙称为横墙；外横墙又称为山墙。对一片墙来说，窗与窗之间和窗与门之间的墙称为窗间墙；窗台下面的墙称为窗下墙；屋顶上部的墙称为女儿墙。墙体各部分名称如图 3.1 所示。

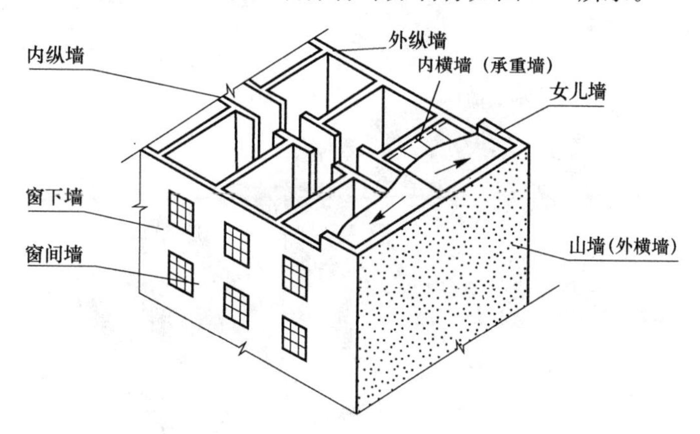

图 3.1　墙体各部分名称

2. 按墙体受力状况分类

在混合结构建筑中，墙体按受力方式不同分为承重墙和非承重墙两种。非承重墙又可分为两种：一种是自承重墙，不承受外来荷载，仅承受自身重量并将其传至基础；另一种是隔墙，起分隔房间的作用，不承受外来荷载，并把自身重量传递给梁或楼板。框架结构中的墙称为框架填充墙。

3. 按墙体构造和施工方法分类

(1)按构造方式墙体可以分为实体墙、空体墙和组合墙三种。实体墙由单一材料组成，如砖墙、砌块墙等；空体墙也是由单一材料组成，可由单一材料砌成内部空腔，也可用具有孔洞的材料建造墙，如空斗砖墙、空心砌块墙等；组合墙由两种以上的材料组合而成，如混凝土、加气混凝土复合板材墙，其中混凝土起承重作用，加气混凝土起保温、隔热作用。

(2)按施工方法墙体可以分为块材墙、版筑墙及板材墙三种。块材墙是用砂浆等胶结材料将砖石块材等组砌而成，如砖墙、石墙及各种砌块墙等；版筑墙是在现场立模板，现浇而成的墙体，如现浇混凝土墙等；板材墙是预先制成墙板，施工时安装而成的墙，如预制混凝土大板墙、各种轻质条板内隔墙等。

二、墙体的设计要求

1. 结构要求

对以墙体承重为主的结构，常要求各层的承重墙上、下必须对齐；各层的门、窗洞孔也以上、下对齐为佳。另外，还需要考虑以下两方面的要求：

(1)合理选择墙体结构布置方案。大量性民用建筑一般为多层砖混结构类型，即由墙体承受屋顶和楼板的荷载，并连同自重一起将垂直荷载传递至基础和地基。在地震区，墙体还可能受到水平地震作用的影响。因此，在墙体的设计中应满足相应的结构要求。墙体结构布置方案有以下几种：

1)横墙承重：凡以横墙承重的称为横墙承重方案或横向结构系统。这时，楼板、屋顶上的荷载均由横墙承受，纵向墙只起纵向稳定和拉结的作用。它的主要特点是横墙间距密，加上纵墙的拉结，使建筑物的整体性好、横向刚度大，对抵抗地震作用等水平荷载有利。但横墙承重方案的开间尺寸不够灵活，适用于房间开间尺寸不大的宿舍、住宅及病房楼等小开间建筑，如图 3.2 所示。

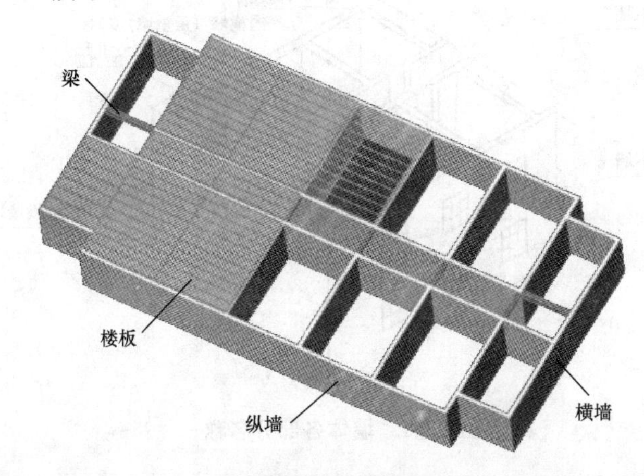

图 3.2　横墙承重体系

2)纵墙承重：凡以纵墙承重的称为纵墙承重方案或纵向结构系统。这时，楼板、屋顶上的荷载均由纵墙承受，横墙只起分隔空间的作用，有的起横向稳定作用。纵墙承重可使房间开间的划分灵活，多适用于需要较大开间的办公楼、商店、教学楼等公共建筑，如图 3.3 所示。

3)纵横墙承重(双向承重)：凡由纵向墙和横向墙共同承受楼板、屋顶荷载的结构布置称为纵横墙(混合)承重方案。该方案房间布置较灵活，建筑物的刚度也较好。混合承重方案多用于开间、进深尺寸较大且房间类型较多的建筑和平面复杂的建筑中，前者如教学楼、住宅等建筑，如图 3.4 所示。

4)部分框架承重：在结构设计中，有时采用墙体和钢筋混凝土梁、柱组成的框架共同

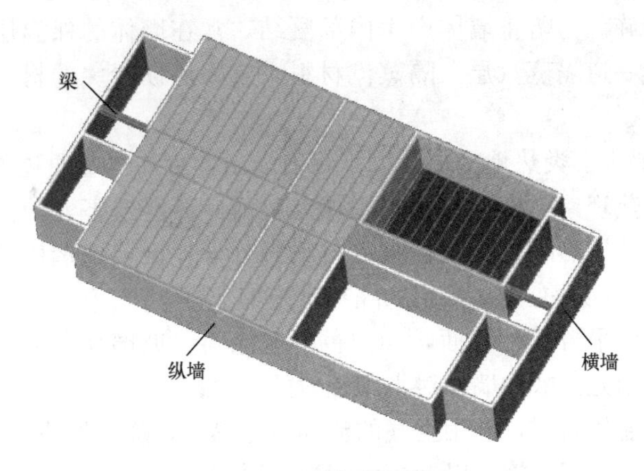

图 3.3　纵墙承重体系

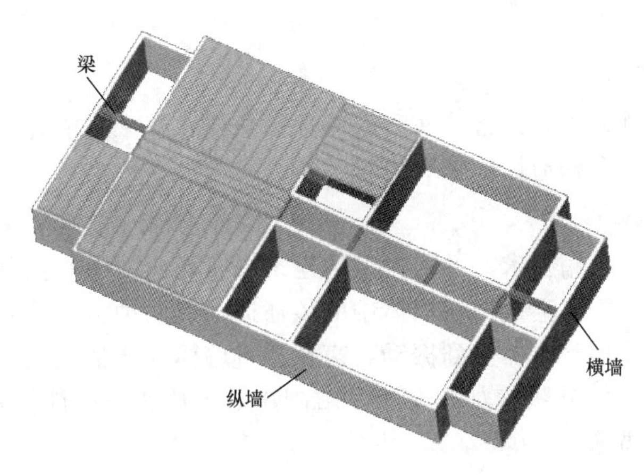

图 3.4　双向承重体系

承受楼板和屋顶的荷载，这时，梁的一端支承在柱上，而另一端则搁置在墙上，这种结构布置称为部分框架结构或内部框架承重方案。它较适合于室内需要较大使用空间的建筑，如商场等。

(2)具有足够的强度和稳定性。强度是指墙体承受荷载的能力，它与所采用的材料以及同一材料的强度等级有关。作为承重墙的墙体，必须具有足够的强度，以确保结构的安全。

墙体的稳定性与墙的高度、长度和厚度有关。高而薄的墙稳定性差，矮而厚的墙稳定性好；长而薄的墙稳定性差，短而厚的墙稳定性好。

2. 热工要求

我国幅员辽阔，气候差异大。墙体作为围护构件应具有保温、隔热等功能要求。

(1)墙体的保温要求。采暖建筑的外墙应有足够的保温能力，寒冷地区冬季室内温度高于室外，热量从高温传至低温。为了减少热损失，须提高构件的热阻，通常采取以下措施：

1)增加墙体的厚度。墙体的热阻与其厚度成正比，欲提高墙身的热阻，可增加其厚度。

2)选择导热系数小的墙体材料。要增加墙体的热阻，常选用导热系数小的保温材料，如泡沫混凝土、加气混凝土、陶粒混凝土、膨胀珍珠岩、膨胀蛭石、浮石及浮石混凝土、泡沫塑料、矿棉及玻璃棉等。其保温构造有单一材料的保温结构和复合保温结构之分。

3)采取隔蒸汽措施。为防止墙体产生内部凝结，常在墙体的保温层靠高温一侧，即蒸汽渗入的一侧，设置一道隔蒸汽层。隔蒸汽材料一般采用沥青、卷材、隔汽涂料以及铝箔等防潮、防水材料。

(2)墙体的隔热要求。炎热地区夏季太阳辐射强烈，室外热量通过外墙传入室内，使室内温度升高，产生过热现象，影响人们的工作与生活，甚至损害人的健康。外墙应具有足够的隔热能力，可以选用热阻大、重量大的材料做外墙，也可以选用光滑、平整、浅色的材料，以增加对太阳的反射能力。常用的隔热措施如下：

1)外墙采用浅色而平滑的外饰面，如白色外墙涂料、玻璃马赛克、浅色墙地砖、金属外墙板等，以反射太阳光，减少墙体对太阳辐射的吸收；

2)在外墙内部设通风间层，利用空气的流动带走热量，降低外墙内表面温度；

3)在窗口外侧设置遮阳设施，以遮挡太阳光直射室内；

4)在外墙外表面种植攀缘植物使之遮盖整个外墙，吸收太阳辐射热，从而起到隔热作用。

3. 建筑节能要求

为贯彻国家的节能政策，改善严寒和寒冷地区居住建筑采暖能耗大、热工效率差的状况，必须通过建筑设计和构造措施来节约能耗。

4. 隔声要求

为保证建筑的室内使用要求，不同类型的建筑具有相应的噪声控制标准。墙体主要隔离由空气直接传播的噪声，空气声在墙体中的传播途径有两种：一是通过墙体的缝隙和微孔传播；二是在声波作用下墙体受到振动，声音透过墙体而传播。建筑内部的噪声，如说话声、家用电器声等，室外噪声如汽车声、喧闹声等，从各个构件传入室内。控制噪声，对墙体一般采取以下措施：

(1)加强墙体缝隙的填密处理。

(2)增加墙厚和墙体的密实性。

(3)采用有空气间层式多孔性材料的夹层墙。

(4)尽量利用垂直绿化降噪声。

5. 其他方面的要求

(1)防火要求：选择燃烧性能和耐火极限符合《建筑防火设计规范》(GB 50016—2014)规定的材料。在较大的建筑中应设置防火墙，将建筑分成若干区段，以防止火灾蔓延。根据防火规范，一级、二级耐火等级的建筑，防火墙最大间距为 150 m，三级为 100 m，四级为 60 m。

(2)防水防潮要求：在卫生间、厨房、实验室等有水的房间及地下室的墙体应采取防水、防潮措施。选择良好的防水材料以及恰当的构造做法，保证墙体的坚固耐久性，使室内有良好的卫生环境。

(3)建筑工业化要求：在大量性民用建筑中，墙体工程量占着相当大的比重。同时劳动力消耗大，施工工期长。因此，建筑工业化的关键是墙体改革，必须改变手工生产及操作，提高机械化施工程度，提高工效、降低劳动强度，并应采用轻质高强的墙体材料，以减轻自重、降低成本。

第二节　砖墙构造

一、砖墙材料

砖墙是用砂浆将一块块砖按一定技术要求砌筑而成的砌体，其材料是砖和砂浆。

1. 砖

砖按材料不同，有烧结普通砖、页岩砖、粉煤灰砖、灰砂砖、炉渣砖等；按形状分为实心砖、多孔砖和空心砖等。其中常用的是烧结普通砖。

烧结普通砖以黏土为主要原料，经成型、干燥焙烧而成。其有红砖和青砖之分。青砖比红砖强度高，耐久性好。

我国标准砖的规格为 240 mm×115 mm×53 mm，即砖长∶宽∶厚=4∶2∶1(包括 10 mm 宽灰缝)，标准砖砌筑墙体是以砖宽度的倍数，即 115+10=125(mm)为模数。这与我国现行《建筑模数协调标准》(GB/T 50002—2013)中的基本模数 M=100 mm 不协调，因此在使用中，须注意标准砖的这一特征。

砖的强度以强度等级表示，分别为 MU30、MU25、MU15、MU10、MU710 五个级别。如 MU30 表示砖的极限抗压强度平均值为 30 MPa，即每平方毫米可承受 30 N 的压力。

2. 砂浆

砂浆是砌块的胶结材料。常用的砂浆有水泥砂浆、石灰砂浆、混合砂浆和黏土砂浆。

(1)水泥砂浆由水泥、砂加水拌和而成，属于水硬性材料，强度高，但可塑性和保水性较差，适宜砌筑湿环境下的砌体，如地下室、砖基础等。

(2)石灰砂浆由石灰膏、砂加水拌和而成。由于石灰膏为塑性掺合料，所以石灰砂浆的可塑性很好，但它的强度较低，且属于气硬性材料，遇水强度即降低，所以适宜砌筑次要的民用建筑的地上砌体。

(3)混合砂浆由水泥、石灰膏、砂加水拌和而成。既有较高的强度，也有良好的可塑性和保水性，故民用建筑地上砌体中被广泛采用。

(4)黏土砂浆是由黏土、砂加水拌和而成，强度很低，仅适用于土坯墙的砌筑，多用于乡村民居。它们的配合比取决于结构要求的强度。

砂浆强度等级有 M15、M10、M7.5、M5、M2.5、M1、M0.4 共 7 个级别。

二、砖墙的组砌方式

组砌是指砌块在砌体中的排列。组砌的关键是错缝搭接，使上下皮砖的垂直缝交错，保证砖墙的整体性。如果墙体表面或内部的垂直缝处于一条线上，即形成通缝，在荷载作用下，通缝会使墙体的强度和稳定性显著降低。图 3.5 所示为砖墙组砌名称及错缝。当墙面不抹灰作清水时，组砌还应考虑墙面图案的美观。

在砖墙的组砌中，把砖的长方向垂直于墙面砌筑的砖叫作丁砖；把砖的长方向平行于墙面砌筑的砖叫作顺砖。上下皮之间的水平灰缝称为横缝；左右两块砖之间的垂直缝称为竖缝。要求丁砖和顺砖交替砌筑，灰浆饱满，横平竖直。

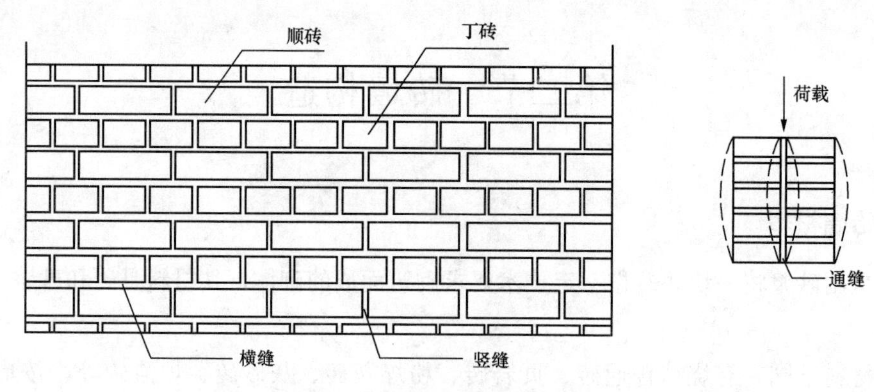

图 3.5　砖墙组砌名称及错缝

常用的错缝方法是将丁砖和顺砖上下皮交错砌筑。每排列一层砖称为一皮。常见的砖墙组砌方式有全顺式(120 墙)、一顺一丁式、三顺一丁式或多顺一丁式、每皮丁顺相间式(也称十字式或梅花丁)(240 墙)、两平一侧式(180 墙)等，如图 3.6 所示。

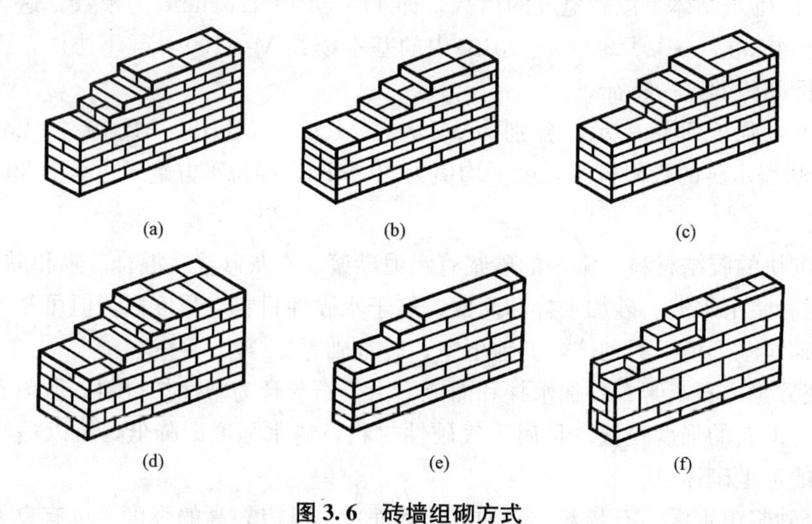

图 3.6　砖墙组砌方式

(a)一砖墙，一顺一丁砌法；(b)一砖墙，三顺一丁砌法；(c)一砖墙，梅花丁(十字式)砌法；(d)一砖半墙砌法；(e)半砖墙，全顺式砌法；(f)3/4 砖墙砌法

三、砖墙的尺度

砖墙的尺度是指厚度和墙段两个方向的尺寸。除应满足结构和功能设计要求外，砖墙的尺度还必须符合砖的规格。以标准砖为例，根据砖块尺寸和数量，再加上灰缝，即可组成不同的墙厚和墙段。

1. 墙厚

标准砖的规格为 240 mm×115 mm×53 mm，用砖块的长、宽、高作为砖墙厚度的基数，在错缝或墙厚超过砖块时，均按灰缝 10 mm 进行组砌。从尺寸上可以看出，它以砖厚加灰缝、砖宽加灰缝后与砖长形成 1∶2∶4 的比例为其基本特征，组砌灵活。墙厚与砖规格的关系如图 3.7 所示。

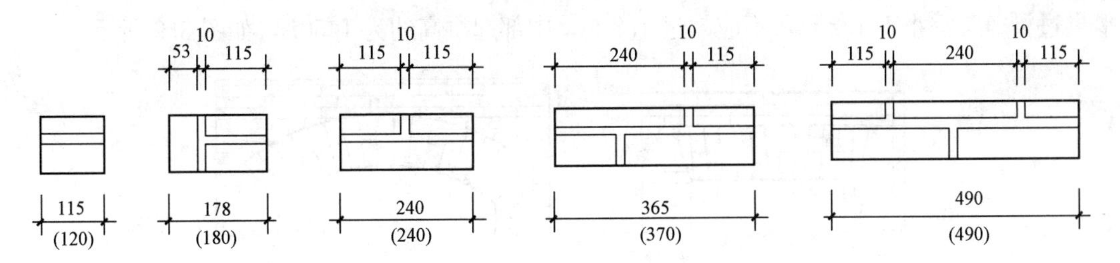

图 3.7 墙厚与砖规格的关系

2. 砖墙洞口与墙段尺寸

(1)洞口尺寸。砖墙洞口主要是指门窗洞口，其尺寸应按模数协调统一标准制定，这样可减少门窗规格，有利于工业化生产。国家及各地区的门窗通用图集都是按照扩大模数3M 的倍数，因此，一般门窗洞口宽、高的尺寸采用 300 mm 的整倍数，但是在 1 000 mm 以内的小洞口可采用基本模数 100 mm 的整倍数。

(2)墙段尺寸。墙段尺寸是指窗间墙、转角墙等部位墙体的长度。墙段由砖块和灰缝组成。烧结普通砖最小单位为 115 mm 砖宽加上 10 mm 灰缝，共计 125 mm，并以此为砖的组合模数。按此砖模数的墙段尺寸有 240、370、490、620、740、870、990、1 120、1 240(mm)等数列。砖墙的洞口及墙段尺寸如图 3.8 所示。

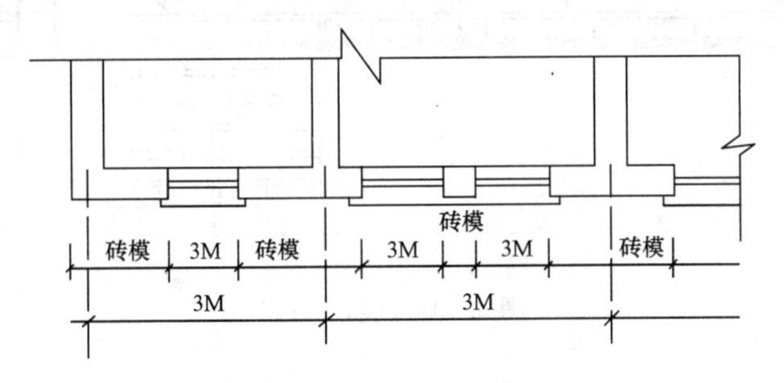

图 3.8 砖墙的洞口及墙段尺寸

砖模和模数协调统一标准是不相协调的，民用建筑的开间、进深、门窗都是按扩大模数 300 mm 的倍数，墙段是以砖模 125 mm 为基础，这样在同一栋房屋中采用两种模数，必然给设计和施工造成困难。解决这一矛盾的办法是调整灰缝大小。由于施工规范允许竖缝宽度为 8～12 mm，使墙段有少许的调整余地。但是，墙段短时，灰缝数量少，调整范围小。例如，240 mm 墙段无调整余地，490、620、740、870(mm)墙段调整范围在 10 mm 以内。墙段长时，调整幅度大些。通常墙段超过 1.5 m 时，可不用考虑砖的模数。

四、墙体细部构造

为了保证砖墙的耐久性和墙体与其他构件的连接，应在相应的位置进行构造处理。砖墙的细部构造包括门窗过梁、窗台、勒脚、散水、明沟、变形缝、圈梁、构造柱等。

1. 门窗过梁

过梁的形式有砖拱过梁、钢筋砖过梁和钢筋混凝土过梁三种。

(1)砖拱过梁。砖拱过梁分为平拱和弧拱。由竖砌的砖作拱圈，一般将砂浆灰缝做成上宽下窄，上宽不大于 20 mm，下宽不小于 5 mm。砖不低于 MU7.5，砂浆不能低于 M2.5，砖砌平拱过梁净跨宜小于1.2 m，不应超过1.8 m，中部起拱高约为1/50L，如图3.9所示。

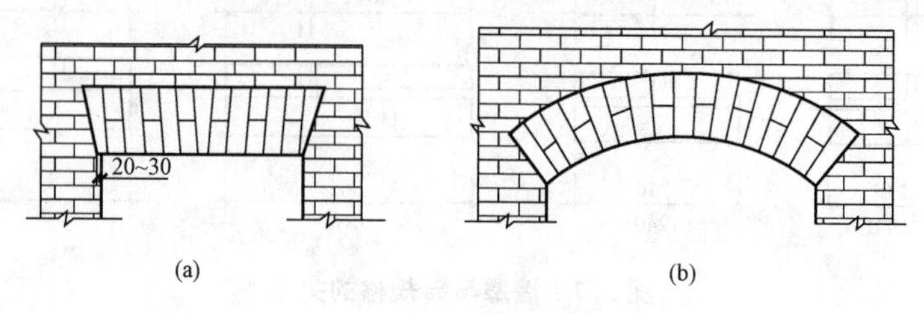

图3.9　砖拱过梁

(a)平拱；(b)弧拱

(2)钢筋砖过梁。钢筋砖过梁用砖不低于MU7.5，砌筑砂浆不低于M2.5。一般在洞口上方先支木模，砖平砌，下设3～4根Φ6钢筋(要求伸入两端墙内不少于240 mm)，梁高砌5～7皮砖或≥L/4，钢筋砖过梁净跨宜为1.5～2 m，如图3.10所示。

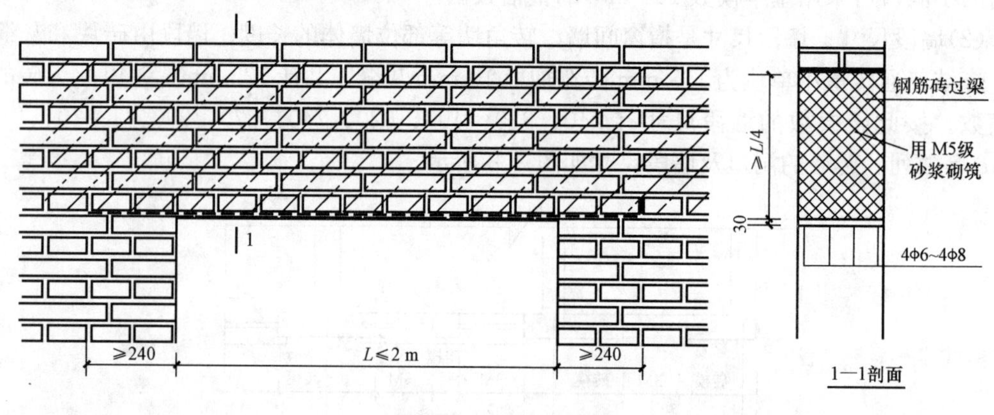

图3.10　钢筋砖过梁

(3)钢筋混凝土过梁。钢筋混凝土过梁有现浇和预制两种，梁高及配筋由计算确定。为了施工方便，梁高应与砖的皮数相适应，以方便墙体连续砌筑，故常见梁高为60 mm、120 mm、180 mm、240 mm，即60 mm的整倍数。梁宽一般同墙厚，梁两端支承在墙上的长度不少于240 mm，以保证有足够的承压面积。

过梁断面形式有矩形和L形。为简化构造，节约材料，可将过梁与圈梁、悬挑雨篷、窗楣板或遮阳板等结合起来设计。如在南方炎热的多雨地区，常从过梁上挑出300～500 mm宽的窗楣板，既保护窗户不淋雨，又可遮挡部分直射太阳光，如图3.11所示。

2. 窗台

窗台构造做法分为外窗台和内窗台两个部分。

外窗台应设置排水构造，其目的是防止雨水积聚在窗下、侵入墙身和向室内渗透。因此，外窗台应有不透水的面层，并向外形成2%左右的坡度，以利于排水。外窗台有悬挑窗台和不悬挑窗台两种。悬挑窗台常采用顶砌一皮砖出挑60 mm，或将一砖侧砌并出挑60 mm，也可采用钢筋混凝土窗台。悬挑窗台底部边缘处抹灰时应做宽度和深度均不小于10 mm的滴水线或滴水，如图3.12所示。

3. 墙脚

底层室内地面以下、基础以上的墙体常称为墙脚。墙脚包括勒脚、墙身防潮层、散水

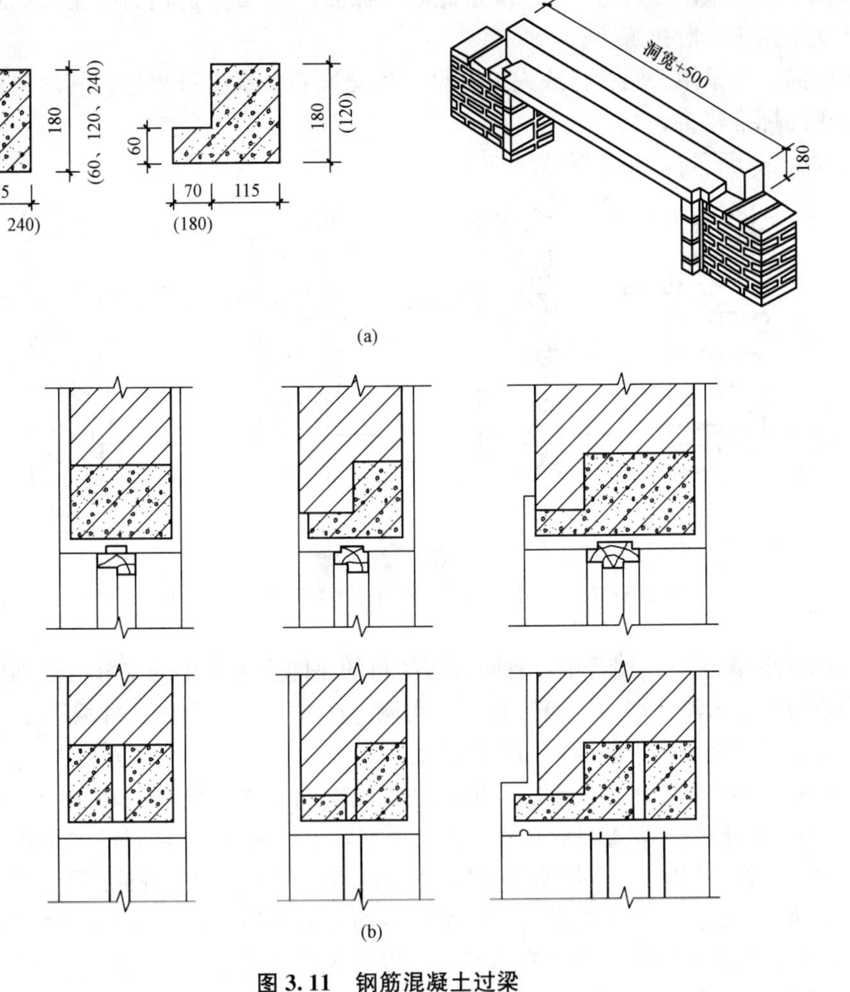

图 3.11　钢筋混凝土过梁

(a)过梁的断面形式；(b)过梁的组合方式

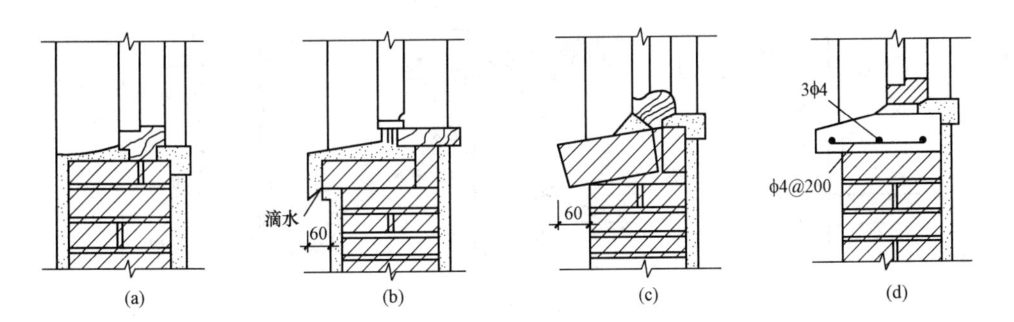

图 3.12　窗台构造

(a)不悬挑窗台；(b)滴水悬挑窗台；(c)侧砌砖窗台；(d)预制混凝土窗台

和明沟等。

(1)勒脚。勒脚是外墙墙身接近室外地面的部分，为防止雨水上溅墙身和机械力等的影响，所以要求勒脚坚固、耐久和防潮。一般采用以下几种构造做法，如图 3.13 所示。

1)抹灰：可采用20 mm厚1∶3水泥砂浆抹面，1∶2水泥白石子浆水刷石或斩假石抹面。此法多用于一般建筑。

2)贴面：可采用天然石材或人工石材，如花岗石、水磨石板等。其耐久性、装饰效果好，用于高标准建筑。

3)勒脚采用石材，如条石等。

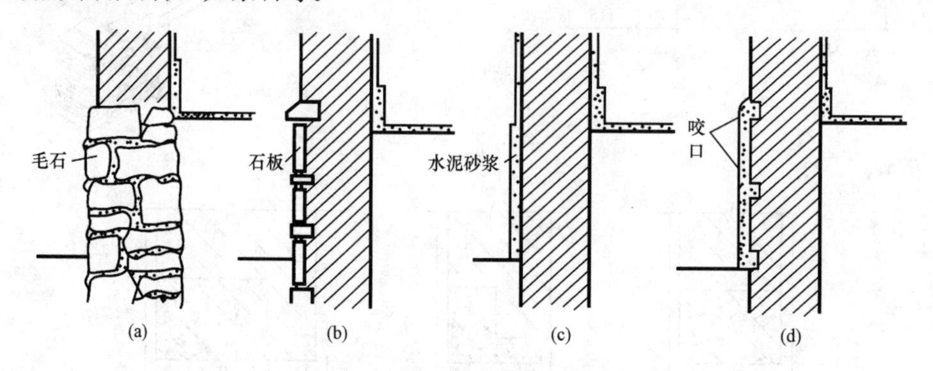

图3.13 勒脚

(a)毛石勒脚；(b)石板贴面勒脚；(c)抹灰勒脚；(d)带咬口抹灰勒脚

(2)墙身防潮层。在墙身中设置防潮层的目的是防止土壤中的水分沿基础墙上升，使位于勒脚处的地面水渗入墙内，而导致墙身受潮。因此，必须在内、外墙脚部位连续设置防潮层。构造形式上有水平防潮层和垂直防潮层。

1)防潮层的位置。水平防潮层一般应在室内地面不透水垫层(如混凝土)范围以内，通常在－0.060 m标高处设置，而且至少要高于室外地坪150 mm，以防雨水溅湿墙身。当地面垫层为透水材料(如碎石、炉渣等)时，水平防潮层的位置应平齐或高于室内地面60 mm，即在＋0.060 m处。当两相邻房间之间室内地面有高差时，应在墙身内设置高低两道水平防潮层，并在靠土壤一侧设置垂直防潮层，以避免回填土中的潮气侵入墙身。墙身防潮层的位置如图3.14所示。

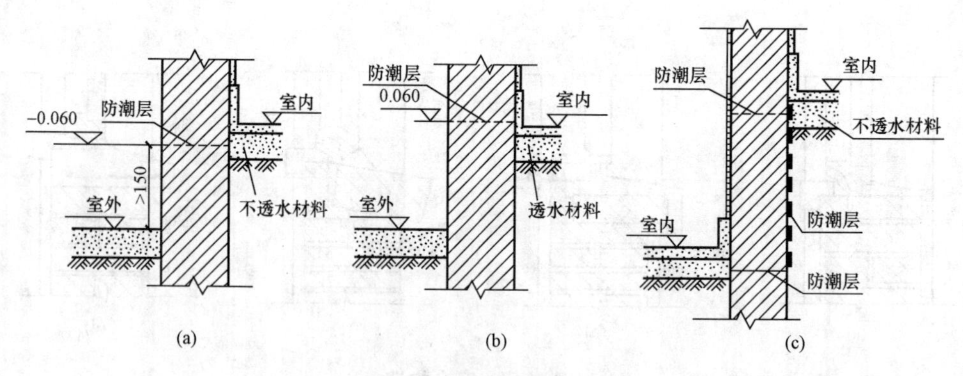

图3.14 墙身防潮层的位置

(a)地面垫层为不透水材料；(b)地面垫层为透水材料；(c)室内地面有高差

2)墙身水平防潮层的构造做法常用的有以下三种：

①防水砂浆防潮层，采用1∶2水泥砂浆加水泥用量3%～5%的防水剂，厚度为20～25 mm，或用防水砂浆砌三皮砖作防潮层。此种做法构造简单，但砂浆开裂或不饱满时影响防潮效

果，如图 3.15 所示。

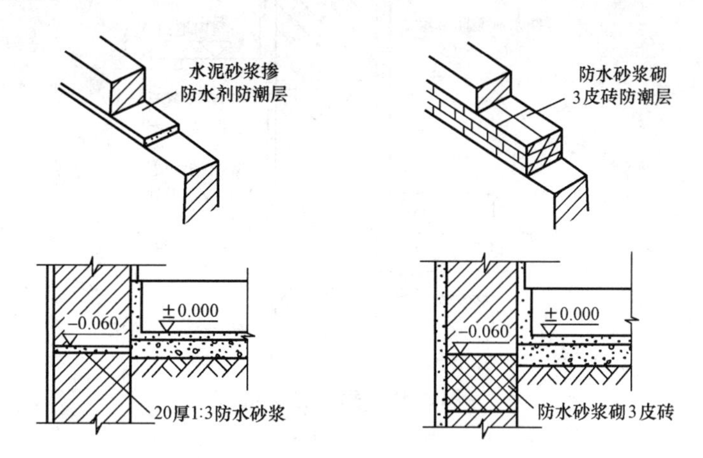

图 3.15　防水砂浆防潮层做法

②细石混凝土防潮层，采用 60 mm 厚的细石混凝土带，内配三根 φ6 钢筋，其防潮性能好，如图 3.16 所示。

图 3.16　细石混凝土防潮层

③卷材防潮层，先抹 20 mm 厚水泥砂浆找平层，上铺防水卷材，此种做法防水效果好，但有卷材隔离，削弱了砖墙的整体性，不应在刚度要求高或地震区采用，如图 3.17 所示。

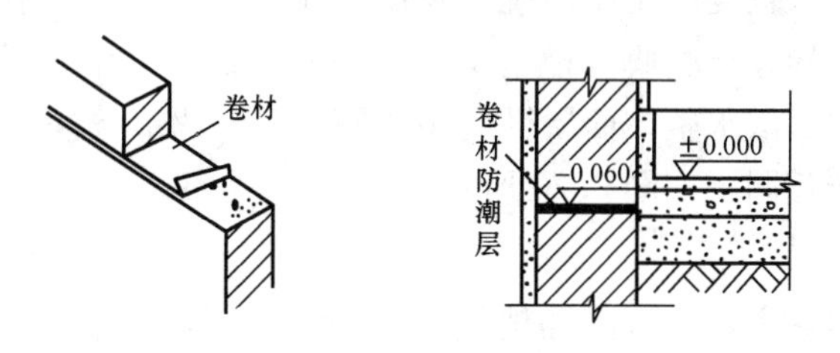

图 3.17　卷材防潮层

如果墙脚采用不透水的材料(如条石或混凝土等)，或设有钢筋混凝土地圈梁时，可以不设防潮层。

3)垂直防潮层的做法。在需设垂直防潮层的墙面(靠回填土一侧)先用水泥砂浆抹面，刷上冷底子油一道，再刷热沥青两道；也可以采用掺有防水剂的砂浆抹面的做法，如图 3.18 所示。

(3)散水与明沟。房屋四周可采取散水或明沟排除雨水。当屋面为有组织排水时一般设明沟或暗沟，也可设散水。

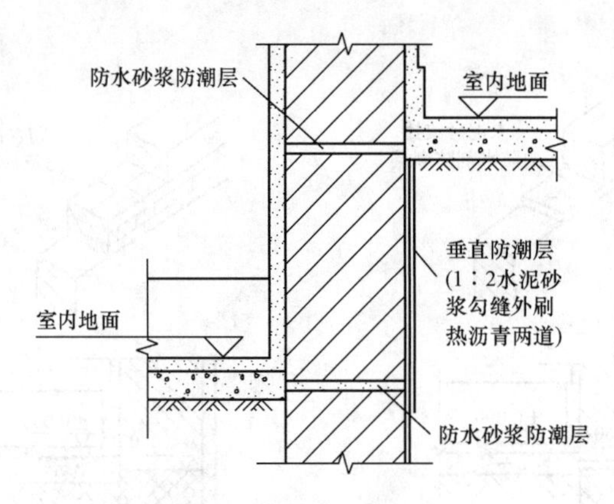

图 3.18 垂直防潮层

明沟的构造做法可用砖砌、石砌、混凝土现浇，沟底应做纵坡，坡度为 0.5%～1%，宽度为 220～350 mm，如图 3.19 所示。

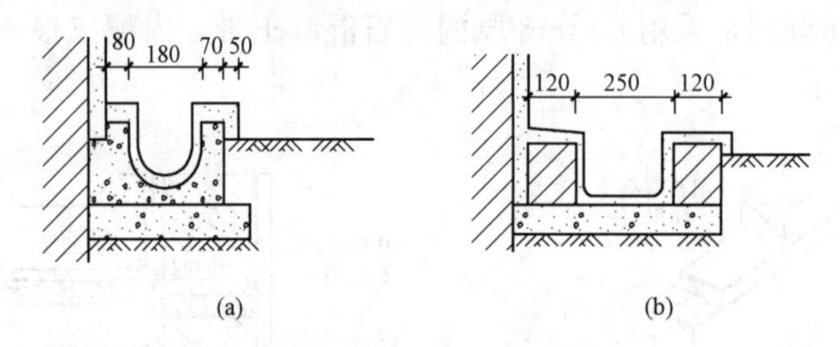

图 3.19 明沟构造做法

(a)混凝土明沟；(b)砖砌明沟

散水是沿建筑物外墙设置的倾斜坡面，坡度一般为 3%～5%。散水又称散水坡或护坡。散水可用水泥砂浆、混凝土、砖、块石等材料做面层，其宽度一般为 600～1 000 mm。当屋面为自由落水时，散水宽度应比屋檐挑出宽度大 150～200 mm。由于建筑物的沉降和勒脚与散水施工时间的差异，在勒脚与散水交接处应留有缝隙，缝内填粗砂或碎石子，上嵌沥青胶盖缝，以防渗水。散水整体面层纵向距离每隔 6～12 m 做一道伸缩缝，缝内处理与勒脚和散水相交处构造相同，如图 3.20 所示。

4. 变形缝

由于温度变化、地基不均匀沉降和地震因素的影响，使建筑物发生裂缝或破坏。故在设计时事先将房屋划分成若干个独立的部分，使各部分能自由地变化，这种将建筑物垂直分开的预留缝称为变形缝。墙体结构通过变形缝的设置分为各自独立的区段。变形缝包括温度伸缩缝、沉降缝和防震缝三种。变形缝的设置要求和构造详见第八章。

五、墙身的加固

1. 壁柱和门垛

当墙体的窗间墙上出现集中荷载，而墙厚又不足以承担其荷载；或当墙体的长度和高度超过一定限度并影响到墙体稳定性时，常在墙身局部适当位置增设凸出墙面的壁柱以提高墙体刚度。壁柱凸出墙面的尺寸一般为 120 mm×370 mm、240 mm×370 mm、240 mm×

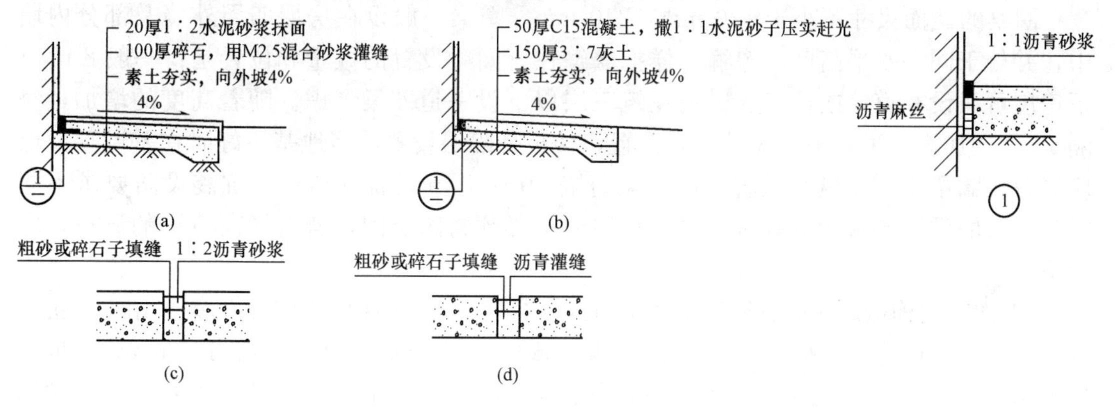

图 3.20　散水构造做法

(a)水泥砂浆散水；(b)混凝土散水；(c)、(d)散水伸缩缝构造

490 mm 或根据结构计算确定。

当在较薄的墙体上开设门洞时，为便于门框的安置和保证墙体的稳定，须在门靠墙转角处或丁字接头墙体的一边设置门垛，门垛凸出墙面不少于 120 mm，宽度同墙厚，如图 3.21 所示。

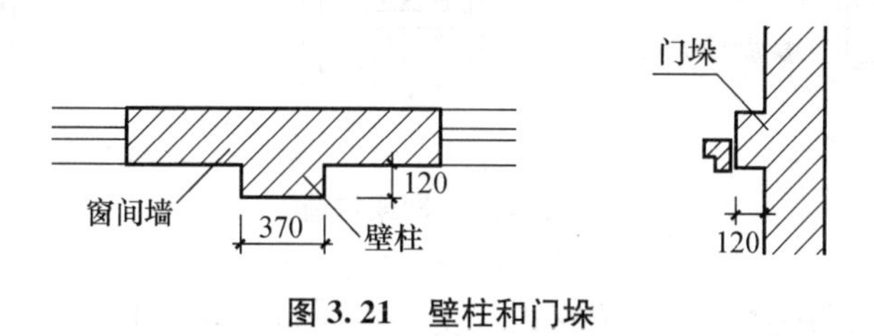

图 3.21　壁柱和门垛

2. 圈梁

(1)圈梁的设置要求。圈梁是沿外墙四周及部分内墙设置在楼板处的连续闭合的梁，可提高建筑物的空间刚度及整体性，增加墙体的稳定性，减少由于地基不均匀沉降而引起的墙身开裂，如图 3.22 所示。对于抗震设防地区，利用圈梁加固墙身更加必要。

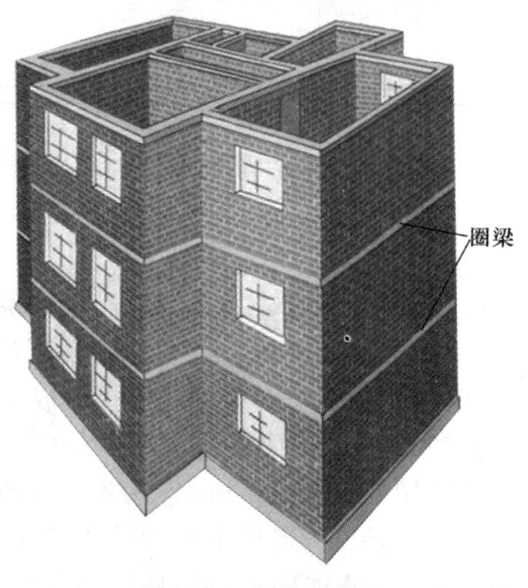

图 3.22　圈梁的设置

圈梁的截面尺寸不小于 120 mm×240 mm，圈梁一般设在房屋四周外墙及部分内墙中，并处于同一水平高度，像箍一样把墙箍住。圈梁设置的数量和位置是：一般 8 m 以下房屋可只设一道，或按多层民用建筑三层以下设一道圈梁考虑。随着高度的增加，每隔 1～2 层加设一道，但屋盖处必须设置，楼板处隔层设置，当地基不好时在基础顶面也应设置。圈梁主要沿纵墙设置，内横墙每隔 10～15 m 设置一道。当抗震设防要求不同时，圈梁的设置要求相应有所不同。每层圈梁必须封闭交圈，若遇标高不同的洞口，应上下搭接。

(2)圈梁的构造。圈梁有钢筋砖圈梁和钢筋混凝土圈梁两种。钢筋砖圈梁多用于非抗震区，结合钢筋砖过梁沿外墙形成。钢筋混凝土圈梁的宽度同墙厚且不小于 180 mm，高度一般不小于 120 mm。钢筋混凝土圈梁在墙身上的位置，外墙圈梁顶一般与楼板持平，铺预制楼板的内承重墙的圈梁一般设在楼板之下，如图 3.23 所示。

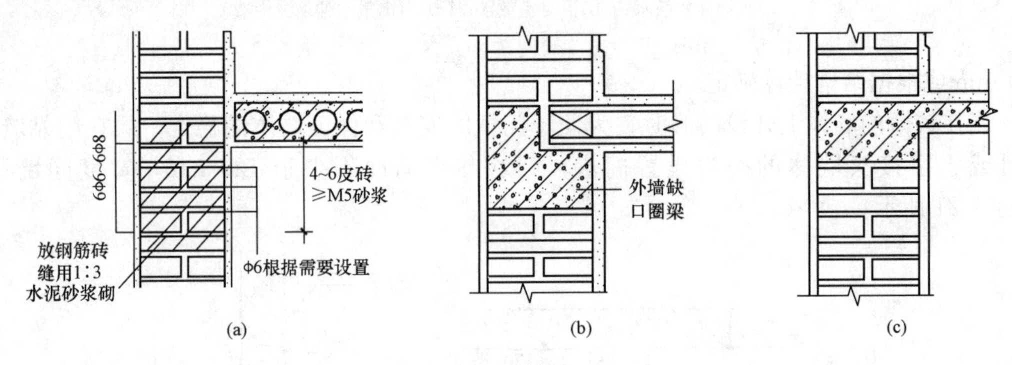

图 3.23　圈梁构造

圈梁最好与门窗过梁合一，在特殊情况下当圈梁被门窗洞口截断时，应在洞口上部增设相同截面的附加圈梁，附加圈梁与圈梁的搭接长度不应小于其垂直间距的 2 倍，且不得小于 1.0 m，其配筋和混凝土强度等级均不变，如图 3.24 所示。但对有抗震要求的建筑物，圈梁不宜被洞口截断。

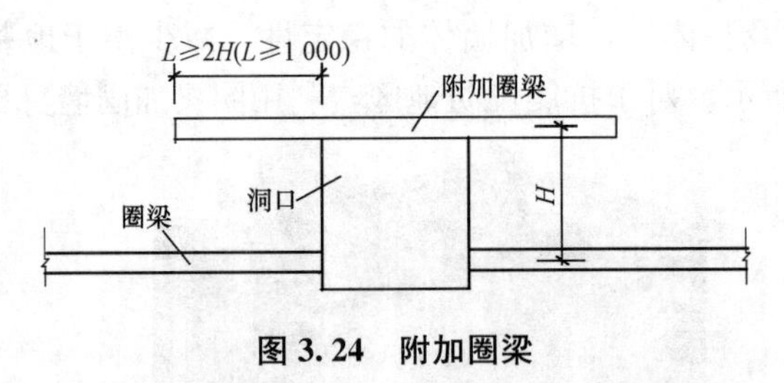

图 3.24　附加圈梁

3. 构造柱

钢筋混凝土构造柱是从抗震角度考虑设置的，一般设在外墙转角、内外墙交接处、较大洞口两侧及楼梯、电梯间四角等，如图 3.25 所示。由于房屋的层数和地震烈度不同，构造柱的设置要求也有所不同。构造柱必须与圈梁紧密连接形成空间骨架，以增强房屋的整体刚度，提高墙体抵抗变形的能力，并使砖墙在受震开裂后也能“裂而不倒”。

构造柱的最小截面尺寸为 240 mm×180 mm，构造柱的最小配筋量是：纵向钢筋 4Φ12，箍筋 Φ6，间距不大于 250 mm。构造柱下端应伸入地梁内，无地梁时应伸入底层地坪下 500 mm 处。为加强构造柱与墙体的连接，构造柱处墙体宜砌成马牙槎，并应沿

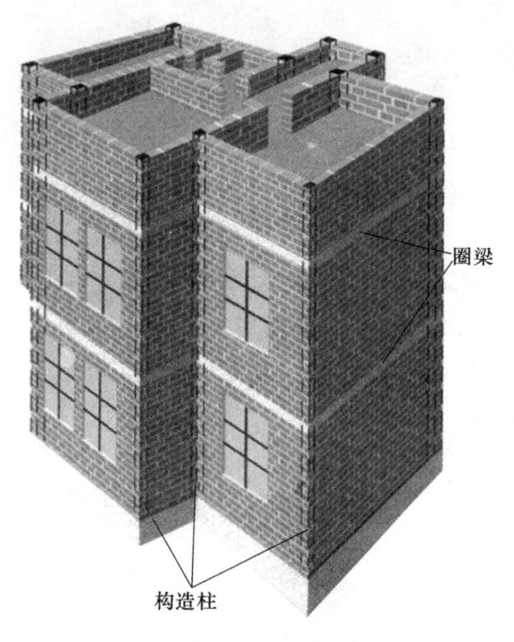

图 3.25　构造柱的设置

墙高每隔 500 mm 设 2ϕ6 拉结钢筋，每边伸入墙内不少于 1.0 m，施工时应先放置构造柱钢筋骨架，后砌墙，随着墙体的升高而逐段浇筑混凝土构造柱。由于女儿墙的上部是自由端且位于建筑的顶部，在地震时易受破坏。一般情况下，构造柱应当通至女儿墙顶部，并与钢筋混凝土压顶相连，而且女儿墙内的构造柱间距应当加密。构造柱的构造如图 3.26 所示。

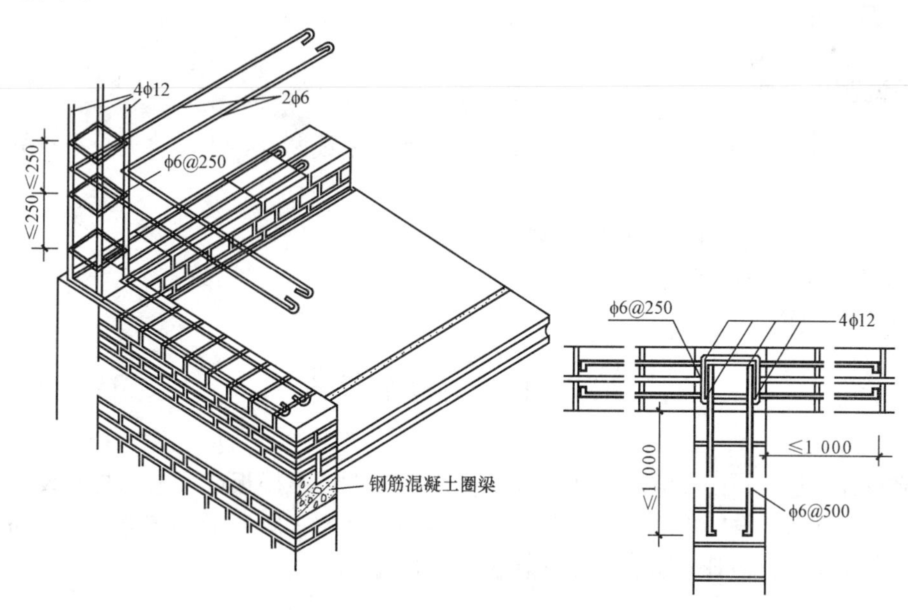

图 3.26　构造柱的构造

第三节 墙身构造设计

一、设计条件

今有一两层建筑物，外墙采用砖墙(墙厚由学生根据各地区的特点自定)，墙上有窗。室内外高差为450 mm。室内地坪层次分别为素土夯实，3∶7 灰土厚100 mm，C10 素混凝土层厚 80 mm，水泥砂浆面层厚 20 mm。采用钢筋混凝土楼板。

二、设计内容

要求沿外墙窗部位纵剖，直至基础以上，绘制墙身剖面。重点绘制以下大样，比例为1∶10：

(1)楼板与砖墙结合节点。

(2)过梁。

(3)窗台。

(4)勒脚及其防潮处理。

(5)明沟或散水。

三、图纸要求

用一张 2＃图纸完成。图中线条、材料等，一律按《建筑制图标准》(GB/T 50104—2010)的要求表示。

四、说明

(1)如果图纸尺寸不够，可在节点与节点之间用折断线断开，也可将五个节点分为两部分布图。

(2)图中必须注明具体尺寸，注明所用材料。

(3)要求字体工整，线条粗细分明。

第四节 隔墙构造

隔墙是分隔建筑物内部空间的非承重构件，本身重量由楼板或梁来承担。设计要求隔墙自重轻，厚度薄，有隔声和防火性能，便于拆卸，浴室、厕所的隔墙能防潮、防水。常用隔墙有块材隔墙、轻骨架隔墙和板材隔墙三大类。

一、块材隔墙

块材隔墙是用烧结普通砖、空心砖、加气混凝土等块材砌筑而成，常采用普通砖隔墙和砌块隔墙两种。

1. 普通砖隔墙

普通砖隔墙一般采用1/2砖(120 mm)隔墙。1/2砖墙用烧结普通砖采用全顺式砌筑而成，砌筑砂浆强度等级不低于M5，砌筑较大面积墙体时，长度超过6 m应设砖壁柱，高度超过5 m时应在门过梁处设通长钢筋混凝土带。普通砖隔墙构造如图3.27所示。

为了保证砖隔墙不承重，在砖墙砌到楼板底或梁底时，将立砖斜砌一皮，或将空隙塞木楔打紧，然后用砂浆填缝。8度和9度时长度大于5.1 m的后砌非承重砌体隔墙的墙顶，应与楼板或梁拉接。

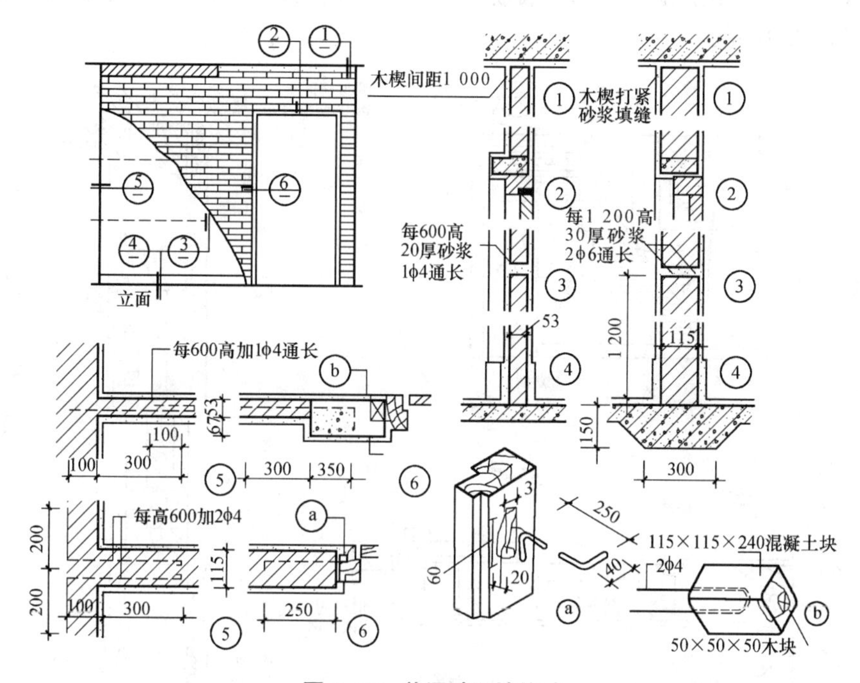

图3.27　普通砖隔墙构造

2. 砌块隔墙

为减轻隔墙自重，可采用轻质砌块，墙厚一般为90～120 mm。加固措施同1/2砖隔墙的做法。砌块不够整块时宜用烧结普通砖填补。因砌块孔隙率大、吸水量大，故在砌筑时先在墙下部实砌3～5皮烧结实心砖再砌砌块。砌体隔墙构造如图3.28所示。

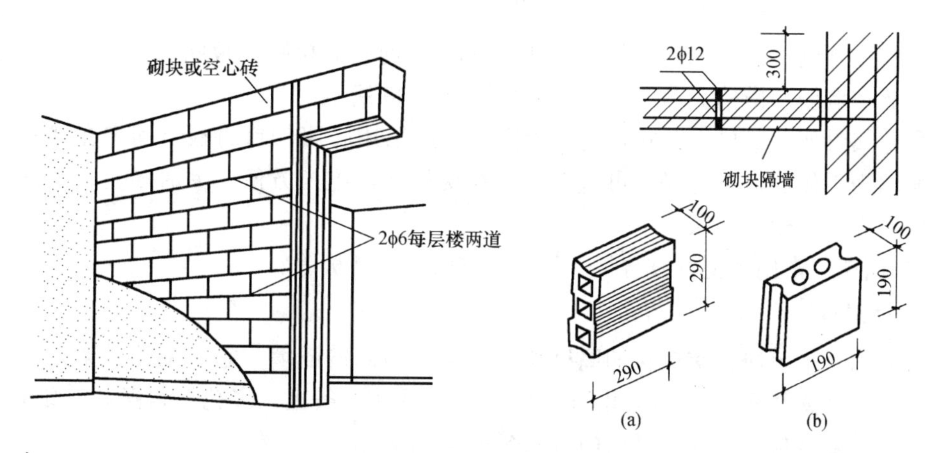

图3.28　砌体隔墙构造

二、轻骨架隔墙

轻骨架隔墙由骨架和面板层两部分组成。骨架有木骨架和金属骨架之分；面板有板条抹灰、钢丝网板条抹灰、胶合板、纤维板、石膏板等。由于先立墙筋(骨架)，再做面层，故又称为立筋式隔墙。

1. 板条抹灰隔墙

板条抹灰隔墙是由上槛、下槛、墙筋、斜撑或横档组成木骨架，其上钉以板条再抹灰而成，如图 3.29 所示。

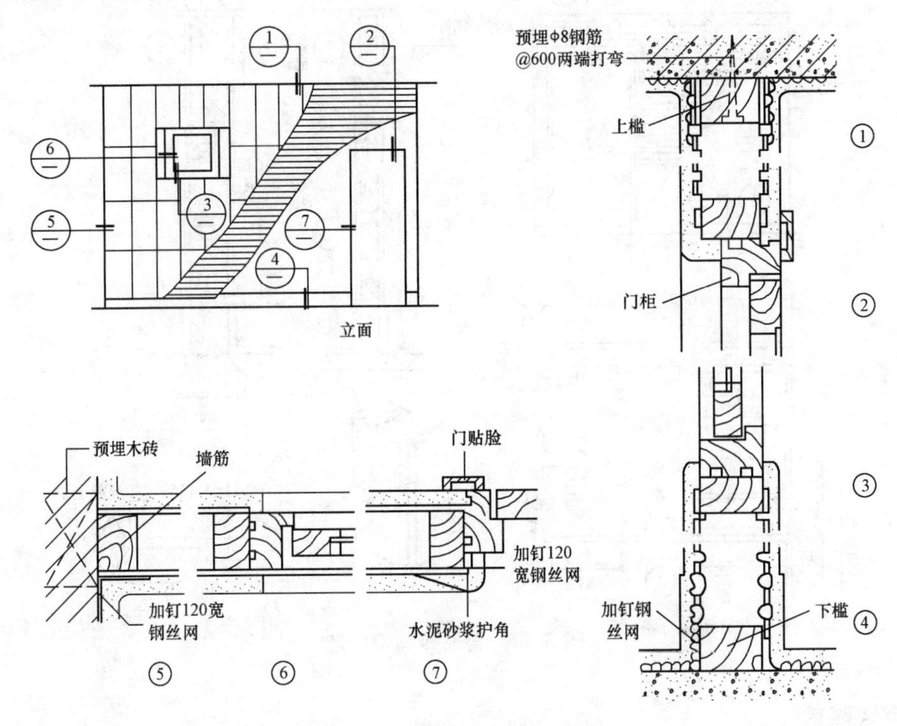

图 3.29 板条抹灰隔墙构造

2. 立筋面板隔墙

立筋面板隔墙是指面板用人造胶合板、纤维板或其他轻质薄板，骨架为木质或金属组合而成。

(1)骨架。金属骨架一般采用薄型钢板、铝合金薄板或拉眼钢板网加工而成，并保证板与板的接缝在墙筋和横档上。金属骨架构造如图 3.30 所示。

采用金属骨架时，可先钻孔，用螺栓固定，或采用膨胀铆钉将板材固定在墙筋上。立筋面板隔墙为干作业，自重轻，可直接支撑在楼板上，施工方便，灵活多变，故得到广泛应用，但隔声效果较差。

(2)饰面层。常用类型有胶合板、硬质纤维板、石膏板等。

3. 板材隔墙

板材隔墙是指单块轻质板材的高度相当于房间净高的隔墙，它不依赖骨架，可直接装配而成，目前多采用条板，如碳化石灰板、加气混凝土条板、多孔石膏条板、纸蜂窝板、水泥刨花板、复合板等。板材隔墙构造如图 3.31 所示。

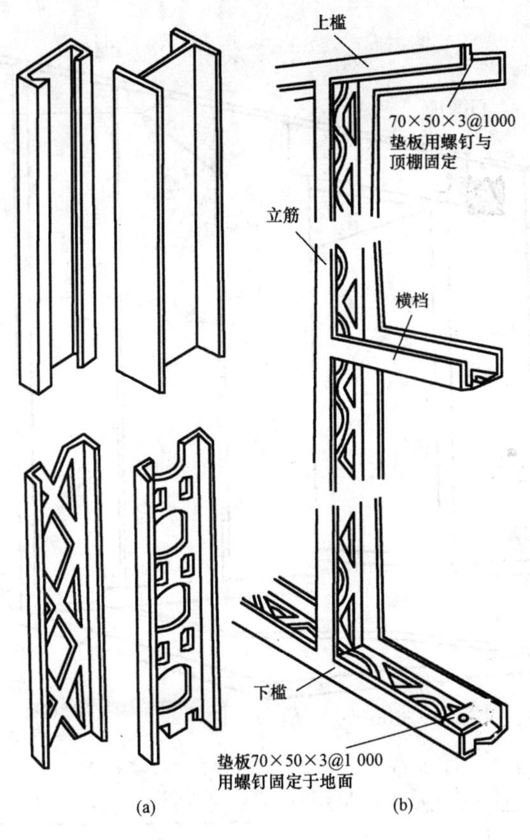

图 3.30 金属骨架构造

第五节 墙面装修

墙面装修是建筑装修中的重要内容，它对提高建筑的艺术效果、美化环境起着很重要的作用，还具有保护墙体、改善墙体热工性能的功能。墙体表面的饰面装修因其位置不同有外墙面装修和内墙面装修两大类型。又因其饰面材料和做法不同，外墙面装修可分为抹灰类、贴面类和涂料类；内墙面装修则可分为抹灰类、贴面类、涂料类和裱糊类。

一、墙面装修的分类

按装修所处部位不同，有室外装修和室内装修两类。室外装修要求采用强度高、抗冻性强、耐水性好以及具有抗腐蚀性的材料；室内装修材料则因室内使用功能不同，要求有一定的强度、耐水及耐火性。

按饰面材料和构造不同，有清水勾缝、抹灰类、贴面类、涂刷类、裱糊类、条板类、玻璃(或金属)幕墙等。

二、墙面装修构造做法

1. 清水砖墙做法

清水砖墙是不做抹灰和饰面的墙面。为防止雨水浸入墙身和整齐美观，可用1∶1或

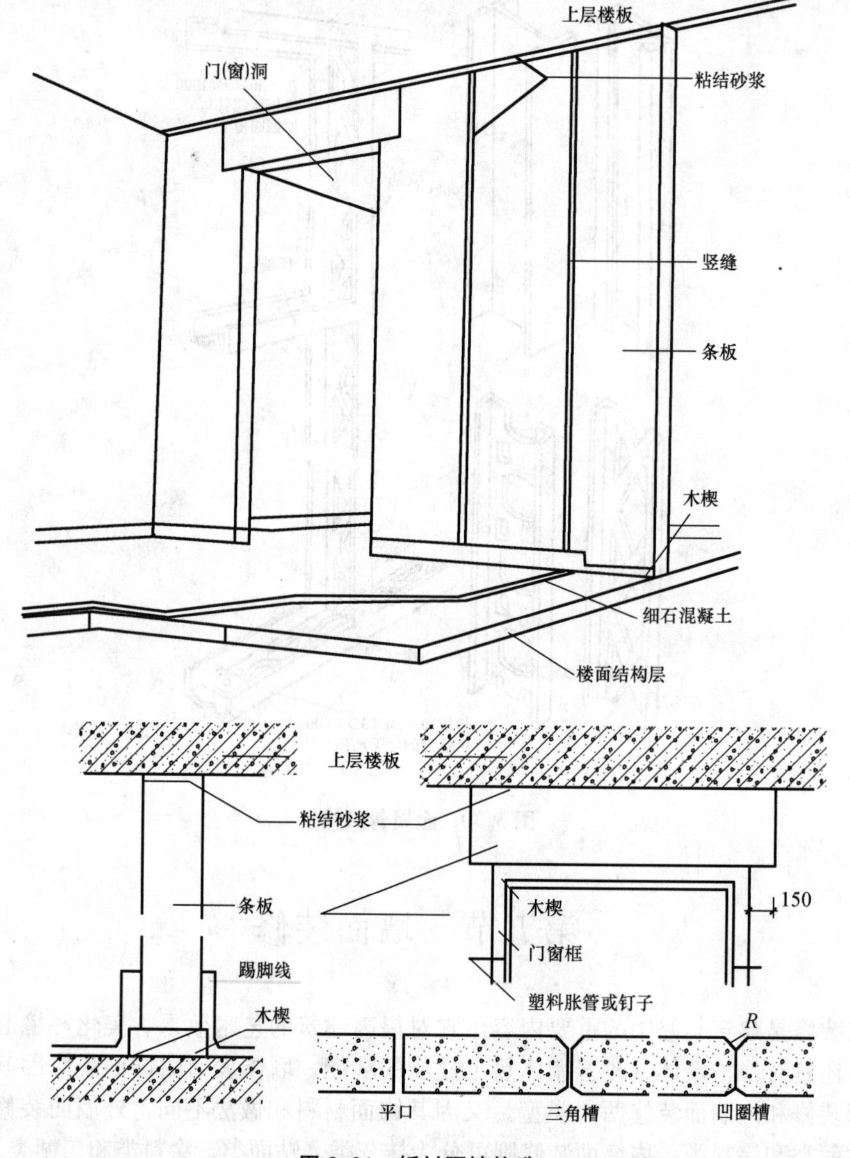

图 3.31　板材隔墙构造

1∶2 水泥细砂浆勾缝。勾缝的形式有平缝、平凹缝、斜缝、弧形缝等。

2. 抹灰类墙面装修

抹灰是我国传统的饰面做法，它是用砂浆涂抹在房屋结构表面上的一种装修方法，其材料来源广泛、施工简便、造价低。通过工艺的改变可以获得多种装饰效果，因此，在建筑墙体装饰中应用广泛。

为保证抹灰质量，做到表面平整、粘结牢固、色彩均匀、不开裂，施工时须分层操作。抹灰一般分三层，即底灰(层)、中灰(层)和面灰(层)。墙体抹灰分层如图 3.32 所示。

(1)底灰又称刮糙，主要起与基层粘结和初步找平作用。这一层用料和施工对整个抹灰质量有较大影响，其用料视基层情况而定。当墙体基层为砖、石时，可采用水泥砂浆或混合砂浆打底；当基层为骨架板条基层时，应采用石灰砂浆作底灰，并在砂浆中掺入适量麻

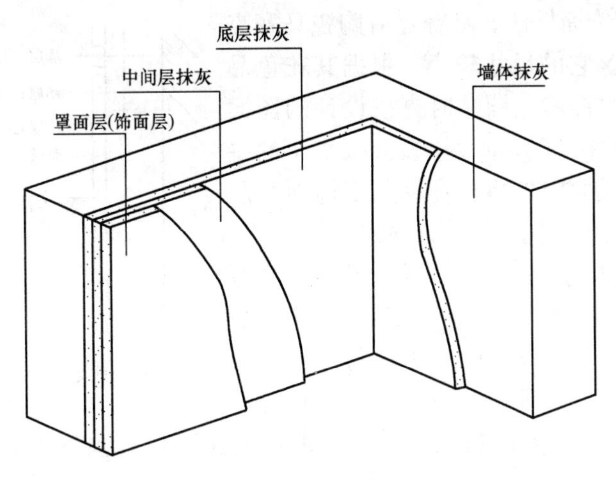

图 3.32　墙面抹灰分层

刀(纸筋)或其他纤维，施工时将底灰挤入板条缝隙，以加强拉结，避免开裂、脱落。

(2)中灰主要起进一步找平作用，材料基本与底层相同。

(3)面灰主要起装饰美观作用，要求平整、均匀、无裂痕。面层不包括在面层上的刷浆、喷浆或涂料。

抹灰按质量要求和主要工序划分为三种标准，见表 3.1。

表 3.1　抹灰的三种标准

层次 标准	底灰	中灰	面灰	总厚度
普通抹灰	1层	—	1层	≤18 mm
中级抹灰	1层	1层	1层	≤20 mm
高级抹灰	1层	数层	1层	≤25 mm

高级抹灰适用于公共建筑、纪念性建筑，如剧院、宾馆、展览馆等；中级抹灰适用于住宅、办公楼、学校、旅馆以及高标准建筑物中的附属房间；普通抹灰适用于简易宿舍、仓库等。

抹灰可分为一般抹灰和装饰抹灰两类。一般抹灰有石灰砂浆抹灰、混合砂浆抹灰、水泥砂浆抹灰等。外墙抹灰一般为 20～25 mm，内墙抹灰为 15～20 mm，顶棚为 12～15 mm。装饰抹灰常用的有水刷石面、水磨石面、斩假石面、干粘石面、弹涂面等。装饰抹灰多采用石碴类饰面材料，以水泥为胶结材料，以石碴为集料做成水泥石碴浆作为抹灰面层，然后用水洗、斧剁、水磨等方法除去表面水泥浆皮，或者在水泥砂浆面上甩粘小粒径石碴，使饰面显露出石碴的颜色、质感，具有丰富的装饰效果。

贴面类装修是指在内外墙面上粘贴各种天然石板、人造石板、陶瓷面砖等。

3. 饰面砖装修

(1)面砖饰面做法。面砖应先放入水中浸泡，安装前取出晾干或擦干净，安装时先抹 15 mm 1∶3 水泥砂浆找底并划毛，再用 1∶0.2∶2.5 水泥石灰混合砂浆或用掺有 108 胶(水泥用量 5%～7%)的 1∶2.5 水泥砂浆满刮 10 mm 厚于面砖背面紧粘于墙上。对贴于外墙的面砖常在面砖之间留出一定缝隙。面砖饰面做法如图 3.33 所示。

(2)陶瓷马赛克饰面做法。马赛克有陶瓷马赛克和玻璃马赛克之分。它的尺寸较小，根据其花色品种，可拼成各种花纹图案。铺贴时先按设计的图案将小块材正面向下贴在 500 mm×500 mm 大小的牛皮纸上，然后牛皮纸面向外将马赛克贴于饰面基层上，待半凝后将纸洗掉，同时修整饰面。

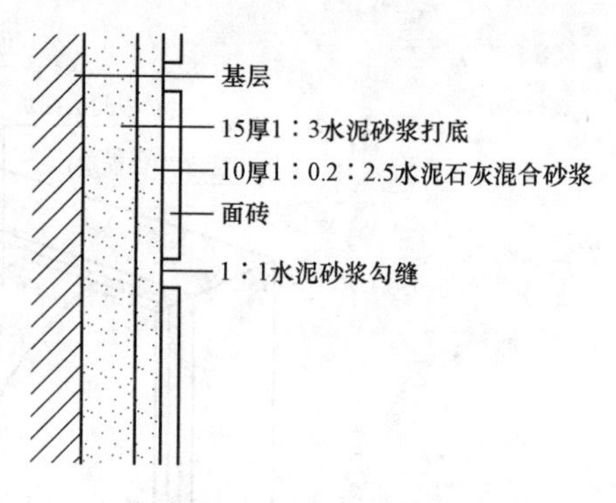

图 3.33　面砖饰面做法

(3)天然石材和人造石材饰面做法。石材按其厚度分有两种，通常厚度为 30～40 mm 以下的称为板材，厚度为 40～130 mm 以上的称为块材。常见天然板材饰面有花岗石、大理石和青石板等，具有强度高、耐久性好等特点，多作高级装饰用。常见人造石板有预制水磨石板、人造大理石板等。

1)石材拴挂法(湿法挂贴)。天然石材和人造石材的安装方法相同，先在墙内或柱内预埋 φ6 铁箍，间距依石材规格而定，而铁箍内立 φ6～φ10 竖筋，在竖筋上绑扎横筋，形成钢筋网。在石板上下边钻小孔，用双股 16 号钢丝绑扎固定在钢筋网上。上下两块石板用不锈钢卡销固定。板与墙面之间预留 20～30 mm 缝隙，上部用定位活动木楔做临时固定，校正无误后，在板与墙之间浇筑 1：3 水泥砂浆，待砂浆初凝后，取掉定位活动木楔，继续上层石板的安装。其构造如图 3.34 所示。

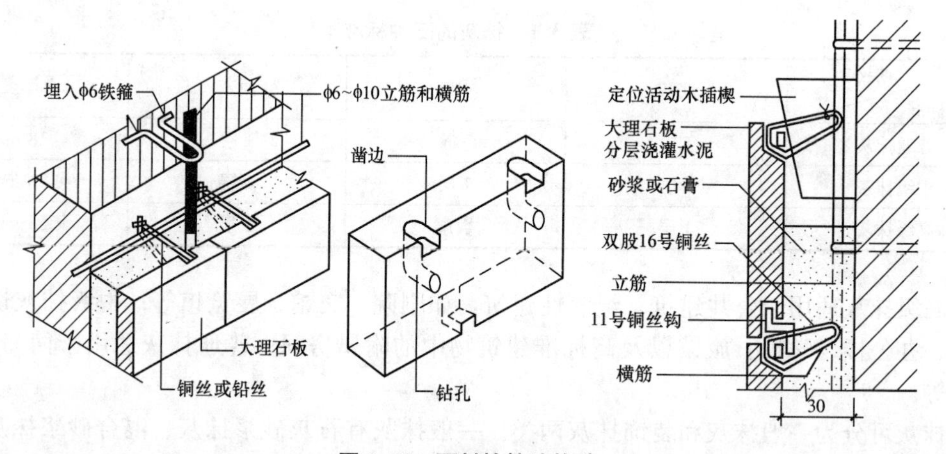

图 3.34　石材拴挂法构造

2)干挂石材法(连接件挂接法)。干挂石材的施工方法是用一组高强耐腐蚀的金属连接件，将饰面石材与结构可靠地连接，其间形成空气间层不作灌浆处理。干挂石材法构造如图 3.35 所示。

4. 涂料类墙面装修

涂料是指喷涂、刷于基层表面后，能与基层形成完整而牢固的保护膜的涂层饰面装修。

涂料按其主要成膜物的不同，可分为无机涂料和有机涂料两大类。

(1)无机涂料。常用的无机涂料有石灰浆、大白浆、可赛银浆、无机高分子涂料等。

(2)有机涂料。有机合成涂料依其主要成膜物质和稀释剂的不同，可分为溶剂型涂料、水溶性涂料和乳液型涂料三种。

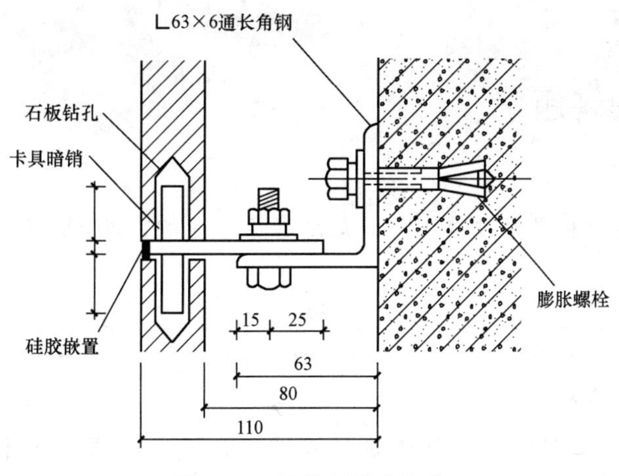

图 3.35　干挂石材法构造

5. 裱糊类墙面装修

裱糊类墙面装修是将各种装饰性的墙纸、墙布、织锦等材料裱糊在内墙面上的一种装修饰面。墙纸品种很多，目前国内使用最多的是塑料墙纸和玻璃纤维墙布等。

(1)基层处理：在基层刮腻子，以使裱糊墙纸的基层表面达到平整光滑。同时为了避免基层吸水过快，还应对基层进行封闭处理，处理方法为：在基层表面满刷一遍按 1∶0.5～1∶1 稀释的 108 胶水。

(2)裱贴墙纸：粘贴剂通常采用 108 胶水。其配合比为：108 胶∶羧甲基纤维素(2.5%)水溶液∶水＝100∶(20～30)∶50，108 胶的含固量为 12%左右。

6. 板材类墙面装修

板材类装修是指采用天然木板或各种人造薄板借助于镶钉胶等固定方式对墙面进行装饰处理。板材类墙面由骨架和面板组成，骨架有木骨架和金属骨架，面板有硬木板、胶合板、纤维板、石膏板等各种装饰面板和近年来应用日益广泛的金属面板。常见的构造方法如下：

(1)木质板墙面。木质板墙面是用各种硬木板、胶合板、纤维板以及各种装饰面板等做的装修。其具有美观大方、装饰效果好且安装方便等优点，但防火、防潮性能欠佳，一般多用作宾馆、大型公共建筑的门厅以及大厅面的装修。木质板墙面装修构造是先立墙筋，然后外钉面板。

(2)金属薄板墙面。金属薄板墙面是指利用薄钢板、不锈钢钢板、铝板或铝合金板作为墙面装修材料。以其精密、轻盈，体现着新时代的审美情趣。

金属薄板墙面装修构造，也是先立墙筋，然后外钉面板。墙筋用膨胀铆钉固定在墙上，间距为 60～90 mm。金属板用自攻螺钉或膨胀铆钉固定，也可先用电钻打孔后用木螺钉固定。

(3)石膏板墙面。一般构造做法是：首先在墙体上涂刷防潮涂料，然后在墙体上铺设龙骨，将石膏板钉在龙骨上，最后进行板面修饰。

复习思考题

参考答案

一、填空题

1. 钢筋混凝土构造柱是从__________角度考虑设置的，其最小截面尺寸为__________。

2. 常用隔墙有__________、__________和__________三大类。

3. 在框架结构中，墙是__________构件，柱是__________构件。

4. 我国标准砖的规格为__________。

5. 为加强建筑物空间刚度，提高抗震性能，在砖混结构建筑中应设置__________和__________。

6. 墙身水平防潮层一般可分为防水砂浆防潮层__________、__________、__________三种做法。

7. 一般民用建筑窗台的高度为__________。

8. 抹灰墙面装修是由__________、__________和__________三个层次组成。

二、单项选择题

1. 墙体按材料分为(　　)。

A. 砖墙、石墙、钢筋混凝土墙　　B. 砖墙、非承重墙

C. 实体墙、空体墙、组合墙　　D. 外墙、内墙

2. 墙体按受力状况分为(　　)。

A. 承重墙、空体墙　　B. 内墙、外墙

C. 实体墙、空体墙、组合墙　　D. 承重墙、非承重墙

3. 横墙承重方案适用于房间(　　)的建筑。

A. 进深尺寸不大　　B. 大空间

C. 开间尺寸不大　　D. 开间大小变化较多

4. 当室内地面垫层为碎砖或灰土等透水性材料时，其水平防潮层的位置应设在(　　)。

A. 室内地面标高±0.000 处　　B. 室内地面以下−0.060 m 处

C. 室内地面以上+0.060 m 处　　D. 室外地面以下−0.060 m 处

5. 为防止雨水污染外墙墙身，应采取的构造措施为(　　)。

A. 散水　　B. 踢脚　　C. 勒脚　　D. 墙裙

6. 通常称呼的 37 墙，其实际尺寸为(　　)mm。

A. 365　　B. 370　　C. 360　　D. 375

7. 承重墙的最小厚度为(　　)mm。

A. 370　　B. 240　　C. 180　　D. 120

8. 钢筋混凝土过梁在洞口两侧伸入墙内的长度，应不小于(　　)mm。

A. 120　　B. 180　　C. 200　　D. 240

9. 构造柱的最小截面尺寸为(　　)。

A. 240 mm×240 mm　　B. 370 mm×370 mm

C. 240 mm×180 mm　　D. 180 mm×120 mm

10. 对砖混结构建筑，下面做法不能够提高结构抗震性能的是(　　)。

A. 钢筋混凝土过梁　　B. 钢筋混凝土圈梁

C. 构造柱　　D. 空心楼板

11. 为增强建筑物的整体刚度可采取(　　)等措施。

Ⅰ. 构造柱　　Ⅱ. 变形缝　　Ⅲ. 预制楼板　　Ⅳ. 圈梁

A. Ⅰ、Ⅳ　　B. Ⅱ、Ⅲ　　C. Ⅰ、Ⅱ、Ⅲ、Ⅳ　　D. Ⅲ、Ⅳ

12. 钢筋混凝土构造柱的作用是(　　)。

A. 使墙角竖直　　B. 加快施工速度

C. 增强建筑物整体刚度　　D. 承受上部荷载

13. 隔墙的主要作用是(　　)。

A. 承受荷载　　B. 分隔空间　　C. 保温隔热　　D. 遮风避雨

14. 下列做法不是墙体的加固做法的是(　　)。

A. 当墙体长度超过一定限度时，在墙体局部位置增设壁柱

B. 设置圈梁

C. 设置钢筋混凝土构造柱

D. 在墙体适当位置用砌块砌筑

15. 散水的构造做法，下列不正确的是(　　)。

A. 在素土夯实上做 60～100 mm 厚混凝土，其上再做 5%的水泥砂浆抹面

B. 散水宽度一般为 600～1 000 mm

C. 散水与墙体之间应整体连接，防止开裂

D. 散水宽度比采用自由落水的屋顶檐口多出 200 mm 左右

二、多项选择题

1. 墙体是建筑物的重要组成部分，主要起(　　)作用。

A. 装饰　　B. 承重　　C. 围护　　D. 分割

E. 美观

2. 纵墙承重的优点是(　　)。

A. 空间组合较灵活　　B. 纵墙上开门、窗限制较少

C. 整体刚度好　　D. 楼板所用材料较横墙承重少

E. 抗震性能好

3. 天然大理石墙面的装饰效果较好，通常用于(　　)。

A. 外墙面　　B. 办公室内墙面

C. 门厅内墙面　　D. 卧室内墙面

E. 卫生间内墙面

三、简答题

1. 简述墙体类型的分类方式及类别。
2. 简述砖混结构墙体的几种结构布置方案及特点。
3. 提高外墙保温能力的措施有哪些?
4. 墙体设计在使用功能上应考虑哪些设计要求?
5. 简述砖墙的优缺点。
6. 砖墙组砌的要点是什么?

7. 简述勒脚水平防潮层的设置位置、方式及特点。
8. 墙身加固措施有哪些?
9. 砌块墙的组砌要求有哪些?
10. 简述墙面装修的基层处理原则。
11. 简述墙面装修的种类及特点。
12. 举例说明散水与勒脚间的做法(作图表示即可)。
13. 简述标准较高的抹灰类墙面装修中，抹灰层的组成及各层作用。

第四章　楼地层

第一节　楼地层的设计要求和组成

楼地层是楼板层和地坪层的统称，是建筑物中分隔上下楼层的水平构件。楼板层是水平方向的分隔构件，同时也是承重构件，它不仅承受自重和其上的使用荷载，并将其传递给墙或柱，再传递给基础；地坪层是建筑物底层与土壤相接的构件，与楼板层一样承受着作用在其上的全部荷载，并将它们均匀地传递给地基。

一、楼地层的设计要求

1. 具有足够的强度和刚度

强度要求是指楼板层应保证在自重和活荷载的作用下安全可靠，不发生任何破坏。这主要是通过结构设计来满足要求。刚度要求是指楼板层在一定荷载作用下不发生过大的变形，以保证正常使用状况。结构规范规定楼板的允许挠度不大于跨度的1/250，可用板的最小厚度($1/40L$～$1/35L$)来保证其刚度。

2. 具有一定的隔声能力

不同使用性质的房间对隔声的要求不同，楼层的隔声量一般为40～50 dB。对一些特殊性质的房间如广播室、录音室、演播室等的隔声要求则更高。楼板主要是隔绝固体传声，如人的脚步声、拖动家具、敲击楼板等都属于固体传声，防止固体传声可采取以下措施：

(1)在楼板表面铺设地毯、橡胶、塑料毡等柔性材料。

(2)在楼板与面层之间加弹性垫层以降低楼板的振动。

(3)在楼板下加设吊顶，使固体噪声不直接传入下层空间。

3. 具有一定的防火能力

楼地层应根据建筑物的等级、对防火的要求等进行设计，保证在火灾发生时，在一定时间内不致因楼板塌陷而给生命和财产带来损失。

4. 具有防潮、防水能力

对于厨房、卫生间等易产生积水的房间或者房间长期处于潮湿环境，应处理好楼地层的防潮、防水问题。

5. 满足各种管线的设置

在现代建筑中，各种功能日趋完善，同时必须有更多管线借助楼板层敷设，为使室内平面内布置灵活，空间使用完整，在楼板层设计中应充分考虑各种管线的布置要求。

6. 满足建筑经济的要求

选用楼板时应结合当地实际选择合适的结构材料和类型，提高装配化程度。一般多层建筑中楼板层造价占建筑物总造价的20%～30%，要合理选配，降低造价。

二、楼地层的组成

1. 楼板层的组成

楼板层主要由面层、结构层和顶棚三部分组成。根据使用的实际需要可在楼板层中设置附加层，如图4.1所示。

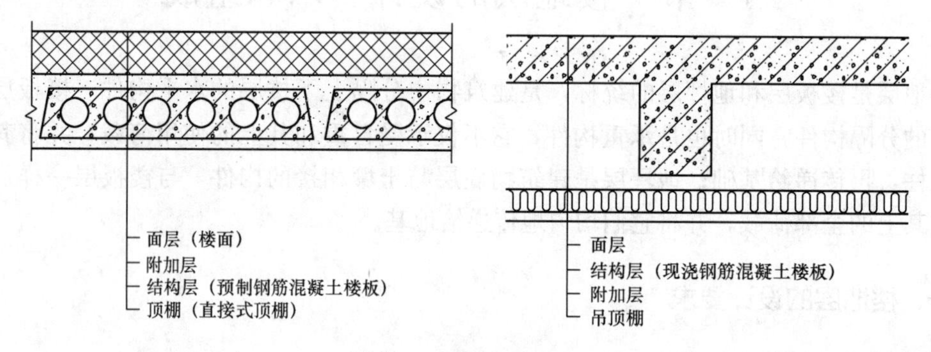

图4.1 楼板层的组成

(1)面层。面层又称楼面(地面)，是人、家具、设备等直接接触的部分，起着保护楼板和室内装饰的作用。

(2)结构层。结构层的主要功能在于承受楼板层上的全部荷载并将这些荷载传递给墙或柱；同时，还对墙身起水平支撑作用，以加强建筑物的整体刚度。根据所用材料不同可分为木楼板、砖拱楼板、钢筋混凝土楼板、压型钢板组合楼板等多种类型，如图4.2所示。

(3)附加层。附加层又称功能层，根据楼板层的具体要求而设置，主要作用是隔声、隔热、保温、防水、防潮、防腐蚀、防静电等。根据需要，有时和面层合二为一，有时又和吊顶合为一体。

(4)顶棚层。顶棚层位于楼板层最下层，主要作用是保护楼板、安装灯具、遮挡各种水平管线，改善使用功能，装饰美化室内空间。

2. 地坪层的组成

地坪层的基本组成部分有面层、垫层和基层。对有特殊要求的地坪常在面层和垫层之间增设一些附加层，如图4.3所示。

(1)面层。面层是人们生活、工作、学习时直接接触的地面层，是地面直接经受摩擦承受各种作用的表面层。根据使用要求，面层应具有耐磨、不起尘、平整、防水、吸热少等性能。

(2)垫层。垫层是指面层和基层之间的填充层，起承上启下的作用，即承受面层传来的荷载和自重并将其均匀地传递给下部的基层。垫层一般采用60～100 mm的C10素混凝土，也可用柔性垫层，如砂、粉煤灰等。

(3)基层。基层为地面的承重层，一般为土壤。当土壤条件较好或地层上荷载不大时，

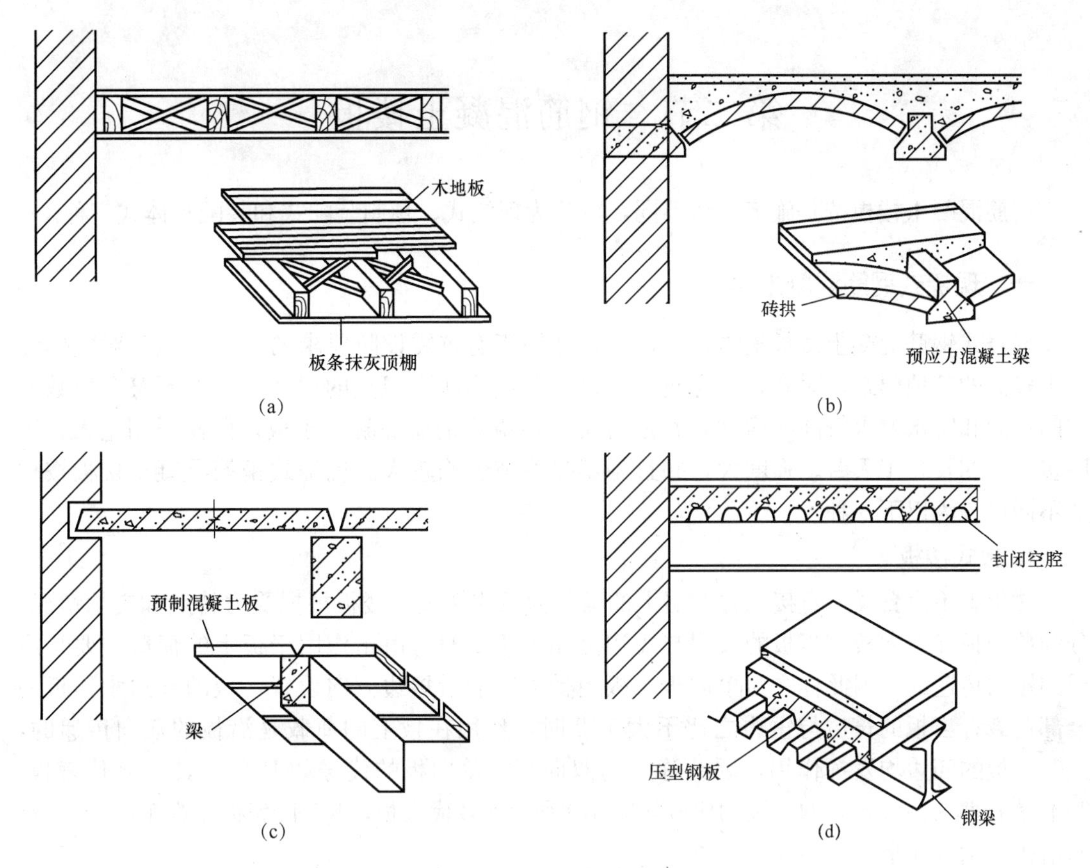

图 4.2　楼板的类型

(a)木楼板；(b)砖拱楼板；(c)钢筋混凝土楼板；(d)压型钢板组合楼板

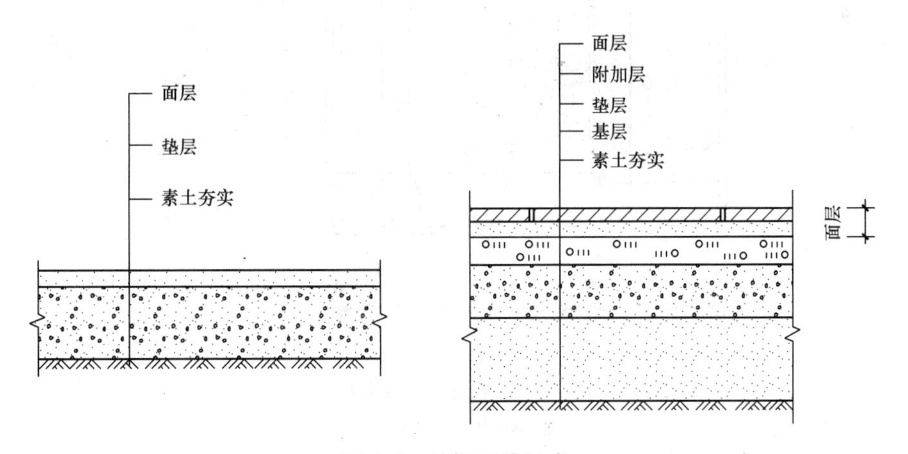

图 4.3　地坪层的组成

一般采用原土夯实或填土分层夯实；当地层上荷载较大时，需要进行换土或夯入碎砖、砾石等，如 100～150 mm 厚 2∶8 灰土，或碎砖、炉渣、三合土等。

(4)附加层。附加层是为满足某些特殊使用功能要求而设置的一些层次，一般位于面层与垫层之间，如防潮层、保温层、防水层等。

第二节　钢筋混凝土楼板

钢筋混凝土楼板按其施工方法不同，可分为现浇式、预制装配式和装配整体式三种。

一、现浇式钢筋混凝土楼板

现浇式钢筋混凝土楼板整体性好，特别适用于有抗震设防要求的多层房屋和对整体性要求较高的其他建筑，对有管道穿过的房间、平面形状不规整的房间、尺度不符合模数要求的房间和防水要求较高的房间，都适合采用现浇式钢筋混凝土楼板，但模板用量大、工序多、工期长，工人劳动强度大，并且施工受季节影响较大。现浇式钢筋混凝土楼板按构造不同可分为以下 5 种。

1. 板式楼板

楼板下不设置梁，直接搁置在墙上的板称为板式楼板。楼板根据受力特点和支承情况，分为单向板和双向板。当板的长边与短边之比大于 2 时，由于作用于板上的荷载主要是沿板的短向传递的，因此称之为单向板，板内受力钢筋沿短边方向设置，板的长边承担板的全部荷载；当板的长边与短边之比不大于 2 时，作用在板上的荷载是沿板的双向传递的，此时，板的四边均发挥作用，因此称之为双向板。单向板的代号如 B/80，其中 B 代表板，80 代表板厚为 80 mm；双向板的代号如图 4.4 所示，B 代表板，100 代表板厚为 100 mm，双向箭头表示双向板。

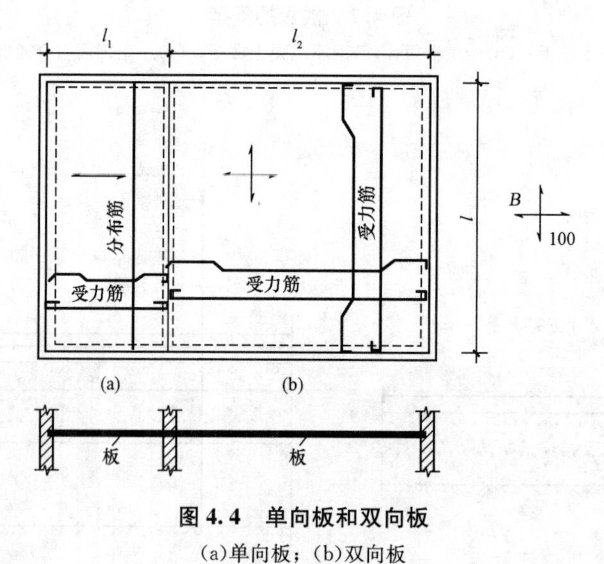

图 4.4　单向板和双向板

(a)单向板；(b)双向板

板式楼板底面平整、美观，施工方便。其适用于小跨度房间，如走廊、厕所和厨房等。板式楼板厚度一般不超过 120 mm，经济跨度在 3 000 mm 之内。

2. 肋梁楼板

肋梁楼板由板、次梁和主梁组成。其荷载传递路线为板→次梁→主梁→柱(或墙)，如图 4.5 所示。主梁的经济跨度为 5～8 m，主梁高为主梁跨度的 1/14～1/8，主梁宽为高的

1/3～1/2；次梁的经济跨度为 4～6 m，次梁高为次梁跨度的 1/18～1/12，宽度为梁高的 1/3～1/2，次梁跨度即为主梁间距；板的厚度确定同板式楼板，由于板的混凝土用量占整个肋梁楼板混凝土用量的 50%～70%，因此板宜取薄些，通常板跨不大于 3 m；其经济跨度为 1.7～2.5 m。

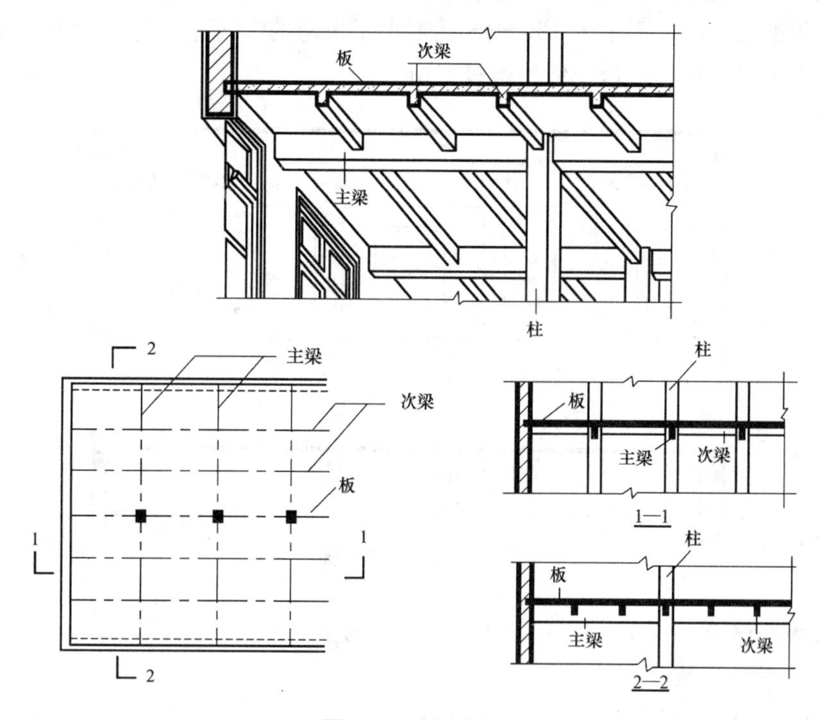

图 4.5　肋梁楼板

3. 井式楼板

井式楼板是肋梁楼板的一种特殊形式。当房间尺寸较大，并接近正方形时，常沿两个方向布置等距离、等截面高度的梁(不分主、次梁)，板为双向板，形成井格形的梁板结构，纵梁和横梁同时承担着由板传递的荷载。当双向板肋梁楼板的板跨相同，且两个方向的梁截面也相同时，就形成了井式楼板，分为正井式和斜井式，如图 4.6 所示。井式楼板适用于长宽比不大于 1.5 的矩形平面，井式楼板中板的跨度为 3.5～6 m，梁的跨度可达 20～30 m，梁截面高度不小于梁跨的 1/15，宽度为梁高的 1/4～1/2，且不少于 120 mm。由于井式楼板可以用于较大的无柱空间，而且楼板底部的井格整齐划一，很有韵律，稍加处理就可形成艺术效果很好的顶棚。

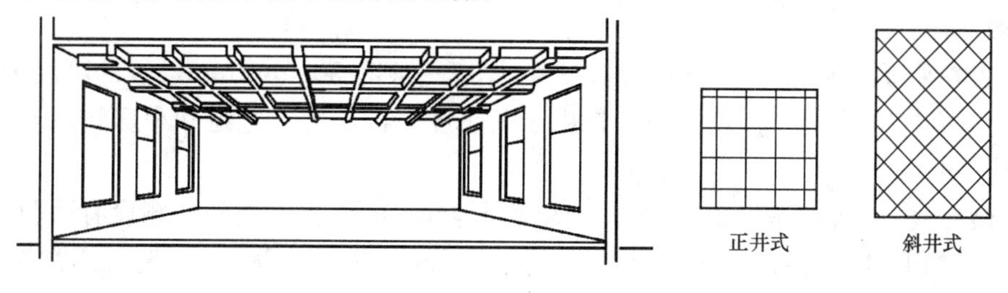

图 4.6　井式楼板

4. 无梁楼板

无梁楼板为等厚的平板直接支承在柱上，分为有柱帽和无柱帽两种，如图 4.7 所示。当楼面荷载比较小时，可采用无柱帽楼板；当楼面荷载较大时，必须在柱顶加设柱帽。无梁楼板的柱可设计成方形、矩形、多边形和圆形；柱帽可根据室内空间要求和柱截面形式进行设计；板的最小厚度不小于 120 mm 且不小于板跨的 1/35～1/32。无梁楼板的柱网一般布置为正方形或矩形，间跨一般不超过 6 m。

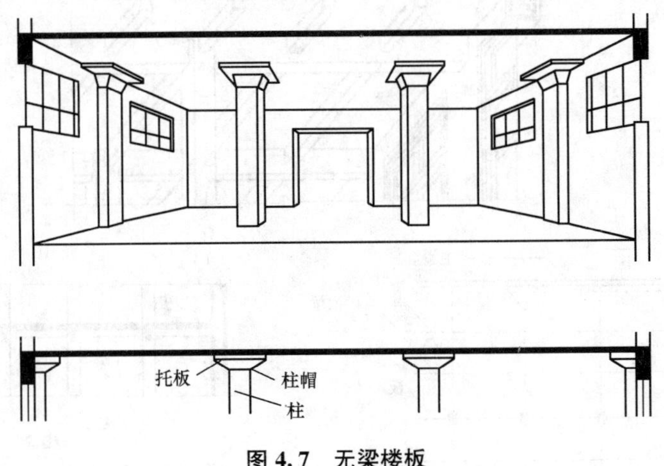

图 4.7　无梁楼板

无梁楼板楼层净空较大，顶棚平整，采光通风和卫生条件较好，适用于活荷载较大的商店、仓库和展览馆等建筑。

5. 压型钢板组合楼板

压型钢板组合楼板是利用凹凸相间的压型薄钢板作衬板与现浇混凝土面层浇筑在一起而形成的钢衬板组合楼板，其既提高了楼板的强度和刚度，又加快了施工进度，如图 4.8 所示。

二、预制装配式钢筋混凝土楼板

预制装配式钢筋混凝土楼板是指在构件预制加工厂或施工现场外预先制作，然后运到工地现场进行安装的钢筋混凝土楼板。预制板的长度一般与房屋的开间或进深一致，为 3M 的倍数；板的宽度一般为 1M 的倍数；板的截面尺寸须经结构计算确定。

1. 板的类型

预制钢筋混凝土楼板有预应力和非预应力两种。预制钢筋混凝土楼板常用类型有实心平板、槽形板、空心板三种。

(1)实心平板。预制实心平板规格较小，厚度一般为 50～80 mm，板的跨度为 2.4 m，板宽度为 500～900 mm。预制实心平板由于其跨度小，常用于过道和小房间、卫生间、厨房的楼板(图 4.9)。

(2)槽形板。槽形板是一种肋板结合的预制构件，即在实心板的两侧设有边肋，作用在板上的荷载都由边肋来承担，板宽为 500～1 200 mm，非预应力槽形板跨长通常为 3～6 m。板肋高为 120～240 mm，板厚仅 30 mm。槽形板减轻了板的自重，具有省材料、便于在板上开洞等优点，但隔声效果差，如图 4.10 所示。

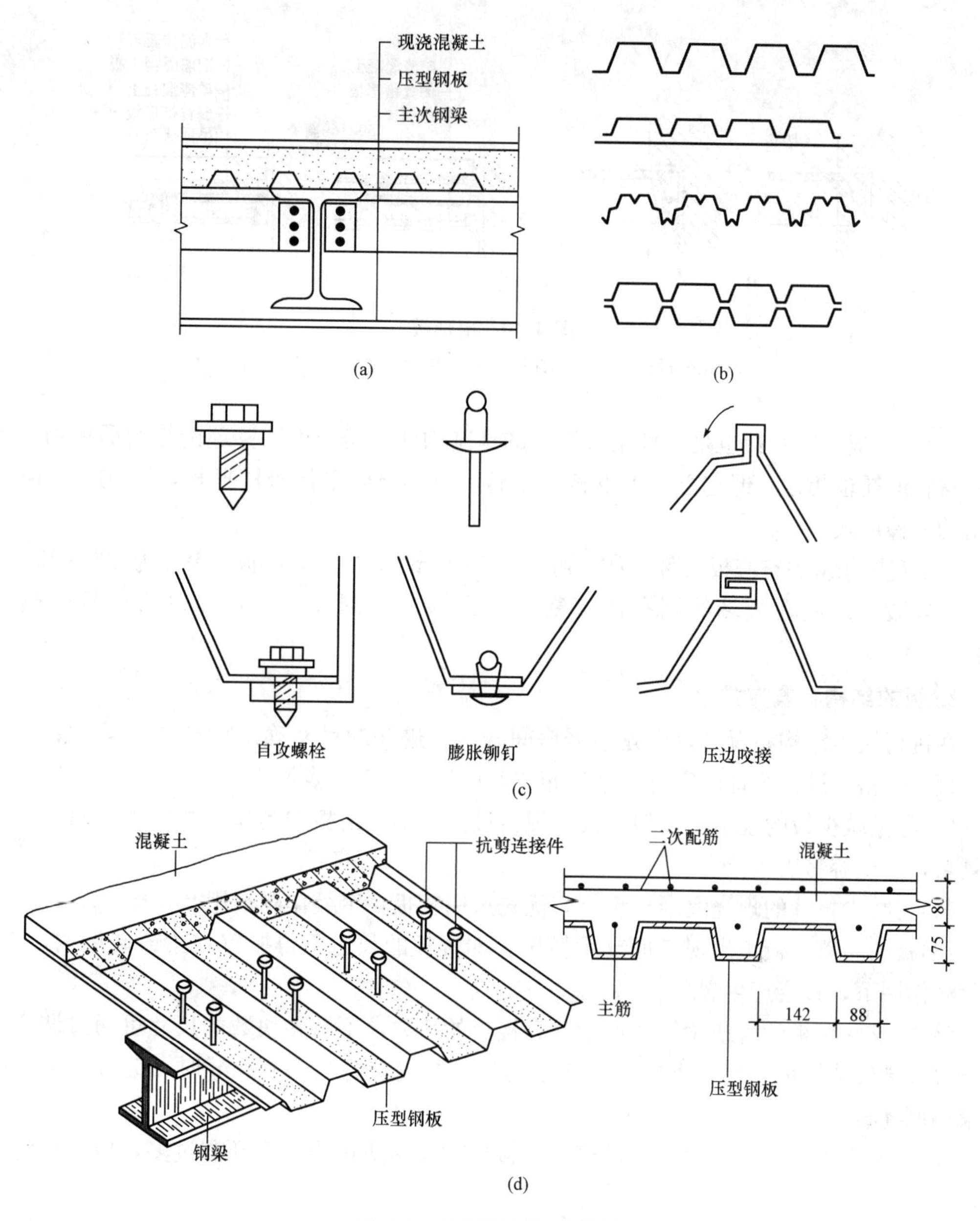

图 4.8　压型钢板组合楼板

(a)压型钢板组合楼板基本构成；(b)压型钢板截面形式；
(c)压型钢板之间的连接；(d)压型钢板与钢梁之间的连接

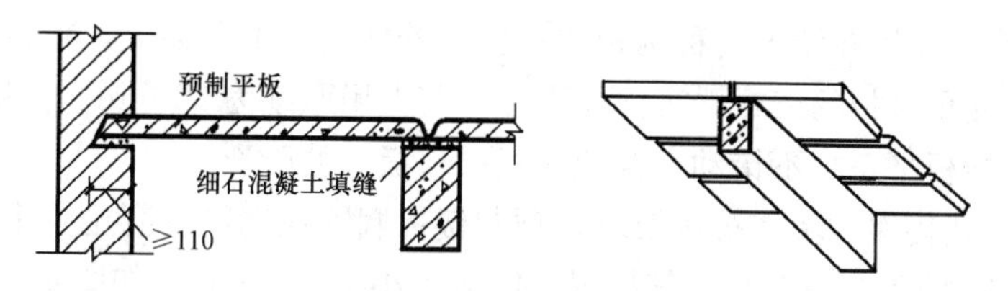

图 4.9　预制实心平板

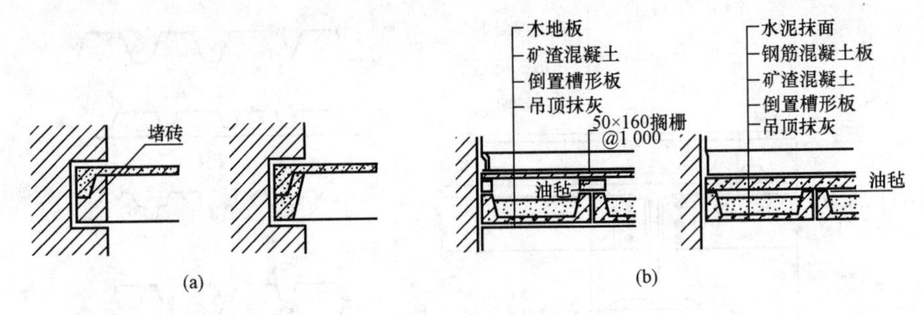

图 4.10　槽形板

(a)正槽板板端支承在墙上；(b)倒槽板的楼面及顶棚构造

(3)空心板。空心板也是一种梁板结合的预制构件，其结构计算理论与槽形板相似，两者的材料消耗也相近，但空心板上下板面平整，且隔声效果优于槽形板，因此是目前广泛采用的一种形式。

目前我国预应力空心板的跨度可达到 6 m、6.6 m、7.2 m 等，板的厚度为 120～300 mm。空心板安装前，应在板端的圆孔内填塞 C15 混凝土短圆柱(即堵头)以避免板端被压坏(图 4.11)。

2. 板的结构布置方式

在进行楼板结构布置时，应先根据房间开间、进深的尺寸确定构件的支承方式，然后选择板的规格，进行合理的安排。结构布置时应注意以下几点原则：

(1)尽量减少板的规格、类型。板的规格过多，不仅给板的制作增加麻烦，而且施工也较复杂，甚至容易搞错。

(2)为减少板缝的现浇混凝土量，应优先选用宽板，窄板作调剂用。

(3)板的布置应避免出现三面支承情况，即楼板的长边不得搁置在梁或砖墙内，否则，在荷载作用下，板会产生裂缝。

(4)按支承楼板的墙或梁的净尺寸计算楼板的块数，不够整块数的尺寸可通过调整板缝或于墙边挑砖或增加局部现浇板等办法来解决。当缝差超过 200 mm 时，应考虑重新选板或采用调缝板。

(5)遇有上下管线、烟道、通风道穿过楼板时，为防止圆孔板开洞过多，应尽量将该处楼板现浇。

板的结构布置方式可采用墙承重系统和框架承重系统。当预制板直接搁置在墙上时称为板式结构布置；当预制板搁置在梁上时称为梁板式结构布置。

3. 板的搁置要求

(1)预制板直接搁置在墙上的称为板式布置；若楼板支承在梁上，梁再搁置在墙上的称为梁板式布置。支承楼板的墙或梁表面应平整，其上用厚度为 20 mm 的 M5 水泥砂浆坐浆，以保证安装后的楼板平正、不错动，避免楼板层在板缝处开裂。

(2)为满足荷载传递、墙体抗压要求，预制楼板搁置在钢筋混凝土梁上时，其搁置长度应不小于 80 mm；搁置在墙上时，其搁置长度应不小于 100 mm，如图 4.12 所示。铺板前，先在墙或梁上用 20 mm 厚 M5 水泥砂浆找平(即坐浆)，然后再铺板，使板与墙或梁有较好的连接，同时也使墙体受力均匀。

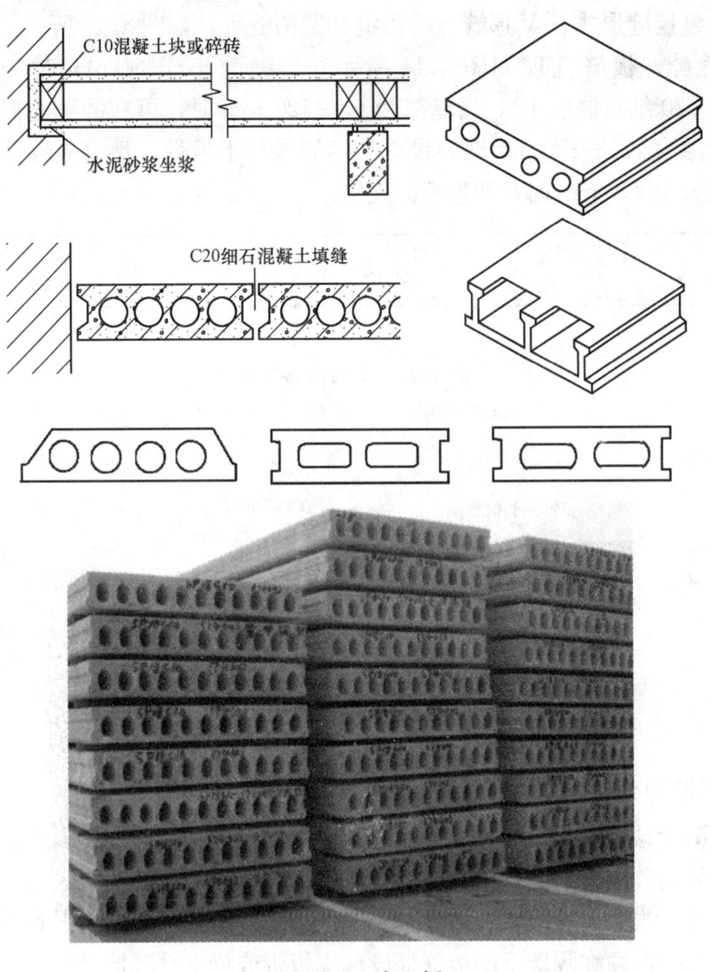

图 4.11　空心板

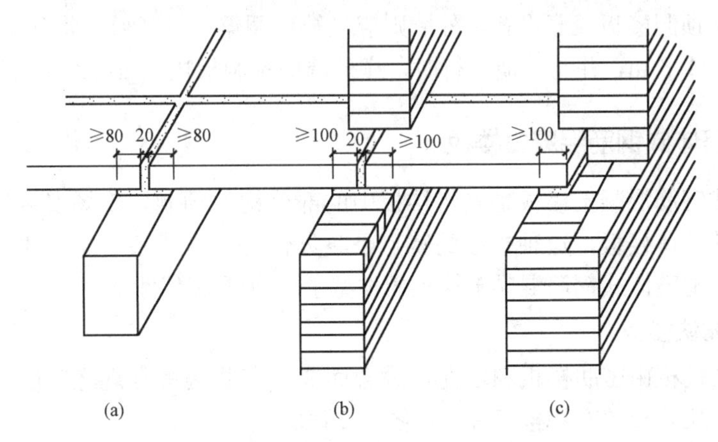

图 4.12　预制板在梁、墙上的搁置构造

(a)梁上搁置；(b)内墙上搁置；(c)外墙上搁置

4. 板缝处理

预制板板缝起着连接相邻两块板协同工作的作用，使楼板成为一个整体。板缝包括端缝

和侧缝，一般侧缝接缝形式有V形缝、U形缝和凹槽缝等，如图4.13所示。在具体布置楼板时，往往出现缝隙。板缝处理如图4.14所示。当缝隙小于60 mm时，可调节板缝(使其≤30 mm，灌C20细石混凝土)；当缝隙为60～120 mm时，可在灌缝的混凝土中加配2Φ6通长钢筋；当缝隙为120～200 mm时，设现浇钢筋混凝土板带，且将板带设在墙边或有穿管的部位；当缝隙大于200 mm时，调整板的规格。

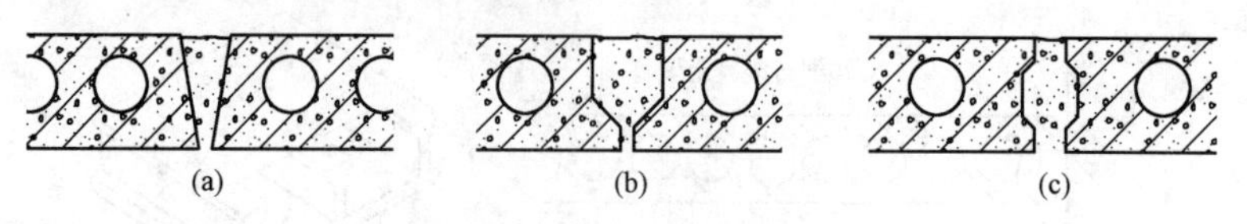

图4.13 侧缝接缝形式

(a)V形缝；(b)U形缝；(c)凹槽缝

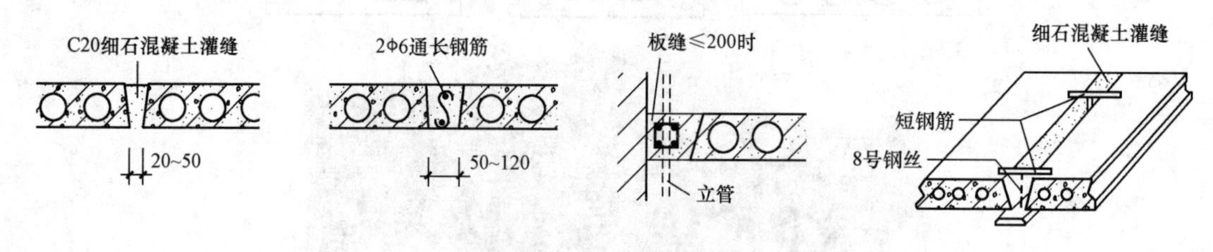

图4.14 板缝处理

5. 楼板上隔墙的处理

预制钢筋混凝土楼板上设隔墙时，宜采用轻质隔墙，可搁置在楼板的任何位置。若隔墙自重较大时，如采用砖隔墙、砌块隔墙等，应避免将隔墙搁置在一块板上，通常将隔墙设置在两块板的接缝处。当采用槽形板或小梁隔板的楼板时，隔墙可直接搁置在板的纵肋或小梁上；当采用空心板时，须在隔墙下的板缝处设现浇板带或梁支承隔墙，如图4.15所示。

6. 装配式钢筋混凝土楼板的抗震构造

圈梁应紧贴预制楼板板底设置，外墙则应设缺口圈梁(L形梁)，将预制板箍在圈梁内。当板的跨度大于4.8 m，并与外墙平行时，靠外墙的预制板边应设拉结筋与圈梁拉结。

三、装配整体式钢筋混凝土楼板

装配整体式钢筋混凝土楼板是先将楼板中的部分构件预制，现场安装后，再浇筑混凝土面层而形成的整体楼板。这种楼板的特点是整体性好、省模板、施工快、集中了现浇和预制的优点。装配整体式钢筋混凝土楼板的类型主要包括以下两种。

1. 密肋填充块楼板

密肋填充块楼板由密肋楼板和填充块叠合而成。密肋楼板有现浇密肋楼板、预制小梁现浇楼板、带骨架芯板填充块楼板等，如图4.16所示。

密肋楼板由布置得较密的肋(梁)与板构成。肋的间距及高应与填充物尺寸配合，通常肋的间距为700～1 000 mm、肋宽为60～150 mm，肋高为200～300 mm，板的厚度不小于50 mm，楼板的适用跨度为4～10 m。

密肋楼板间的填充块，常用陶土空心砖或焦渣空心砖、矿渣混凝土实心块等作为肋间填充块来现浇密肋和面板而成。密肋填充块楼板的密肋小梁有现浇和预制两种。预制小梁

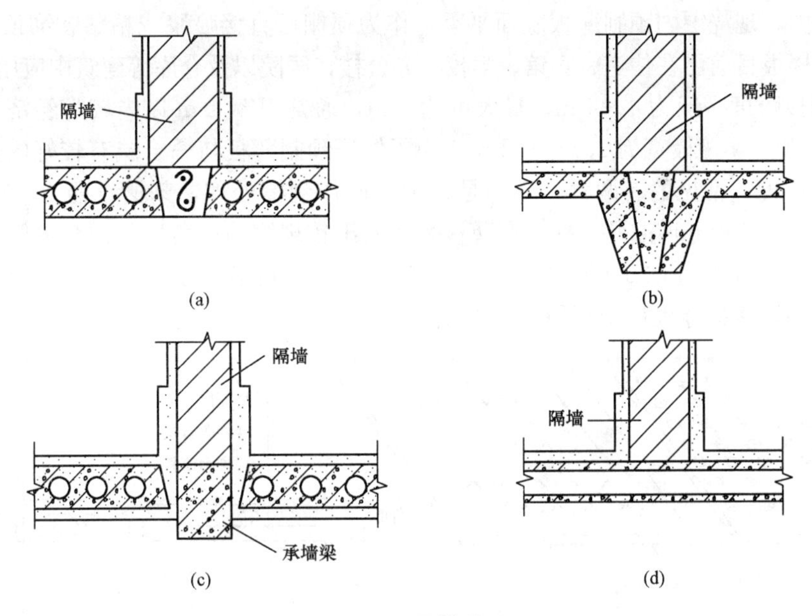

图 4.15　隔墙处理

(a)板缝内配钢筋支承隔墙；(b)隔墙支承在纵肋上；
(c)隔墙支承在梁上；(d)隔墙与板跨垂直

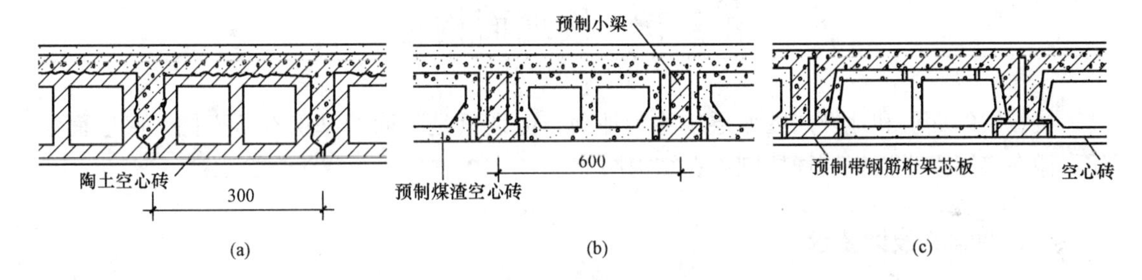

图 4.16　密肋填充块楼板

(a)现浇密肋楼板；(b)预制小梁现浇楼板；(c)带骨架芯板填充块楼板

填充楼板是在预制小梁之间填充陶土空心砖、矿渣混凝土实心块、煤渣空心块等，上面现浇面层而成。

密肋填充块楼板板底平整，有较好的隔声、保温、隔热效果，在施工中空心砖还可以起到模板作用，也利于管道的敷设。密肋填充块楼板由于肋间距小，肋的截面尺寸不大，使楼板结构所占的空间较小。此种楼板常用于学校、住宅、医院等建筑中。

2. 叠合楼板

现浇式钢筋混凝土楼板的整体性好但施工速度慢，耗费模板，不经济。装配式钢筋混凝土楼板的整体性差但施工速度快，省模板。预制薄板与现浇混凝土面层叠合而成的装配整体式楼板，或称叠合式楼板，则既省模板，整体性又较好，但施工麻烦，如图 4.17 所示。叠合楼板的预制钢筋混凝土薄板既是永久性模板承受施工荷载，也是整个楼板结构的一个组成部分。预应力钢筋混凝土薄板内配以高强度钢丝作为预应力筋，同时，也是楼板的跨中受力钢筋，板面现浇混凝土叠合层，只需配置少量的支座负弯矩钢筋。所有楼板层中的管线均事先埋在叠合层内，现浇层内预制薄板底面平整，作为顶棚可直接喷浆或粘贴装饰顶棚壁纸。预制薄板叠台楼板目前已在住宅、宾馆、学校、办公楼、医院以及仓库等建筑中应用。

叠合楼板跨度一般为 4～6 m，最大可达 9 m，通常以 5.4 m 以内较为经济。预应力薄板厚为 60～70 mm，板宽为 1.1～1.8 m。为了保证预制薄板与叠合层有较好的连接，薄板上表面需作处理，常见的有两种：一种是在上表面作刻槽处理，刻槽直径为 50 mm，深为 20 mm，间距为 150 mm；另一种是在薄板表面露出较规则的三角形的结合钢筋。现浇叠合层的混凝土强度等级为 C20，厚度一般为 70～120 mm。的总厚度取决于板的跨度，一般为 150～250 mm，楼板厚度以薄板厚度的 2 倍为宜。

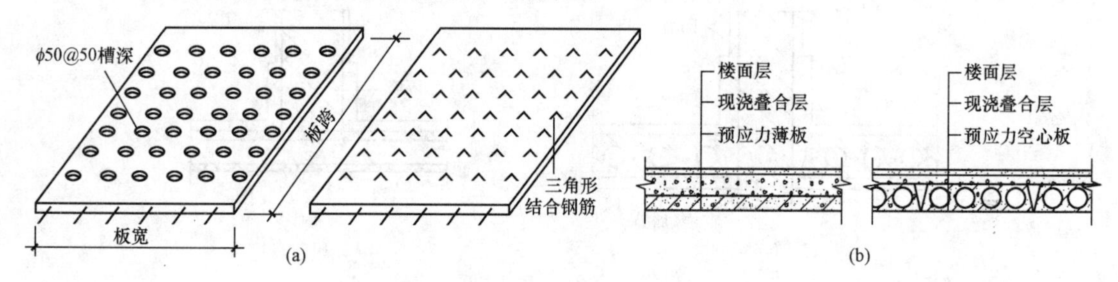

图 4.17 叠合楼板

(a)板面处理；(b)叠合组合楼板构造

第三节 楼地面构造

楼板层的面层和地坪层的面层统称为地面。区别只是下面的基层有所不同，底层面层通常做在垫层上，楼板层面层则做在结构层上。

一、地面的设计要求

1. 具有足够的坚固性

有足够的坚固性，保证在各种外力作用下不宜磨损，且表面平整光洁、宜清扫、不起灰。

2. 保温性能好

要求地面材料的导热系数小，给人以温暖舒适的感觉，冬期时走在上面不致感到寒冷。

3. 具有一定的弹性

当人们行走时不致有过硬的感觉，同时，有弹性的地面对防撞击声有利。

4. 易清洁、经济

对有水作用的房间，地面应做好防水、防潮；对实验室等有酸碱作用的房间，地面具有耐腐蚀能力；在某些房间内，地面还要有较高的耐火性能。

二、地面的构造做法

按面层所用材料和施工方式不同，常见地面做法可分为以下几类。

1. 整体地面

(1)水泥砂浆地面。水泥砂浆地面通常是水泥砂浆抹压而成。它原料供应充足方便，造价低且耐水，是目前应用广泛的一种低档地面做法；但有易结露、易起灰、无弹性、热传导性高等缺点。

水泥砂浆地面通常有单层和双层两种做法。单层做法只抹一层15～20 mm厚1∶2水泥砂浆压实抹光；双层做法是先以15～20 mm厚1∶3水泥砂浆打底、找平，再以5～10 mm厚1∶2或1∶2.5水泥砂浆抹面，如图4.18所示。分层构造虽增加了施工程序，却能保证质量，减少了表面干缩时产生裂纹的可能。

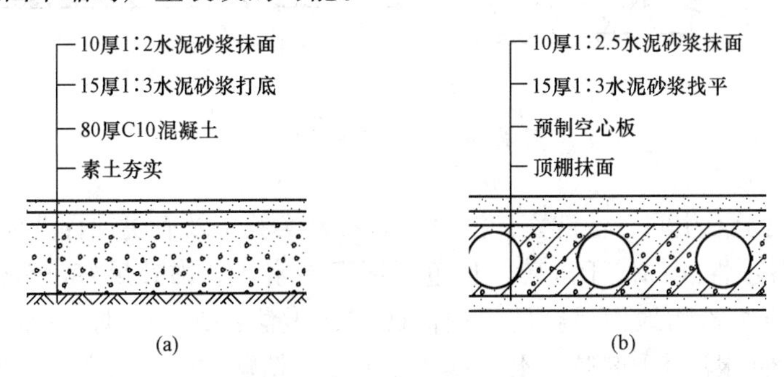

图4.18　水泥砂浆地面

(a)底层地面；(b)楼板层地面

(2)水泥石屑地面。水泥石屑地面是将水泥砂浆里的中粗砂换成3～6 mm的石屑，或称豆石或瓜米石地面。在垫层或结构层上直接做1∶2水泥石屑25 mm厚，水胶比不大于0.4，刮平拍实，碾压多遍，出浆后抹光。这种地面表面光洁，不起尘，易清洁，造价是水磨石地面的50%，但强度高，性能近似水磨石。

(3)水磨石地面。水磨石地面是将用水泥作胶结材料、大理石或白云石等中等硬度石料的石屑作集料而形成的水泥石屑浆浇抹硬结后，经磨光打蜡而成。其性能与水泥砂浆地面相似，但耐磨性好、表面光洁、不易起灰。由于造价较高，常用于卫生间、公共建筑的门厅、走廊楼梯间以及标准较高的房间。

水磨石地面为分层构造，底层为1∶3水泥砂浆10～15 mm厚打底、找平，按设计图采用1∶1水泥砂浆固定分格条(玻璃条、铜条等)，再用1∶2～1∶2.5水泥石屑抹面，浇水养护约一周后用磨石机磨光，再用草酸清洗，打蜡保护。水泥石碴12 mm厚，石碴粒径为8～10 mm，分格条一般高10 mm，用1∶1水泥砂浆固定，如图4.19所示。水磨石地面分格的作用是将地面划分成面积较小的区格，减少开裂的可能，分格条形成的图案增加了地面的美观，同时也方便维修。

2. 块材地面

块材地面是利用各种人造的和天然的预制块材、板材镶铺在基层上面。

(1)铺砖地面。铺砖地面有烧结普通砖地面、水泥砖地面、预制混凝土块地面等。铺设方式有干铺和湿铺两种。干铺是在基层上铺一层20～40 mm厚砂子，将砖块等直接铺设在砂上，板块之间用砂或砂浆填缝；湿铺是在基层上铺1∶3水泥砂浆12～20 mm厚，用1∶1水泥砂浆灌缝。

(2)缸砖、地面砖及陶瓷马赛克地面。

1)缸砖是陶土加矿物颜料烧制而成的一种无釉砖块，主要有红棕色和深米黄色两种，缸砖质地细密坚硬，强度较高，耐磨、耐水、耐油、耐酸碱，易于清洁，不起灰，施工简

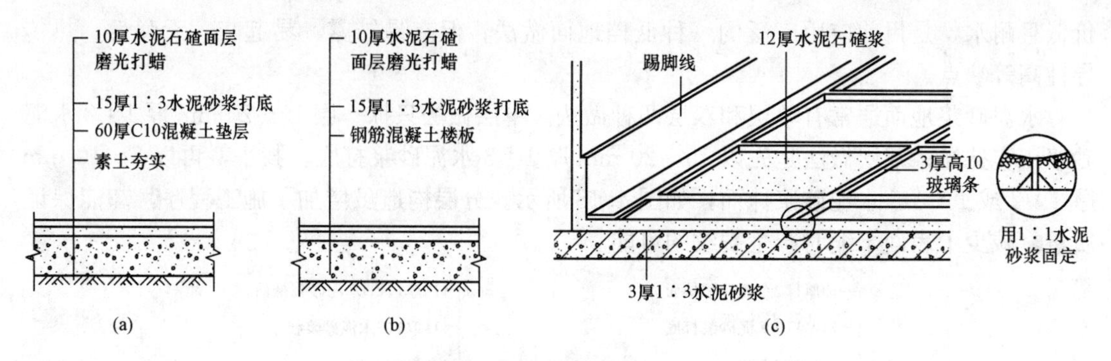

图 4.19　水磨石地面构造

单，因此广泛应用于卫生间、盥洗室、浴室、厨房、实验室及有腐蚀性液体的房间地面。

2)地面砖的各项性能都优于缸砖，且色彩图案丰富，装饰效果好，造价也较高，多用于装修标准较高的建筑物地面。缸砖、地面砖构造做法：20 mm 厚 1：3 水泥砂浆找平，3～4 mm 厚水泥胶(水泥：108 胶：水＝1：0.1：0.2)粘贴缸砖，用素水泥浆擦缝。

3)陶瓷马赛克质地坚硬，经久耐用，色泽多样，耐磨、防水、耐腐蚀、易清洁，适用于有水、有腐蚀的地面。做法类同缸砖，后用滚筒压平，使水泥胶挤入缝隙，用水洗去牛皮纸，用白水泥浆擦缝。

(3)天然石板地面。石板地面包括天然石地面和人造石地面。

常用的天然石板是指大理石和花岗石板，由于它们质地坚硬，色泽丰富艳丽，属高档地面装饰材料，一般多用于高级宾馆、会堂、公共建筑的大厅、门厅等处。做法是在基层上刷素水泥浆一道后 30 mm 厚 1：3 干硬性水泥砂浆找平，再用 5～10 mm 厚 1：1 水泥砂浆铺贴石板，缝中灌稀水泥浆擦缝。

(4)木地面。按构造方式有架空、实铺和粘贴三种。

1)架空式木地板常用于底层地面，主要用于舞台、运动场等有弹性要求的地面，如图 4.20 所示。

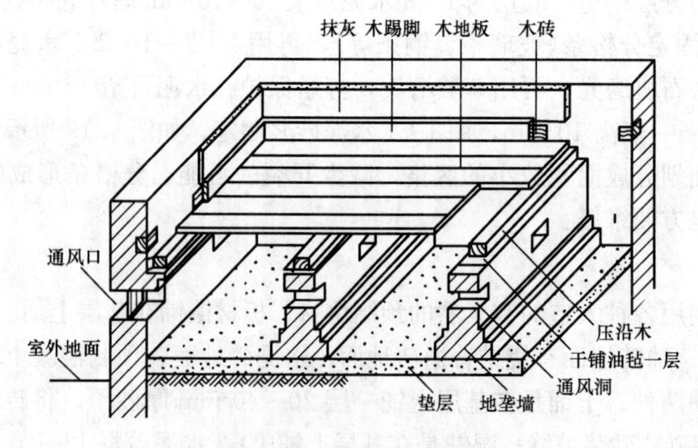

图 4.20　架空式木地板

2)实铺木地面是将木地板直接钉在钢筋混凝土基层上的木搁栅上。木搁栅为 50 mm×60 mm 方木，中距为 400 mm，40 mm×50 mm 横撑，中距为 1 000 mm 与木搁栅钉牢。为了防腐，可在基层上刷冷底子油和热沥青，搁栅及地板背面满涂防腐油或煤焦油，如图 4.21 所示。

3)粘贴木地面的做法是先在钢筋混凝土基层上采用沥青砂浆找平，然后刷冷底子油一道，热沥青一道，用 2 mm 厚沥青胶环氧树脂乳胶等随涂随铺贴 20 mm 厚硬木长条地板。

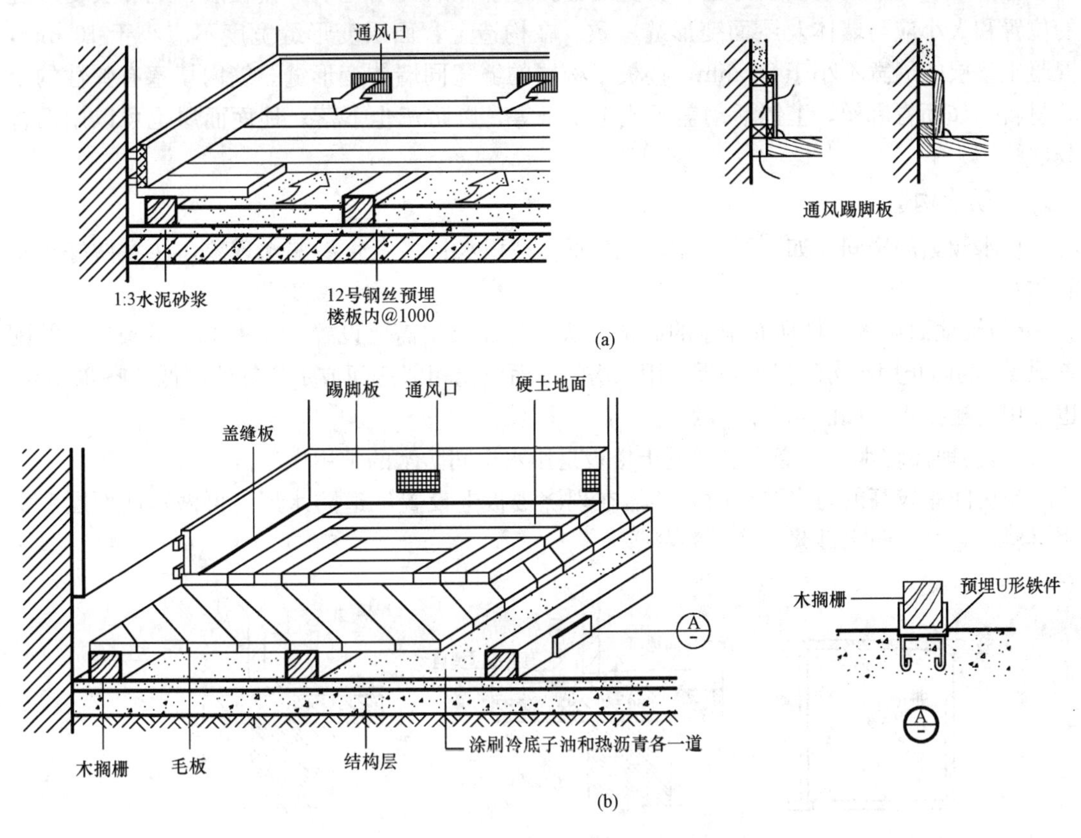

图 4.21　实铺式木地面构造

(a)单层；(b)双层

3. 卷材地面

常用的塑料地毡为聚氯乙烯塑料地毡和聚氯乙烯石棉地板及地毯等。

(1)聚氯乙烯塑料地毡(又称地板胶)，是软质卷材，可直接干铺在地面上。

(2)聚氯乙烯石棉地板是在聚氯乙烯树脂中掺入 60%～80%的石棉绒和碳酸钙填料。由于树脂少，填料多，所以质地较硬，常做成 300 mm×300 mm 的小块地板，用胶粘剂拼花对缝粘贴。

4. 涂料地面

涂料类地面耐磨性好，耐腐蚀、耐水防潮，整体性好，易清洁，不起灰，弥补了水泥砂浆和混凝土地面的缺陷，同时价格低廉，易于推广。

三、地面细部构造

1. 踢脚线构造

踢脚线又称踢脚板，是对楼地面与墙面相交处的构造处理，它所用的材料一般与地面材料相同，与踢脚线地面一起施工。踢脚线的作用是保护墙脚，防止脏污或碰坏墙面，踢脚线的高度为 100～150 mm。所用材料有水泥砂浆、水磨石、木材、石材等。

2. 地面变形缝构造

地面变形缝包括楼板层与地坪层变形缝。对于一般民用建筑，楼板层、地坪层变形缝的位置和大小应与墙体及屋面变形缝一致。在构造上，面层变形缝宽度不应小于 10 mm，混凝土垫层的缝宽不小于 20 mm，楼板结构层的缝宽同墙体变形缝。缝内填塞有弹性的松软材料，如沥青麻丝，上铺活动盖板或橡皮条等，以防灰尘下落；地面面层也可以用沥青胶嵌缝。

3. 防水构造

用水频繁的房间，如厕所、浴室等地面容易积水且易发生渗漏水现象，注意做好排水和防水。

(1)楼地面排水。楼地面排水的通常做法是将面层按需要设置 1%～1.5%的坡度，并配置地漏。为防止用水房间积水外溢，用水房间地面应比相邻房间或走道等地面低 20～30 mm，也可用门槛挡水，如图 4.22 所示。

(2)楼地面防水。现浇钢筋混凝土楼板是用水房间防水的常用做法。

当房间有较高的防水要求时，还需在现浇楼板上设置一道防水层，再做地面面层。常用材料有卷材、防水砂浆、防水涂料等。

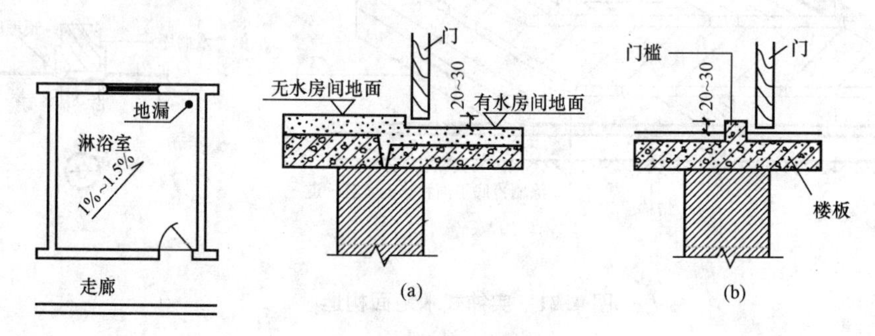

图 4.22　楼地面排水

(a)地面降低；(b)设置门槛

(3)管道穿过楼板的防水构造。

1)对冷水管道的做法：将管道穿过的楼板孔洞用 C20 干硬性细石混凝土填实，再用涂料或卷材作密封处理，如图 4.23(a)所示。

2)当热力管道穿过楼板时，需增设防止温度变化引起混凝土开裂的热力套管，保证热力管自由伸缩，套管应高出楼地面面层 30 mm，如图 4.23(b)所示。

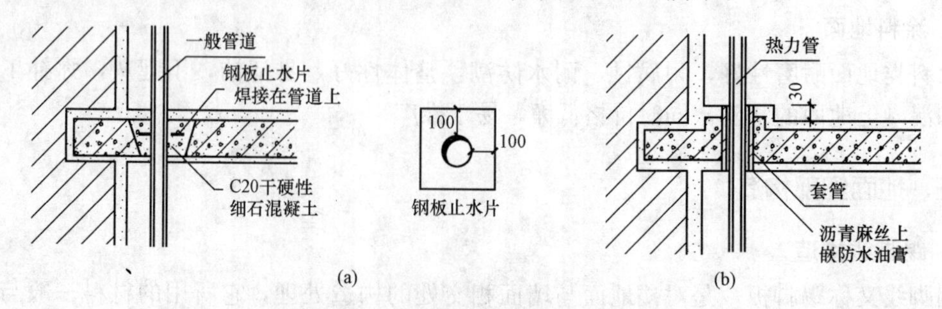

图 4.23　管道穿过楼板的防水构造

(a)冷水管道的处理；(b)热力管道的处理

第四节　顶棚构造

顶棚是楼板层下面的装修层，又称天花板，是建筑物室内主要饰面之一。对顶棚的要求是表面光洁、美观，能反射光线，改善室内照度以提高室内装饰效果；对某些有特殊要求的房间，还要求顶棚具有隔声、吸声或反射声音、保温、隔热、管道敷设等方面的功能，以满足使用要求。

顶棚的构造形式有直接式顶棚和悬吊式顶棚两种。设计时，应根据建筑物的使用功能、装修标准和经济条件来选择适宜的顶棚形式。

一、直接式顶棚

直接式顶棚是指直接在钢筋混凝土屋面板或楼板下表面直接喷浆、抹灰或粘贴装修材料的一种构造方法。当板底平整时，可直接喷、刷大白浆；当楼板结构层为钢筋混凝土预制板时，可用1∶3水泥砂浆填缝刮平，再喷刷涂料。这类顶棚构造简单，施工方便，具体做法和构造与内墙面的抹灰类、涂刷类、裱糊类基本相同，常用于装饰要求不高的一般建筑。

1. 直接喷刷顶棚

当室内对装饰要求不高时，可在楼板的底面上直接用浆料喷刷，形成直接喷刷顶棚。楼板底面填缝刮平须先用1∶3水泥砂浆填缝抹平后，再喷刷涂料。

2. 直接抹灰顶棚

直接抹灰顶棚是在屋面板或楼板的底面上抹灰后再喷刷涂料的顶棚。常用抹灰有水泥砂浆抹灰和纸筋灰抹灰等。水泥砂浆抹灰的做法是先将板底清扫干净，打毛或刷素水泥浆一道，用5 mm厚1∶3水泥砂浆打底，再用5 mm厚1∶2.5水泥砂浆罩面，最后喷刷涂料。抹灰的遍数按设计的抹灰质量等级确定，对要求较高的房间，可在底板下增加一层钢丝网，在钢丝网上再抹灰。这种做法强度高，抹灰层结合牢固，不易开裂脱落，如图4.24所示。

3. 贴面顶棚

贴面顶棚是在屋面板或楼板的底面用砂浆打底找平，然后用胶粘剂粘贴壁纸、泡沫塑料板、铝塑板或装饰吸声板等，形成贴面顶棚，如图4.25所示。

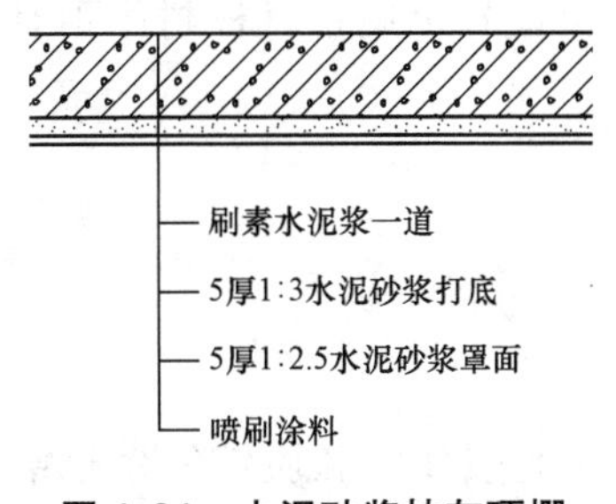

图4.24　水泥砂浆抹灰顶棚

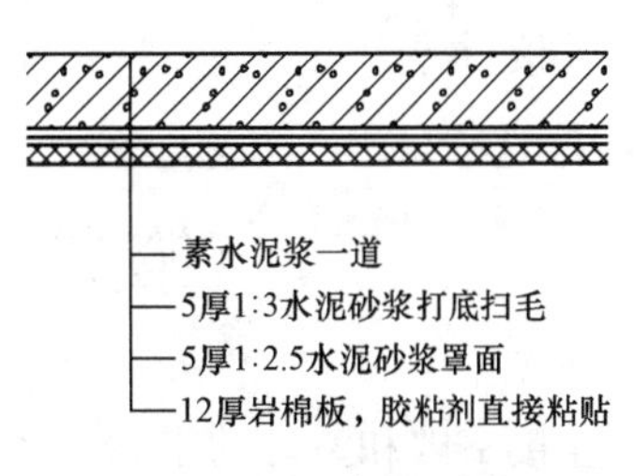

图4.25　贴面顶棚

二、悬吊式顶棚

悬吊式顶棚又称“吊顶”，它离开屋顶或楼板的下表面有一定的距离，通过悬挂物与主体结构联结在一起。根据结构构造形式的不同，吊顶可分为整体式吊顶、活动式装配吊顶、隐蔽式装配吊顶和开敞式吊顶等。根据材料的不同，吊顶可分为板材吊顶、轻钢龙骨吊顶、金属吊顶等。

1. 吊顶的设计要求

(1)吊顶应具有足够的净空高度，以便于各种设备管线的敷设。

(2)合理安排灯具、通风口的位置，以符合照明、通风要求。

(3)选择合适的材料和构造做法，使其燃烧性能和耐火极限满足防火规范的规定。

(4)便于安装和维修。

(5)对有些房间，应满足室内的隔热、隔声、保温等特殊要求。

(6)应满足美观和经济等方面的要求。

2. 吊顶的构造

吊顶主要由吊杆(吊筋)、吊顶龙骨(即顶棚的骨架层，包括主龙骨、次龙骨)、吊顶面层三部分组成，如图 4.26 所示。

(1)吊杆。吊杆是连接龙骨和承重结构的承重传力构件(主要材料有钢筋吊杆、型钢吊杆、木吊杆等)。吊筋的材料和形式与吊顶的荷载和龙骨形式有关，常用的吊筋有直径不小于 4～6 mm 的圆钢，也可采用 40 mm×40 mm 或50 mm×50 mm 的方木。

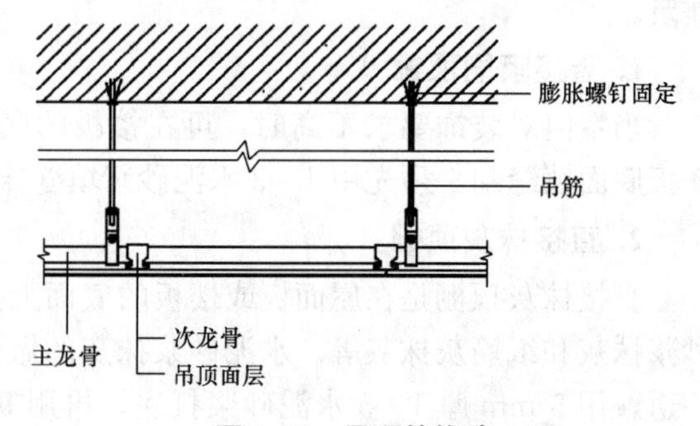

图 4.26　吊顶的构造

(2)吊顶龙骨。吊顶龙骨分为主龙骨与次龙骨。主龙骨为吊顶的承重结构；次龙骨则是吊顶的基层。主龙骨通过吊筋或吊件固定在楼板结构上，次龙骨用同样的方法固定在主龙骨上。龙骨可用木材、轻钢、铝合金等材料制作，其断面大小视其材料品种、是否上人和面层构造做法等因素而定。主龙骨断面比次龙骨大，间距约为 2 m。悬吊主龙骨的吊筋为 Φ8～Φ10 钢筋，间距也是不超过 2 m。次龙骨间距视面层材料而定，间距一般不超过 600 mm。

(3)吊顶面层。吊顶面层分为抹灰面层和板材面层两大类。抹灰面层为湿作业施工，费工费时；板材面层，既可加快施工速度，又容易保证施工质量。板材吊顶有植物板材、矿物板材和金属板材等。

第五节　阳台与雨篷

阳台是连接室内和室外的平台，是多层住宅、高层住宅和旅馆等建筑室内外过渡的空间，为人们提供户外活动的场所。阳台的设置对建筑物的外部形象也起着重要的作用，是居住建筑中不可缺少的一部分。

雨篷位于建筑物出入口的上方，用来遮挡雨雪，保护外门免受侵蚀，给人们提供一个从室外到室内的过渡空间，并起到保护门和丰富建筑立面的作用。

一、阳台

1. 阳台的类型和设计要求

(1)类型。阳台按使用要求不同可分为生活阳台和服务阳台。根据阳台与建筑物外墙的关系，可分为挑(凸)阳台、凹阳台(凹廊)和半挑半凹阳台。按阳台在外墙上所处的位置不同，有中间阳台和转角阳台之分，如图 4.27 所示。

当阳台的长度占有两个或两个以上开间时称为外廊。

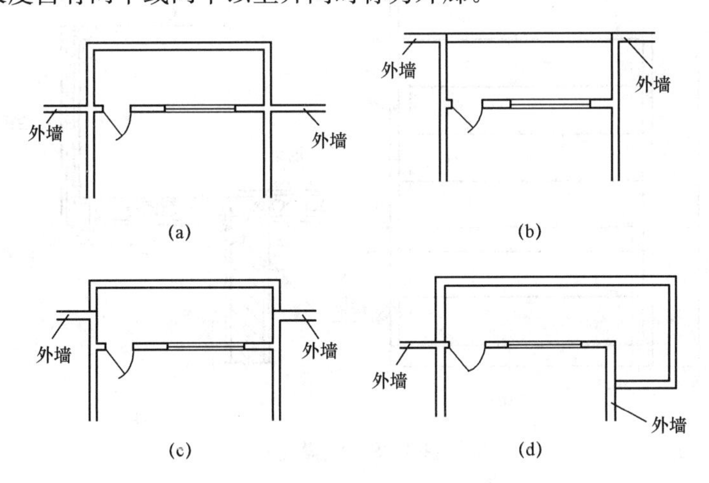

图 4.27 阳台的类型

(a)挑阳台；(b)凹阳台(中间阳台)；

(c)半挑半凹阳台(中间阳台)；(d)挑阳台(转角阳台)

(2)设计要求。

1)安全适用。悬挑阳台的挑出长度不宜过大，应保证在荷载作用下不发生倾覆现象，以 1.2～1.8 m 为宜。低层、多层住宅阳台栏杆净高不低于 1.05 m；中高层住宅阳台栏杆净高不低于 1.1 m，但也不大于 1.2 m。阳台栏杆的形式应防坠落(垂直栏杆间净距不应大于 110 mm)、防攀爬(不设水平栏杆)，以免造成恶果。放置花盆处，也应采取防坠落措施。

2)坚固耐久。阳台所用材料和构造措施应经久耐用，承重结构宜采用钢筋混凝土，金属构件应作防锈处理，表面装修应注意色彩的耐久性和抗污染性。

3)排水顺畅。为防止阳台上的雨水流入室内，设计时要求将阳台地面标高低于室内地面标高 60 mm 左右，并将地面抹出 5‰的排水坡将水导入排水孔，使雨水能顺利排出。

另外，还应考虑地区气候特点。南方地区宜采用有助于空气流通的空透式栏杆，而北方寒冷地区和中高层住宅应采用实体栏杆，并满足立面美观的要求，为建筑物的形象增添风采。

2. 阳台的结构布置方式

阳台承重结构通常是楼板的一部分，因此，阳台承重结构应与楼板的结构布置统一考虑，主要采用钢筋混凝土阳台板。钢筋混凝土阳台可采用现浇式、装配式或现浇与装配相结合的方式。

凹阳台实为楼板层的一部分，所以，它的承重结构布置可按楼板层的受力分析进行，采用搁板式布板方法；而凸阳台的受力构件为悬挑构件，涉及结构受力、倾覆等问题，构造上要特别重视。凸阳台的承重方案大体可分为挑梁式和挑板式两种类型。当出挑长度不超过 1.5 m 时宜采用挑梁式。

(1)挑梁式。挑梁式即从横墙内向外伸挑梁，其上搁置预制楼板，这种结构布置简单、传力直接明确、阳台长度与房间开间一致。挑梁根部截面高度 H 为(1/5～1/6)L，L 为悬挑净长，截面宽度为(1/2～1/3)h。为美观起见，可在挑梁端头设置面梁，既可以遮挡挑梁头，又可以承受阳台栏杆重量，还可以加强阳台的整体性，如图 4.28 所示。

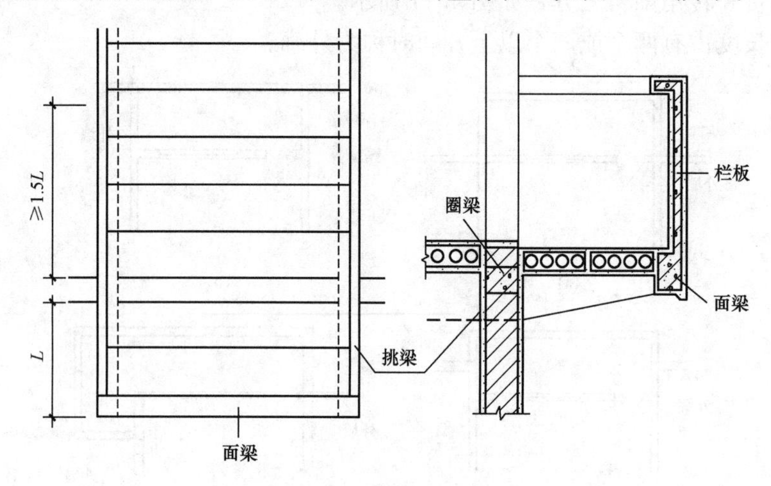

图 4.28　挑梁式

(2)挑板式。挑板式是利用阳台板的楼板向外悬挑一部分。当楼板为现浇楼板时，可选择挑板式，悬挑长度一般为 1.2 m 左右。即从楼板外延挑出平板，板底平整美观而且阳台平面形式可做成半圆形、弧形、梯形、斜三角等各种形状。挑板厚度不小于挑出长度的 1/12。这种阳台构造简单，造型轻巧。但阳台与室内楼板在同一标高，雨水易进入室内，如图 4.29 所示。

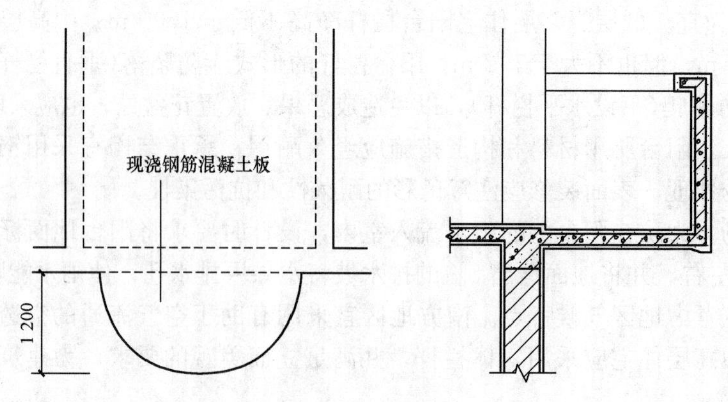

图 4.29　挑板式

3. 阳台的构造

(1)阳台的栏杆。阳台栏杆是设置在阳台外围的保护设施，主要供人们扶倚之用，以保障人身安全。因而，栏杆的构造要求是坚固和美观。栏杆的高度应高于人体的重心，多层建筑栏杆不应低于 1.05 m，高层建筑栏杆高度不应低于 1.1 m，但不宜超过 1.2 m。栏杆间净距不大于 120 mm。按栏杆的立面形式有实心栏杆、空花栏杆和混合式。杆的形式有实体式、空花式和混合式，如图 4.30 所示。

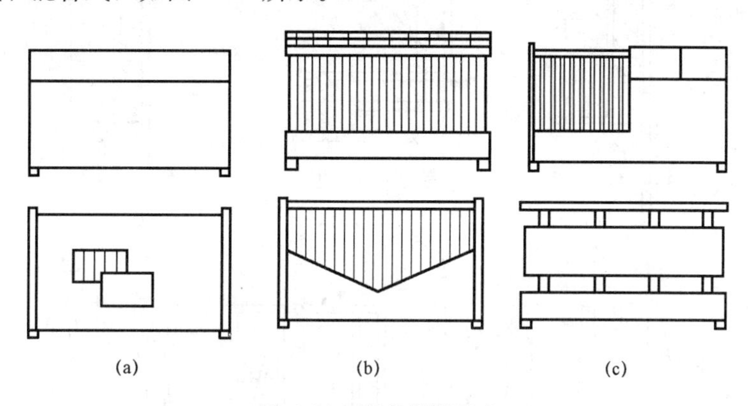

图 4.30　阳台栏杆形式

(a)实体式；(b)空花式；(c)混合式

按材料可分为砖砌、钢筋混凝土和金属栏杆，如图 4.31 所示。

1)砖砌栏板一般为 60 mm 或 120 mm 厚。由于砖砌栏板自重大，整体性差，为保证安全，常在栏板中设置通长钢筋或在外侧固定钢筋网，并采用现浇扶手增强其整体稳定性，如图 4.31(a)所示。

2)钢筋混凝土栏板分为现浇和预制两种。现浇栏板厚为 60～80 mm，用 C20 细石混凝土现浇，如图 4.31(b)所示；预制栏杆下端预埋铁件连接，上端伸出钢筋可与面梁和扶手连接，如图 4.31(c)所示，因其耐久性和整体性较好，应用较为广泛。

3)金属栏杆一般采用方钢、圆钢或扁钢焊接成各种形式的镂花，与阳台板中预埋件焊接或直接插入阳台板的预留孔洞中连接，如图 4.31(d)所示。

(2)阳台扶手。栏杆扶手有金属和钢筋混凝土两种。金属扶手一般为钢管与金属栏杆焊接；钢筋混凝土扶手用途广泛，形式多样，有不带花台、带花台、带花池等，如图 4.32 所示。

(3)细部连接构造。阳台细部构造主要包括栏杆与扶手的连接、栏杆与面梁(或称止水带)的连接、栏杆与墙体的连接等。

1)栏杆与扶手的连接方式有焊接、现浇等方式。

2)栏杆与面梁或阳台板的连接方式有焊接、榫接坐浆、现浇等。

3)扶手与墙的连接，应将扶手或扶手中的钢筋伸入外墙的预留洞中，用细石混凝土或水泥砂浆填实固牢；现浇钢筋混凝土栏杆与墙连接时，应在墙体内预埋 240 mm×240 mm×120 mm C20 细石混凝土块，从中伸出 2ϕ6，长为 300 mm，与扶手中的钢筋绑扎后再进行现浇。

(4)阳台排水。为防止雨水倒灌入室内，必须采取一些排水措施。阳台排水有外排水和内排水两种。外排水适用于低层和多层建筑，即在阳台外侧设置泄水管将水排出。泄水管可采用 ϕ40～ϕ50 镀锌铁管和塑料管，外挑长度不少于 80 mm，以防雨水溅到下层阳台。内排水适用于高层建筑和高标准建筑，即在阳台内侧设置排水立管和地漏，将雨水直接排入

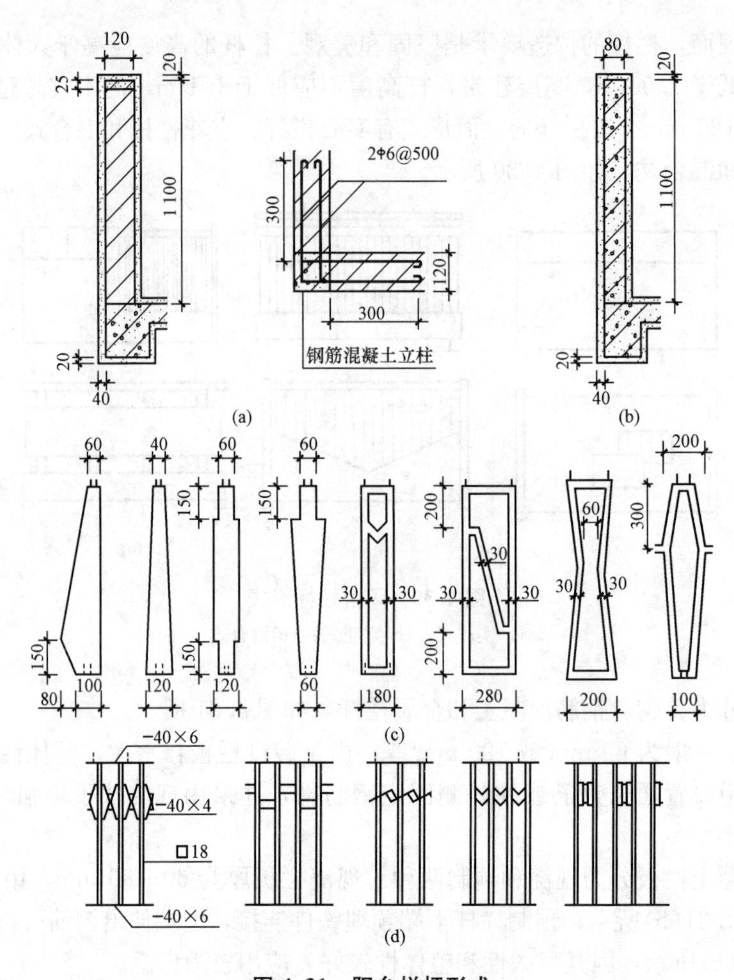

图 4.31　阳台栏杆形式

(a)砖砌栏板；(b)混凝土栏板；(c)混凝土栏杆；(d)金属栏杆

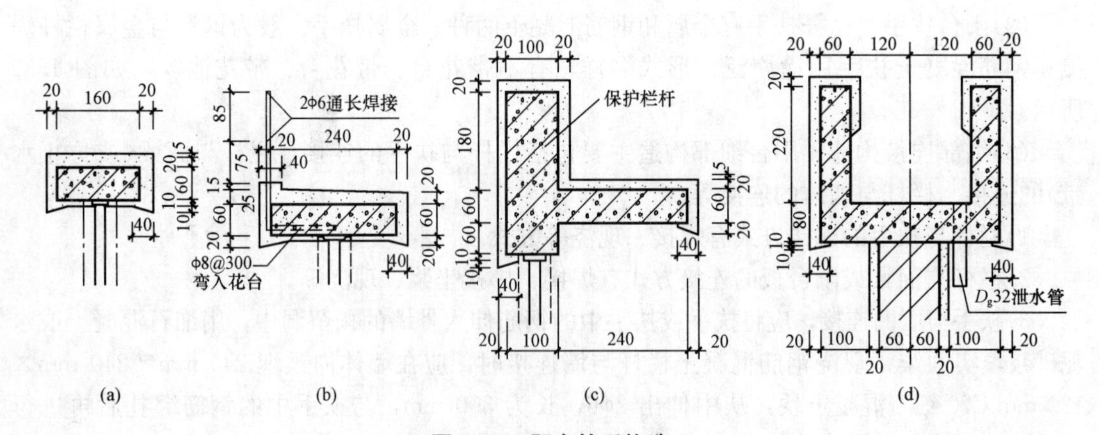

图 4.32　阳台扶手构造

(a)不带花台；(b)、(c)带花台；(d)带花池

地下管网，保证建筑立面美观，如图 4.33 所示。

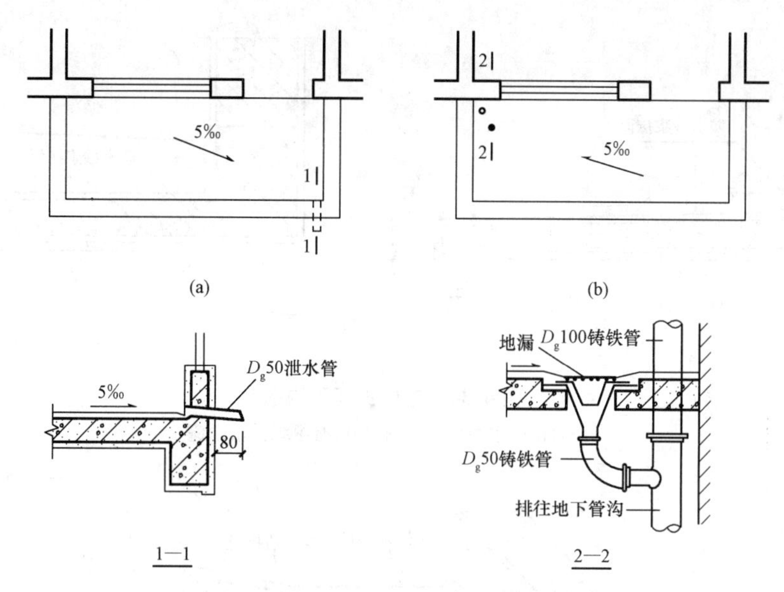

图 4.33 阳台排水构造

(a)水舌排水；(b)雨水管排水

二、雨篷

雨篷位于建筑物出入口的上方，用来遮挡雨、雪，给人们提供一个从室外到室内的过渡空间，并起到保护门和丰富建筑立面的作用。由于房屋的性质、出入口的大小和位置、地区气候特点，以及立面造型的要求等因素的影响，雨篷的形式可做成多种多样。根据雨篷板的支承不同有采用门洞过梁悬挑板的方式，也有采用墙或柱支承方式。其中，最简单的是过梁悬挑板式，即悬挑雨篷。悬挑板板面与过梁顶面可不在同一标高上，梁面较板面标高高，对于防止雨水浸入墙体有利。由于雨篷上悬挑不大，悬挑板的厚度较薄，为了板面排水的组织和立面造型的需要，板外沿常作加高处理，采用混凝土现浇或砖砌成，板面需作防水处理，并在靠墙处做泛水。

雨篷受力作用与阳台相似，均为悬臂构件，雨篷一般由雨篷板和雨篷梁组成。为防止雨篷可能倾覆，常将雨篷与过梁或圈梁浇筑在一起。雨篷板的悬挑长度由建筑要求决定，当悬挑长度较小时，可采用悬板式，一般挑出长度不大于 1.5 m。当需要挑出长度较大时，可采用挑梁式。因此，根据雨篷板的支承方式不同，有悬板式和梁板式两种。

1. 悬板式

悬板式雨篷外挑长度一般为 700～1 500 mm，板根部厚度不小于挑出长度的 1/12，雨篷宽度比门洞每边宽 250 mm，雨篷排水方式可采用无组织排水和有组织排水两种。雨篷顶面距离过梁顶面 250 mm 高，板底抹灰可抹 1∶2 水泥砂浆内掺 5%防水剂的防水砂浆 15 mm 厚，多用于次要出入口。悬板式雨篷构造如图 4.34 所示。

2. 梁板式

梁板式雨篷多用在宽度较大的入口处，悬挑梁从建筑物的柱上挑出，为使板底平整，多做成倒梁式。折挑倒梁有组织排水雨篷如图 4.35 所示。

雨篷在构造上须解决好两个问题：一是防倾覆，保证雨篷梁上有足够的压重；二是板

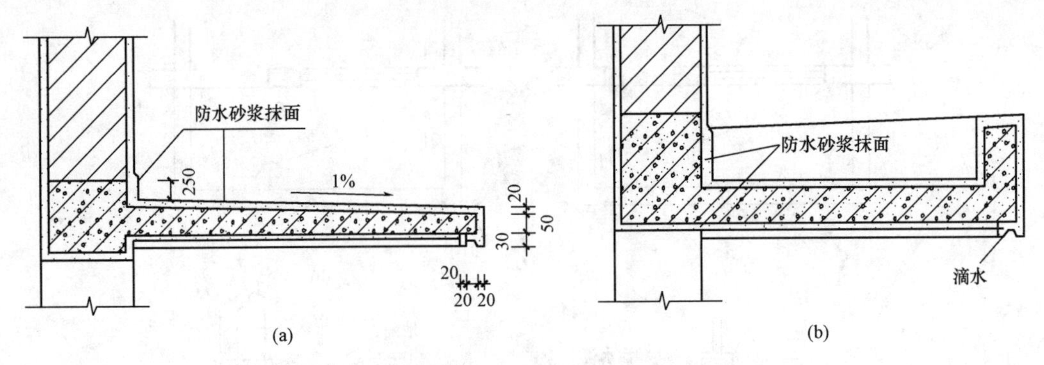

图 4.34 悬板式雨篷构造

(a)自由落水雨篷；(b)有翻口有组织排水雨篷

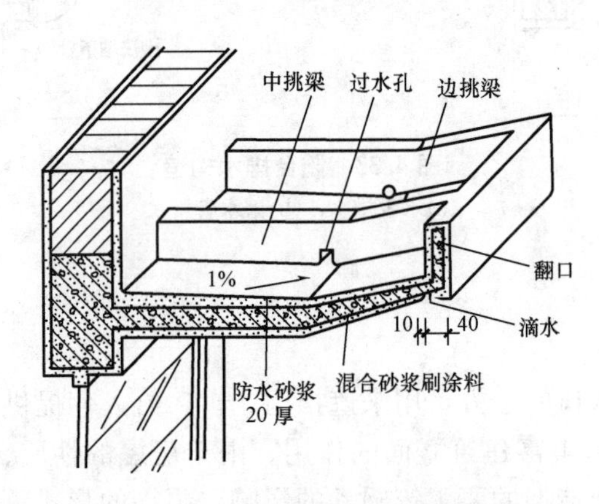

图 4.35 折挑倒梁有组织排水雨篷

面上要做好排水和防水。通常沿板四周用砖砌或者现浇混凝土做凸檐挡水，板面用防水砂浆抹面，并向排水口做出1%的坡度。防水砂浆应顺墙上卷至少300 mm。

复习思考题

一、填空题

参考答案

1. 楼板层主要是由______、______和______组成，根据建筑物的使用功能不同，还可在楼板中设置______。

2. 现浇式钢筋混凝土楼板，其梁有______和______之分。

3. 钢筋混凝土楼板按其施工方法的不同可分为______、______和______三种类型。

4. 阳台地面一般比室内地面低______mm，往地漏找坡，坡度为______。

5. 地坪层的基本构造层次有______、______、______和素土夯实层。

6. 现浇式钢筋混凝土楼板有______、______、______、______和______。

7. 为增强楼板的隔声性能，可采取的措施有__________、__________和__________。

8. 顶棚按饰面与基层的关系分为__________顶棚和__________顶棚两种。

9. 阳台按其与建筑物外墙的相对位置关系可分为__________、__________和__________。

二、单项选择题

1. 双向板的概念为(　　)。

A. 板的长短边比值＞2　　B. 板的长短边比值≥2

C. 板的长短边比值＜2　　D. 板的长短边比值≤2

2. 钢筋混凝土肋梁楼板的传力路线为(　　)。

A. 板→主梁→次梁→墙或柱　　B. 板→墙或柱

C. 板→次梁→主梁→墙或柱　　D. 板→梁→墙或柱

3. 现浇式钢筋混凝土楼板的特点是(　　)。

A. 施工简便　　B. 整体性好　　C. 工期短　　D. 无须湿作业

4. 板在排列时受到板宽规格的限制，常出现较大的剩余板缝，当缝宽小于或等于120 mm时，可采用(　　)处理方法。

A. 用水泥砂浆灌实　　B. 在墙体中加钢筋网片再灌细石混凝土

C. 沿墙挑砖或挑梁填缝　　D. 重新选板

5. 现浇水磨石地面常嵌玻璃条(铜条、铝条)分隔，其目的是(　　)。

A. 增添美观　　B. 便于磨光　　C. 防止石层开裂　　D. 石层不起灰

6. 空心板在安装前，孔的两端常用混凝土或碎砖块堵严，其目的是(　　)。

A. 增加保温性　　B. 避免板端被压坏　　C. 避免板端滑移　　D. 增加整体性

7. 为排除地面积水，地面应有一定的坡度，一般为(　　)。

A. 1%～1.5%　　B. 2%～3%　　C. 0.5%～1%　　D. 3%～5%

8. 高层建筑阳台栏杆竖向净高一般不小于(　　)m。

A. 0.8　　B. 0.9　　C. 1.1　　D. 1.3

9. 楼板要有一定的隔声能力，以下的隔声措施中，效果不理想的为(　　)。

A. 楼面铺地毯　　B. 采用软木地砖　　C. 在楼板下加吊顶　　D. 铺地砖地面

10. 预制钢筋混凝土梁搁置在墙上时，常需要在梁与砌体间设置混凝土或钢筋混凝土垫块，其目的是(　　)。

A. 扩大传力面积　　B. 简化施工

C. 增大室内净高　　D. 保证稳定

三、多项选择题

1. 地面的设计要求有(　　)。

A. 足够的坚固性　　B. 美观　　C. 保温性能好　　D. 良好的弹性

E. 满足某些特殊要求

2. 以下属于整体类地面的有(　　)。

A. 天然石板地面　　B. 铺砖地面　　C. 水泥砂浆地面　　D. 细石混凝土地面

E. 水磨石地面

3. 地坪层主要由(　　)构成。

A. 面层　　B. 垫层　　C. 结构层　　D. 素土夯实层

E. 找坡层

四、简答题

1. 楼地层的设计要求有哪些?
2. 楼板层由哪些部分组成，各起哪些作用?
3. 装配整体式楼板有什么特点? 叠合板有何优越性?
4. 简述水泥砂浆地面、水泥石屑地面和水磨石地面混凝土的优缺点及适用范围。
5. 有水房间的楼地层如何防水?
6. 顶棚的作用是什么? 有哪两种基本形式?
7. 吊顶有哪些设计要求?
8. 轻钢龙骨吊顶如何构造? 面板有哪些形式? 如何固定?
9. 阳台有哪些设计要求?
10. 阳台有哪些类型? 阳台板的结构布置形式有哪些?
11. 阳台栏杆有哪些形式? 各有何特点?

第五章　楼梯

第一节　楼梯的组成、类型、设计要求及尺度

一、楼梯的组成

楼梯一般由楼梯段、平台及栏杆(或栏板)三部分组成，如图 5.1 所示。

1. 楼梯段

楼梯段又称楼梯跑，是楼梯的主要使用和承重部分。它由若干个踏步组成。为减少人们上下楼梯时的疲劳和适应人行的习惯，一个楼梯段的踏步数要求最多不超过 18 级，最少不少于 3 级。

2. 平台

平台是指两楼梯段之间的水平板，有楼层平台和中间平台之分。中间平台其主要作用在于缓解疲劳，让人们在连续上楼时可在平台上稍加休息，故又称休息平台。同时，平台还是楼梯段之间转换方向的连接处。

3. 栏杆扶手

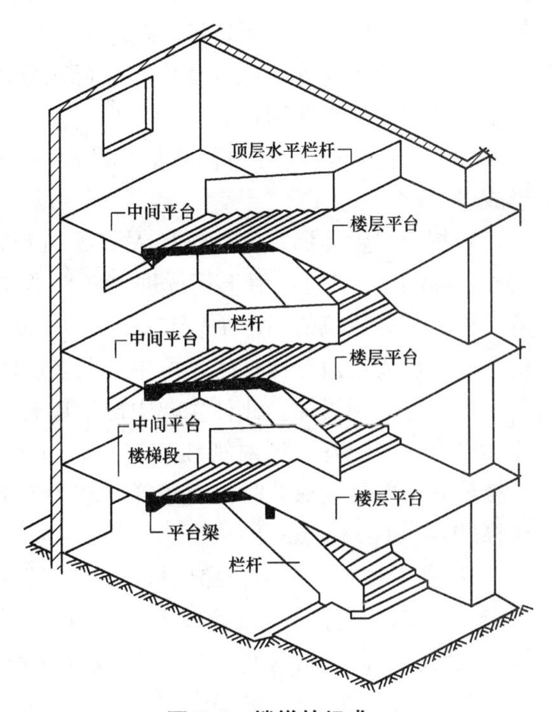

图 5.1　楼梯的组成

为了保障在楼梯上行走的安全，在楼梯和平台的临空边缘应设栏杆(板)和扶手。一般设置在梯段的边缘和平台临空的一边，要求它必须坚固可靠，并保证有足够的安全高度。

二、楼梯的类型

按位置不同分，楼梯有室内与室外两种；按使用性质分，室内有主要楼梯、辅助楼梯；室外有安全楼梯、防火楼梯；按材料分有木楼梯、钢筋混凝土楼梯、钢楼梯、混合式及金属楼梯等；按楼梯的平面形式不同，可分为如下几种：

(1)直行单跑楼梯。直行单跑楼梯无中间平台，由于单跑梯段踏步数一般不超过 18 级，故仅用于层高不大的建筑[图 5.2(a)]。

(2)直行多跑楼梯。直行多跑楼梯是直行单跑楼梯的延伸，仅增设了中间平台，将单梯

段变为多梯段。一般为双跑梯段，适用于层高较大的建筑[图 5.2(b)]。

直行多跑楼梯给人以直接、顺畅的感觉，导向性强，在公共建筑中常用于人流较多的大厅。但是，由于其缺乏方位上回转上升的连续性，当用于需上多层楼面的建筑，会增加交通面积并加长人流行走距离。

(3)平行双跑楼梯。平行双跑楼梯由于上完一层楼刚好回到原起步方位，与楼梯上升的空间回转往复性吻合，比直跑楼梯节约面积并缩短人流行走距离，是最常用的楼梯形式之一[图 5.2(c)]。

(4)平行双分双合楼梯。平行双分双合楼梯可分为平行双分楼梯和平行双合楼梯两种形式。

1)平行双分楼梯，此种楼梯形式是在平行双跑楼梯基础上演变产生的。其梯段平行而行走方向相反，且第一跑在中部上行，然后其中间平台处往两边以第一跑的二分之一梯段宽，各上一跑到楼层面。通常在人流多、梯段宽度较大时采用。由于其造型的对称严谨性，常用作办公类建筑的主要楼梯[图 5.2(d)]。

2)平行双合楼梯，此种楼梯与平行双分楼梯类似，区别仅在于楼层平台起步第一跑梯段前者在中而后者在两边。

(5)折行多跑楼梯。折行多跑楼梯可分为折行双跑楼梯、三跑楼梯、四跑楼梯等形式。

1)折行双跑楼梯。此种楼梯人流导向较自由，折角可变，可为 90°，也可大于或小于 90°；当折角＞90°时，由于其行进方向性类似直行双跑楼梯，故常用于仅上一层楼的影剧院、体育馆等建筑的门厅中[图 5.2(e)、(f)]；当折角＜90°时，其行进方向回转延续性有所改观，形成三角形楼梯间，可用于上多层楼的建筑中。

2)折行三跑楼梯。此种楼梯中部形成较大梯井，在设有电梯的建筑中，可利用楼梯井作为电梯井的位置，但对视线有遮挡。由于有三跑梯段，常用于层高较大的公共建筑中。当楼梯井未作为电梯井时，因楼梯井较大，不安全，供少年儿童使用的建筑不能采用此种楼梯[图 5.2(g)]。

(6)剪刀楼梯。剪刀楼梯也可称为交叉跑楼梯，它可认为是由两个直行单跑楼梯交叉并列布置而成，通行的人流量较大，且为上下楼层的人流提供了两个方向，对于空间开敞，楼层人流多方向进出有利。但仅适合层高小的建筑。

当层高较大时，可设置中间平台，中间平台为人流变换行走方向提供了条件，适用于层高较大且有楼层人流多向性选择要求的建筑，如商场、多层食堂等[图 5.2(h)]。

(7)螺旋形楼梯。螺旋形楼梯通常是围绕一根单柱布置，平面呈圆形。其平台和踏步均为扇形平面，踏步内侧宽度很小，并形成较陡的坡度，行走时不安全，且构造较复杂。这种楼梯不能作为主要人流交通和疏散楼梯，但由于其流线型造型美观，常作为建筑小品布置在庭院或室内[图 5.2(i)]。

(8)弧形楼梯。弧形楼梯与螺旋形楼梯的不同之处在于它围绕一较大的轴心空间旋转，未构成水平投影圆，仅为一段弧环，并且曲率半径较大。其扇形踏步的内侧宽度也较大(＞220 mm)，使坡度不至于过陡，可以用来通行较多的人流。弧形楼梯也是折行楼梯的演变形式，当布置在公共建筑的门厅时，具有明显的导向性和优美轻盈的造型。但其结构和施工难度较大，通常采用现浇钢筋混凝土结构[图 5.2(j)]。

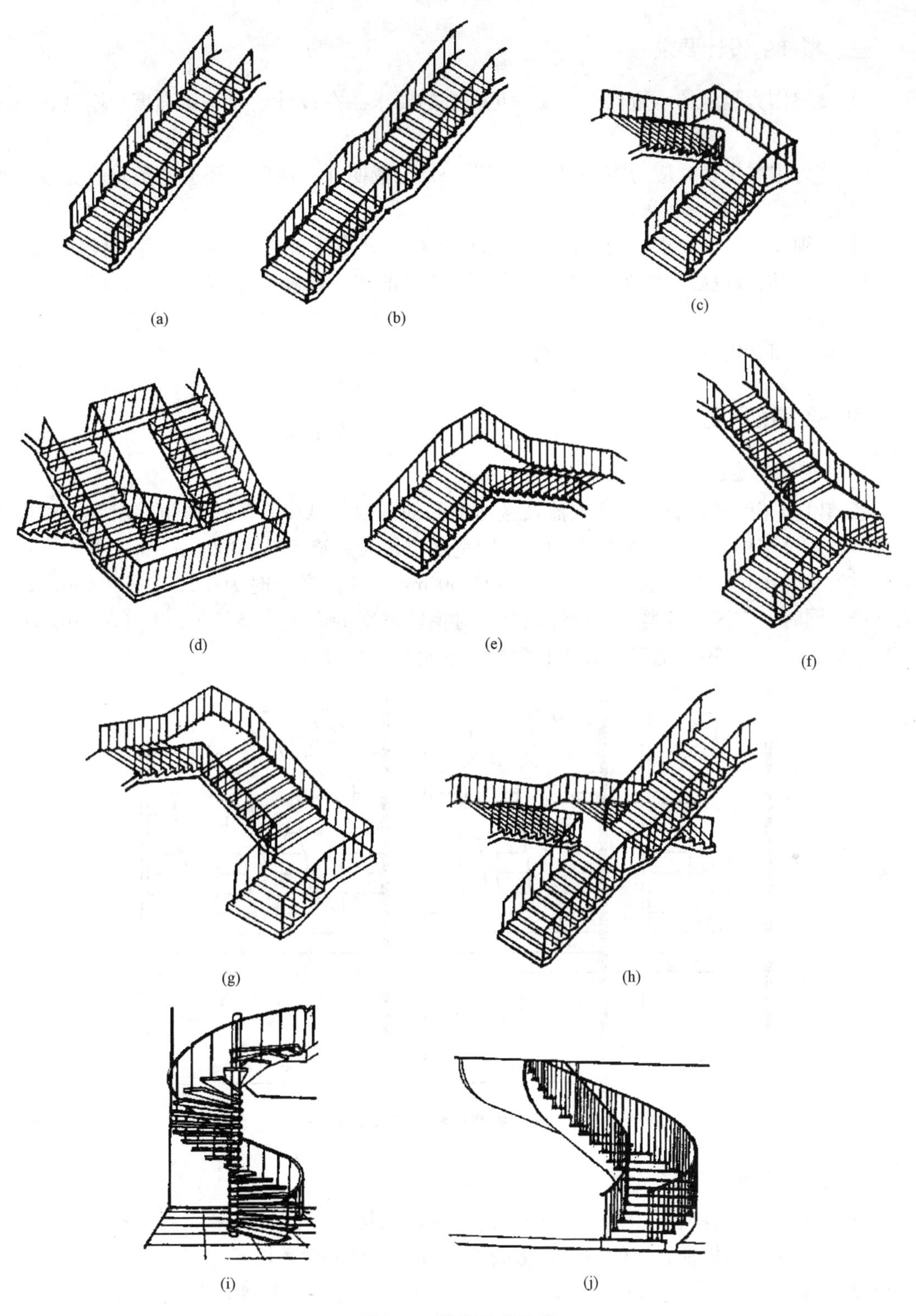

图 5.2　楼梯形式示意

(a)直行单跑楼梯；(b)直行双跑楼梯；(c)双跑楼梯；(d)平行双分楼梯；(e)折角楼梯；(f)双分折角楼梯；(g)三跑楼梯；(h)剪刀楼梯；(i)螺旋形楼梯；(j)弧形楼梯

三、楼梯的设计要求

(1)楼梯作为竖向的承重构件，应满足安全的要求。在设计上要满足强度、刚度、稳定性的要求。

(2)作为主要楼梯，应与主要出入口邻近，且位置明显；同时，还应避免垂直交通与水平交通在交接处拥挤、堵塞。

(3)必须满足防火要求，楼梯间除允许直接对外开窗采光外，不得向室内任何房间开窗；楼梯间四周墙壁必须为防火墙；对防火要求高的建筑物特别是高层建筑，应设计成封闭式楼梯或防烟楼梯。

(4)楼梯间必须有良好的自然采光。

四、楼梯的尺度

1. 楼梯段的宽度

楼梯段的宽度必须满足上下人流及搬运物品的需要。从确保安全的角度出发，楼梯段宽度是由通过该梯段的人流数确定的。梯段宽度按每股人流 500～600 mm 宽度考虑，单人通行时为 900 mm，双人通行时为 1 000～1 200 mm，三人通行时为 1 500～1 800 mm，其余类推。同时，需满足各类建筑设计规范中对梯段宽度的限定，如住宅≥1 100 mm，公建≥1 300 mm 等。楼梯段宽度和人流股数的关系如图 5.3 所示。

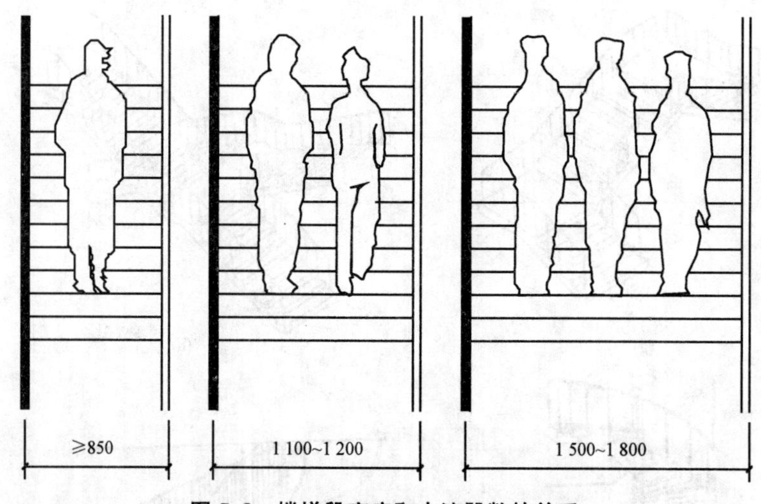

图 5.3　楼梯段宽度和人流股数的关系

2. 楼梯的坡度与踏步尺寸

楼梯的坡度是指楼梯段的坡度。楼梯的坡度可用楼梯斜面与水平面的夹角来表示，如 30°、45°等；也可用楼梯斜面的垂直投影高度与斜面的水平投影长度之比来表示，如 1∶12、1∶8 等。楼梯常见坡度为 20°～45°，其中 30°左右较为通用。楼梯段的最大坡度不宜超过 38°；当坡度小于 20°时，采用坡道；大于 45°时，则采用爬梯。楼梯、坡道、爬梯的坡度范围如图 5.4 所示。

楼梯坡度实质上与楼梯踏步密切相关，踏步高与宽之比即可构成楼梯坡度。踏步高常以 h 表示，踏步宽常以 b 表示。在民用建筑中，楼梯踏步的最小宽度与最大高度的限制值见表 5.1。

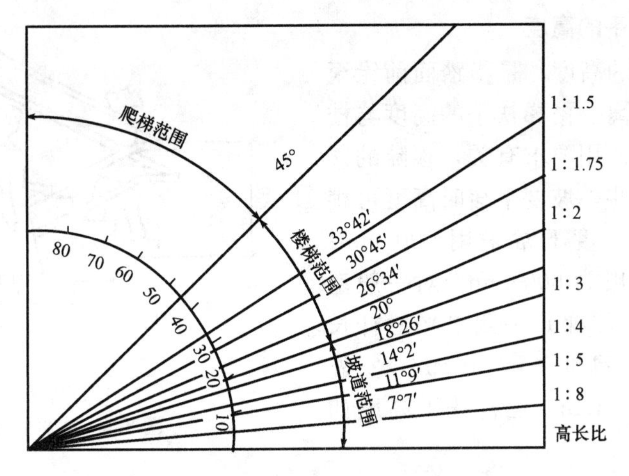

图 5.4　楼梯、坡道、爬梯的坡度范围

表 5.1　楼梯踏步最小宽度和最大宽度　　mm

楼梯类别	最小宽度 b	最大高度 h
住宅公用楼梯	250(260～300)	180(150～175)
幼儿园楼梯	260(260～280)	150(120～150)
医院、疗养院等楼梯	280(300～350)	160(120～150)
学校、办公楼等楼梯	260(280～340)	170(140～160)
剧院、会堂等楼梯	220(300～350)	200(120～150)

楼梯踏步尺寸经验公式：

$$h+b=450\ \text{mm} \text{ 或 } 2h+b=610\sim620\ \text{mm}$$

其中，$b=275\sim300$ mm，$h=150\sim175$ mm。

踏步的高度，成人以 150 mm 左右较适宜，不应高于 175 mm。踏步的宽度(水平投影宽度)以 300 mm 左右为宜，不应窄于 260 mm。当踏步宽过宽时，将导致梯段水平投影面积的增加。而踏步宽过窄时，会使人流行走不安全。为了保证踏面宽有足够尺寸而又不增加总深度，在踏步宽一定的情况下增加行走舒适度，可以采取加做踏口(或凸缘)或将踢面倾斜的方式加宽踏面。常将踏步出挑 20～40 mm，使踏步实际宽度不大于其水平投影宽度，如图 5.5 所示。

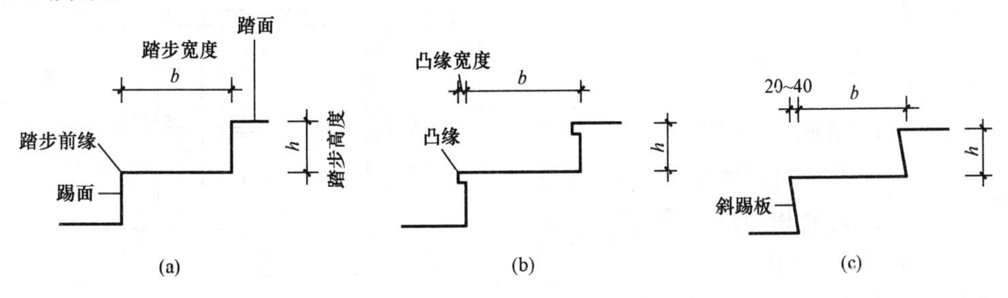

图 5.5　踏步尺寸

(a)无凸缘；(b)有凸缘；(c)斜踢板

3. 楼梯栏杆扶手的高度

楼梯栏杆扶手的高度，是指踏面前缘至扶手顶面的垂直距离。楼梯扶手的高度与楼梯的坡度、楼梯的使用要求有关，很陡的楼梯，扶手的高度矮些，坡度平缓时高度可稍大。在30°左右的坡度下常采用900 mm；儿童使用的楼梯一般为600 mm。对一般室内楼梯≥900 mm，靠梯井一侧水平栏杆长度＞500 mm时，其高度≥1 000 mm，室外楼梯栏杆高≥1 050 mm。栏杆扶手高度如图5.6所示。

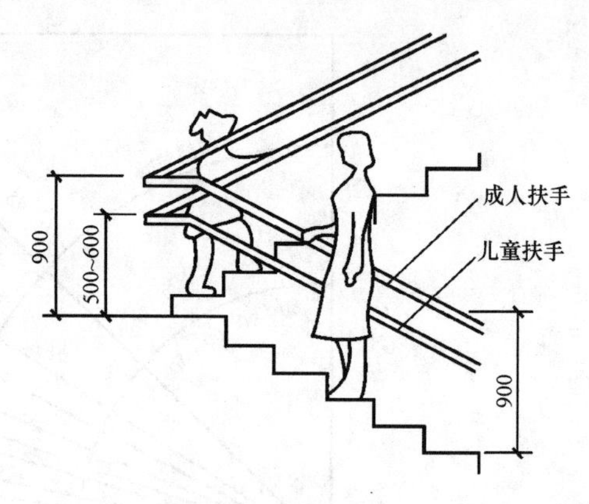

图5.6 栏杆扶手高度

4. 楼梯平台的宽度

楼梯平台是楼梯段的连接，也供行人稍加休息之用。楼梯平台宽度分为中间平台宽度 D_1 和楼层平台宽度 D_2，对于平行和折行多跑等类型楼梯，其转向后的中间平台宽度应不小于梯段宽度，以保证通行与梯段同股数人流。住宅共用楼梯平台应便于家具搬运，净宽应不小于梯段净宽且不得小于1.2 m。医院建筑还应保证担架在平台处能转向通行，其中间平台宽度应＞1 800 mm。对于直行多跑楼梯，其中间平台宽度可等于梯段宽，或者＞1 000 mm。对于楼层平台宽度，则应比中间平台更宽松一些，以利人流分配和停留。

5. 梯井宽度

梯井是指梯段之间形成的空档，此空档从顶层到底层贯通。在平行多跑楼梯中，可无梯井，但为了梯段安装和平台转弯缓冲，可设梯井。为了安全，其宽度应小一些，以60～200 mm为宜。

五、楼梯尺寸的确定

设计楼梯主要是解决楼梯梯段和平台的设计，而梯段和平台的尺寸与楼梯间的开间、进深和层高有关。楼梯设计如图5.7所示。

1. 梯段宽度与平台宽的计算

(1)梯段宽 B：

$$B=\frac{A-C}{2}$$

式中 A——开间净宽；

C——两梯段之间的缝隙宽，考虑消防、安全和施工的要求，$C=60\sim200$ mm。

(2)中间平台宽 D：$D\geqslant B$ 且≥1.2 m。

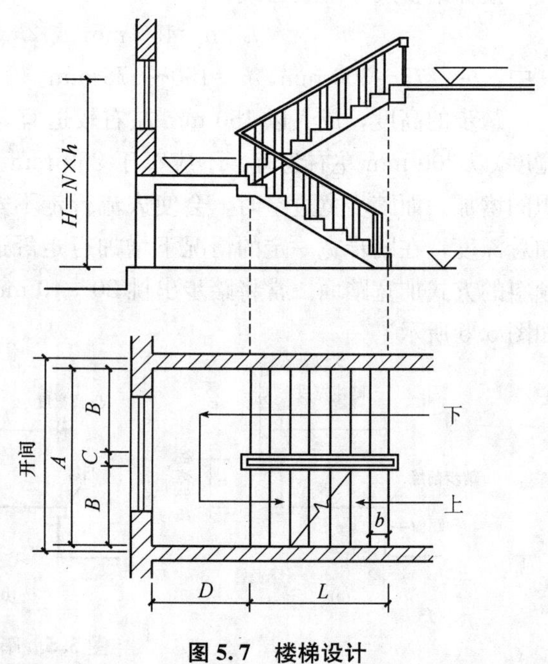

图5.7 楼梯设计

2. 踏步的尺寸与数量的确定

(1)踏步的尺寸由公式 $2h+b=600\sim620$ mm 或 $b+h=450$ mm，按建筑的使用性质及相关设计规范的规定，先假定出踏步的宽度 b，根据公式求出踏步的高度 h。

(2)踏步的数量则根据房屋的层高来定，即

$$N=\frac{H}{h}$$

式中　H——层高；

　　h——踏步高。

3. 梯段长度计算

梯段长度取决于踏步数量。当 N 已知后，对两段等跑的楼梯梯段长 L 为

$$L=\left(\frac{N}{2}-1\right)b$$

式中　b——踏步宽。

4. 楼梯的净空高度

为保证在这些部位通行或搬运物件时不受影响，其净高在平台处应大于 2 m；在梯段处应大于 2.2 m，如图 5.8 所示。

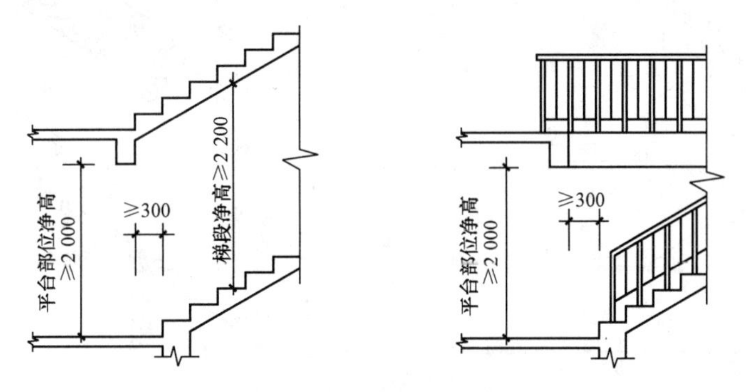

图 5.8　楼梯的净空高度

当楼梯底层中间平台下做通道时，为求得下面空间净高≥2 000 mm，常采用以下几种处理方法：

(1)将楼梯底层设计成“长短跑”，让第一跑的踏步数目多些，第二跑踏步少些，利用踏步的多少来调节下部净空的高度[图 5.9(a)]。

(2)增加室内外高差[图 5.9(b)]。

(3)将上述两种方法结合，即降低底层中间平台下的地面标高，同时增加楼梯底层第一个梯段的踏步数量[图 5.9(c)]。

(4)将底层采用单跑楼梯，这种方式多用于少雨地区的住宅建筑[图 5.9(d)]。

(5)取消平台梁，即平台板和梯段组合成一块折形板。

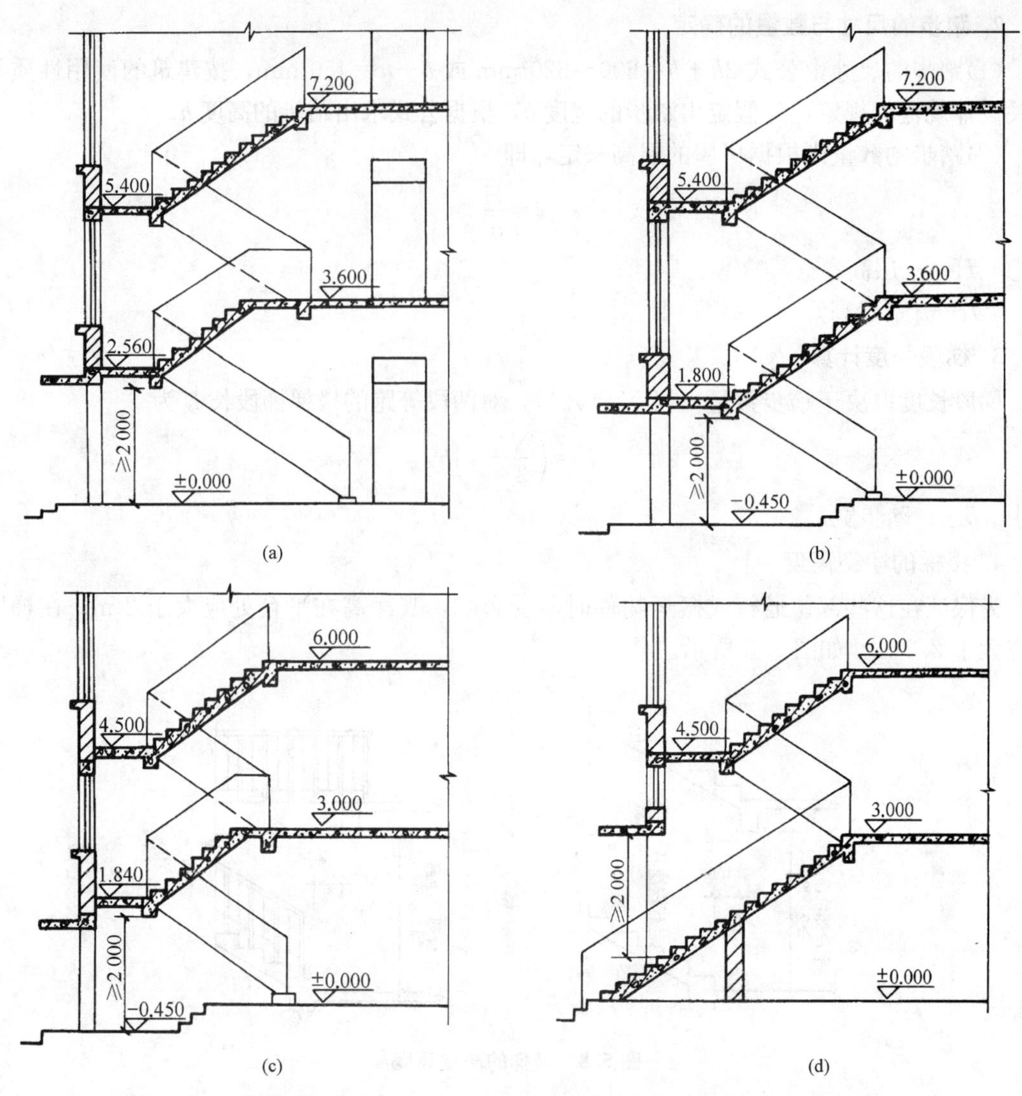

图 5.9　平台下做出入口时楼梯净高设计的几种方式

(a)底层设计成“长短跑”；(b)增加室内外高差；

(c)底层设计成“长短跑”与增加室内外高差相结合；(d)底层采用单跑梯段

第二节　楼梯构造设计

一、例题

某内廊式教学楼的层高为 3.60 m，楼梯间的开间为 3.30 m，进深为 6 m，室内外地面高差为 450 mm，墙厚为 240 mm，轴线居中，试设计该楼梯。

解答：

(1)选择楼梯形式。对于开间为 3.30 m，进深为 6 m 的楼梯间，适合选用双跑平行楼梯。

(2)确定踏步尺寸和踏步数量。作为公共建筑的楼梯，初步选取踏步宽度 $b=300$ mm，由经验公式 $2h+b=600$ mm 求得踏步高度 $h=150$ mm，初步取 $h=150$ mm。

$$N=\frac{\text{层高}(H)}{\text{踏步高}(h)}=\frac{3\ 600}{150}=24$$

(3)确定梯段宽度。取梯井宽为 160 mm，楼梯间净宽为 3 300－2×120＝3 060(mm)，则梯段宽度为

$$B=\frac{3\ 060-160}{2}=1\ 450(\text{mm})$$

(4)确定各梯段的踏步数量。各层两梯段采用等跑，则各层两个梯段踏步数量为

$$n_1=n_2=\frac{N}{2}=\frac{24}{2}=12(\text{级})$$

(5)确定梯段长度和梯段高度。

梯段长度　$L_1=L_2=(n-1)b=(12-1)\times300=3\ 300(\text{mm})$

梯段高度　$H_1=H_2=n\cdot h=12\times150=1\ 800(\text{mm})$

(6)确定平台深度。中间平台深度 B_1 不小于 1 450 mm(梯段宽度)，取 1 600 mm，楼梯平台深度 B_2 暂取 600 mm。

(7)校核。

$L_1+B_1+B_2+120=3\ 300+1\ 600+600+120=5\ 620(\text{mm})<6\ 000$ mm(进深)

将楼层平台深度加大至 600＋(6 000－5 620)＝980(mm)。

(8)绘制楼梯各层平面图和楼梯剖面图，按三层教学楼绘制(图 5.10)。设计时按实际层数绘图。

二、常见错误举例

(1)踏步尺寸取值不合适。

以公共建筑的次要楼梯为例，错误做法：踏步尺寸取 250 mm×180 mm。

正确的取值范围应为：(260～300)mm×(150～170)mm。

(2)踏步尺寸不统一。

错误做法：如同一楼梯间内，一部分踏步尺寸取 300 mm×150 mm；另一部分为 300 mm×160 mm。

正确做法：各层踏步尺寸应统一。

(3)梯段长度计算错误。

错误做法：梯段长度＝踏步数量×踏步宽度。

正确做法：梯段长度＝(踏步数量－1)×踏步宽度。

由于梯段上行的最后一个踏步面的标高与平台面标高一致，其踏步宽度已计入平台深度。因此，在计算梯段长度时，应减去一个踏步宽度。

(4)平台深度尺寸不符合要求。

错误做法：平台深度小于梯段宽度。

正确做法：应是平台深度不小于梯段宽度。

(5)中间平台下地面标高不合理。

错误做法：楼梯底层中间平台下设通道时，平台下地面标高降得太低。底层中间平台

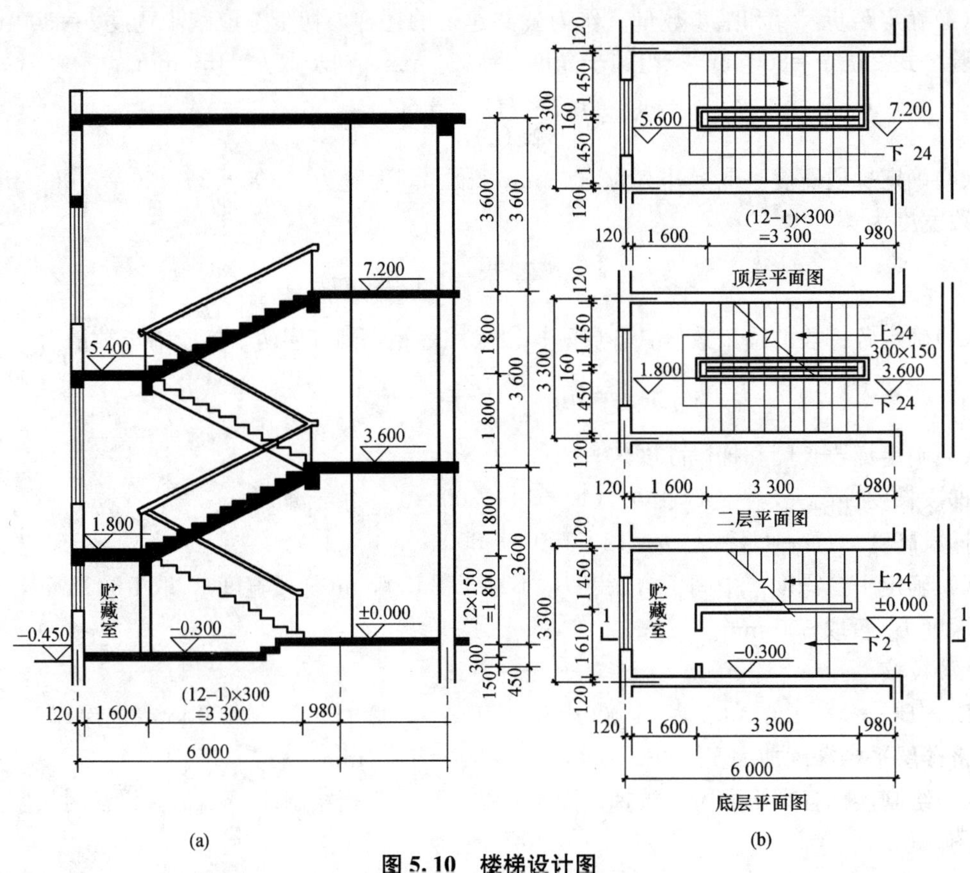

图 5.10　楼梯设计图

(a)楼梯剖面图；(b)楼梯平面图

下地面标高同室外地面标高。

正确做法：平台下地面标高至少应比室外地面高出 100～150 mm。

中间平台下地面标高处理的正误如图 5.11 所示。

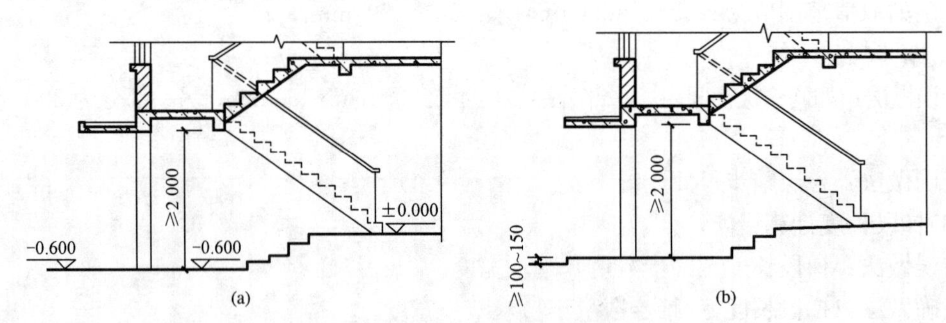

图 5.11　中间平台下地面标高处理

(a)错误做法；(b)正确做法

(6)楼梯底层中间平台下设通道时，台阶位置不合理。

错误做法：楼梯底层中间平台下设通道时，部分台阶移至室内的位置不正确或台阶设在平台梁下面。

正确做法：台阶应设在平台梁以内不小于 300 mm 的地方。

楼梯间台阶位置的正误如图 5.12 所示。

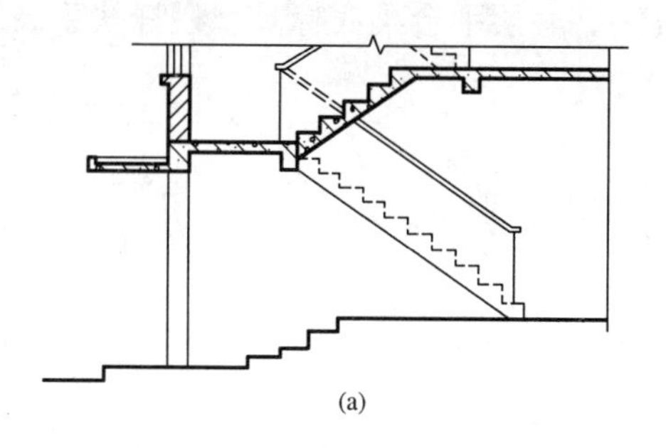
(a)

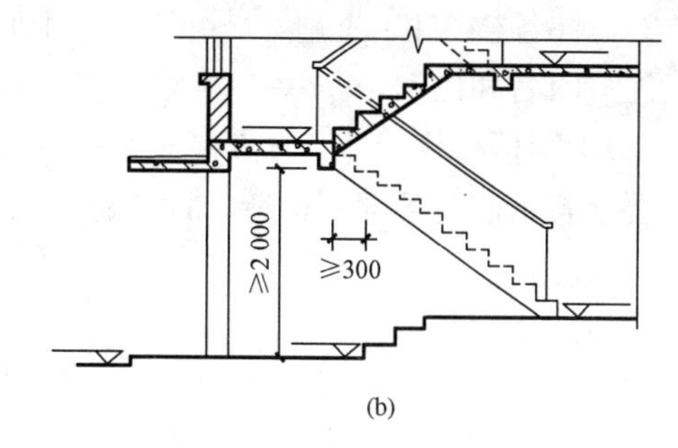

(b)

图 5.12　楼梯间的台阶位置

(a)错误做法；(b)正确做法

三、某住宅钢筋混凝土双跑楼梯的设计条件和要求

1. 设计条件

该住宅为六层砖混结构，层高为 2.8 m，楼梯间为 2 700 mm×6 600 mm。墙体均为 240 砖墙，轴线居中，底层设有住宅出入口，室内外高差为 450 mm。

2. 设计内容及深度要求

用一张 A2 图纸完成以下内容：

(1)绘制楼梯间底层、标准层和顶层三个平面图，比例为 1∶50。

1)绘出楼梯间墙、门窗、踏步、平台及栏杆扶手等。底层平面图还应绘出室外台阶或坡道、部分散水的投影等。

2)标注两道尺寸线。

①开间方向。

第一道：细部尺寸，包括梯段宽、梯井宽和墙内缘至轴线尺寸；

第二道：轴线尺寸。

②进深方向。

第一道：细部尺寸，包括梯段长度、平台深度和墙内缘至轴线尺寸；

第二道：轴线尺寸。

3)内部标注楼层和中间平台标高、室内外地面标高，标注楼梯上下行指示线，并注明该层楼梯的踏步数和踏步尺寸。

4)注写图名、比例，底层平面图还应标注剖切符号。

(2)绘制楼梯间剖面图，比例为 1∶30。

1)绘出梯段、平台、栏杆扶手，室内外地面、室外台阶或坡道、雨篷以及剖切到投影所见的门窗、楼梯间墙等，剖切到部分用材料图例表示。

2)标注两道尺寸线。

①水平方向。

第一道：细部尺寸，包括梯段长度、平台宽度和墙内缘至轴线尺寸；

第二道：轴线尺寸。

②垂直方向。

第一道：各梯段的级数及高度；

第二道：层高尺寸。

3)标注各楼层和中间平台标高、室内外地面标高、底层平台梁底标高、栏杆扶手高度等。注写图名和比例。

(3)绘制楼梯构造节点详图(2～5个)，比例为1∶10。

要求表示清楚各细部构造、标高有关尺寸和做法说明。

第三节　现浇钢筋混凝土楼梯

钢筋混凝土楼梯按施工方式可分为现浇式和预制装配式两类。现浇式钢筋混凝土楼梯是指楼梯段、楼梯平台等整体浇筑在一起的楼梯。它的优点是结构整体性好，刚度大，可塑性强，能适应各种楼梯间平面和楼梯形式；其缺点是需要现场支模，模板耗费较大，施工周期较长，且抽孔困难，不便做成空心构件，所以，混凝土用量和自重较大。按梯段的传力特点，有板式楼梯和梁板式楼梯之分。

一、板式楼梯

板式楼梯(图5.13)是运用最广泛的楼梯形式，可用于单跑楼梯、双跑楼梯、三跑楼梯等。板式楼梯可现浇也可预制，但目前大部分采用现浇。板式楼梯的优点是下表面平整，施工支模方便；其缺点是斜板较厚，当跨度较大时，材料用量较多。板式楼梯外观美观，多用于住宅、办公楼、教学楼等建筑，目前跨度较大的公共建筑也多采用。

板式楼梯是指将楼梯段作为一块整板，斜搁在楼梯的平台梁上，平台梁之间的距离便是这块板的跨度。现浇钢筋混凝土板式梯段如图5.14所示，其立体图如图5.15所示。板式楼梯是将楼梯作为一块板考虑，板的两端支承在休息平台的边梁上，休息平台支承在墙上。板式楼梯传力路线：楼梯板→平台梁→墙或柱。板长在3 m以内时比较经济。

图5.13　板式楼梯

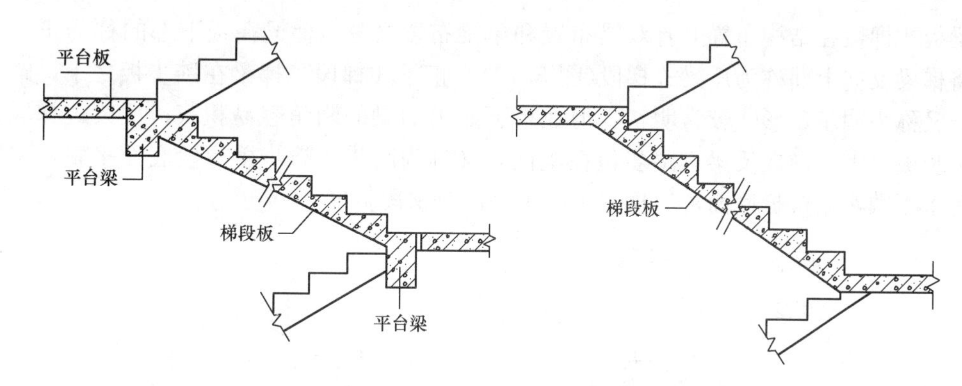

图 5.14　现浇钢筋混凝土板式梯段

为了保证平台过道处的净空高度，可以在板式楼梯的局部位置取消平台梁，这种楼梯称为折板式楼梯或悬挑板式楼梯，如图 5.16 所示。

图 5.15　现浇钢筋混凝土板式梯段立体图

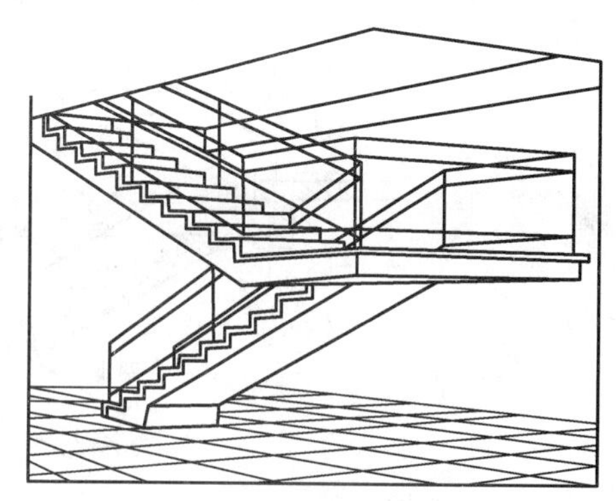

图 5.16　悬挑板式楼梯

二、梁板式楼梯

当梯段较宽或楼梯负载较大时，采用板式梯段往往不经济，须增加梯段斜梁(简称梯梁)以承受板的荷载，并将荷载传递给平台梁，这种梯段称为梁板式梯段(图 5.17)。梁板式楼梯传力路线：楼梯板→梯梁→平台梁→墙或柱。

图 5.17　梁板式楼梯

梁板式梯段在结构布置上有双梁布置和单梁布置之分。梯梁在板下部的称为正梁式梯段；将梯梁反向上面称为反梁式梯段(图 5.18)。正梁式梯段，梯梁在踏步板之下，踏步板外露，又称为明步，形式较为明快，但在板下露出的梁的阴角容易积灰；反梁式梯段，梯梁在踏步板之上，形成反梁，踏步包在里面，又称为暗步。暗步楼梯段底面平整，洗刷楼梯时污水不致污染楼梯底面，但梯梁占去了一部分梯段宽度。

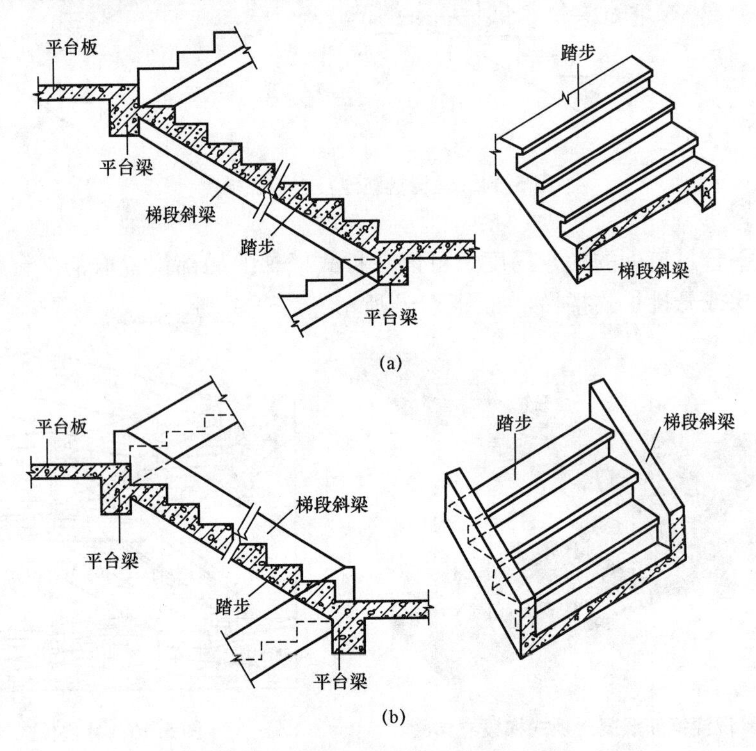

图 5.18　现浇钢筋混凝土梁板式梯段

(a)正梁式梯段；(b)反梁式梯段

在梁板式结构中，单梁式楼梯是近年来公共建筑中采用较多的一种结构形式。这种楼梯的每个梯段由一根梯梁支承踏步。梯梁布置有两种方式：一种是单梁悬臂式楼梯；另一种是单梁挑板式楼梯。单梁楼梯受力复杂，梯梁不仅受弯，而且受扭。但这种楼梯外形轻巧、美观，常为建筑空间造型所采用。

单梁挑板式楼梯是将梯段斜梁布置在踏步的中间，让踏步从梁的两端挑出，如图 5.19 所示。

图 5.19　单梁挑板式楼梯

第四节　预制装配式钢筋混凝土楼梯

预制装配式钢筋混凝土楼梯根据构件尺度不同分为小型构件装配式、中型构件装配式和大型构件装配式楼梯三大类。

一、小型构件装配式楼梯

小型构件装配式楼梯是把楼梯的组成部分划分为若干构件，每一构件体积小、质量轻、易于制作、便于运输和安装。但由于安装时件数较多，所以施工工序多，现场湿作业较多，施工速度较慢。其适用于施工过程中没有吊装设备或只有小型吊装设备的房屋。

1. 梯段

(1)预制踏步板。预制踏步板断面形式有一字形、正 L 形、倒 L 形、三角形等，如图 5.20 所示。

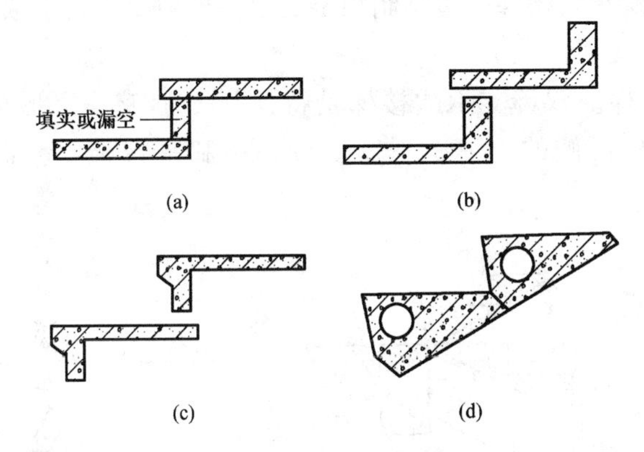

图 5.20　预制踏步板

(a)一字形；(b)正 L 形；(c)倒 L 形；(d)三角形

(2)梯斜梁。一般为矩形截面和锯齿形截面梯斜梁两种(图 5.21)。矩形截面梯斜梁用于搁置三角形断面踏步板。锯齿形截面梯斜梁主要用于搁置一字形、L 形、倒 L 形的踏步板。

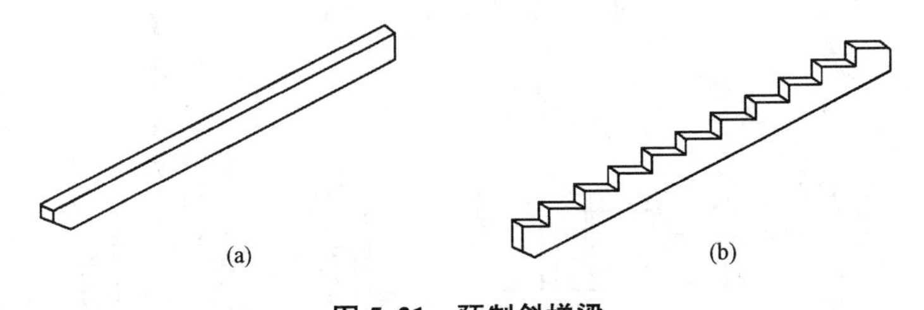

图 5.21　预制斜梯梁

(a)矩形截面；(b)锯齿形截面

2. 平台梁及平台板

(1)平台梁。为了便于支承梯斜梁，平衡梯段水平分力并减少平台梁所占结构空间，一般将平台梁做成 L 形断面，如图 5.22 所示。

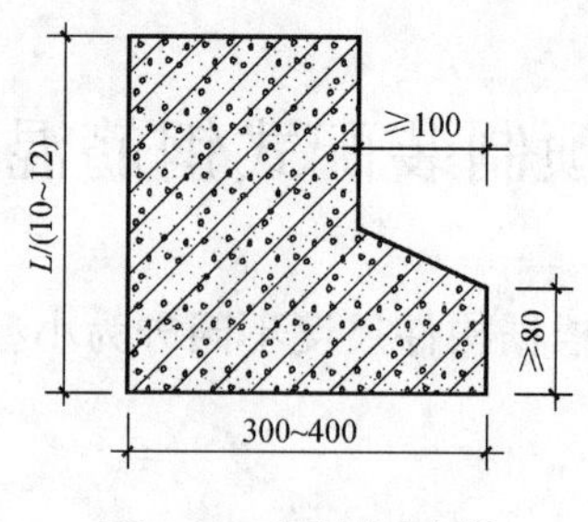

图 5.22 预制平台梁

(2)平台板。平台板可根据需要采用预制钢筋混凝土空心板、槽形板或平板。在平台上有管道井处，不宜布置空心板。平台板一般平行于平台梁布置，以利于加强楼梯间整体刚度。当垂直于平台梁布置时，常采用小平板。

3. 预制踏步的支承结构

预制踏步的支承有梁支承、墙支承和悬挑式三种形式。

(1)梁承式楼梯。梁承式楼梯是指预制踏步支承在梯斜梁上，形成梁式梯段，梯段支承在平台梁上(图 5.23)。

(2)双墙支承式楼梯。双墙支承式楼梯是将预制 L 形或一字形踏步板的两端直接搁置在墙上，荷载传递给两侧的墙体，不需要设梯梁和平台梁，从而节约了钢材和混凝土(图 5.24)。

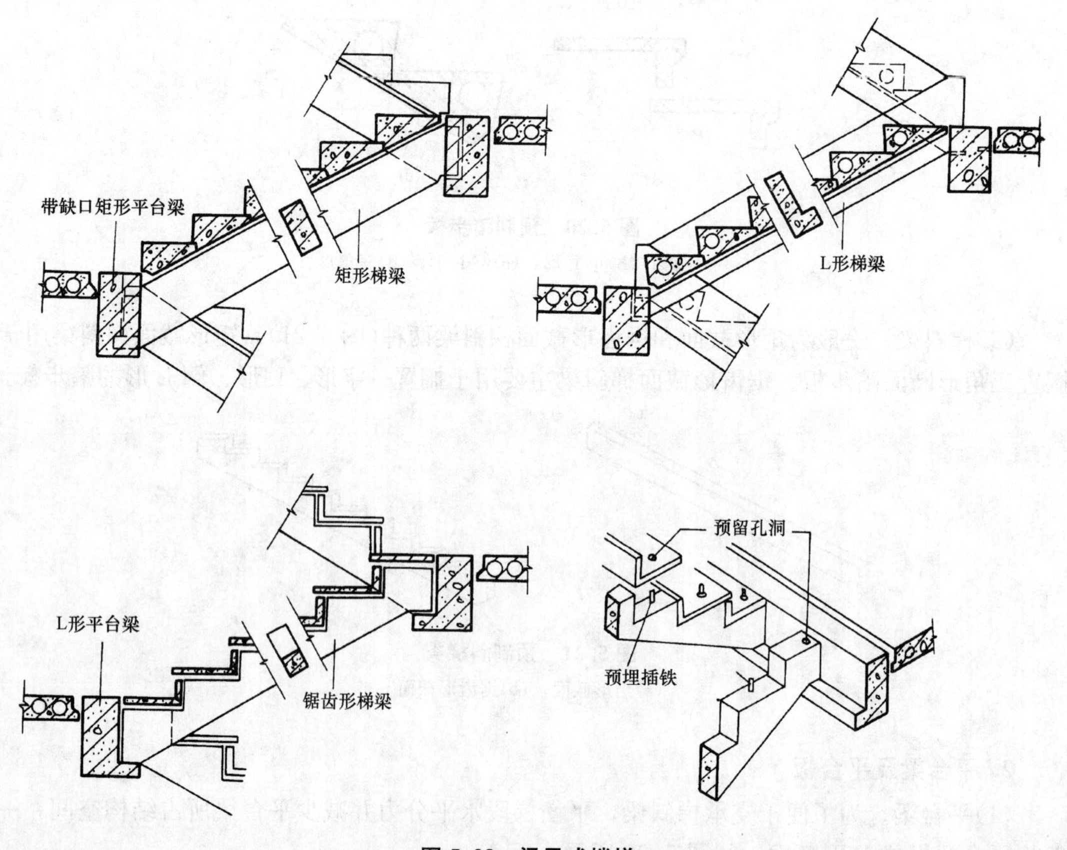

图 5.23 梁承式楼梯

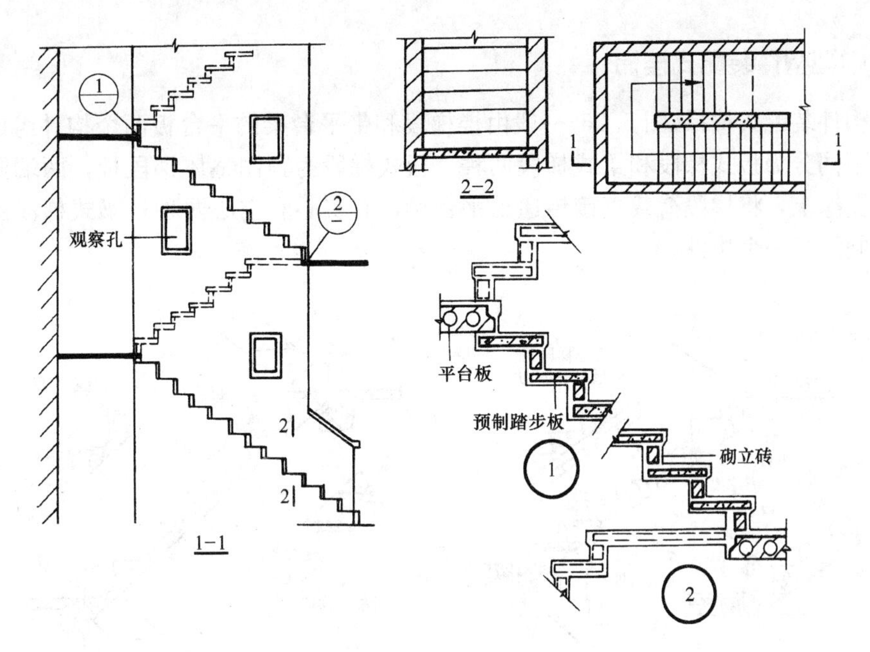

图 5.24　双墙支承式楼梯

(3)悬挑式楼梯。悬挑式楼梯是将踏步板的一端固定在楼梯间墙上，另一端悬挑，利用悬挑的踏步支承全部荷载，并直接传递给墙体(图 5.25)。

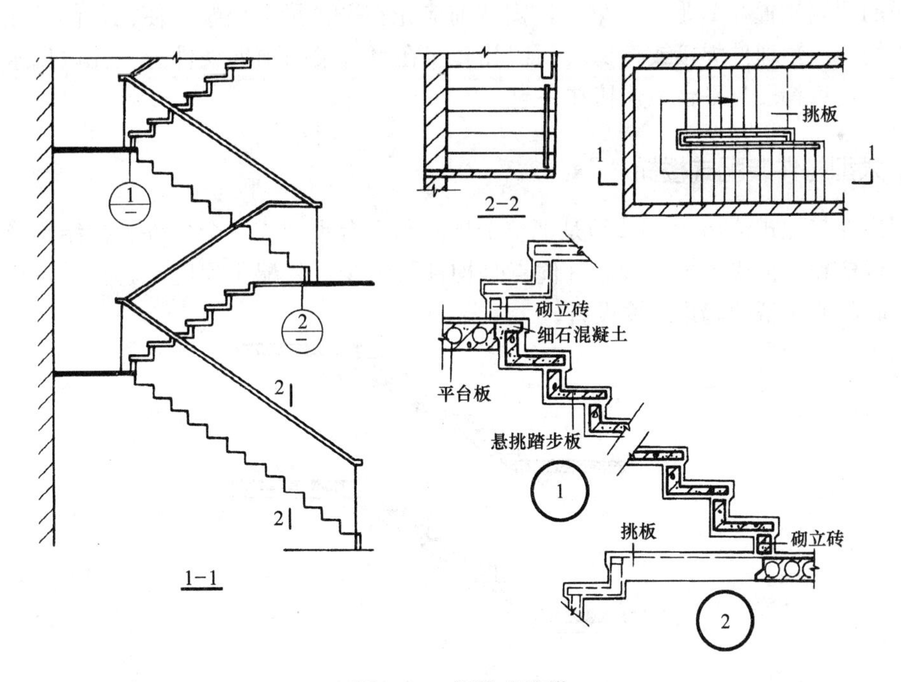

图 5.25　悬挑式楼梯

二、中型构件装配式楼梯

中型构件装配式楼梯(图 5.26)一般由楼梯段和带平台梁的平台板两个构件组成。按其结构形式不同分为板式梯段和梁式梯段两种。板式梯段为预制整体梯段板，两端搁在平台梁出挑的翼缘上，将梯段荷载直接传递给平台梁，有实心和空心两种；梁式梯段由踏步板和梯梁共同组成一个构件。

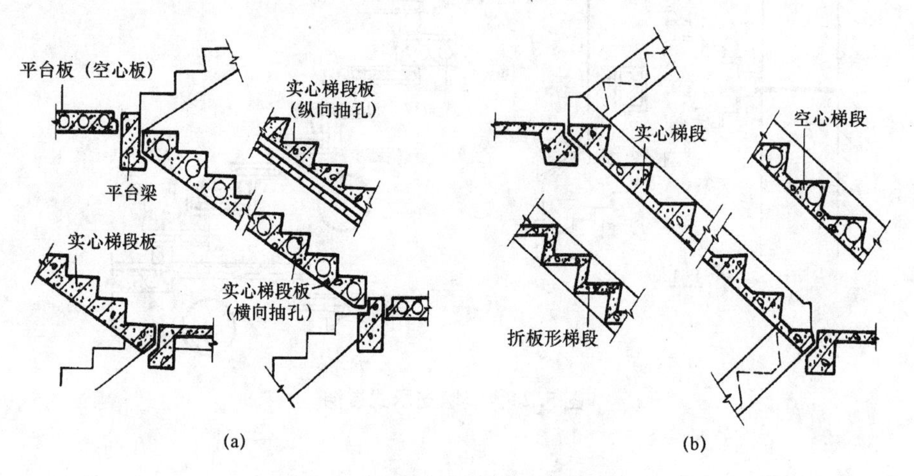

图 5.26　中型构件装配式楼梯构造

(a)板式梯段；(b)梁式梯段

梯段的两端搁置在 L 形平台梁上，安装前应先在平台梁上坐浆，使构件间的接触面贴紧，受力均匀。预埋件焊接或将梯段预留孔套接在平台梁的预埋铁件上。孔内用水泥砂浆填实的方式，将梯段与平台梁连接在一起。

三、大型构件装配式楼梯

大型构件装配式楼梯(图 5.27)是把整个梯段和平台预制成一个构件。按结构形式不同分为板式楼梯和梁板式楼梯两种。其优点是构件数量少，装配化程度高，施工速度快；缺点是施工时需要大型的起重运输设备。

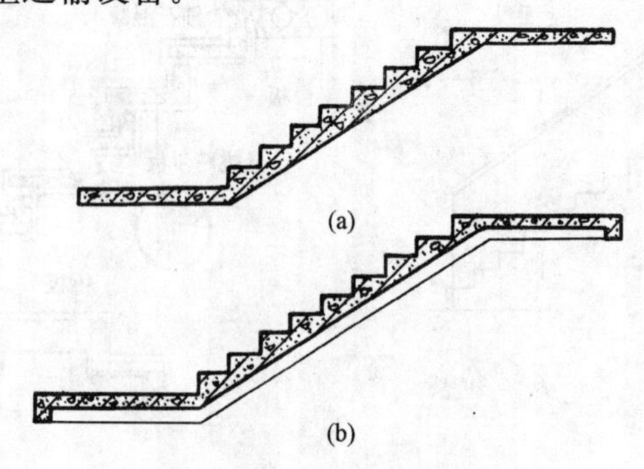

图 5.27　大型构件装配式楼梯

(a)板式楼梯；(b)梁板式楼梯

第五节　楼梯的细部构造

一、踏步的踏面

楼梯踏步的踏面应光洁、耐磨，易于清扫。面层常采用水泥砂浆、水磨石等，也可采用铺缸砖、贴油地毡或铺大理石板(图 5.28)。前两种多用于一般工业与民用建筑中；后几种多用于有特殊要求或较高级的公共建筑中。

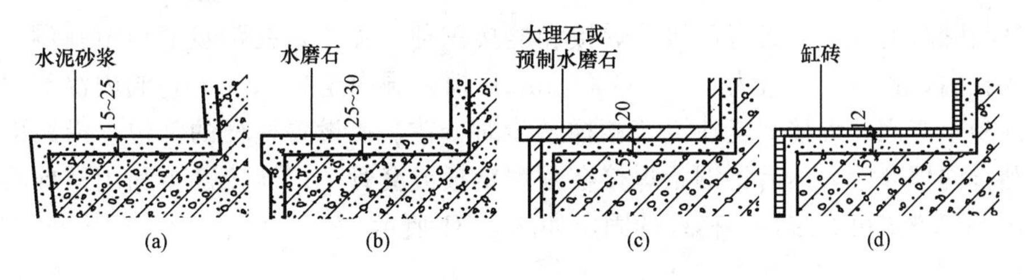

图 5.28　踏步面层构造

(a)水泥砂浆；(b)水磨石；(c)大理石或预制水磨石；(d)缸砖

为防止行人在上下楼梯时滑跌，特别是水磨石面层以及其他表面光滑的面层，常在踏步近踏口处，用不同于面层的材料做出略高于踏面的防滑条或者防滑槽；或用带有槽口的陶土块或金属板包住踏口。如果面层采用水泥砂浆抹面，由于表面粗糙，可不做防滑条。防滑槽的做法是做踏步面层时留两三道凹槽。防滑条材料可采用铁屑水泥、金刚砂、塑料条、橡胶条、金属条、马赛克等。采用耐磨防滑材料如缸砖、铸铁等做防滑包口，既防滑又起保护作用。防滑处理如图 5.29 所示。

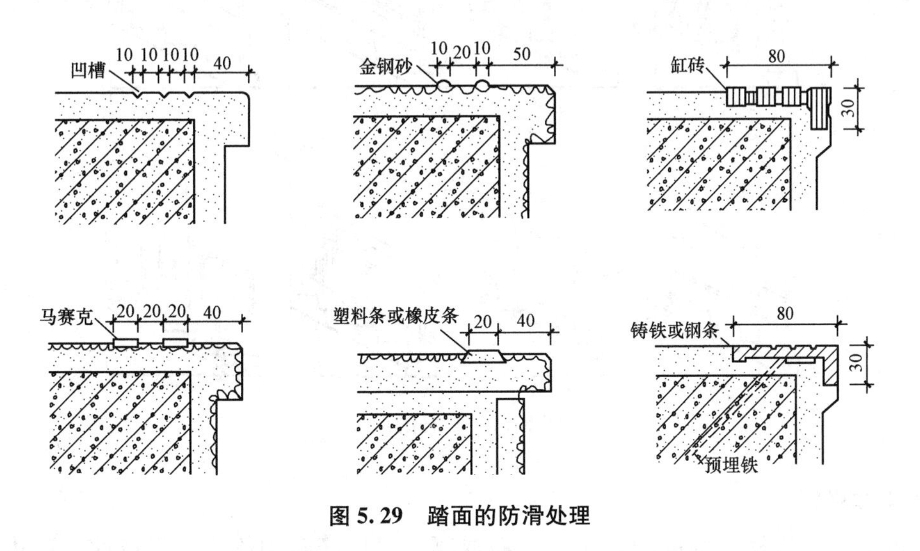

图 5.29　踏面的防滑处理

二、栏杆、栏板与扶手

1. 栏杆

栏杆是布置在楼梯梯段和平台边缘处有一定安全保障度的围护构件。其形式如图 5.30 所示。栏杆或栏板顶部供人们行走倚扶用的连续构件，称为扶手。栏杆、扶手在设计、施工时应考虑坚固、安全、适用、美观。栏杆多采用方钢、圆钢、钢管或扁钢等材料，并可焊接或铆接成各种图案，既起防护作用，又起装饰作用。

(1)空花栏杆。空花栏杆多用方钢、圆钢、扁钢等型材焊接或铆接成各种图案，既起防护作用，又有一定的装饰效果。常用栏杆断面尺寸：圆钢 $\phi16\sim\phi25$，方钢 15 mm×15 mm～25 mm×25 mm，扁钢 30 mm～50 mm×3 mm～6 mm，钢管 $\phi20\sim\phi50$。

栏杆与踏步的连接方式有锚接、焊接和栓接三种。锚接是在踏步上预留孔洞，然后将钢条插入孔内，预留孔一般为 50 mm×50 mm，插入洞内至少 80 mm，洞内浇筑水泥砂浆或细石混凝土嵌固；焊接则是在浇筑楼梯踏步时，在需要设置栏杆的部位，沿踏面预埋钢板或在踏步内埋套管，然后将钢条焊接在预埋钢板或套管上；栓接是指利用螺栓将栏杆固定在踏步上，方式可有多种。栏杆的固定如图 5.31 所示。

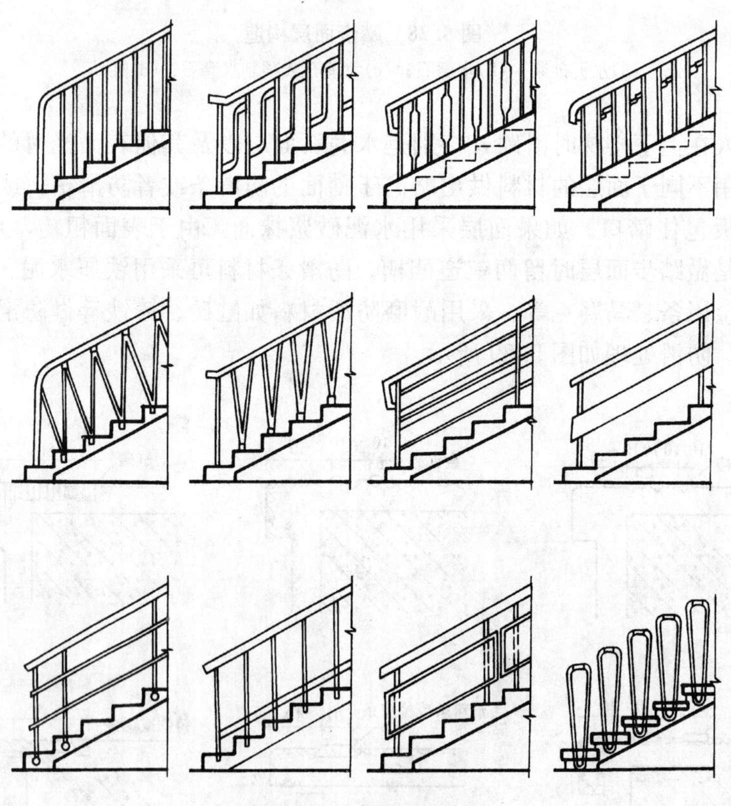

图 5.30 栏杆的形式

2. 实体栏板

栏板是用实体材料构成的，多由钢筋混凝土、加筋砖砌体、有机玻璃、钢化玻璃等制作。

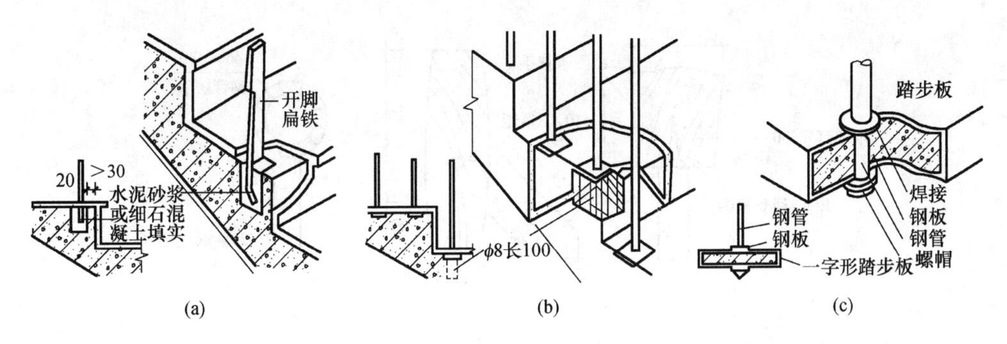

图 5.31　栏杆的固定

(a)锚接；(b)焊接；(c)栓接

砖砌栏板，当栏板厚度为 60 mm(即标准砖侧砌)时，外侧要用钢筋网加固，再用钢筋混凝土扶手与栏板连成整体。

钢筋混凝土栏板有预制和现浇两种。现浇钢筋混凝土楼梯栏板经支模、扎筋后，与梯段整浇。预制钢筋混凝土楼梯栏板则用预埋钢板焊接。

3. 组合式栏板

组合式栏板是将空花栏杆与实体栏板组合而成的一种栏杆形式。空花部分多用金属材料制成，栏板部分可用砖砌栏板、有机玻璃、钢化玻璃等，两者共同组成组合式栏杆，如图 5.32 所示。

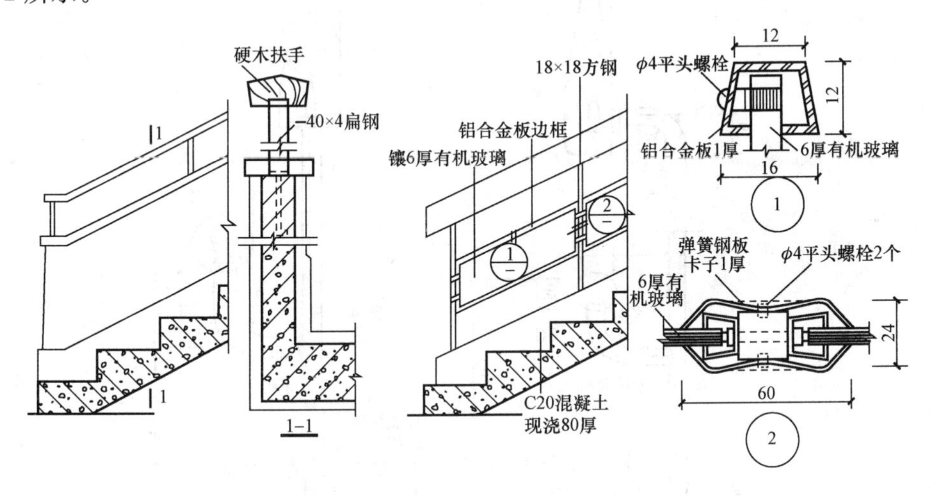

图 5.32　组合式栏板

4. 扶手

楼梯扶手按材料分为木扶手、金属扶手、塑料扶手等；按构造分为镂空栏杆扶手、栏板扶手和靠墙扶手等。

木扶手、塑料扶手用木螺钉通过扁铁与镂空栏杆连接；金属扶手则通过焊接或螺钉连接；靠墙扶手则由预埋铁脚的扁钢用木螺钉来固定。栏板上的扶手多采用抹水泥砂浆或水磨石粉面的处理方式。栏杆及栏板的扶手类型如图 5.33 所示。

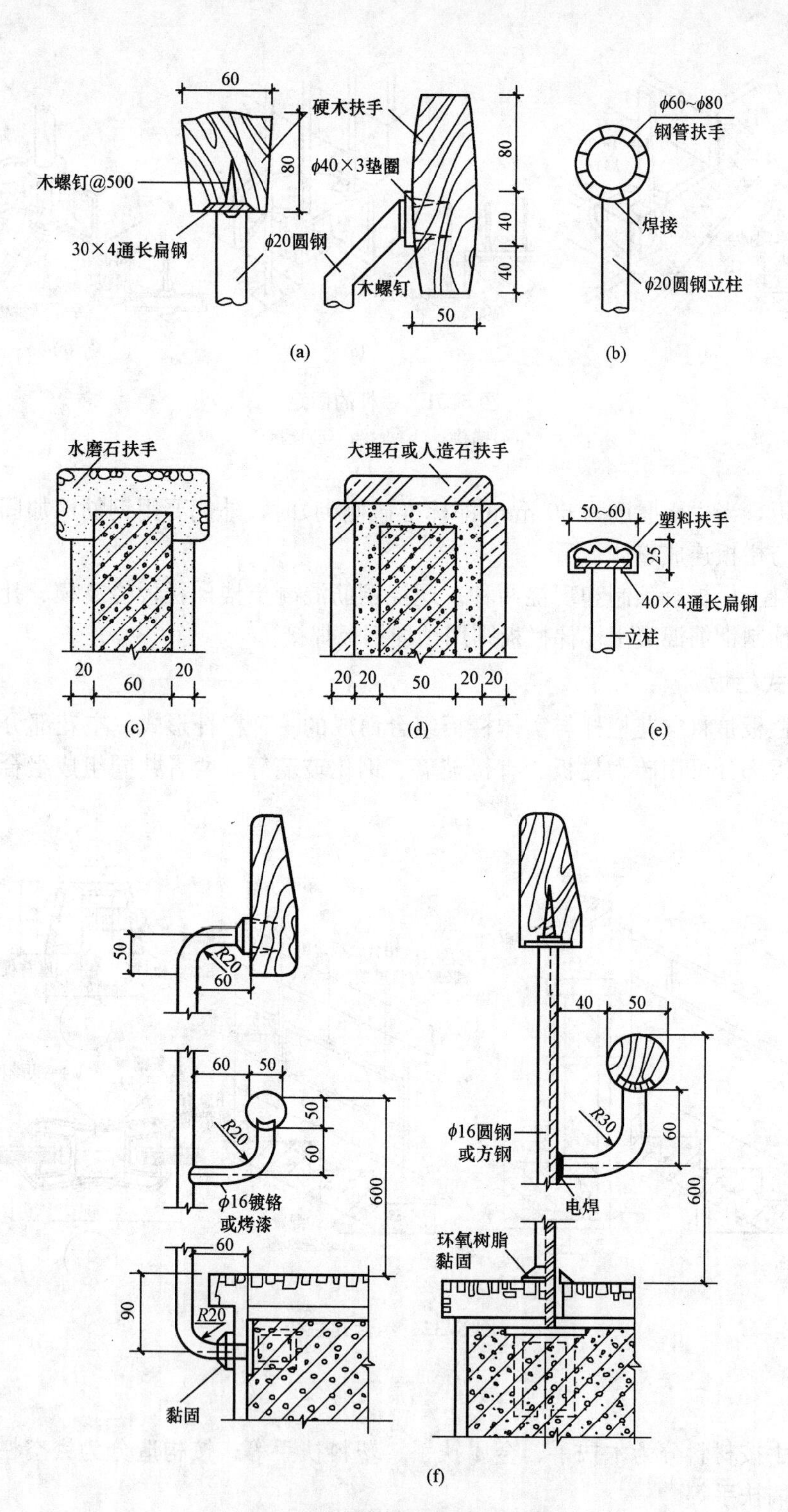

图 5.33　栏杆及栏板的扶手类型

(a)硬木扶手；(b)钢管扶手；(c)水磨石扶手；(d)大理石或人造石扶手；
(e)塑料扶手；(f)节点构造

第六节　室外台阶与坡道

室外台阶与坡道是建筑出入口处室内外高差之间的交通联系部件。由于其位置明显，人流量大，又处于露天，特别是当室内外高差较大或基层土质较差时，须慎重处理。

一、台阶与坡道的形式

台阶由踏步和平台组成。其形式有单面踏步式、三面踏步式等。台阶坡度较楼梯平缓，每级踏步高为 100～150 mm，踏面宽为 300～400 mm。当台阶高度超过 1 m 时，宜有护栏设施。在台阶与建筑出入口大门之间，常设一缓冲平台，作为室内外空间的过渡。平台深度一般不应小于 1 000 mm，平台需做 3%左右的排水坡度，以利于雨水排除。

我国对便于残疾人通行的坡道的坡度标准为不大于 1/12，同时，还规定与之相匹配的每段坡道的最大高度为 750 mm，最大坡段水平长度为 9 000 mm。为便于残疾人使用的轮椅顺利通过，室内坡道的最小宽度应不小于 900 mm，室外坡道的最小宽度应不小于 1 500 mm。供残疾人使用的坡道，应采用直行形式。扶手栏杆应坚固耐用，且在两侧都应设有扶手。

坡道多为单面坡形式，极少三面坡的，坡道坡度应以有利推车通行为佳，一般为 1/10～1/8，也有 1/30 的。还有些大型公共建筑，为考虑汽车能在大门入口处通行，常采用台阶与坡道相结合的形式。

台阶与坡道的形式如图 5.34 所示。

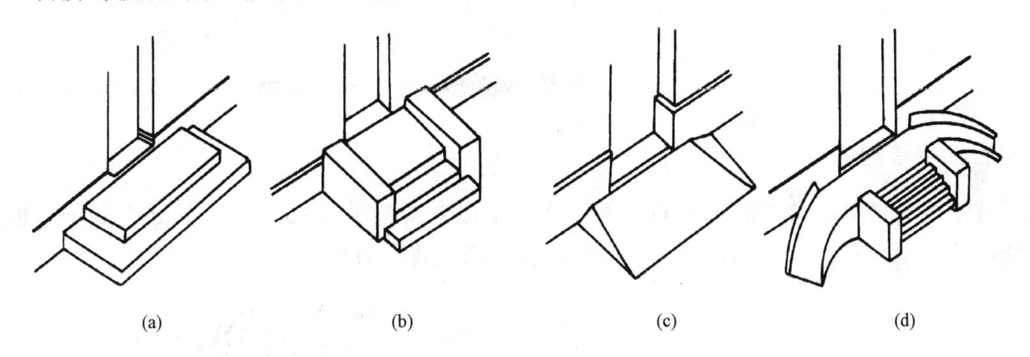

图 5.34　台阶与坡道的形式

(a)三面踏步式；(b)单面踏步式；(c)坡道式；(d)踏步坡道结合式

二、台阶构造

1. 台阶的构造要点

(1)坚固耐久。

(2)地基应夯实，以防止沉降不均而破坏。

(3)选材上应考虑耐久性高的材料，如石材、混凝土、缸砖等。

(4)加强节点处理，防止开裂漏水。

(5)面层材料必须防滑，也可做成锯齿形或带防滑条。

2. 台阶的面层

由于台阶位于易受雨水侵蚀的环境之中，需慎重考虑防滑和抗风化问题。其面层材料应选择防滑和耐久的材料，如水泥石屑、斩假石(剁斧石)、天然石材、防滑地面砖等。对于人流量大的建筑台阶，还宜在台阶平台处设刮泥槽。需注意刮泥槽的刮齿应垂直于人流方向。

3. 台阶的垫层

步数较少的台阶，其垫层做法与地面垫层做法类似。一般采用素土夯实后按台阶形状尺寸做C10混凝土垫层或砖、石垫层。标准较高的或地基土质较差的还可在垫层下加铺一层碎砖或碎石层[图 5.35(a)、(b)]。

对于步数较多或地基土质太差的台阶，可根据情况架空成钢筋混凝土台阶，以避免过多填土或产生不均匀沉降。

严寒地区的台阶还需要考虑地基土冻胀因素，可用含水率低的砂石垫层换土至冰冻线以下[图 5.35(c)]。

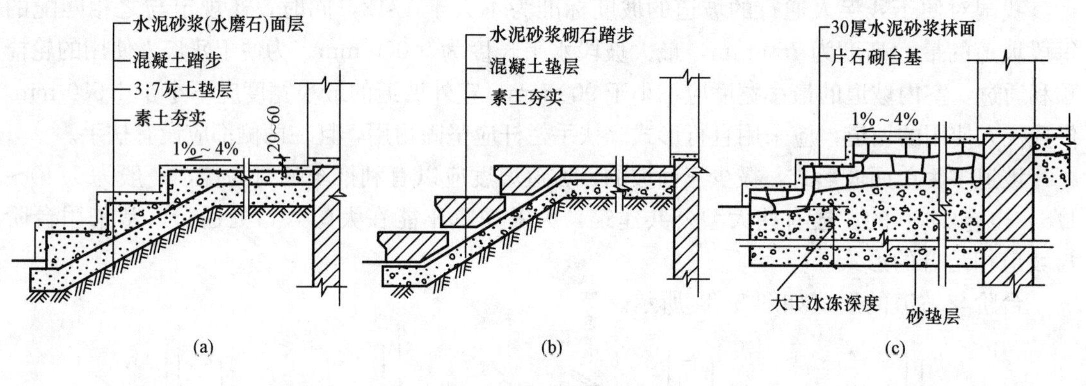

图 5.35　台阶构造

三、坡道构造

坡道材料常见的有混凝土或石块等，面层也以水泥砂浆居多，对经常处于潮湿、坡度较陡或采用水磨石作面层的，在其表面必须作防滑处理。其构造如图 5.36 所示。

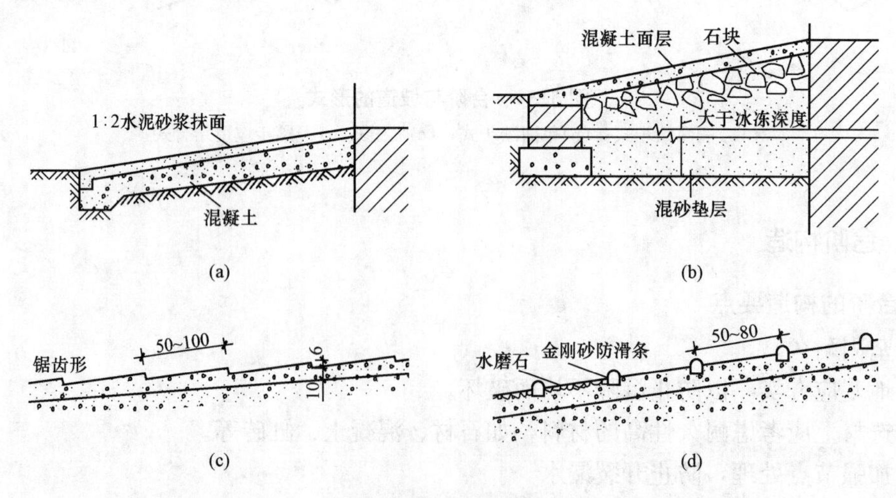

图 5.36　坡道构造

(a)混凝土坡道；(b)换土地基坡道；(c)锯齿形坡面；(d)设防滑条坡面

复习思考题

参考答案

一、填空题

1. 楼梯一般由__________、__________和__________三部分组成。
2. 楼梯休息平台的宽度不应小于楼梯段__________。
3. 现浇钢筋混凝土楼梯的结构形式有__________和__________。

二、单项选择题

1. 下面楼梯可作为疏散楼梯的是(　　)。
   A. 直跑楼梯　　B. 剪刀楼梯
   C. 螺旋楼梯　　D. 多跑楼梯
2. 在楼梯形式中，不宜用于疏散楼梯的是(　　)。
   A. 直跑楼梯　　B. 两跑楼梯　　C. 剪刀楼梯　　D. 螺旋形楼梯
3. 常见楼梯的坡度范围为(　　)。
   A. 30°～60°　　B. 20°～45°　　C. 45°～60°　　D. 30°～45°
4. 楼梯平台处的净高不应小于(　　)m。
   A. 2.0　　B. 2.1　　C. 1.9　　D. 2.2
5. 在民用建筑中，楼梯踏步的高度h、宽b经验公式正确的是(　　)。
   A. $2h+b=450\sim600$　　B. $2h+b=600\sim620$
   C. $h+b=500\sim600$　　D. $h+b=350\sim450$
6. 楼梯的连续踏步阶数最少为(　　)阶。
   A. 2　　B. 1　　C. 4　　D. 3
7. 楼梯的连续踏步阶数最多不超过(　　)级。
   A. 28　　B. 32　　C. 18　　D. 12
8. 一般走道均为双向人流，一股人流宽(　　)mm左右。
   A. 550　　B. 600　　C. 700　　D. 500
9. 双跑梯的楼梯间开间净宽为3.6 m，两梯段之间的缝隙宽为200 mm，则梯段宽为(　　)m。
   A. 1.5　　B. 1.6　　C. 1.7　　D. 3.4

三、简答题

1. 楼梯是由哪几部分所组成的？各组成部分的作用及要求如何？
2. 常见的楼梯有哪几种形式？各适用于什么建筑？
3. 楼梯设计的要求如何？
4. 确定楼梯段宽度应是以什么为依据？
5. 为什么平台宽度不得小于楼梯段宽度？
6. 楼梯坡度如何确定？踏步高与踏步宽和行人步距的关系如何？
7. 一般民用建筑的踏步高与宽的尺寸是如何限制的？
8. 楼梯为什么要设栏杆，栏杆扶手的高度一般是多少？
9. 楼梯间的开间、进深应如何确定？

10. 楼梯的净高一般是指什么？为保证人流和货物的顺利通行，要求楼梯净高一般是多少？

11. 当底层平台下做出入口时，为增加净高，常采取哪些措施？

12. 钢筋混凝土楼梯常见的结构形式是哪几种？各有何特点？

13. 预制装配式楼梯的预制踏步形式有哪几种？

14. 预制装配式楼梯的构造形式有哪些？

15. 楼梯踏面的做法如何？水磨石面层的防滑措施有哪些？

16. 栏杆与踏步的构造如何？

17. 扶手与栏杆的构造如何？

18. 实体栏板的构造如何？

19. 台阶与坡道的形式有哪些？

20. 台阶的构造要求是什么？

第六章　屋　　顶

第一节　屋顶的类型及设计要求

一、屋顶的类型

1. 平屋顶

平屋顶通常是指排水坡度小于5%的屋顶，常用坡度为2%～3%。图6.1所示为平屋顶常见的几种形式。

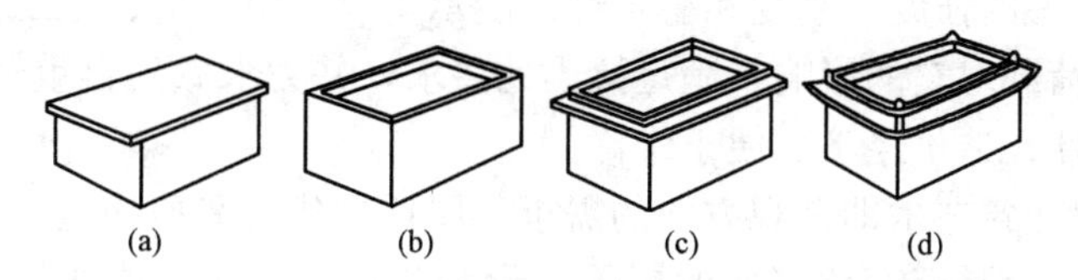

图6.1　平屋顶常见的形式

(a)挑檐；(b)女儿墙；(c)挑檐女儿墙；(d)盝(盒)顶

2. 坡屋顶

坡屋顶通常是指屋面坡度大于10%的屋顶。坡屋顶常见的形式如图6.2所示。

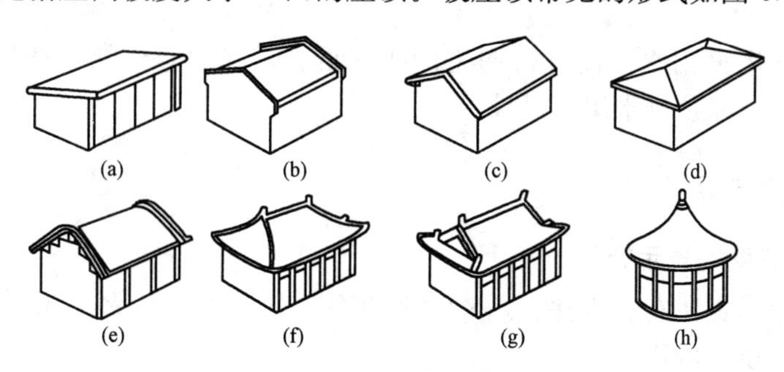

图6.2　坡屋顶常见的形式

(a)单坡顶；(b)硬山两坡顶；(c)悬山两坡顶；(d)四坡顶；
(e)卷棚顶；(f)庑殿顶；(g)歇山顶；(h)圆攒尖顶

3. 其他形式的屋顶

随着科学技术的发展，出现了许多新型的屋顶结构形式，如拱结构、薄壳结构、悬索结构、网架结构屋顶等。这类屋顶多用于较大跨度的公共建筑。其他形式的屋顶如图6.3所示。

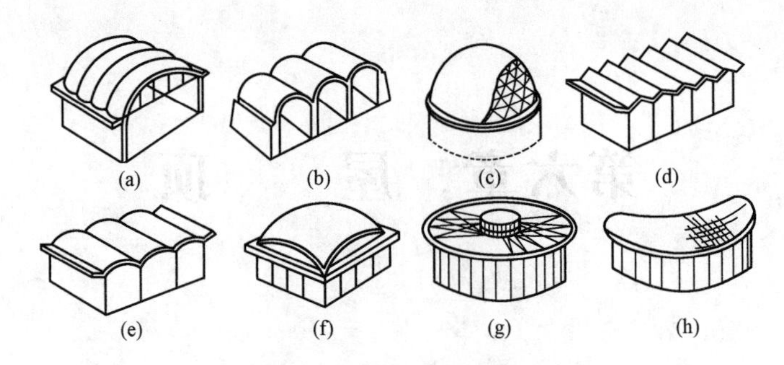

图 6.3　其他形式的屋顶

(a)双曲拱屋顶；(b)砖石拱屋顶；(c)球形网壳屋顶；(d)V形网壳屋顶；
(e)筒壳屋顶；(f)扁壳屋顶；(g)车轮形悬索屋顶；(h)鞍形悬索屋顶

二、屋顶的设计要求

(1)要求屋顶起良好的围护作用，具有防水、保温和隔热性能。其中，防止雨水渗漏是屋顶的基本功能要求，也是屋顶设计的核心。

(2)要求具有足够的强度、刚度和稳定性。能承受风、雨、雪、施工、上人等荷载，地震区还应考虑地震荷载对它的影响，满足抗震的要求，并力求做到自重轻、构造层次简单；就地取材、施工方便；造价经济、便于维修。

(3)满足人们对建筑艺术即美观方面的需求。屋顶是建筑造型的重要组成部分，中国古建筑的重要特征之一就是有变化多样的屋顶外形和装修精美的屋顶细部，现代建筑也应注重屋顶形式及其细部设计。

第二节　屋顶的排水设计

为了迅速排除屋面雨水，需进行周密的排水设计，其内容包括：选择屋顶排水坡度；确定排水方式；进行屋顶排水组织设计。

一、屋顶坡度选择

1. 屋顶排水坡度的表示方法

常用的坡度表示方法有角度法、斜率法和百分比法。坡屋顶多采用斜率法；平屋顶多采用百分比法，角度法应用较少。

2. 屋顶坡度的影响因素

(1)屋面防水材料与排水坡度。防水材料如尺寸较小，接缝必然就较多，容易产生缝隙渗漏，因而屋面应有较大的排水坡度，以便将屋面积水迅速排除。如果屋面的防水材料覆盖面积大，接缝少且严密，屋面的排水坡度就可以小一些。

(2)降雨量大小与坡度。降雨量大的地区，屋面渗漏的可能性较大，屋顶的排水坡度应适当加大；反之，屋顶排水坡度则宜小一些。

3. 屋顶坡度的形成方式

(1)材料找坡。材料找坡是指屋顶坡度由垫坡材料形成，一般用于坡向长度较小的屋面。为了减轻屋面荷载，应选用轻质材料找坡，如水泥炉渣、石灰炉渣等。找坡层的厚度最薄处不小于 20 mm 。平屋顶材料找坡的坡度宜为 2%，如图 6.4(a)所示。

(2)结构找坡。结构找坡是屋顶结构自身带有排水坡度，平屋顶结构找坡的坡度宜为 3%，如图 6.4(b)所示。

材料找坡的屋面板可以水平放置，顶棚面平整，但材料找坡增加屋面荷载，材料和人工消耗较多；结构找坡无须在屋面上另加找坡材料，构造简单，不增加荷载，但顶棚顶倾斜，室内空间不够规整。这两种方法在工程实践中均有广泛的运用。

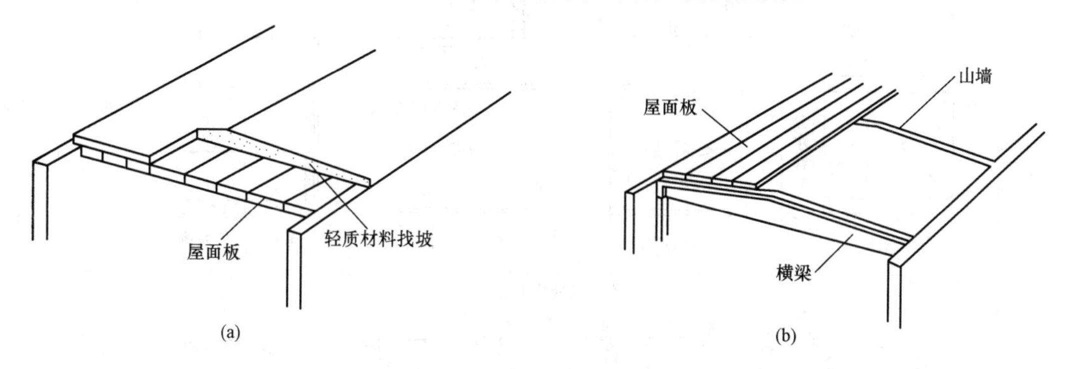

图 6.4　屋顶坡度的形成方式

(a)材料找坡；(b)结构找坡

二、屋面防水等级

屋面防水工程应根据建筑物的类别、重要程度、使用工程要求确定防水等级，并按相应等级进行防水设防。对防水有特殊要求的建筑屋面，应进行专项防水设计。屋面防水等级和设防要求应符合表 6.1 的规定。

表 6.1　屋面防水等级和设防要求

防水等级	建筑类别	设防要求
Ⅰ级	重要建筑和高层建筑	两道防水设防
Ⅱ级	一般建筑	一道防水设防

卷材、涂膜屋面防水等级和防水做法应符合表 6.2 的规定。

表 6.2　卷材、涂膜屋面防水等级和防水做法

防水等级	防水做法
Ⅰ级	卷材防水层和卷材防水层、卷材防水层和涂膜防水层、复合防水层
Ⅱ级	卷材防水层、涂膜防水层、复合防水层

三、屋顶排水方式

1. 排水方式的种类

屋顶排水方式分为无组织排水和有组织排水两大类。有组织排水又可分为外排水和内排水两种方式。在工程实践中，由于具体条件的千变万化，可能出现各式各样的排水方案。图 6.5 是按无组织排水、有组织内排水、有组织外排水三种不同情况归纳成的 8 种不同的排水方案。

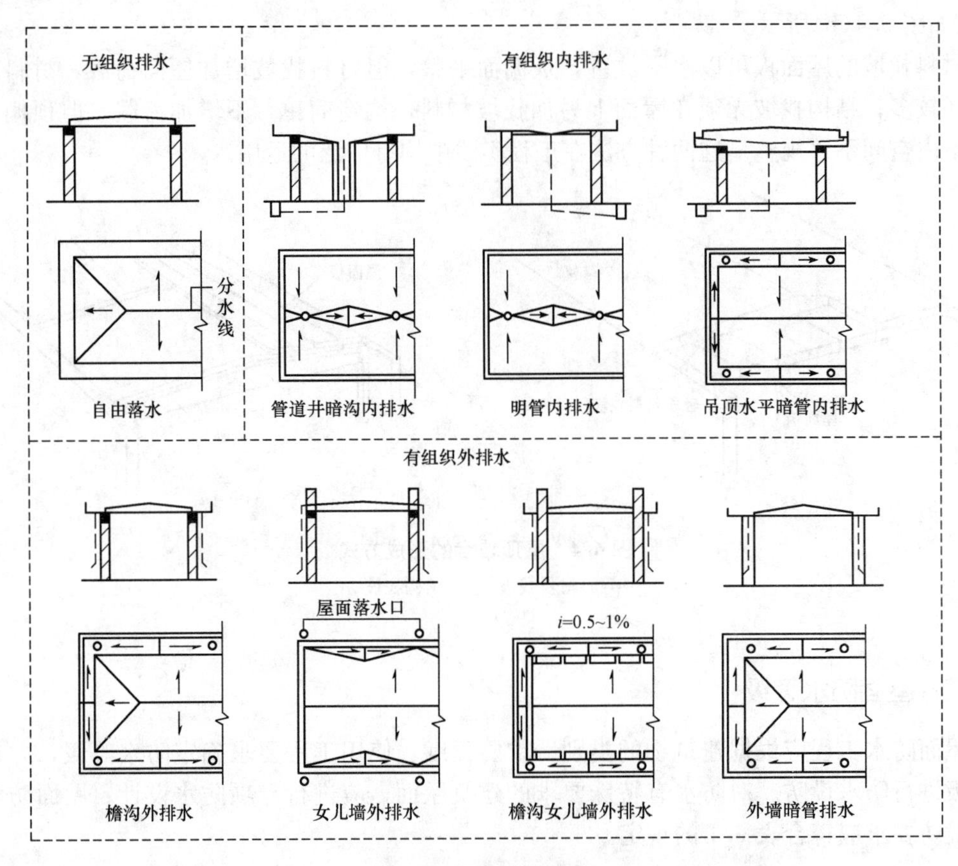

图 6.5　屋面排水方案

(1)无组织排水。无组织排水是指屋面雨水直接从檐口滴落至地面的一种排水方式，因为不用天沟、雨水管等导流雨水，故又称为自由落水。无组织排水具有构造简单、造价低廉的优点，但也存在一些不足之处，例如，雨水直接从檐口流泻至地面，外墙脚常被飞溅的雨水浸湿，降低了外墙的坚固耐久性；从檐口滴落的雨水可能影响人行道的交通等。当建筑物较高、降雨量又较大时，这些缺点就更加突出。无组织排水主要适用于少雨地区或一般低层建筑，相邻屋面高差小于 4 m；不宜用于临街建筑和较高的建筑。

(2)有组织排水。有组织排水是指雨水经由天沟、雨水管等排水装置被引导至地面或地下管沟的一种排水方式。由于优点较多，在建筑工程中应用广泛。

2. 排水方式的选择

确定屋顶的排水方式时，应根据气候条件、建筑物高度、质量等级、使用性质、屋顶面积大小等因素加以综合考虑。一般可按下述原则进行选择：

(1)高度较低的简单建筑，为了控制造价，宜优先选用无组织排水。

(2)积灰多的屋面应采用无组织排水。如铸工车间、炼钢车间这类工业厂房在生产过程中散发大量粉尘积于屋面，下雨时被冲进天沟易造成管道堵塞，故这类屋面不宜采用有组织排水。

(3)有腐蚀性介质的工业建筑也不宜采用有组织排水，如铜冶炼车间，某些化工厂房等，生产过程中散发的大量腐蚀性介质，会使铸铁雨水装置等遭受侵蚀，故这类厂房也不宜采用有组织排水。

(4)在降雨量大的地区或房屋较高的情况下，应采用有组织排水。

(5)临街建筑的雨水排向人行道时，宜采用有组织排水。

3. 有组织排水方案

(1)外排水。外排水是指雨水管装设在室外的一种排水方案。其优点是雨水管不妨碍室内空间使用和美观，构造简单，因而被广泛采用。外排水方案可归纳为以下几种：

1)檐沟外排水。屋面雨水汇集到悬挑在墙外的檐沟内，再由雨水管排下。当建筑物出现高低屋面时，可先将高处屋面的雨水排至低处屋面，然后从低处屋面的挑檐沟引入地下。

采用檐沟外排水方案时，水流路线的水平距离不应超过 24 m，以免造成屋面渗漏。

2)女儿墙外排水。当由于建筑造型所需不希望出现挑檐时，通常将外墙升起封住屋面，高于屋面的这部分外墙称为女儿墙。此方案的特点是屋面雨水需穿过女儿墙，流入室外的雨水管。

3)檐沟女儿墙外排水。檐沟女儿墙外排水的特点是在屋檐部位既有女儿墙，又有挑檐沟。蓄水屋面常采用这种形式，利用女儿墙作为蓄水仓壁，利用檐沟汇集从蓄水池中溢出的多余雨水。

4)外墙暗管排水。明装雨水管对建筑立面的美观有所影响，故在一些重要的公共建筑中，常采用暗装雨水管的方式，将雨水管隐藏在假柱或空心墙中。假柱可处理成建筑立面上的竖向线条。

(2)内排水。外排水构造简单，雨水管不占用室内空间，故在南方应优先采用。但在有些情况下采用外排水并不恰当，如在高层建筑中就是如此，因为维修室外雨水管既不方便，也不安全。又如，在严寒地区也不适宜用外排水，因室外的雨水管有可能使雨水结冻，而处于室内的雨水管则不会发生这种情况。再如，某些屋面宽度较大的建筑，无法完全依靠外排水排除屋面雨水，自然要采用内排水方案。

通常情况下，高层建筑宜采用内排水；多层建筑宜采用有组织排水；低层建筑及檐高小于 10 m 的屋面，可采用无组织排水。多跨及汇水面积较大的屋面宜采用天沟排水，天沟找坡较长时，宜采用中间内排水和两端外排水的方案。

四、屋顶排水组织设计

屋顶排水组织设计的主要任务是将屋面划分成若干排水区，分别将雨水引向雨水管，做到排水线路简捷、雨水口负荷均匀、排水顺畅，避免屋顶积水而引起渗漏。一般按下列步骤进行。

1. 确定排水坡面的数目(分坡)

一般情况下，临街建筑平屋顶屋面宽度小于 12 m 时，可采用单坡排水；其宽度大于 12 m 时，宜采用双坡排水。坡屋顶应结合建筑造型要求，选择单坡、双坡或四坡排水。

2. 划分排水区

划分排水区的目的在于合理地布置水落管。排水区的面积是指屋面水平投影的面积，每一根水落管的屋面最大汇水面积不宜大于 200 m^2。雨水口的间距为 18～24 m。

3. 确定天沟所用材料和断面形式及尺寸

天沟即屋面上的排水沟，位于檐口部位时又称檐沟。设置天沟的目的是汇集屋面雨水，并将屋面雨水有组织地迅速排除。天沟根据屋顶类型的不同有多种做法。如坡屋顶中可用钢筋混凝土、镀锌薄钢板、石棉水泥等材料做成槽形或三角形天沟。平屋顶的天沟一般用钢筋混凝土制作，当采用女儿墙外排水方案时，可利用倾斜的屋面与垂直的墙面构成三角形天沟，如图 6.6 所示；当采用檐沟外排水方案时，通常用专用的槽形板做成矩形天沟，如图 6.7 所示。

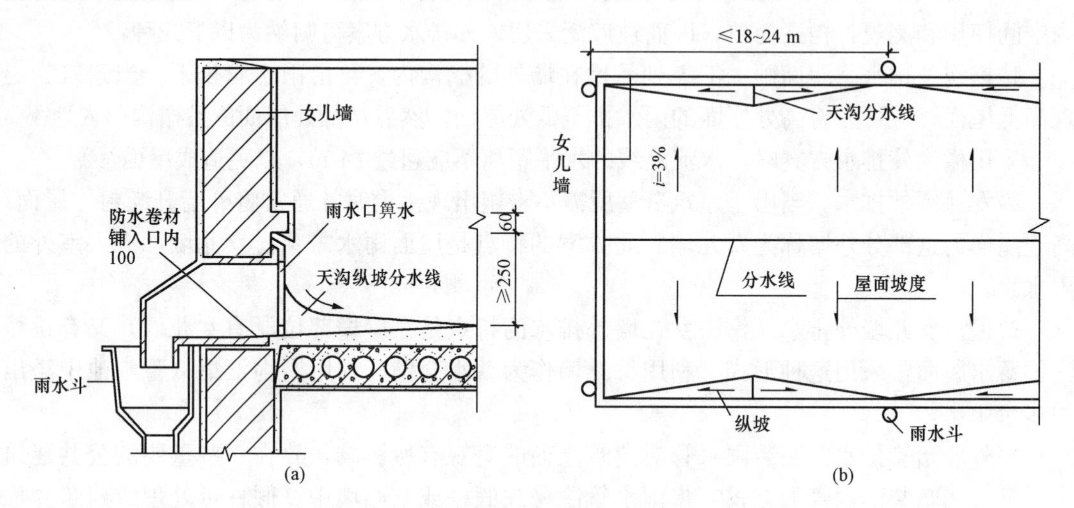

图 6.6　平屋顶女儿墙外排水三角形天沟

(a)女儿墙断面图；(b)屋顶平面图

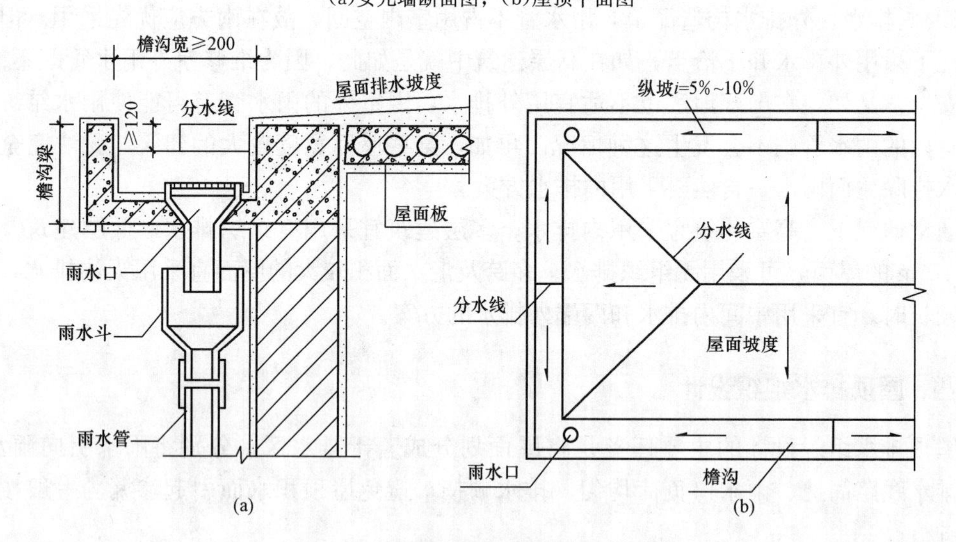

图 6.7　平屋顶檐沟外排水矩形天沟

(a)挑檐沟断面；(b)屋顶平面图

4. 确定水落管规格及间距

水落管按材料的不同有铸铁、镀锌薄钢板、塑料、石棉水泥和陶土等。目前，多采用铸铁和塑料水落管，其直径有 50 mm、75 mm、100 mm、125 mm、150 mm、200 mm 几种规格。一般民用建筑最常用的水落管直径为 100 mm，面积较小的露台或阳台可采用 50 mm

或 75 mm 的水落管。水落管的位置应在实墙面处，其间距一般在 18 m 以内，最大间距宜不超过 24 m，因为间距过大，则沟底纵坡面越长，会使沟内的垫坡材料增厚，减少了天沟的容水量，造成雨水溢向屋面引起渗漏或从檐沟外侧涌出。

考虑上述各事项后，即可较为顺利地绘制屋顶平面图。图 6.7(b)所示为屋顶平面图示例。该屋顶采用四面坡排水、檐沟外排水方案，排水分区为细实线所示范围，该范围也是每个雨水口和雨水管所担负的排水面积。天沟的纵坡坡度为 5%～10%，箭头指示沟内的水流方向，两个雨水管的间距控制在 18～24 m，分水线位于天沟纵坡的最高处，与沟底的距离可根据坡度的大小算出，并可在檐沟剖面图中反映出来。

第三节　平屋顶排水设计

一、目的

通过本次作业，使学生掌握屋顶有组织排水的设计方法和屋顶构造节点详图设计，训练绘制和识读施工图的能力。

二、设计资料

(1)图 6.8 所示为某小学教学楼平面图和剖面图。该教学楼为四层，教学区层高为 3.6 m，办公区层高为 3.3 m，教学区与办公区的交界处作错层处理。

(2)结构类型：砖混结构。

(3)屋顶类型：平屋顶。

(4)屋顶排水方式：有组织排水，檐口形式由学生自定。

(5)屋面防水方案：卷材防水或刚性防水。

(6)屋顶有保温或隔热要求。

三、设计内容及图纸要求

用一张 A3 图纸，按建筑制图标准的规定，绘制该小学教学楼屋顶平面图和屋顶节点详图。

1. 屋顶平面图(比例 1∶200)

(1)画出各坡面交线、檐沟或女儿墙和天沟、雨水口和屋面上人孔等，刚性防水屋面还应画出纵横分格缝。

(2)标注屋面和檐沟或天沟内的排水方向和坡度大小，标注屋面上人孔等凸出屋面部分的有关尺寸，标注屋面标高(结构上表面标高)。

(3)标注各转角处的定位轴线和编号。

(4)外部标注两道尺寸(即轴线尺寸和雨水口到邻近轴线的距离或雨水口的间距)。

(5)标注详图索引符号，并注明图名和比例。

2. 屋顶节点详图(比例 1∶10 或 1∶20)

(1)檐口构造。当采用檐沟外排水时，表示清楚檐沟板的形式、屋顶各层构造、檐口处的防水处理，以及檐沟板与圈梁、墙、屋面板之间的相互关系，标注檐沟尺寸，注明檐沟

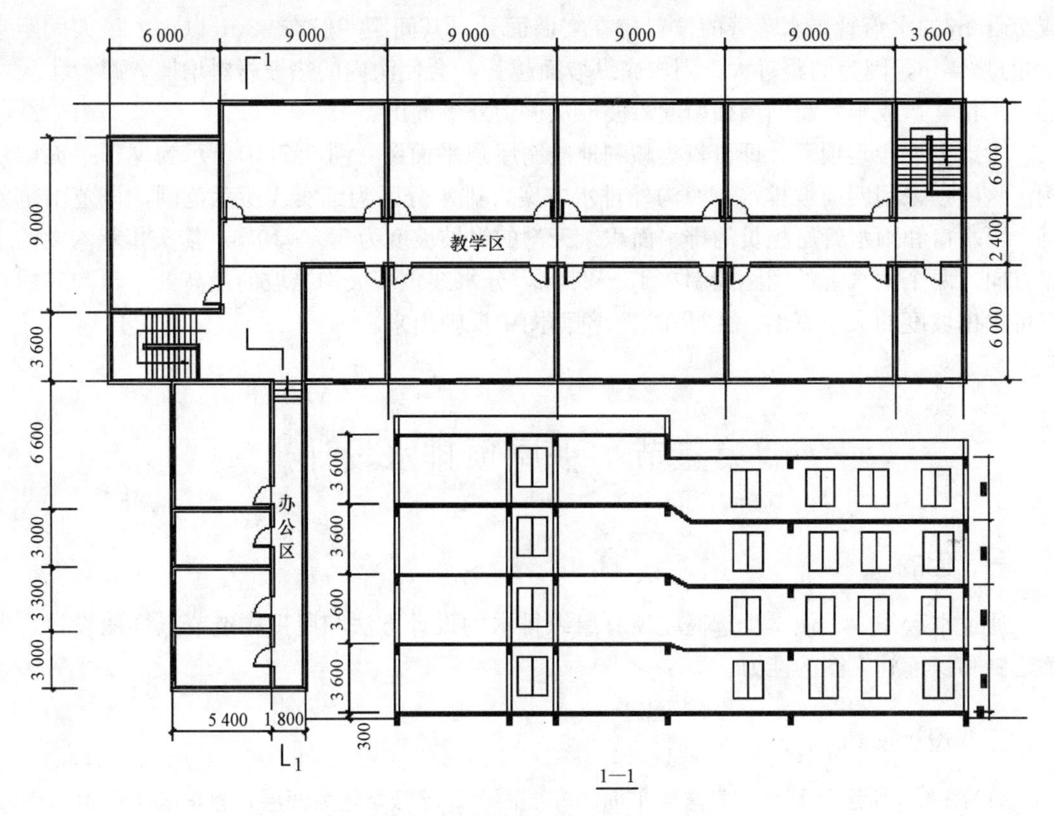

图 6.8　教学楼平面与剖面图

饰面层的做法和防水层的收头构造做法；当采用女儿墙外排水或内排水时，表示清楚女儿墙压顶构造、泛水构造、屋顶各层构造和天沟形式等，注明女儿墙压顶和泛水的构造做法，标注女儿墙的高度、泛水的高度等尺寸；当采用檐沟女儿墙外排水时要求同上。用多层构造引出线注明屋顶各层做法，标注屋面排水方向和坡度大小，标注详图符号和比例，剖切到的部分用材料图例表示。

(2)泛水构造。画出高低屋面之间的立墙与低屋面交接处的泛水构造，表示清楚泛水构造和屋面各层构造，注明泛水构造做法，标注有关尺寸，标注详图符号和比例。

(3)雨水口构造。表示清楚雨水口的形式、雨水口处的防水处理，注明细部做法，标注有关尺寸，标注详图符号和比例。

(4)刚性防水屋面分格缝构造。若选用刚性防水屋面，则应做分格缝，要表示清楚各部分的构造关系，标注细部尺寸、标高、详图符号和比例。

第四节　平屋顶构造

平屋顶按屋面防水层的不同，有卷材防水、刚性防水、涂膜防水等多种做法。

一、卷材防水屋面

卷材防水屋面(又称柔性防水层面)，是指以防水卷材和胶粘剂分层粘贴而构成防水层的屋面。卷材防水屋面在我国已有几十年的使用历史，具有较好的防水性能，对屋面基层变形有一定的适应能力，但这种屋面施工麻烦、劳动强度大，而且容易出现鼓泡、沥青流淌、老化等方面的问题，使卷材屋面的使用寿命大大缩短，平均10年左右就要进行大修。

卷材防水屋面所用卷材有沥青类卷材、高分子类卷材、高聚物改性沥青类卷材等。

1. 卷材防水屋面的构造层次和做法

卷材防水屋面由多层材料叠合而成，其基本构造层次按构造要求主要由结构层、找坡层、找平层、结合层、防水层和保护层组成。卷材防水屋面的构造组成和做法如图 6.9 所示。

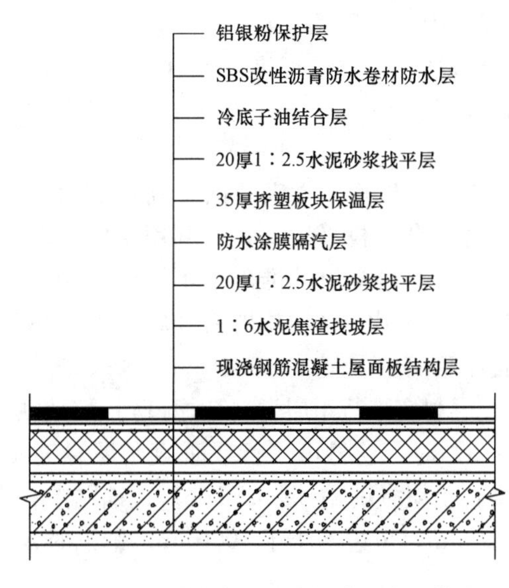

图 6.9　卷材防水屋面的构造组成和做法

(1)结构层。结构层通常为预制或现浇钢筋混凝土屋面板，要求具有足够的强度和刚度。

(2)找坡层。混凝土结构层宜采用结构找坡，坡度不应小于 3%，当采用材料找坡时，宜采用质量轻、吸水率低和有一定强度的材料，坡度宜为 2%。通常是在结构层上铺 1∶(6～8)的水泥焦渣或水泥膨胀蛭石等。

(3)找平层。卷材防水层要求铺贴在坚固而平整的基层上，以防止卷材凹陷或断裂，因而在松软材料及预制屋面板上铺设卷材以前，都须先做找平层。找平层一般采用水泥砂浆或细石混凝土，找平层的厚度和技术要求见表 6.3。

表 6.3　找平层厚度和技术要求

找平层分类	适用的基层	厚度/mm	技术要求
水泥砂浆	整体现浇混凝土板	15～20	1∶2.5 水泥砂浆
	整体材料保温层	20～25	
细石混凝土	装配式混凝土板	30～35	C20 混凝土，宜加钢筋网片
	板状材料保温层		C20 混凝土

为防止找平层变形开裂而波及卷材防水层，宜在找平层中留设分格(仓)缝。分格缝的

宽度一般为 5～20 mm，纵横间距不大于 6 m。屋面板为预制装配式时，分格缝应设在预制板的端缝处。分格缝上面可覆盖一层 200～300 mm 宽的附加卷材，用胶粘剂单边点粘，如图 6.10 所示，以使分格缝处的卷材有较大的伸缩余地，避免开裂。

(4)结合层。结合层的作用是使卷材防水层与基层粘结牢固。结合层所用材料应根据卷材防水层材料的不同来选择，如沥青防水卷材、聚氯乙烯卷材及自粘型彩色三元乙丙复合卷材用冷底子油在水泥砂浆找平层上喷涂一至二道；三元乙丙橡胶卷材则采用聚氨酯底胶；氯化聚乙烯橡胶卷材需用氯丁胶等。冷底子油用沥青加入汽油或煤油等溶剂稀释而成，喷涂时不用加热，在常温下进行，故称冷底子油。

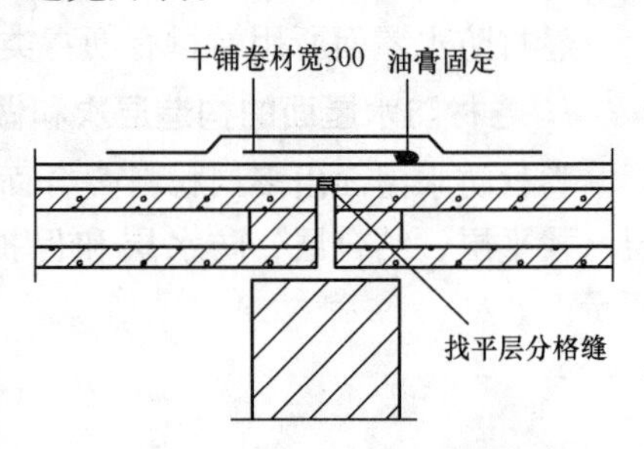

图 6.10　卷材防水屋面的分格缝

(5)防水层。

1)高聚物改性沥青防水层。高聚物改性沥青防水卷材的铺贴方法有冷粘法和热熔法两种。冷粘法是用胶粘剂将卷材粘贴在找平层上，或利用某些卷材的自粘性进行铺贴。冷粘法铺贴卷材时应注意平整、顺直，搭接尺寸准确，不扭曲，卷材下面的空气应予排除并将卷材辊压粘结牢固。热熔法施工是用火焰加热器将卷材均匀加热至表面光亮发黑，然后立即滚铺卷材，使之平展并辊压牢实。

当屋面坡度小于 3%时，卷材宜平行于屋脊，从檐口到屋脊层层向上铺贴，如图 6.11(a)所示；当屋面坡度为 3%～15%时，卷材可平行或垂直于屋脊铺贴；当屋面坡度大于 15%或屋面受振动时，卷材应垂直于屋脊铺贴[图 6.11(b)]。铺贴卷材应采用搭接方法，各层卷材的搭接宽度长边不小于 70 mm，短边不小于 100 mm，铺贴时接头应顺主导风向，以免卷材被风掀开。

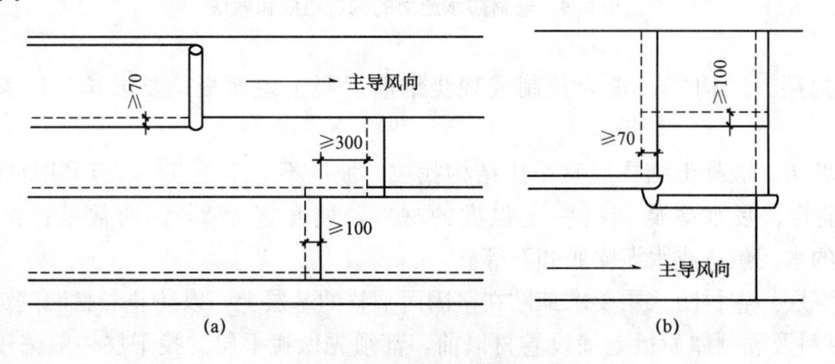

图 6.11　防水层铺贴

(a)卷材平行于屋脊铺贴；(b)卷材垂直于屋脊铺贴

目前所用的新型防水卷材，主要有三元乙丙橡胶防水卷材、自粘型彩色三元乙丙复合防水卷材、聚氯乙烯防水卷材、氯化聚乙烯防水卷材、氯丁橡胶防水卷材及改性沥青油毡防水卷材等，这些材料一般为单层卷材防水构造，防水要求较高时可采用双层卷材防水构造。这些防水材料的共同优点是自重轻，适用温度范围广，耐气候性好，使用寿命长，抗拉强度高，延伸率大，冷作业施工，操作简便，大大改善劳动条件，减少环境污染。

2)高分子卷材防水层(以三元乙丙卷材防水层为例)。三元乙丙卷材是一种常用的高分子橡胶防水卷材，其构造做法是：先在找平层(基层)上涂刮基层处理剂如 CX-404 胶等，要求薄而均匀，待处理剂干燥、不粘手后即可铺贴卷材。卷材一般应由屋面低处向高处铺贴。卷材可平行或垂直于屋脊方向铺贴，并按水流方向搭接。铺贴时卷材应保持自然松弛状态，不能接得过紧。卷材的长边应保持搭接不小于 50 mm，短边保持搭接不小于 70 mm。卷材铺好后立即用工具辊压密实，搭接部位用胶粘剂均匀涂刷粘全。

(6)保护层。设置保护层的目的是保护防水层，使卷材不致因光照和气候等的作用迅速老化，防止沥青类卷材的沥青过热流淌或受到暴雨的冲刷。保护层的构造做法视屋面的利用情况而定。

不上人时，卷材防水屋面一般在防水层上撒粒径 3～5 mm 的小石子作为保护层，称为绿豆砂保护层；高分子卷材，如三元乙丙橡胶防水屋面通常是在卷材面上涂刷水溶型或溶剂型的浅色保护着色剂，如氯丁银粉胶等。

上人屋面的保护层又是楼面面层，故要求保护层平整、耐磨。做法通常有：用沥青砂浆铺贴缸砖、大阶砖、混凝土板等块材；也可在防水层上现浇 30～40 mm 厚的 C20 细石混凝土。块材或整体保护层均应设分格缝，位置是屋顶坡面的转折处，屋面与凸出屋面的女儿墙、烟囱等的交接处。保护层分格缝应尽量与找平层分格缝错开，缝内用防水油膏嵌封。上人屋面做屋顶花园时，水池、花台等构造均应在屋面保护层上设置。

(7)辅助层次。辅助构造层是为了满足房屋的使用要求，或提高屋面的性能而补充设置的构造层，如保温层、隔热层、隔汽层等。

在这些构造层中，保温层是为防止冬季建筑室内过冷而设；隔热层是为防止夏季室内过热而设；隔汽层则是为防止潮气侵入屋面保温层，使其保温功能失效而设等。

2. 卷材防水屋面细部构造

仅仅做好大面积屋面部位的卷材防水各构造层，还不能完全确保屋顶不渗不漏。如果屋顶开设有孔洞，有管道出屋顶，屋顶边缘封闭不牢等，都有可能破坏卷材屋面的整体性，造成防水的薄弱环节，因而，还应该通过正确地处理细部构造来完善屋顶的防水。屋顶细部是指屋面上的泛水、天沟、雨水口、檐口、变形缝等部位。

(1)泛水构造。泛水是指屋顶上沿所有垂直面所设的防水构造。凸出屋面之上的女儿墙、烟囱、楼梯间、变形缝、检修孔、立管等的壁面与屋顶的交接处是最容易漏水的地方，必须将屋面防水层延伸到这些垂直面上，形成立铺的防水层，称为泛水。卷材防水屋面泛水构造如图 6.12 所示。

(2)檐口构造。柔性防水屋面的檐口构造有无组织排水挑檐和有组织排水挑檐沟及女儿墙檐口等，挑檐和挑檐沟构造都应注意处理好卷材的收头固定、檐口饰面并做好滴水。女儿墙檐口构造的关键是泛水的构造处理，其顶部通常做混凝土压顶，并设有坡度坡向屋面。檐口构造如图 6.13 所示。

(3)雨水口构造。雨水口的类型有用于檐沟排水的直管式雨水口和女儿墙外排水的弯管式雨水口两种。雨水口在构造上要求排水通畅、防止渗漏水堵塞。直管式雨水口为防止其周边漏水，应加铺一层卷材并贴入连接管内 100 mm，雨水口上用定型铸铁罩或钢丝球盖住，用油膏嵌缝。弯管式雨水口穿过女儿墙预留孔洞内，屋面防水层应铺入雨水口内壁四周不小于 100 mm，并安装铸铁箅子，以防杂物流入造成堵塞。雨水口构造如图 6.14 所示。

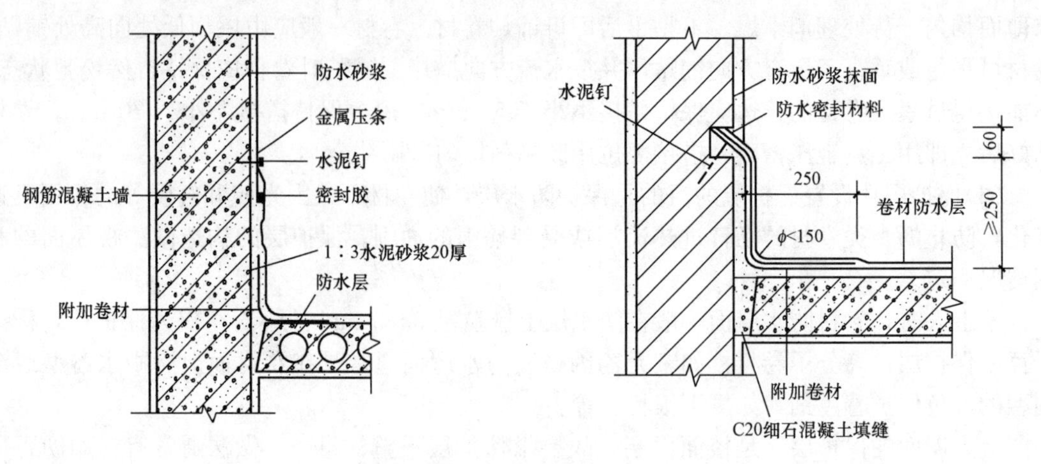

图 6.12　泛水构造

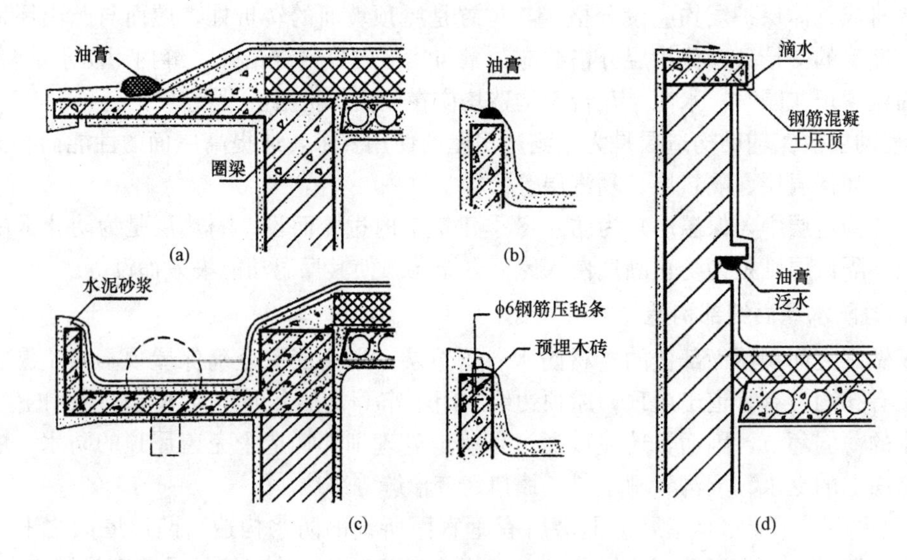

图 6.13　檐口构造

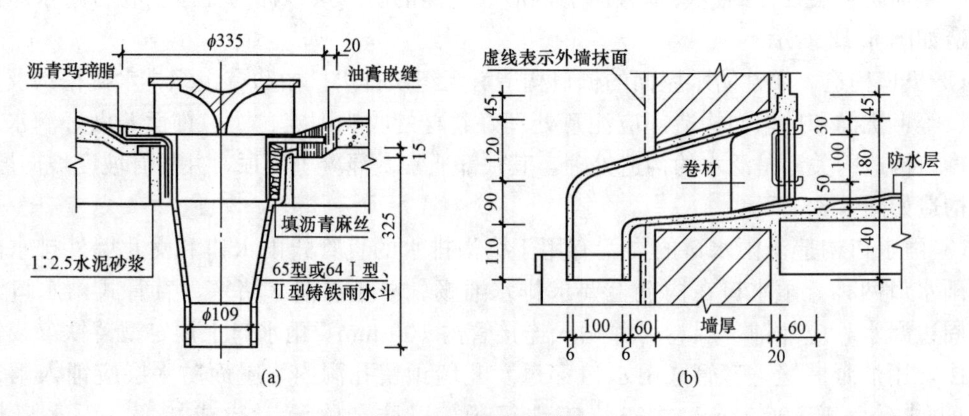

图 6.14　雨水口构造

(a)直管式雨水口；(b)弯管式雨水口

(4)屋面变形缝构造。屋面变形缝的构造处理原则是：既不能影响屋面的变形，又要防止雨水从变形缝渗入室内。

屋面变形缝按建筑设计可设于同层等高屋面上，也可设在高低屋面的交接处，其构造如图 6.15～图 6.17 所示。

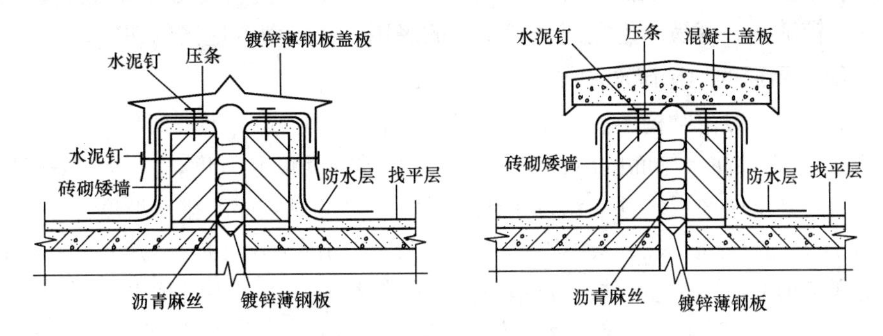

图 6.15　上人屋面变形缝做法

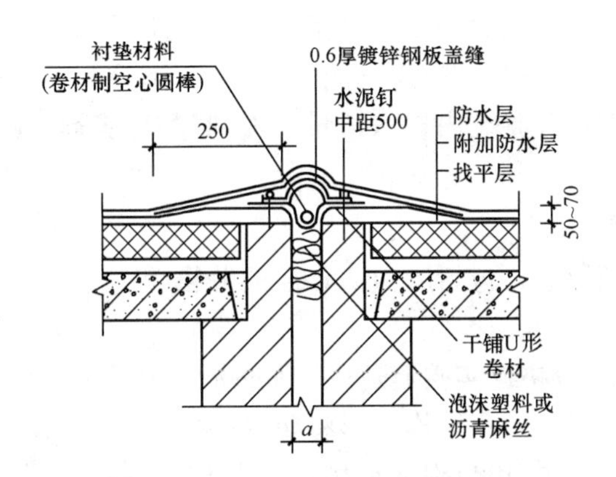

图 6.16　不上人屋面变形缝做法

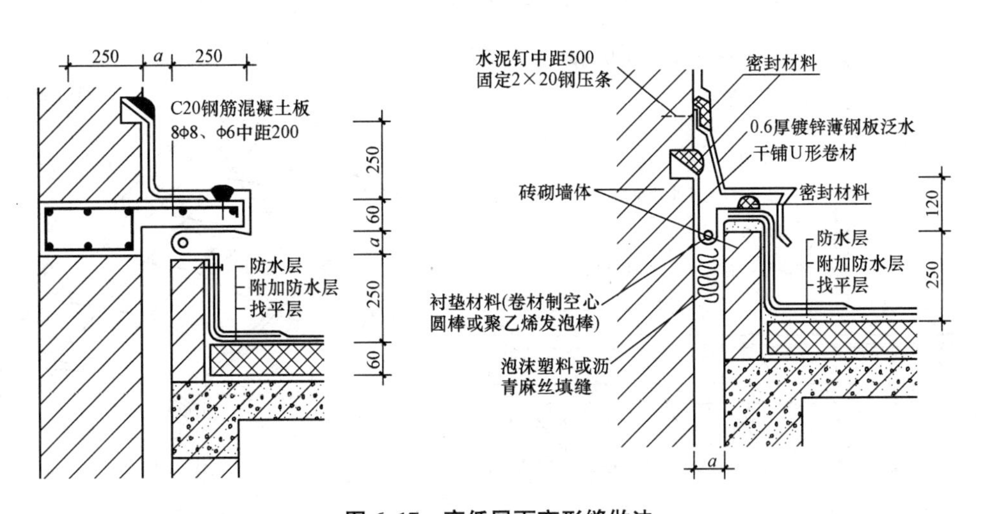

图 6.17　高低屋面变形缝做法

二、刚性防水屋面

刚性防水屋面是指以刚性材料作为防水层的屋面，如防水砂浆、细石混凝土、配筋细石混凝土防水屋面等。这种屋面具有构造简单、施工方便、造价低廉的优点，但对温度变化和结构变形较敏感，容易产生裂缝而渗水。故多用于我国南方地区的建筑。

1. 刚性防水屋面的构造层次和做法

刚性防水屋面一般由结构层、找平层、隔离层和防水层组成(图 6.18)。

(1)结构层。刚性防水屋面的结构层要求具有足够的强度和刚度，一般应采用现浇或预制装配的钢筋混凝土屋面板，并在结构层现浇或铺板时形成屋面的排水坡度。

(2)找平层。为保证防水层厚薄均匀，通常应在结构层上用 20 mm 厚 1∶3 水泥砂浆找平。若采用现浇钢筋混凝土屋面板或设有纸筋灰等材料时，也可不设找平层。

(3)隔离层。为减少结构层变形及温度变化对防水层的不利影响，宜在防水层下设置隔离层。隔离层可采用纸筋灰、低强度等级砂浆或薄砂层上干铺一层油毡等。当防水层中加有膨胀剂类材料时，其抗裂性有所改善，也可不做隔离层。

(4)防水层。常用配筋细石混凝土防水屋面的混凝土强度等级应不低于 C20，其厚度宜不小于 40 mm，双向配置 Φ4～Φ6 钢筋，间距为 100～200 mm 的双向钢筋网片。为提高防水层的抗渗性能，可在细石混凝土内掺入适量外加剂(如膨胀剂、减水剂、防水剂等)，以提高其密实性能。

2. 刚性防水屋面细部构造

刚性防水屋面的细部构造，包括屋面防水层的分格缝、泛水、檐口、雨水口等部位的构造处理。

(1)屋面分格缝。屋面分格缝实质上是在屋面防水层上设置的变形缝。其目的在于：防止温度变形引起防水层开裂；防止结构变形将防水层拉坏。因此，屋面分格缝的位置应设置在温度变形允许的范围以内和结构变形敏感的部位。一般情况下，分格缝间距不宜大于 6 m。结构变形敏感的部位主要是指装配式屋面板的支承端、屋面转折处、现浇屋面板与预制屋面板的交接处、泛水与立墙交接处等部位。分格缝的位置如图 6.19 所示。

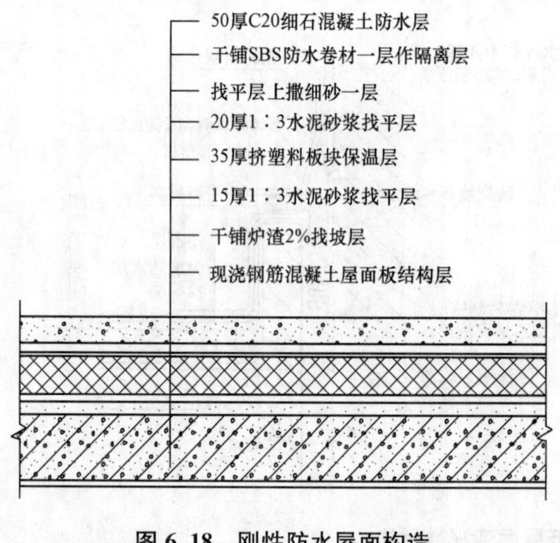

图 6.18 刚性防水屋面构造

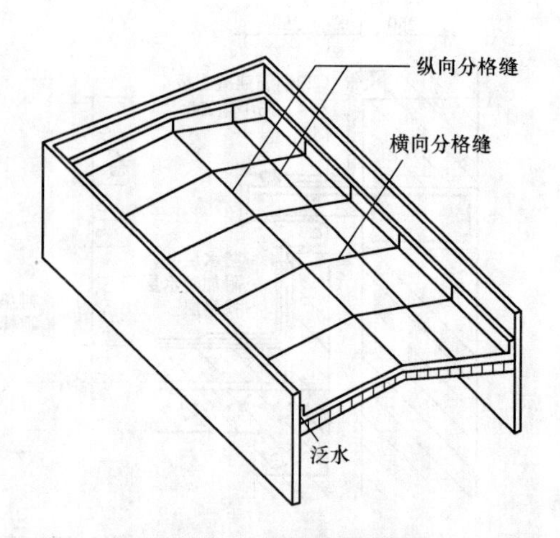

图 6.19 分隔缝的位置

分格缝的构造要点如下：

1)防水层内的钢筋在分格缝处应断开；

2)屋面板缝用浸过沥青的木丝板等密封材料嵌填，缝口用油膏等嵌填；

3)缝口表面用防水卷材铺贴盖缝，卷材的宽度为 200～300 mm。

分格缝的构造如图 6.20 所示。

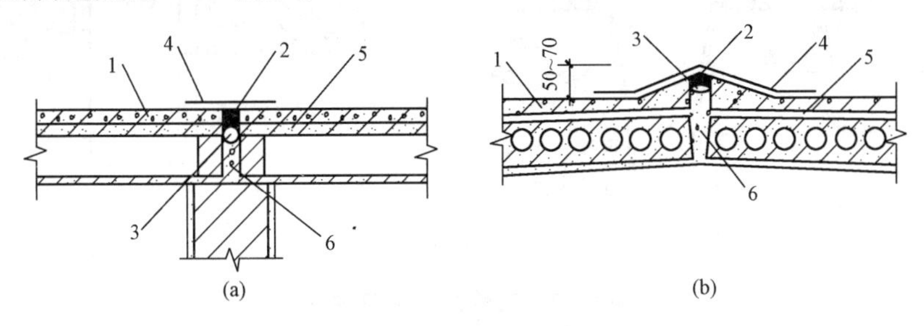

图 6.20　分格缝构造

(a)横向分格缝；(b)屋脊分格缝

1—刚性防水层；2—密封材料；3—背衬材料；4—防水卷材；5—隔离层；6—细石混凝土

(2)泛水构造。刚性防水屋面的泛水构造要点与卷材屋面基本相同。不同的地方是，刚性防水层与屋面凸出物(女儿墙、烟囱等)之间须留分格缝，另铺贴附加卷材盖缝形成泛水。

(3)檐口构造。刚性防水屋面檐口的形式一般有自由落水挑檐口、挑檐沟外排水檐口和女儿墙外排水檐口、坡檐口等。

1)自由落水挑檐口。根据挑檐挑出的长度，有直接利用混凝土防水层悬挑和在增设的现浇或预制钢筋混凝土挑檐板上做防水层等做法。无论采用何种做法，都应注意做好滴水。

2)挑檐沟外排水檐口。檐沟构件一般采用现浇或预制的钢筋混凝土槽形天沟板，在沟底用低强度等级的混凝土或水泥炉渣等材料垫置成纵向排水坡度，铺好隔离层后再浇筑防水层，防水层应挑出屋面并做好滴水。

3)坡檐口。建筑设计中出于造型方面的考虑，常采用一种平顶坡檐即“平改坡”的处理形式，使较为呆板的平顶建筑具有某种传统的韵味，以丰富城市景观。坡檐口的构造如图 6.21 所示。

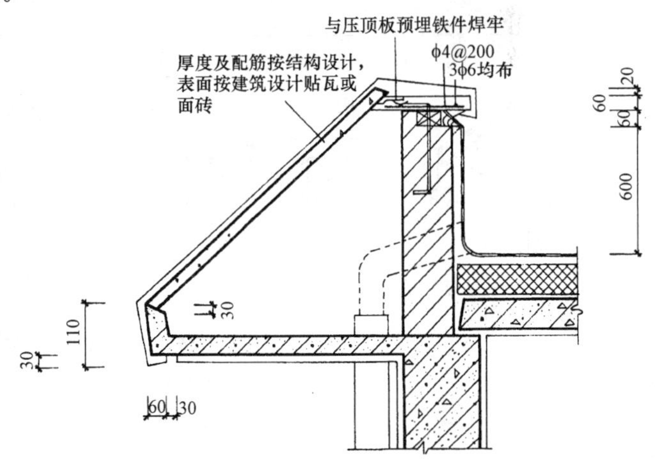

图 6.21　平屋顶坡檐口构造

(4)雨水口构造。刚性防水屋面的雨水口有直管式和弯管式两种做法。直管式一般用于挑檐沟外排水的雨水口；弯管式用于女儿墙外排水的雨水口。

1)直管式雨水口。直管式雨水口为防止雨水从雨水口套管与沟底接缝处渗漏，应在雨水口周边加铺柔性防水层并铺至套管内壁，檐口处浇筑的混凝土防水层应覆盖于附加的柔性防水层之上，并于防水层与雨水口之间用油膏嵌实。直管式雨水口构造如图 6.22 所示。

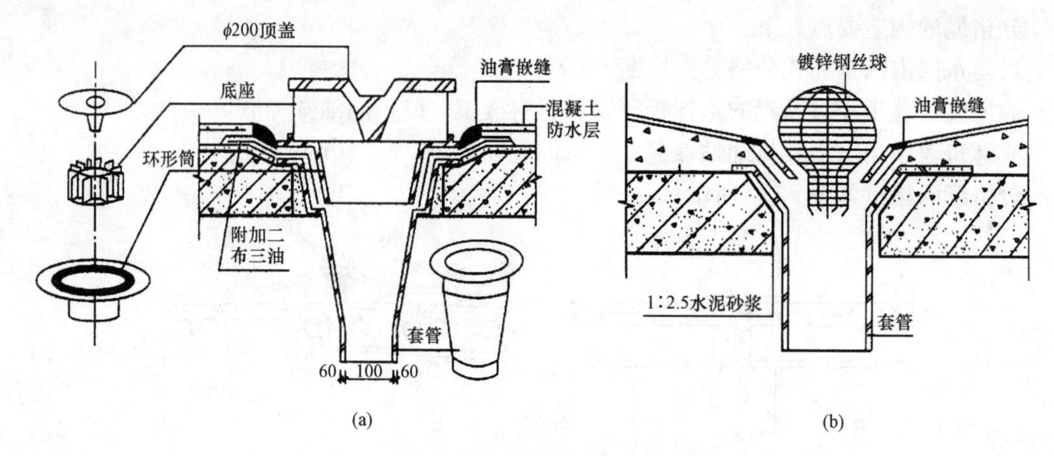

图 6.22　直管式雨水口构造

(a)65 型雨水口；(b)钢丝罩铸铁雨水口

2)弯管式雨水口。弯管式雨水口一般用铸铁做成弯头。雨水口安装时，在雨水口处的屋面应加铺附加卷材与弯头搭接，其搭接长度不小于 100 mm，然后浇筑混凝土防水层，防水层与弯头交接处需用油膏嵌缝。弯管式雨水口构造如图 6.23 所示。

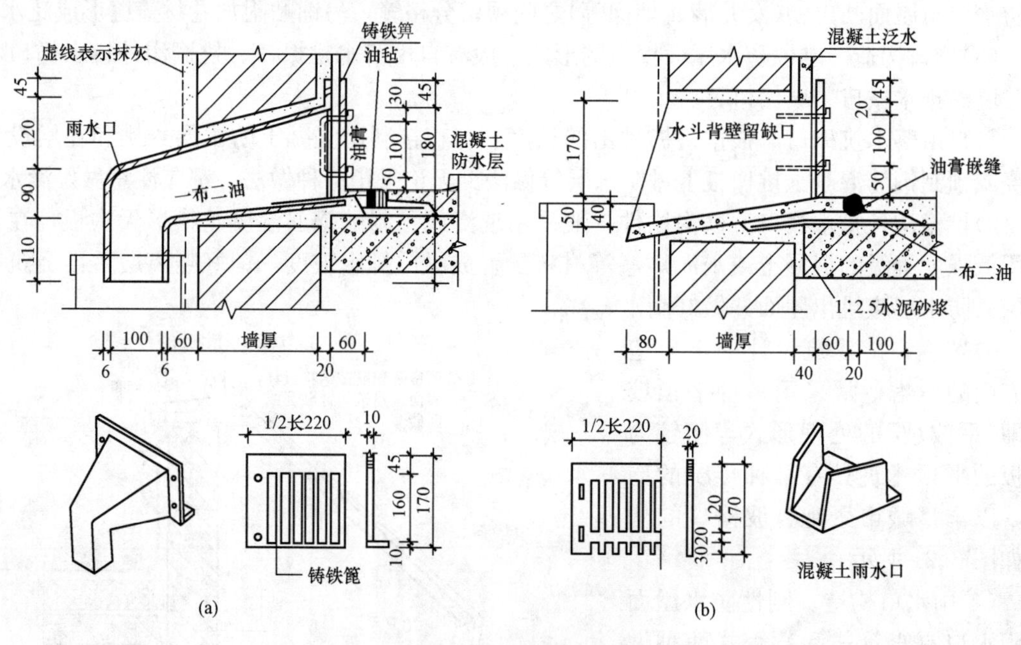

图 6.23　弯管式雨水口构造

(a)铸铁雨水口；(b)预制混凝土排水槽水口

三、涂膜防水屋面

涂膜防水屋面又称涂料防水屋面，是指用可塑性和粘结力较强的高分子防水涂料，直接涂刷在屋面基层上形成一层不透水的薄膜层，以达到防水目的的一种屋面做法。防水涂料有塑料、橡胶和改性沥青三大类。常用的有塑料油膏、氯丁胶乳沥青涂料和焦油聚氨酯防水涂膜等。这些材料多数具有防水性好、粘结力强、延伸性大、耐腐蚀、不易老化、施工方便、容易维修等优点，近年来应用较为广泛。这种屋面通常适用于不设保温层的预制屋面板结构，如单层工业厂房的屋面。在有较大震动的建筑物或寒冷地区则不宜采用。

1. 涂膜防水屋面的构造层次和做法

涂膜防水屋面的构造层次与柔性防水屋面相同，由结构层、找坡层、找平层、结合层、防水层和保护层组成。

涂膜防水屋面的常见做法，结构层和找坡层材料做法与柔性防水屋面相同。找平层通常为25 mm厚的1∶2.5水泥砂浆。为保证防水层与基层粘结牢固，结合层应选用与防水涂料相同的材料经稀释后满刷在找平层上。当屋面为不上人屋面时，保护层的做法根据防水层材料的不同，可用蛭石或细砂撒面、银粉涂料涂刷等做法；当屋面为上人屋面时，保护层做法与柔性防水上人屋面做法相同。

2. 涂膜防水屋面细部构造

(1)分格缝构造。涂膜防水只能提高表面的防水能力，由于温度变形和结构变形会导致基层开裂而使得屋面渗漏，因此对屋面面积较大和结构变形敏感的部位，需设置分格缝。

(2)泛水构造。涂膜防水屋面泛水构造要点与柔性防水屋面基本相同，即泛水高度不小于250 mm；屋面与立墙交接处应做成弧形；泛水上端应有挡雨措施，以防止渗漏。

第五节 平屋顶的保温与隔热

一、平屋顶的保温

1. 保温材料的类型

保温材料多为轻质多孔材料，一般可分为以下三种类型：

(1)散料类。散料类常用炉渣、矿渣、膨胀蛭石、膨胀珍珠岩等。

(2)整体类。整体类是指以散料作集料，掺入一定量的胶结材料，现场浇筑而成。如水泥炉渣、水泥膨胀蛭石、水泥膨胀珍珠岩及沥青膨胀蛭石和沥青膨胀珍珠岩等。

(3)板块类。板块类是指利用集料和胶结材料由工厂制作而成的板块状材料，如加气混凝土、泡沫混凝土、膨胀蛭石、膨胀珍珠岩、泡沫塑料等块材或板材等。

保温材料的选择应根据建筑物的使用性质、构造方案、材料来源、经济指标等因素综合考虑确定。

2. 保温层的设置

平屋顶因屋面坡度平缓，适合将保温层放在屋面结构层上(刚性防水屋面不适宜设保温层)。

保温层通常设在结构层之上、防水层之下，称之为正铺法(图6.24)。保温卷材防水屋面与非保温卷材防水屋面的区别是增设了保温层，构造需要相应增加找平层、结合层和隔汽层。设置隔汽层的目的是防止室内水蒸气渗入保温层，使保温层受潮而降低保温效果。隔汽层的一般做法是在20厚1∶3水泥砂浆找平层上刷冷底子油两道作为结合层，结合层上做一布二油或两道热沥青隔汽层。

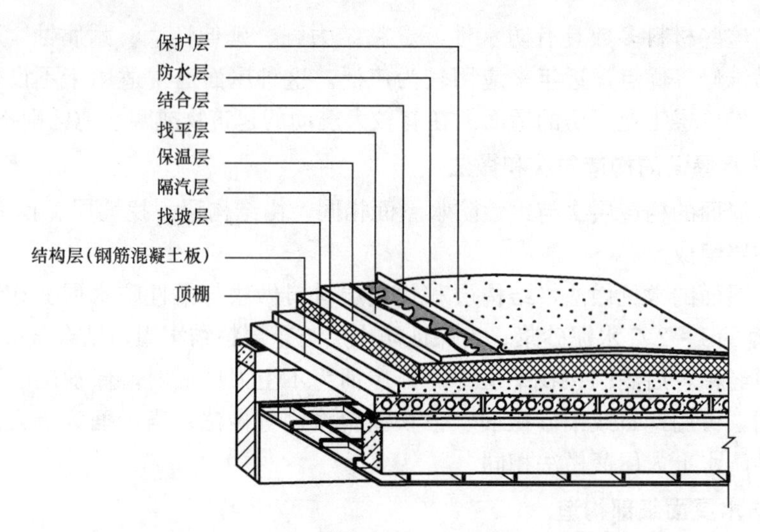

图 6.24　保温层位于结构层与防水层之间

保温层位于结构层与防水层之间的这种做法符合热工学原理，保温层位于低温一侧，也符合保温层搁置在结构层上的力学要求。同时，上面的防水层避免了雨水向保温层渗透，有利于维持保温层的保温效果，而且构造简单、施工方便。

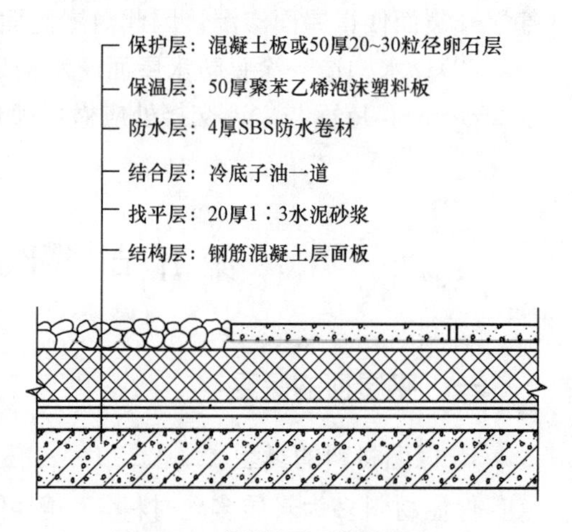

图 6.25　倒铺保温卷材屋面

保温层位于防水层之上的做法与传统保温层的铺设顺序相反，所以又称为倒铺法(图 6.25)。它的优点是防水层不受太阳辐射和剧烈气候变化的直接影响，不受外来作用力的破坏；其缺点是选择保温材料时受限制，只能选用吸湿性低、耐气候性强的保温材料，并且一般还应进行日晒、雨雪、风力及温度变化和冻融循环的试验。经多年实践证明，聚氨酯和聚苯乙烯泡沫塑料板可作为倒铺屋面的保温层，但上面要用较重的覆盖物作保护层，如混凝土板、水泥砂浆或卵石。卵石保护层与保温层之间应铺设纤维织物，板块保护层可干铺，也可用水泥砂浆铺砌。

二、平屋顶的隔热

1. 通风隔热屋面

通风隔热屋面是指在屋顶中设置通风间层，使上层表面起着遮挡阳光的作用，利用风压和热压作用，将间层中的热空气不断带走，以减少传到室内的热量，从而达到隔热降温的目的。通风隔热屋面一般有架空通风隔热屋面和顶棚通风隔热屋面两种做法。

(1)架空通风隔热屋面：通风层设在防水层之上，其做法很多，图 6.26 所示为架空通风隔热屋面构造，其中以架空预制板或大阶砖最为常见。架空通风隔热层设计应满足以下要求：架空层应有适当的净高，一般以 180～240 mm 为宜；距女儿墙 500 mm 范围内不铺架空板；隔热板的支点可做成砖垄墙或砖墩，间距视隔热板的尺寸而定。

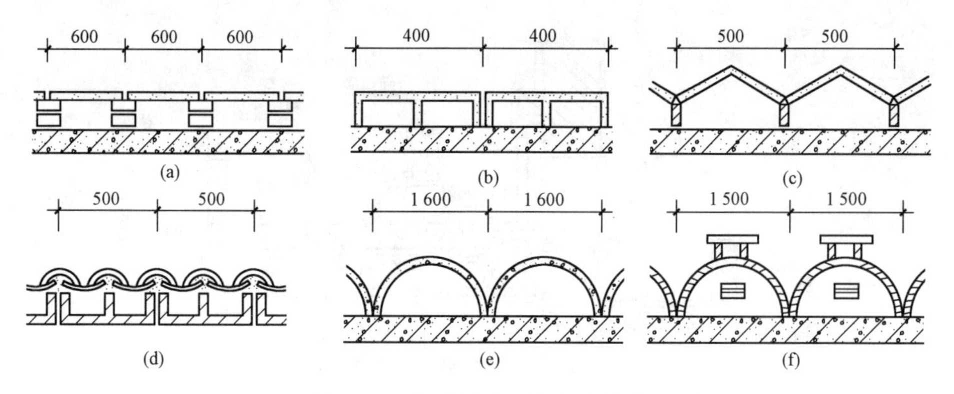

图 6.26　架空通风隔热屋面构造

(a)架空预制板(或大阶砖)；(b)架空混凝土山形板；(c)架空钢丝网水泥折板；
(d)倒槽板上铺小青瓦；(e)钢筋混凝土半圆拱；(f)1/4 厚砖拱

(2)顶棚通风隔热屋面：这种做法是利用顶棚与屋顶之间的空间作隔热层。顶棚通风隔热层设计应满足以下要求：顶棚通风层应有足够的净空高度，一般为 500 mm 左右；需设置一定数量的通风孔，以利于空气对流；通风孔应考虑防飘雨措施。

2. 蓄水隔热屋面

蓄水隔热屋面是指在屋顶蓄积一层水，利用水蒸发时需要大量的汽化热，从而大量消耗晒到屋面的太阳辐射热，以减少屋顶吸收的热能，从而达到降温隔热的目的(图 6.27)。蓄水屋面构造与刚性防水屋面基本相同，主要区别是增加了一壁三孔，即蓄水分仓壁、溢水孔、泄水孔和过水孔。蓄水隔热屋面构造应注意以下几点：合适的蓄水深度，一般为 150～200 mm；根据屋面面积划分成若干蓄水区，每区的边长一般不大于 10 m；足够的泛水高度，至少高出水面 100 mm；合理设置溢水孔和泄水孔，并应与排水檐沟或水落管连通，以保证多雨季节不超过蓄水深度和检修屋面时能将蓄水排除；注意做好管道的防水处理。

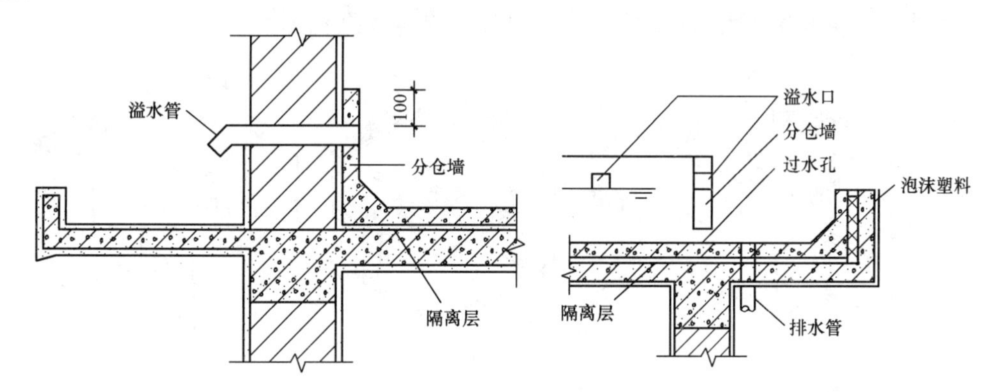

图 6.27　蓄水隔热屋面构造

3. 种植隔热屋面

种植隔热屋面是在屋顶上种植植物，利用植被的蒸腾和光合作用，吸收太阳辐射热，从而达到降温、隔热的目的(图 6.28)。

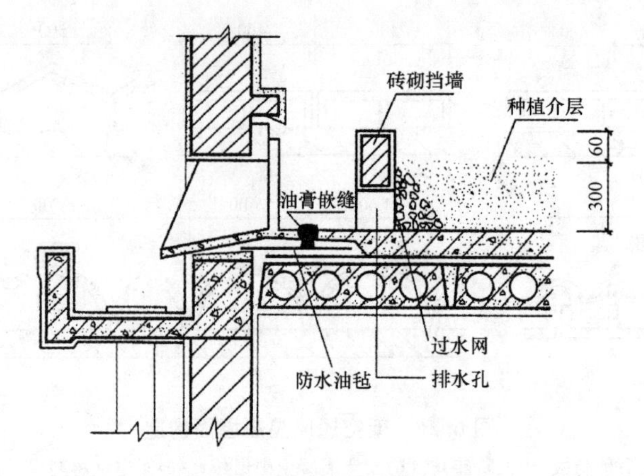

图 6.28　种植隔热屋面构造

第六节　坡屋顶构造

一、坡屋顶的承重结构

1. 承重结构类型

坡屋顶中常用的承重结构山横墙承重、屋架承重和梁架承重，如图 6.29 所示。当房屋采用小开间山墙承重的结构布置方案时，可将横墙砌至屋顶代替屋架，这种方式称为山墙承重，如图 6.29(a)所示；当房屋的内横墙较少时，常将檩条搁在屋架之间构成屋面承重结构，如图 6.29(b)所示。民间传统建筑多采用由木枝、木梁、木枋构成的梁架结构，如图 6.29(c)所示，这种结构又被称为穿斗结构或立贴式结构。

空间结构则主要用于大跨度建筑，如网架结构和悬索结构等。

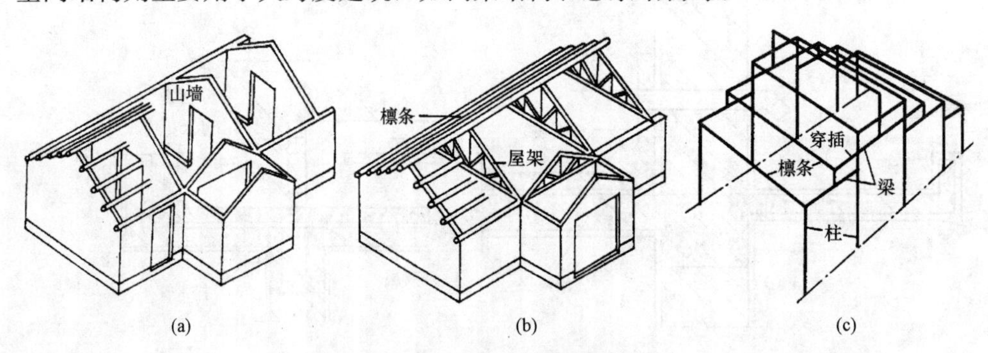

图 6.29　坡屋顶的承重结构类型

(a)山墙承重；(b)屋架承重；(c)梁架式屋架

2. 承重结构构件

(1)屋架。屋架形式常为三角形、梯形或平行弦。由上弦、下弦及腹杆组成，所用材料有木材、钢材及钢筋混凝土等。

在屋架承重的形式中，屋架的间距即房屋的开间，也是檩条的跨度，因而，屋架也宜等距排列并与檩条的距离相适应，以便统一屋架类型和檩条尺寸。民用建筑的屋架间距通常为 3～4 m，大跨度建筑可达 6 m。跨度不超过 12 m 的建筑可采用全木屋架；跨度不超过 18 m 时可采用钢木组合屋架；跨度更大时，则宜采用钢筋混凝土或钢屋架。常用的几种屋架形式如图 6.30 和图 6.31 所示。

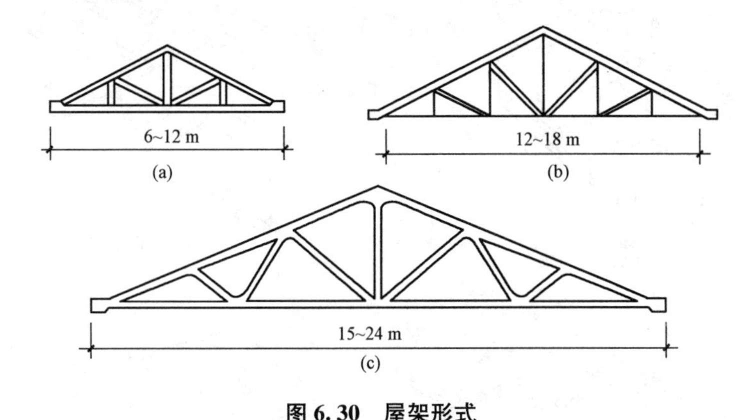

图 6.30　屋架形式

(a)木屋架；(b)钢木屋架；(c)钢筋混凝土屋架

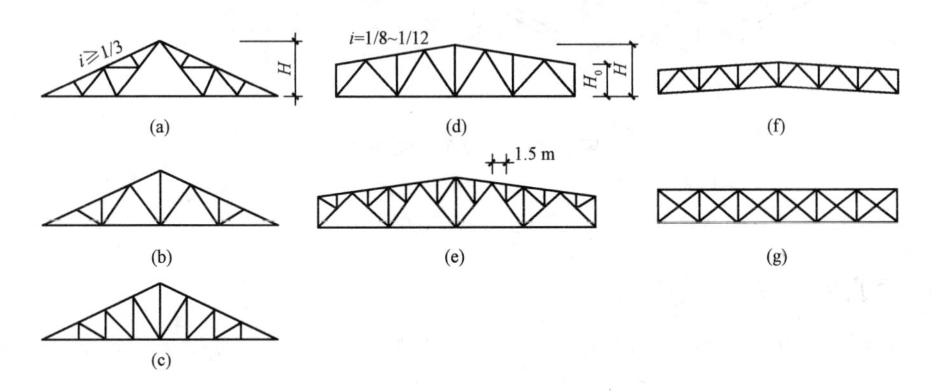

图 6.31　钢屋架

(a)、(b)、(c)三角形钢屋架；(d)、(e)梯形屋架；(f)、(g)平行弦

(2)檩条。檩条所用材料可为木材、钢材及钢筋混凝土，檩条材料的选用一般与屋架所用材料相同，以使两者的耐久性接近。

在山墙承重的结构形式中，山墙的间距即为檩条的跨度，因而，房屋横墙的间距宜尽量一致，使檩条的跨度保持在一个比较经济的尺度内。檩条常用木材、型钢或钢筋混凝土制作。

木檩条的跨度一般在 4 m 以内，断面为矩形或圆形，大小须经结构计算确定。木檩条的间距为 500～700 mm，如檩条间采用椽子时，其间距也可放大至 1 m 左右。木檩条在山墙上的支承端应以沥青等材料防腐，并垫以混凝土或防腐木垫块。

钢筋混凝土檩条的跨度一般为 4 m，有的也可达 6 m。其断面有矩形、T 形和 L 形等，尺寸由结构计算确定。山墙承檩时，应在山墙上预置混凝土垫块。为便于在檩条上固定瓦屋面的木基层，可在钢筋混凝土檩条上预留直径 4 mm 的钢筋固定木条，木条断面为梯形，尺寸为 40～50 mm 对开。

3. 承重结构布置

坡屋顶承重结构布置主要是指屋架和檩条的布置。其布置方式视屋顶形式而定(图 6.32)。

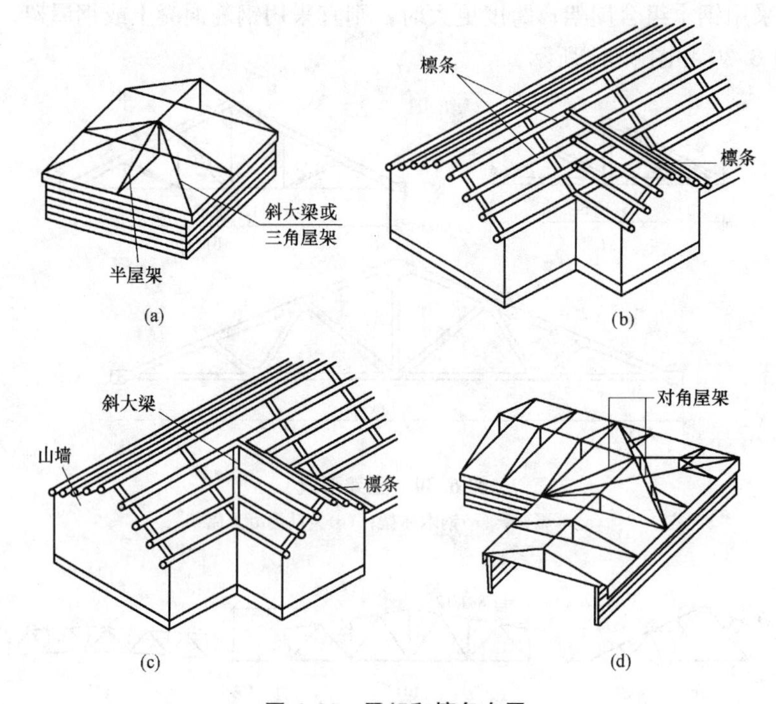

图 6.32 屋架和檩条布置

(a)四坡顶的屋架；(b)、(c)丁字形交接处屋顶；(d)转角屋顶

二、平瓦屋面做法

坡屋顶屋面一般是利用各种瓦材，如平瓦、波形瓦、小青瓦等作为屋面防水材料。近年来，还有不少采用金属瓦屋面、彩色压型钢板屋面等。

平瓦屋面根据基层的不同，有冷摊瓦屋面、木望板瓦屋面和钢筋混凝土板瓦屋面三种做法。

1. 冷摊瓦屋面

冷摊瓦屋面[图 6.33(a)]是在檩条上钉固椽条，然后在椽条上钉挂瓦条并直接挂瓦。这种做法构造简单，但雨雪易从瓦缝中飘入室内，通常用于南方地区质量要求不高的建筑。

2. 木望板瓦屋面

木望板瓦屋面[图 6.33(b)]是在檩条上铺钉 15～20 mm 厚的木望板(也称屋面板)，望板可采取密铺法(不留缝)或稀铺法(望板间留 20 mm 左右宽的缝)，在望板上平行于屋脊方向干铺一层油毡，在油毡上顺着屋面水流方向钉 10 mm×30 mm、中距 500 mm 的顺水条。然后，在顺水条上面平行于屋脊方向钉挂瓦条并挂瓦，挂瓦条的断面和间距与冷摊瓦屋面相同。这种做法比冷摊瓦屋面的防水、保温隔热效果要好，但耗用木材多、造价高，多用于质量要求较高的建筑物中。

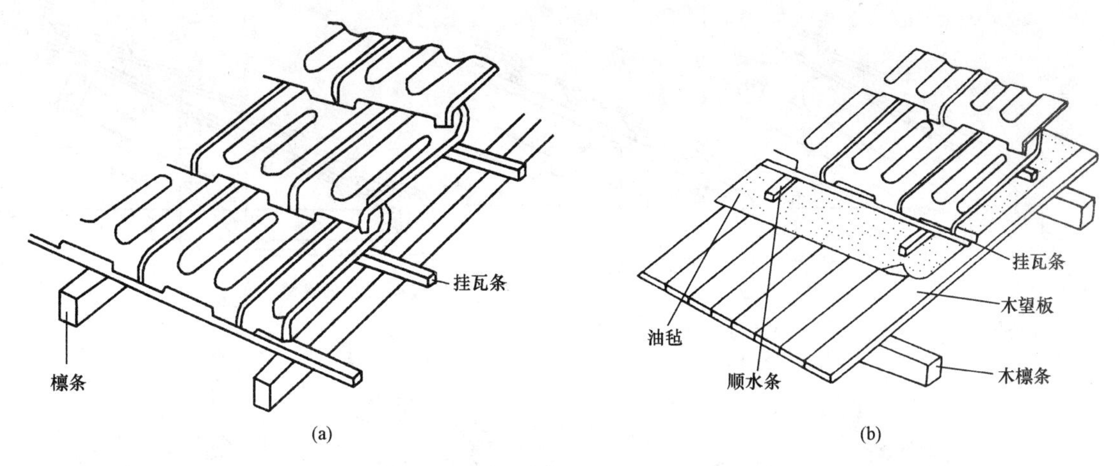

图 6.33　冷摊瓦屋面、木望板瓦屋面构造

(a)冷摊瓦屋面；(b)木望板瓦屋面

3. 钢筋混凝土板瓦屋面

瓦屋面由于保温、防火或造型等的需要，可将钢筋混凝土板作为瓦屋面的基层盖瓦。盖瓦的方式有两种：一种是在找平层上铺油毡一层，用压毡条钉嵌在板缝内的木楔上，再钉挂瓦条挂瓦；另一种是在屋面板上直接粉刷防水水泥砂浆并贴瓦或陶瓷面砖或平瓦。在仿古建筑中也常常采用钢筋混凝土板瓦屋面。钢筋混凝土板瓦屋面构造如图 6.34 所示。

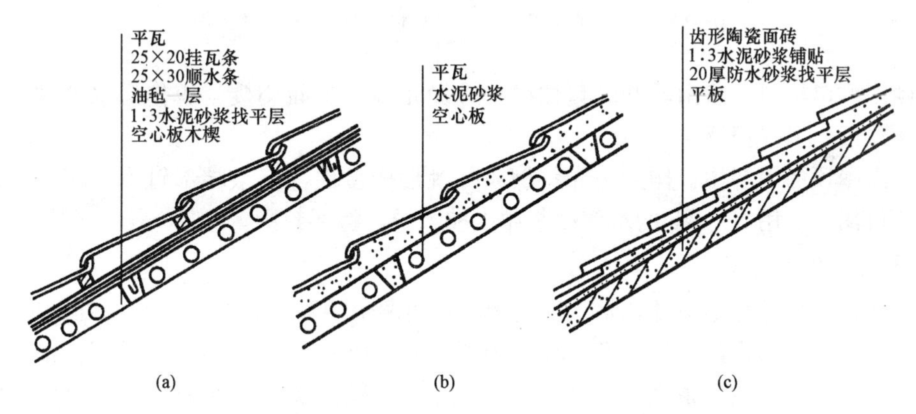

图 6.34　钢筋混凝土板瓦屋面构造

(a)木条挂瓦；(b)砂浆贴瓦；(c)砂浆贴面砖

三、平瓦屋面细部构造

平瓦屋面应做好檐口、天沟、屋脊等部位的细部处理。

1. 檐口构造

檐口分为纵墙檐口和山墙檐口。

(1)纵墙檐口。纵墙檐口根据造型要求做成挑檐或封檐。纵墙檐口的构造方法如图 6.35 所示。

(2)山墙檐口。山墙檐口按屋顶形式，分为硬山与悬山两种。

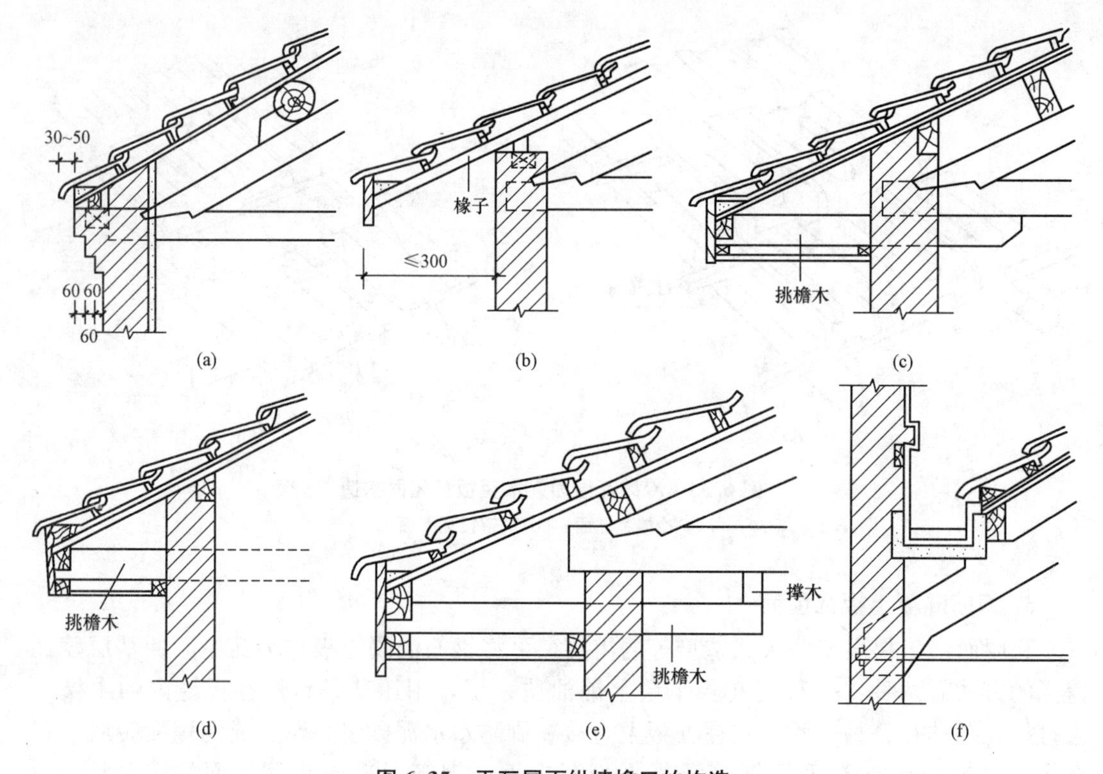

图 6.35　平瓦屋面纵墙檐口的构造

(a)砖砌挑檐；(b)椽条外挑；(c)挑檐木置于屋架下；

(d)挑檐木置于承重横墙中；(e)挑檐木下移；(f)女儿墙包檐口

1)硬山檐口构造：将山墙升起包住檐口，女儿墙与屋面交接处应作泛水处理。女儿墙顶应做压顶板，以保护泛水。

2)悬山屋顶的山墙檐口构造：先将檩条外挑形成悬山，檩条端部钉木封檐板，沿山墙挑檐的一行瓦，应用1∶2.5的水泥砂浆做出披水线，将瓦封固。

2. 天沟和斜沟构造

在等高跨或高低跨相交处，常常出现天沟，而两个相互垂直的屋面相交处则形成斜沟。沟应有足够的断面面积，上口宽度不宜小于300～500 mm，一般用镀锌薄钢板铺于木基层上，镀锌薄钢板伸入瓦片下面至少150 mm。高低跨和包檐天沟若采用镀锌薄钢板防水层时，应从天沟内延伸至立墙(女儿墙)上形成泛水。天沟、斜沟构造如图6.36所示。

四、坡屋顶的保温与隔热

1. 坡屋顶保温构造

坡屋顶的保温层一般布置在瓦材与檩条之间或吊顶上面。保温材料可根据工程具体要求，选用松散材料、块体材料或板状材料。

2. 坡屋顶隔热构造

炎热地区在坡屋顶中设进气口和排气口，利用屋顶内外的热压差和迎风面的压力差，组织空气对流，形成屋顶内的自然通风，以减少由屋顶传入室内的辐射热，从而达到隔热、降温的目的。进气口一般设在檐墙上、屋檐部位或室内顶棚上；排气口最好设在屋脊处，

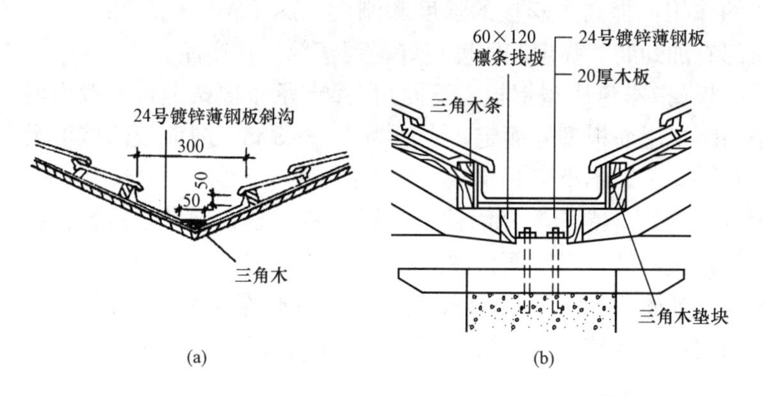

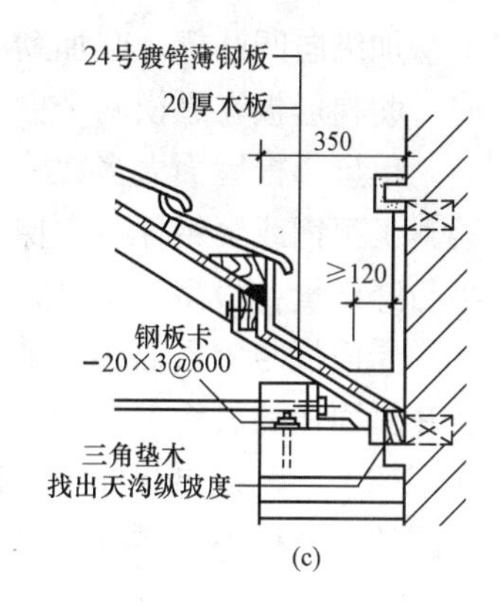

图 6.36　天沟、斜沟构造

(a)三角形天沟(双跨屋面)；(b)矩形天沟(双跨屋面)；(c)高低跨屋面天沟

以增大高差，有利于加速空气流通。

第七节　其他屋面构造

一、金属瓦屋面

金属瓦屋面是用镀锌薄钢板或铝合金瓦做防水层的一种屋面，金属瓦屋面自重轻、防水性能好、使用年限长，主要用于大跨度建筑的屋面。

金属瓦的厚度很薄(厚度在 1 mm 以内)，铺设这样薄的瓦材必须用钉子固定在木望板上，木望板则支撑在檩条上。为防止雨水渗漏，瓦材下应干铺一层油毡。所有的金属瓦必须相互连通导电，并与避雷针或避雷带连接。

二、彩色压型钢板屋面

彩色压型钢板屋面简称彩板屋面，是近十多年来在大跨度建筑中广泛采用的高效能屋面，它不仅自重轻、强度高，而且施工安装方便。彩板的连接主要采用螺栓连接，不受季节气候影响。彩板色彩绚丽，质感好，大大增强了建筑的艺术效果。彩板除用于平直坡面的屋顶外，还可根据造型与结构的形式需要，在曲面屋顶上使用。彩色压型钢板如图 6.37 所示。

根据彩板的功能构造，分为单层彩板和保温夹心彩板。

(1)单层彩板屋面。单层彩板只有一层薄钢板，用它作屋面时必须在室内一侧另设保温层。根据单层彩板断面形式的不同，可分为波形板、梯形板、带肋梯形板。波形板和梯形板是第一代产品，板材的力学性能不够理想，材料用量较浪费。纵向带肋梯形板是在普通梯形板的上下翼和腹板

图 6.37　彩色压型钢板

上增加纵向凹凸槽，起加劲肋的作用，提高了彩板的强度和刚度，属于第二代产品。纵横向带肋梯形板在纵横两个方向都有加劲肋，强度和刚度更好，属于第三代产品。

单层彩板屋面大多数将屋面板(指彩色压型钢板，下同)直接支承于檩条上，一般为槽钢、工字钢或轻钢檩条。檩条间距视屋面板型号而定，一般为 1.5～3 m。屋面板的坡度大小与降雨量、板型、拼缝方式有关，一般不小于 3°。

屋面板与檩条的连接采用各种螺钉、螺栓等紧固件，把屋面板固定在檩条上。螺钉一般在屋面板的波峰上。为了不使连接松动。当屋面板波高超过 35 mm 时，屋面板先应连接在钢架上，钢架再与檩条相连接，如图 6.38 所示。连接螺钉必须用不锈钢制造，保证钉孔周围的屋面板不被腐蚀。钉帽均要用带橡胶垫的不锈钢垫圈，防止钉孔处渗水。

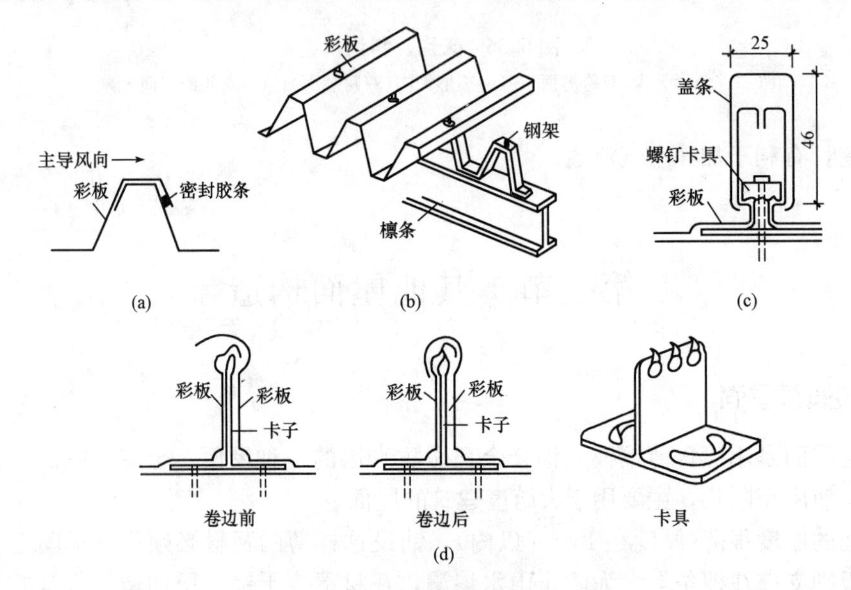

图 6.38　彩色压型钢板屋面的接缝构造

(a)搭接缝；(b)彩板与檩条的连接；(c)卡扣缝；(d)卷边缝

(2)保温夹心彩板屋面。保温夹心彩板是由彩色涂层钢板作表层，自熄性聚苯乙烯泡沫塑料或硬质聚氨酯泡沫作芯材，通过加压加热固化制成的夹心板，具有防寒、保温、体轻、防水、装饰、承力等多种功能，是一种高效结构材料，主要适用于公共建筑、工业厂房的屋面(图 6.39)。

保温夹心彩板屋面坡度为 1/5～1/20，在腐蚀环境中屋面坡度应＞1/12。在运输、吊装许可的条件下，应采用较长尺寸的夹心板，以减少接缝、防止渗漏和提高保温性能，但一般不宜大于 9 m。

(1)保温夹心彩板板缝处理。夹心板与配件及夹心板之间，全部采用铝拉铆钉连接，铆钉在插入铆孔之前应预涂密封胶，拉铆后的钉头用密封胶封死。顺坡连接缝及屋脊缝以构造防水为主，材料防水为辅；横坡连接缝采用顺水搭接，防水材料密封，上下两块板均应搭在檩条支座上，屋面坡度＞1/10 时，上下板的搭接长度为 300 mm；屋面坡度≤1/10 时，上下板的搭接长度为 200 mm。

(2)保温夹心彩板檩条布置。一般情况下，应使每块板至少有三根支承檩条，以保证屋面板不发生翘曲。在斜交屋脊线处，必须设置斜向檩条，以保证夹心板的斜端头有支承。

图 6.39　保温夹心彩板

其构造如图 6.40 所示。

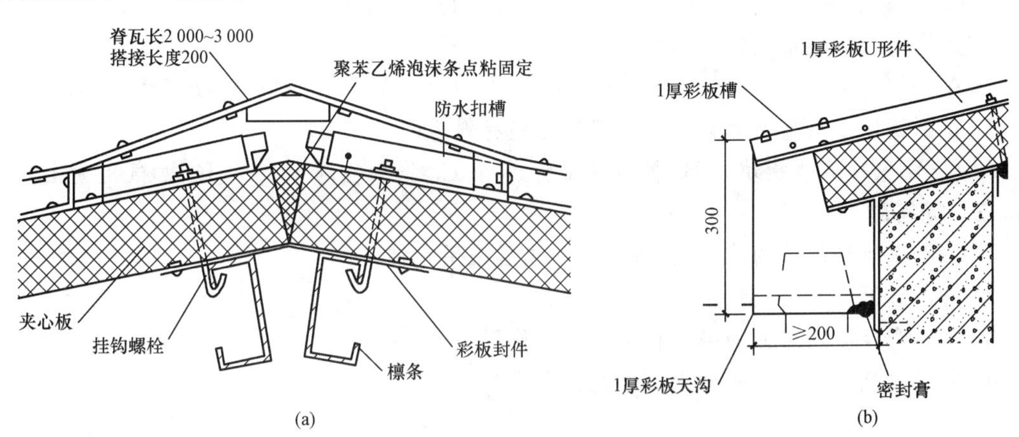

图 6.40　保温夹心彩板檩条布置

(a)层脊；(b)檐沟

复习思考题

一、填空题

1. 屋顶的类型分为__________、__________和其他形式的屋顶。

2. 屋面排水方式有__________和__________两种。

3. 平屋顶防水屋面按其防水层做法的不同，可分为__________、__________、__________等。

4. 刚性屋面分格缝一般设置在__________允许范围内和__________敏感部位。

5. 屋面坡度的做法有__________找坡和__________找坡。

6. 平屋顶的保温做法有__________和__________两种。

7. 屋面排水坡度的表示方法有__________、__________和__________。

参考答案

二、单项选择题

1. 平屋顶是指屋面坡度(　　)的屋顶。

A. 小于5%　　B. 小于10%　　C. 小于8%　　D. 小于3%

2. 屋面泛水高度在迎水面不小于(　　)mm。

A. 300　　B. 250　　C. 200　　D. 180

3. 在混凝土刚性防水屋面中，为减少结构变形对防水层的不利影响，常在防水层与结构层之间设置(　　)。

A. 隔汽层　　B. 隔声层　　C. 隔离层　　D. 隔热层

4. 平屋顶刚性防水屋面分格缝间距不宜大于(　　)m。

A. 5　　B. 3　　C. 12　　D. 6

5. 保温屋顶为了防止保温材料受潮，应采取(　　)措施。

A. 加大屋面斜度　　B. 用钢筋混凝土基层

C. 加做水泥砂浆粉刷层　　D. 设隔汽层

6. 天沟内的纵坡值以(　　)为宜。

A. 2%～3%　　B. 3%～4%　　C. 0.1%～0.3%　　D. 5%～10%

7. 在倒铺保温层屋面体系中，所用的保温材料为(　　)。

A. 膨胀珍珠岩板块　　B. 散料保温材料　　C. 聚苯乙烯　　D. 加气混凝土

三、简答题

1. 举例说明平屋顶的构造做法(注：保温层采用正铺法)。
2. 简述屋面排水的设计步骤。
3. 简述刚性防水屋面的基本构造层次及作用。
4. 民用建筑屋面有组织排水有哪几种方案?

第七章　门和窗

第一节　门窗的作用、形式与尺度

一、门窗的作用

门在房屋建筑中的作用主要是交通联系，并兼采光和通风；窗的作用主要是采光、通风及眺望。在不同情况下，门和窗还有分隔、保温、隔声、防火、防辐射、防风沙等要求。

门窗在建筑立面构图中的影响也较大，它的尺度、比例、形状、组合、透光材料的类型等，都影响着建筑的艺术效果。

二、门的形式与尺度

1. 门的形式

门按其开启方式通常有平开门、弹簧门、推拉门、折叠门、转门、上翻门、升降门、卷帘门等，如图 7.1 所示。

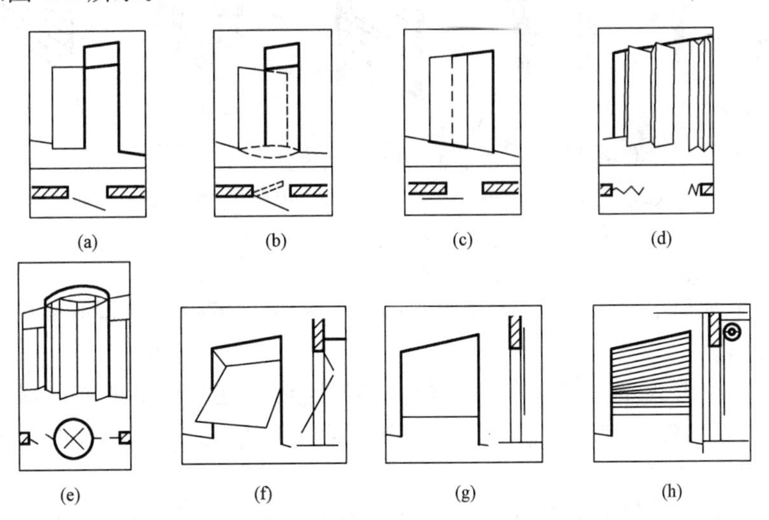

图 7.1　门的开启形式

(a)平开门；(b)弹簧门；(c)推拉门；(d)折叠门；
(e)转门；(f)上翻门；(g)升降门；(h)卷帘门

2. 门的尺度

门的尺度通常是指门洞的高宽尺寸。门作为交通疏散通道，其尺度取决于人的通行要求、家具器械的搬运及与建筑物的比例关系等，并应符合现行《建筑模数协调标准》(GB/T 50002—2013)的规定。

(1)门的高度不宜小于 2 100 mm。如门设有亮子时，亮子高度一般为 300～600 mm，则门洞高度为 2 400～3 000 mm。公共建筑大门高度可视需要适当提高。

(2)门的宽度：单扇门为 700～1 000 mm，双扇门为 1 200～1 800 mm。宽度在 2 100 mm 以上时，则做成三扇门、四扇门或双扇带固定扇的门，因为门扇过宽易产生翘曲变形，同时也不利于开启。辅助房间(如浴厕、储藏室等)门的宽度可窄一些，一般为 700～800 mm。

三、窗的形式与尺度

1. 窗的形式

窗的形式一般按开启方式定，而窗的开启方式主要取决于窗扇铰链安装的位置和转动方式。窗的开启方式如图 7.2 所示。

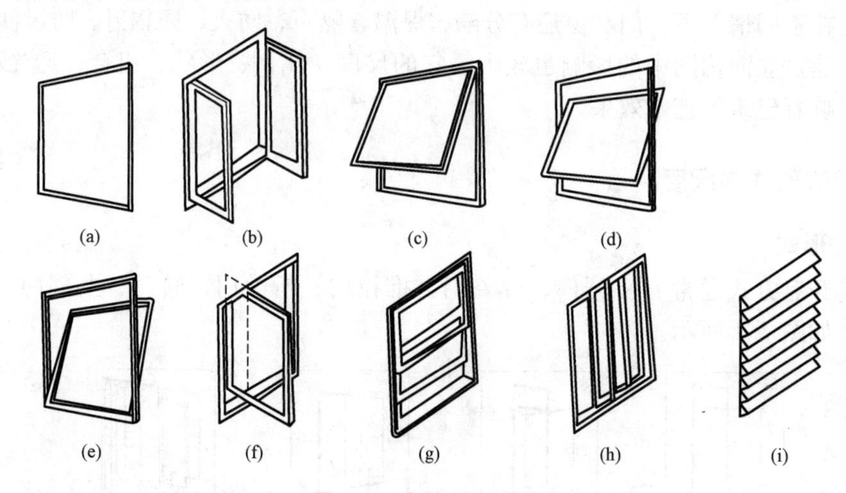

图 7.2　窗的开启方式

(a)固定窗；(b)平开窗；(c)上悬窗；(d)中悬窗；(e)下悬窗；
(f)立转窗；(g)垂直推拉窗；(h)水平推拉窗；(i)百叶窗

(1)固定窗。无窗扇、不能开启的窗为固定窗。固定窗的玻璃直接嵌固在窗框上，可供采光和眺望之用。

(2)平开窗。平开窗的铰链安装在窗扇一侧与窗框相连，向外或向内水平开启。有单扇、双扇、多扇及向内开与向外开之分。其构造简单，开启灵活，制作与维修均方便，是民用建筑中采用最广泛的窗。

(3)悬窗。悬窗因铰链和转轴的位置不同，可分为上悬窗、中悬窗和下悬窗。

(4)立转窗。立转窗引导风进入室内效果较好，防雨及密封性较差，多用于单层厂房的低侧窗。因密闭性较差，不宜用于寒冷和多风沙的地区。

(5)推拉窗。推拉窗分为垂直推拉窗和水平推拉窗两种。它们不多占使用空间，窗扇受力状态较好，适宜安装较大玻璃，但通风面积受到限制。

(6)百叶窗。百叶窗主要用于遮阳、防雨及通风，但采光差。百叶窗可用金属、木材、钢筋混凝土等制作，有固定式和活动式两种。

2. 窗的尺度

窗的尺度主要取决于房间的采光、通风、构造做法和建筑造型等要求，并应符合现行《建筑模数协调标准》(GB/T 50002—2013)的规定。为使窗坚固耐久，一般平开木窗的窗扇高度为 800～1 200 mm，宽度不宜大于 500 mm；上、下悬窗的窗扇高度为 300～600 mm；中悬窗的窗扇高度不宜大于 1 200 mm，宽度不宜大于 1 000 mm；推拉窗的高宽均不宜大于 1 500 mm。对一般民用建筑用窗，各地均有通用图，各类窗的高度与宽度尺寸通常采用扩大模数 3M 数列作为洞口的标志尺寸，需要时只要按所需类型及尺度大小直接选用。

第二节　木门窗构造

一、平开门的构造

1. 平开门的组成

门一般由门框、门扇、亮子、五金零件及其附件组成(图 7.3)。门扇按其构造方式不同，有镶板门、夹板门、拼板门、玻璃门和纱门等类型。亮子又称腰头窗，在门上方，为辅助采光和通风之用，有平开、固定及上、中、下悬几种。门框是门扇、亮子与墙的联系构件。五金零件一般有铰链、插销、门锁、拉手、门碰头等。附件有贴脸板、筒子板等。

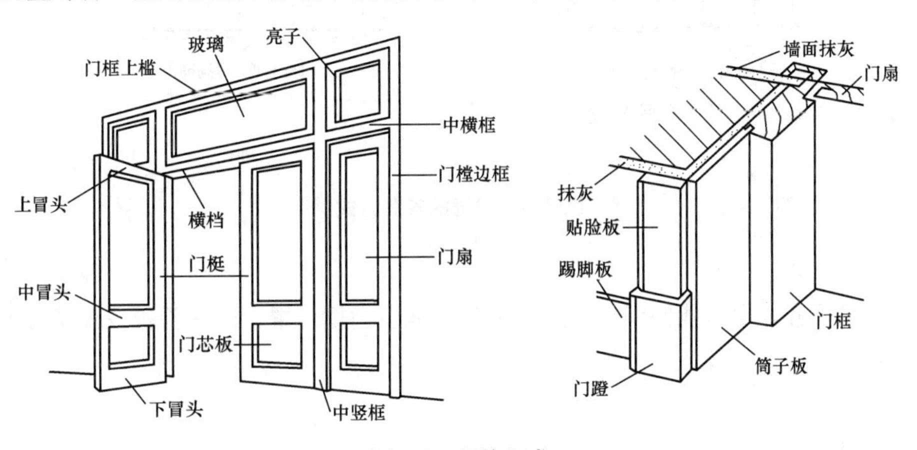

图 7.3　门的组成

2. 门框

门框一般由两根竖直的边框和上框组成。当门带有亮子时，还有中横框，多扇门则还有中竖框。

(1)门框断面。门框的断面形式与门的类型、层数有关，同时应利于门的安装，并应具有一定的密闭性。门框的断面形式与尺寸如图 7.4 所示。

(2)门框安装。门框的安装根据施工方式，分为后塞口和先立口两种。门框的安装方式如图 7.5 所示。

(3)门框在墙中的位置。门框在墙中的位置，可在墙的中间或与墙的一边平。一般多与

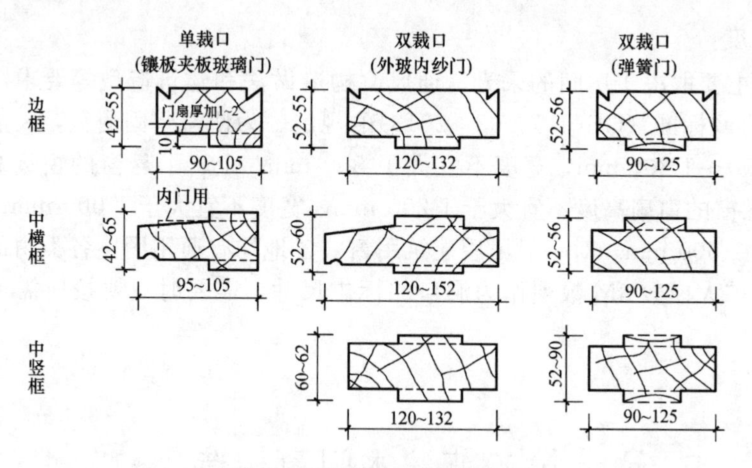

图 7.4　门框的断面形式与尺寸

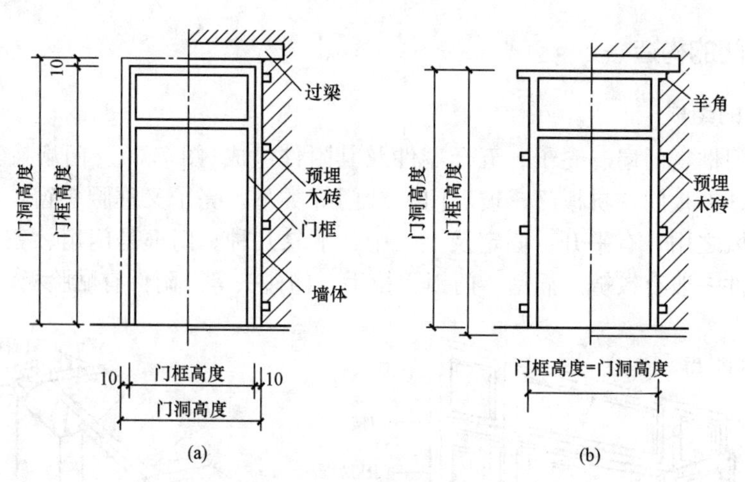

图 7.5　门框的安装方式

(a)塞口；(b)立口

开启方向一侧平齐，尽可能使门扇开启时贴近墙面。门框位置、门贴脸板及筒子板如图 7.6 所示。

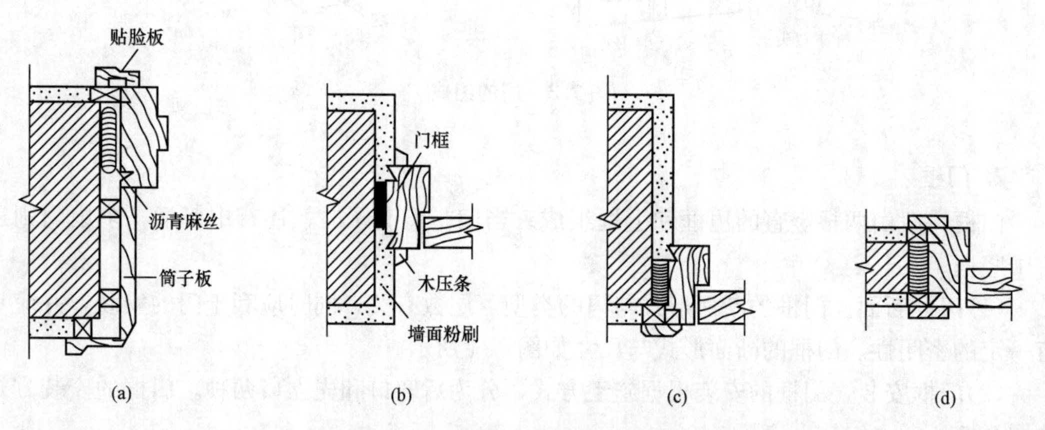

图 7.6　门框位置、门贴脸板及筒子板

(a)外平；(b)立中；(c)内平；(d)内外平

3. 门扇

常用的木门门扇有镶板门(包括玻璃门、纱门)、夹板门和拼板门等。

(1)镶板门。镶板门是广泛使用的一种门，门扇由边梃、上冒头、中冒头(可做数根)和下冒头组成骨架，内装门芯板而构成。构造简单，加工制作方便，适用于一般民用建筑作内门和外门。

(2)夹板门。夹板门是用断面较小的方木做成骨架，两面粘贴面板而成。门扇面板可用胶合板、塑料面板和硬质纤维板，面板不再是骨架的负担，而是和骨架形成一个整体，共同抵抗变形。夹板门的形式可以是全夹板门、带玻璃或带百叶夹板门。

由于夹板门构造简单，可利用小料、短料，自重轻，外形简洁，便于工业化生产，故在一般民用建筑中广泛应用。

(3)拼板门。拼板门的门扇由骨架和条板组成。有骨架的拼板门称为拼板门；而无骨架的拼板门称为实拼门。有骨架的拼板门又分为单面直拼门、单面横拼门和双面保温拼板门三种。

4. 推拉门的构造

推拉门由门扇、门轨、地槽、滑轮及门框组成。门扇可采用钢木门、钢板门、空腹薄壁钢门等，每个门扇宽度不大于 1.8 m。推拉门的支承方式分为上挂式和下滑式两种。当门扇高度小于 4 m 时，用上挂式，即门扇通过滑轮挂在门洞上方的导轨上。当门扇高度大于 4 m 时，多用下滑式，在门洞上下均设导轨，门扇沿上下导轨推拉，下面的导轨承受门扇的重量。推拉门位于墙外时，门上方需设雨篷。

二、平开窗的构造

1. 窗框安装

窗框与门框一样，在构造上应有裁口及背槽处理，裁口也有单裁口与双裁口之分。窗框的安装与门框一样，分为后塞口与先立口两种。塞口时，洞口的高、宽尺寸应比窗框尺寸大 10～20 mm。

2. 窗框在墙中的位置

窗框在墙中的位置，一般是与墙内表面相平，安装时窗框凸出砖面 20 mm，以便墙面粉刷后与抹灰面平。框与抹灰面交接处，应用贴脸板搭盖，以阻止由于抹灰干缩形成缝隙后风透入室内，同时可增加美观。贴脸板的形状及尺寸与门的贴脸板相同。

当窗框立于墙中时，应内设窗台板，外设窗台。窗框外平时，靠室内一面设窗台板。

第三节　金属门窗构造

一、钢门窗

钢门窗是用型钢或薄壁空腹型钢在工厂制作而成。它符合工业化、定型化与标准化的要求。在强度、刚度、防火、密闭等性能方面，均优于木门窗，但在潮湿环境下易锈蚀，耐久性差。

1. 钢门窗材料

(1)实腹式。实腹式钢门窗料是最常用的一种，有各种断面形状和规格。一般门可选用32料及40料；窗可选用25料及32料(25、32、40等表示断面高为25 mm、32 mm、40 mm)。

(2)空腹式。空腹式钢门窗与实腹式窗料比较，具有更大的刚度，外形美观，自重轻，可节约钢材40%左右。但由于壁薄，耐腐蚀性差，不宜用于湿度大、腐蚀性强的环境。

2. 基本钢门窗

为了使用、运输方便，通常将钢门窗在工厂制作成标准化的门窗单元。这些标准化的单元，即是组成一樘门或窗的最小基本单元。设计者可根据需要，直接选用基本钢门窗，或用这些基本钢门窗组合出所需大小和形式的门窗。

钢门窗框的安装方法常采用塞框法。门窗框与洞口四周的连接方法主要有两种：一种在砖墙洞口两侧预留孔洞，将钢门窗的燕尾形铁脚埋入洞中，用砂浆窝牢；另一种在钢筋混凝土过梁或混凝土墙体内侧先预埋钢件，将钢窗的Z形铁脚焊在预埋钢板上。钢门窗与墙的连接如图7.7所示。

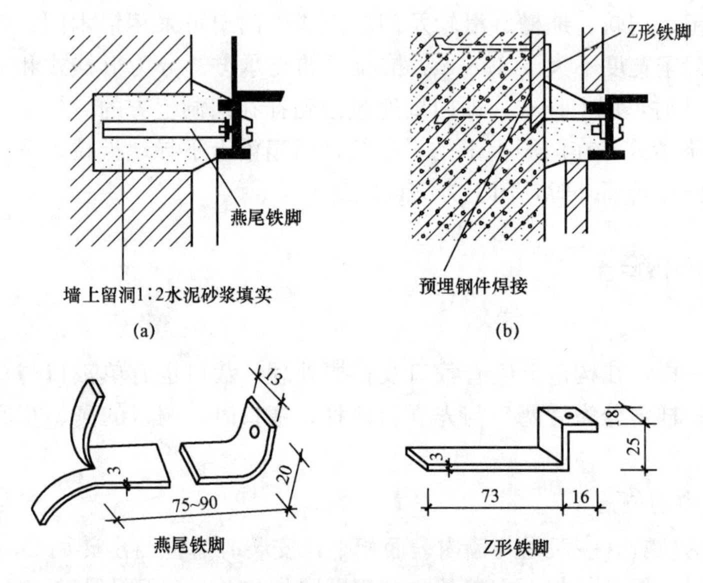

图7.7 钢门窗与墙的连接

(a)与砖墙连接；(b)与混凝土连接

3. 组合式钢门窗

当钢门窗的高、宽超过基本钢门窗尺寸时，就要用拼料将门窗进行组合。拼料起横梁与立柱的作用，承受门窗的水平荷载。

拼料与基本门窗之间一般用螺栓或焊接相连。当钢门窗很大时，特别是水平方向很长时，为避免大的伸缩变形引起门窗损坏，必须预留伸缩缝，一般是用两根∟56×36×4的角钢用螺栓组成拼件，角钢上穿螺栓的孔为椭圆形，使螺栓有伸缩余地。

二、卷帘门

卷帘门主要由帘板、导轨及传动装置组成。工业建筑中的帘板常用页板式，页板可用镀锌钢板或合金铝板轧制而成，页板之间用铆钉连接。页板的下部采用钢板和角钢，用以增强卷帘门的刚度，并便于安设门钮。页板的上部与卷筒连接，开启时，页板沿着门洞两侧的导轨上升，卷在卷筒上。门洞的上部安设传动装置，传动装置分为手动和电动两种。图 7.8 所示为手动式卷帘门示例。

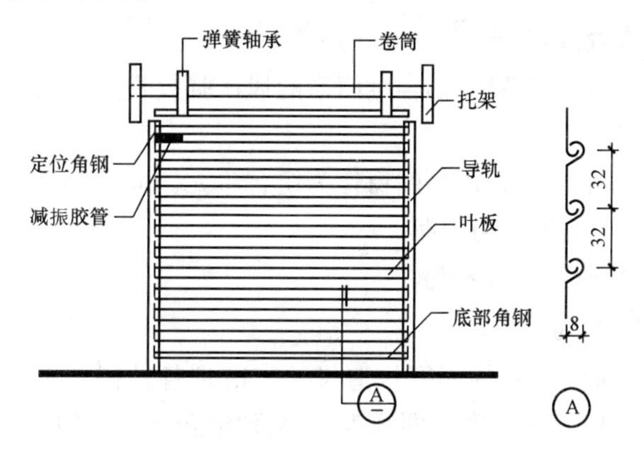

图 7.8　手动式卷帘门

三、彩板钢门窗

彩板钢门窗是以彩色镀锌钢板经机械加工而成的门窗。它具有自重轻、硬度高、采光面积大、防尘、隔声、保温密封性好、造型美观、色彩绚丽、耐腐蚀等特点。

彩板平开窗目前有两种类型，即带副框和不带副框的两种。当外墙面为花岗石、大理石等贴面材料时，常采用带副框的门窗；当外墙装修为普通粉刷时，常用不带副框的做法。其安装构造如图 7.9 和图 7.10 所示。

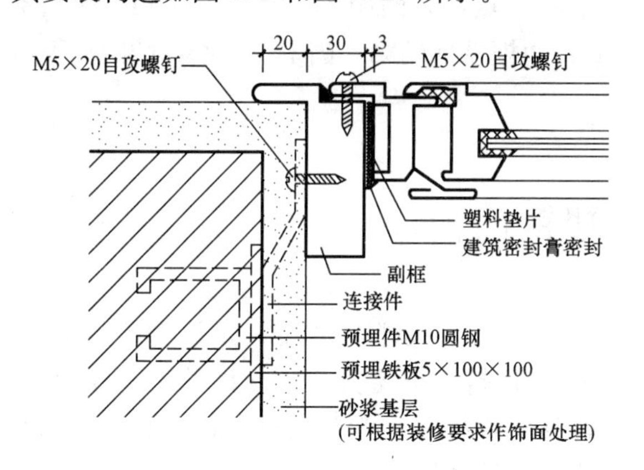

图 7.9　带副框彩板平开窗安装构造

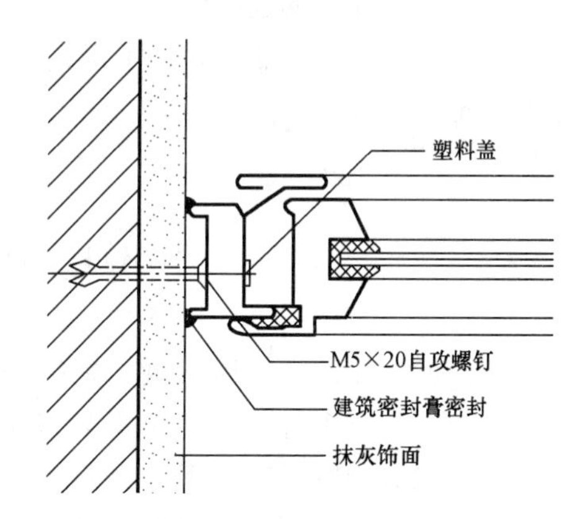

图 7.10　不带副框彩板平开窗安装构造

四、铝合金门窗

1. 铝合金门窗的特点

(1)自重轻。铝合金门窗用料省、自重轻，较钢门窗轻 50%左右。

(2)性能好。密封性好，气密性、水密性、隔声性、隔热性都较钢、木门窗有显著的提高。

(3)耐腐蚀、坚固耐用。铝合金门窗无须涂涂料，氧化层不褪色、不脱落，表面不需要维修。铝合金门窗强度高，刚性好，坚固耐用，开闭轻便灵活，无噪声，安装速度快。

(4)色泽美观。铝合金门窗框料型材表面经过氧化着色处理后，既可以保持铝材的银白色，又可以制成各种柔和的颜色或带色的花纹，如古铜色、暗红色、黑色等。

2. 铝合金门窗的设计要求

(1)应根据使用和安全要求确定铝合金门窗的风压强度性能、雨水渗漏性能、空气渗透性能等综合指标。

(2)组合门窗设计宜采用定型产品门窗作为组合单元。非定型产品的设计应考虑洞口最大尺寸和开启扇最大尺寸的选择与控制。

(3)外墙门窗的安装高度应有限制。

3. 铝合金门窗框料系列

系列名称是以铝合金门窗框的厚度构造尺寸来区别各种铝合金门窗的称谓。例如，平开门门框厚度构造尺寸为50 mm宽，即称为50系列铝合金平开门；推拉窗窗框厚度构造尺寸为90 mm宽，即称为90系列铝合金推拉窗等。在实际工程中，通常根据不同地区、不同性质的建筑物的使用要求选用相适应的门窗框。

4. 铝合金门窗安装

铝合金门窗是表面处理过的铝材经下料、打孔、铣槽、攻丝等加工，制作成门窗框料的构件，然后与连接件、密封件、开闭五金件一起，组合装配成门窗。

门窗安装时，将门窗框在抹灰前立于门窗洞处，与墙内预埋件对正，然后用木楔将三边固定。经检验确定门窗框水平、垂直、无翘曲后，用连接件将铝合金框固定在墙(柱、梁)上，连接件固定可采用焊接、膨胀螺栓或射钉等方法。

门窗框与墙体等的连接固定点，每边不得少于两点，且间距不得大于0.7 m。在基本风压大于等于0.7 kPa的地区，不得大于0.5 m；边框端部的第一固定点与端部的距离不得大于0.2 m。

第四节　塑钢门窗

塑钢门窗是以改性硬质聚氯乙烯(简称UPVC)为主要原料，加上一定比例的稳定剂、着色剂、填充剂、紫外线吸收剂等辅助剂，经挤出机挤出成型为各种断面的中空异形材。经切割后，在其内腔衬以型钢加强筋，用热熔焊接机焊接成型为门窗框扇，配装上橡胶密封条、压条、五金件等附件而制成的门窗。其具有以下优点：

(1)强度好，耐冲击。

(2)保温隔热，节约能源。

(3)隔声性好。

(4)气密性、水密性好。

(5)耐腐蚀性强。

(6)防火。

(7)耐老化、使用寿命长。

(8)外观精美、清洗容易。

图 7.11 所示为塑钢窗框与墙体的连接方式。

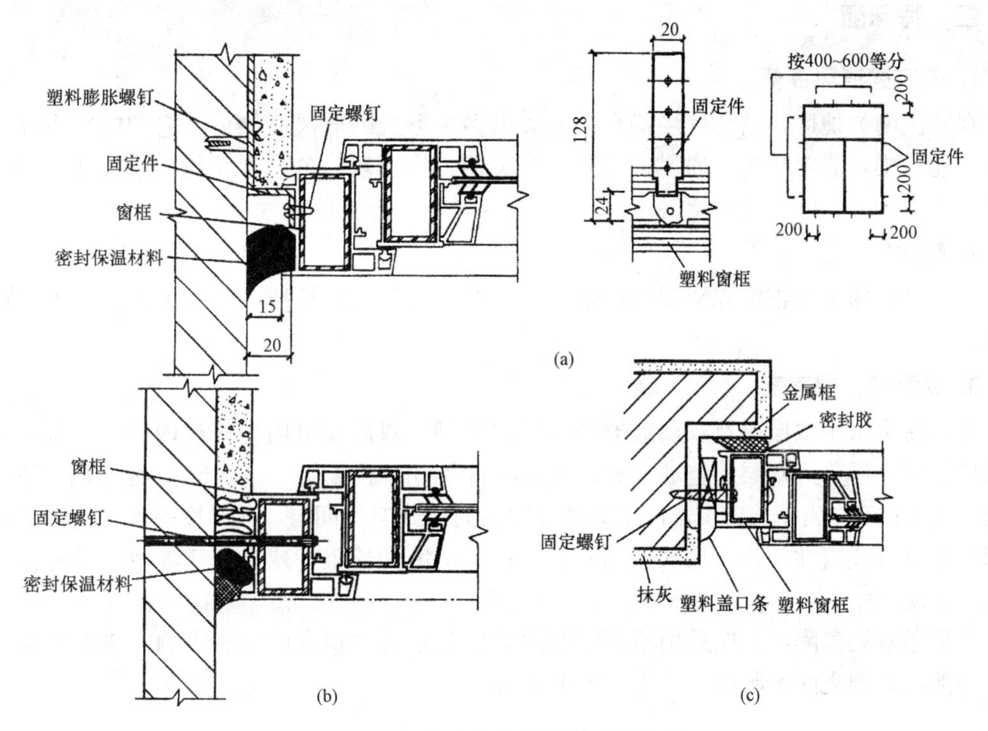

图 7.11　塑钢窗框与墙体的连接方式

(a)连接件法；(b)直接固定法；(c)假框法

第五节　特殊门窗

一、特殊要求的门

(1)防火门。防火门用于加工易燃品的车间或仓库。根据车间对防火门耐火等级的要求，门扇可以采用钢板、木板外贴石棉板再包以镀锌薄钢板或木板外直接包镀锌薄钢板等构造措施。考虑到木材受高温会炭化而放出大量气体，应在门扇上设泄气孔。防火门常采用自重下滑关闭门，它是将门上导轨做成 5%～8%的坡度。火灾发生时，易熔合金片熔断后，重锤落地，门扇依靠自重下滑关闭。当洞口尺寸较大时，可做成两个门扇相对下滑。

(2)保温门、隔声门。保温门要求门扇具有一定的热阻值和门缝密闭处理，故常在门扇两层面板间填以轻质、疏松的材料(如玻璃棉、矿棉等)；隔声门的隔声效果与门扇的材料及门缝的密闭有关，隔声门常采用多层复合结构，即在两层面板之间填吸声材料，如玻璃棉、玻璃纤维板等。

一般保温门和隔声门的面板常采用整体板材(如五层胶合板、硬质木纤维板等)，不易发生变形。门缝密闭处理对门的隔声、保温以及防尘有很大影响，通常采用的措施是在门缝内粘贴填缝材料，如橡胶管、海绵橡胶条、泡沫塑料条等。还应注意裁口形式，斜面裁口比较容易关闭紧密，可避免由于门扇胀缩而引起的缝隙不密合。

二、特殊窗

1. 固定式通风高侧窗

在我国南方地区，结合气候特点，创造出多种形式的通风高侧窗。它们的特点是：能采光，能防雨，能常年进行通风，不需设开关器，构造较简单，管理和维修方便，多在工业建筑中采用。

2. 防火窗

防火窗必须采用钢窗或塑钢窗，镶嵌铅丝玻璃以免破裂后掉下，防止火焰窜入室内或窗外。

3. 保温窗、隔声窗

保温窗常采用双层窗及双层玻璃的单层窗两种。双层窗可内外开或内开、外开；双层玻璃单层窗又可分为双层中空玻璃窗，双层玻璃之间的距离为 5～15 mm，窗扇的上下冒头应设透气孔；双层密闭玻璃窗，两层玻璃之间为封闭式空气间层，其厚度一般为 4～12 mm，充以干燥空气或惰性气体，玻璃四周密封。这样可增大热阻、减少空气渗透，避免空气间层内产生凝结水。

若采用双层窗隔声，应采用不同厚度的玻璃，以减少吻合效应的影响。厚玻璃应位于声源一侧，玻璃之间的距离一般为 80～100 mm。

复习思考题

一、填空题

参考答案

1. 门的主要功能是__________，有时也兼起__________和__________的作用；窗的主要作用是__________、__________。

2. 常用于民用建筑的平开木门扇有__________、__________和__________三种。

3. 门窗除满足基本使用要求外，还应具有__________、__________、__________。

4. 木门窗的安装方法有__________和__________两种。

5. 木门主要由__________、门扇、亮子、五金零件及附件组成。

二、单项选择题

1. 能作为安全疏散门的是(　　)。

A. 平开门、转门、防火门　　B. 平开门、卷帘门、防火门

C. 平开门、弹簧门、防火门　　D. 平开门、弹簧门、折叠门

2. 普通办公用房门、住宅分户门的洞口宽度常用尺寸为(　　)mm。

A. 900　　B. 800　　C. 1 000　　D. 1 200

3. 在居住建筑中，使用最广泛的木门为(　　)。

A. 推拉门　　B. 弹簧门　　C. 转门　　D. 平开门

4. 在住宅建筑中，无亮子的木门高度不低于(　　)mm。

A. 1 600　　B. 1 800　　C. 2 100　　D. 2 400

5. 钢门窗、铝合金门窗和塑钢门窗的安装均应采用(　　)。

A. 立口　　B. 塞口　　C. 立口和塞口均可

6. 民用建筑中，窗的面积大小主要取决于(　　)的要求。

A. 室内采光　　B. 室内通风　　C. 室内保温　　D. 立面装饰

7. 为减少木窗框料在靠墙一面因受潮而变形，常在木框背后开(　　)。

A. 背槽　　B. 裁口　　C. 积水槽　　D. 回风槽

8. 你所在学院的大门按照开启方式分类，属于(　　)。

A. 平开门　　B. 折叠门　　C. 推拉门　　D. 伸缩门

三、简答题

1. 门和窗各有哪几种开启方式？它们各有哪些特点？使用范围是什么？
2. 安装木窗框的方法有哪些？各有什么特点？
3. 铝合金门窗和塑钢门窗有哪些特点？

第八章　变形缝

第一节　变形缝的分类及设计要求

一、变形缝的分类

房屋受到外界各种因素的影响，会使房屋产生变形、开裂导致破坏。这些因素包括温度变化的影响、房屋相邻部分承受不同荷载的影响、房屋相邻部分结构类型差异的影响、地基承载力差异的影响和地震的影响等。为了防止房屋破坏，常将房屋分成几个独立变形的部分，使各部分能独立变形、互不影响，这些预留的人工构造缝称为变形缝。

变形缝包括伸缩缝(温度缝)、沉降缝和防震缝。

(1)伸缩缝(温度缝)。房屋在受到温度变化的影响时，将发生热胀冷缩的变形，这种变形与房屋的长度有关，长度越大变形越大。变形受到约束，就会在房屋的某些构件中产生应力，从而导致破坏。在房屋中设置伸缩缝，使缝间房屋的长度不超过某一限值，其变形值较小，所产生的温度应力也较小，这样就不会产生破坏。因此，可沿建筑物长度方向每隔一定距离或在结构变化较大处预留伸缩缝，将建筑物基础以上部分断开。基础因为受到温度变化的影响较小，不需断开。

(2)沉降缝。上部结构各部分之间，因层数差异较大，或使用荷载相差较大，或因地基压缩性差异较大等原因，可能使地基发生不均匀沉降。房屋因不均匀沉降造成某些薄弱部位产生错动开裂。为了防止房屋不规则的开裂，应设置沉降缝。沉降缝是在房屋适当位置设置的垂直缝隙，将房屋划分为若干个刚度较一致的单元，使其每一部分的沉降比较均匀，相邻单元可以自由沉降，避免在结构中产生额外的应力影响房屋整体。

沉降缝可兼伸缩缝的作用，而伸缩缝却不能代替沉降缝。沉降缝的基础需要断开，而伸缩缝的基础不需要断开。

(3)防震缝。建造在地震区的房屋，地震时会遭到不同程度的破坏，为了避免破坏应按抗震要求进行设计。抗震设防烈度 6 度以下地区地震时，对房屋影响轻微可不设防；抗震设防烈度为 10 度地区地震时，对房屋破坏严重，建筑物抗震设计应按有关专门规定执行。地震设防烈度为 7～9 度地区，应按相关规定设防，包括在必要时设置防震缝。它的设置目的是将大型建筑物分隔为较小的部分，形成相对独立的防震单元，避免因地震造成建筑物整体震动不协调，而产生破坏。

二、变形缝的设计要求

在建筑设计时，预先在变形敏感部位设置变形缝可避免建筑物发生损坏，但变形缝必须加以处理，以满足建筑功能和美观要求。变形缝的设置无疑增加了建筑施工的复杂性，增加了建筑成本的投入。因此，在条件许可的情况下，应尽量不设置变形缝，或者进行多缝合一的设计，也可创造条件尽量少设置变形缝。常见的方式有以下几种：

(1)对基础进行处理。适当调整基底面积，增加基础刚度。

(2)对地基进行处理。

(3)加强结构可能出现破坏处的强度和刚度。

第二节　变形缝的设置原则

一、伸缩缝(温度缝)的设置

为防止因温度、混凝土收缩等原因引起的过大结构附加应力而设置伸缩缝。伸缩缝在基础部位一般不断开。伸缩缝的宽度一般为 20～30 mm。

砌体结构伸缩缝的最大间距见表 8.1。

表 8.1　砌体结构伸缩缝的最大间距

屋盖或楼盖类别		间距/m
整体式或装配整体式钢筋混凝土结构	有保温层或隔热层的屋盖、楼盖	50
	无保温层或隔热层的屋盖	40
装配式无檩体系钢筋混凝土结构	有保温层或隔热层的屋盖、楼盖	60
	无保温层或隔热层的屋盖	50
装配式有檩体系钢筋混凝土结构	有保温层或隔热层的屋盖	75
	无保温层或隔热层的屋盖	60
瓦材屋盖、木屋盖或楼盖、轻钢屋盖		100

混凝土结构伸缩缝的最大间距见表 8.2。

表 8.2　混凝土结构伸缩缝的最大间距

结构类别		室内或土中/m	露天/m
排架结构	装配式	100	70
框架结构	装配式	75	50
	现浇式	55	35
剪力墙结构	装配式	65	40
	现浇式	45	30
挡土墙、地下室墙壁等类结构	装配式	40	30
	现浇式	30	20

注：1. 装配整体式结构房屋的伸缩缝间距宜按表中现浇式的数据取用。
2. 框架-剪力墙结构或框架-核心筒结构房屋的伸缩缝间距，可根据结构的具体布置情况取表中框架结构与剪力墙结构之间的数值。
3. 当屋面无保温或隔热措施时，框架结构、剪力墙结构的伸缩缝间距宜按表中露天栏的数值取用。
4. 现浇挑檐、雨罩等外露结构的伸缩缝间距不宜大于 12 m。

二、沉降缝的设置

沉降缝是指为了预防建筑物各部分由于不均匀沉降引起的破坏而设置的变形缝。存在下列情况时均应考虑设置沉降缝：

(1)建筑物各部分相邻基础的样式、宽度及埋置深度相差较大，造成基础底部压力差异过大，易导致不均匀沉降时。

(2)同一建筑物相邻部分的高度相差较大、荷载大小相差悬殊或结构形式变化较大，易导致不均匀沉降时。

(3)建筑物建造在不同地基上，且难以保证均匀沉降时。

(4)建筑物体型比较复杂、连接部位又比较薄弱时。

(5)新建建筑物与原有建筑物紧相毗连时。

(6)平面形状复杂的建筑物转角处。

沉降缝的宽度与地基的情况和建筑物的高度有关，其宽度见表 8.3，在软弱地基上的缝宽应适当增加。

表 8.3　房屋沉降缝的宽度

地基性质	建筑物高度或层数	缝宽/mm
一般地基	$H<5$ m $H=5\sim8$ m $H=10\sim15$ m	30 50 70
软弱地基	2～3 层 4～5 层 6 层以上	50～80 80～120 >120
湿陷性黄土地基	—	30～50

三、防震缝的设置

在设防烈度为 8 度和 9 度地区，有下列情况之一时宜设防震缝：

(1)建筑物平面复杂，凹角长度过大或凸出部分较多。

(2)建筑物高差在 6 m 以上。

(3)建筑物有错层且错层楼板高差较大。

(4)建筑物相邻部分的结构刚度、质量相差悬殊。

对多层和高层钢筋混凝土结构房屋，应尽量选用合理的建筑结构方案，不设防震缝；当必须设置防震缝时，防震缝的宽度应与结构形式、设防烈度、建筑物高度有关。在砖混结构中，缝宽一般取 50～100 mm。多、高层钢筋混凝土结构中其最小宽度应符合下列要求：

(1)当高度不超过 15 m 时，可采用 70 mm。

(2)当高度超过 15 m 时，按设防烈度为 6 度、7 度、8 度、9 度相应建筑物每增高 5 m、4 m、3 m、2 m 时，缝宽增加 20 mm。

防震缝应与伸缩缝、沉降缝统一设置，并满足防震缝的设计要求。

四、变形缝的比较

表 8.4 是三种不同变形缝的设置比较。在抗震设防的地区，无论需要设置哪种变形缝，其宽度都应该按照防震缝的宽度设置。这是为了避免在地震发生时，由于缝宽不够而造成建筑物相邻的分段相互碰撞，造成破坏。

表 8.4　不同变形缝的设置比较

变形缝类别	对应变形原因	设置依据	断开部位	缝宽/mm
伸缩缝	昼夜温差引起的热胀冷缩	按建筑物的长度、结构类型与屋盖刚度	除基础外沿全高断开	20～30
沉降缝	建筑物相邻部分高差悬殊、结构形式变化大、基础埋深差别大、地基不均匀等引起的均匀沉降	地基情况和建筑物的高度	从基础到屋顶沿全高断开	一般地基 建筑物高<5 m　缝宽 30 5～10 m　缝度 50 5～15 m　缝度 70 软弱地基 建筑物2～3 层　缝宽 50～80 4～5 层　缝宽 80～120 ≥6 层　缝宽>120 沉陷性黄土　缝宽≥30～70
抗震缝	地震作用	设防烈度、结构类型和建筑物高度 （8 度、9 度设防且房屋立面高差相差在 6 m以上，或错层楼板相差 1/3 层高或 1 m，毗邻部分各段刚度、质量、结构形式均不同时设置）	沿建筑物全高设缝，基础可断开，也可不断开	多层砌体建筑　缝宽 50～100 框架框剪建筑 当建筑物高≤15 m　缝宽 70 当建筑物高>15 m时， 6、7、8、9 度设防，高度每增高 5 m、4 m、3 m、2 m 缝宽加大 20

第三节　变形缝的构造

一、伸缩缝的构造

装配整体式钢筋混凝土结构，由于屋顶和楼板本身没有自由伸缩的余地，当温度变化时，在结构内部产生温度应力大，因而伸缩缝间距比其他结构形式小。伸缩缝从基础顶面开始，将墙体、楼板、屋顶全部构件断开，由于基础埋于地下，受温度变化小，因此不必断开。

根据所处位置不同，伸缩缝可分为墙体伸缩缝、楼地层伸缩缝以及屋顶伸缩缝。

1. 墙体伸缩缝

墙体在伸缩缝处断开，为了避免风、雨对室内的影响和避免缝隙过多传热，伸缩缝外墙一侧，缝口处应填以有弹性而又不渗水的材料，如沥青麻丝填塞，当伸缩缝较宽时，缝口可采用镀锌薄钢板或铝皮进行盖封调节。伸缩缝可砌成平口缝、错口式、企口式等截面形式。砖墙伸缩缝的截面形式如图 8.1 所示。

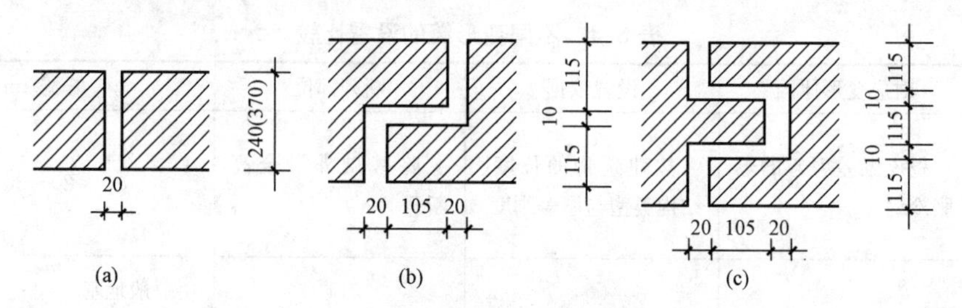

图 8.1　砖墙伸缩缝的截面形式

(a)平缝；(b)错口缝；(c)企口缝

外墙伸缩缝的构造如图 8.2 所示。

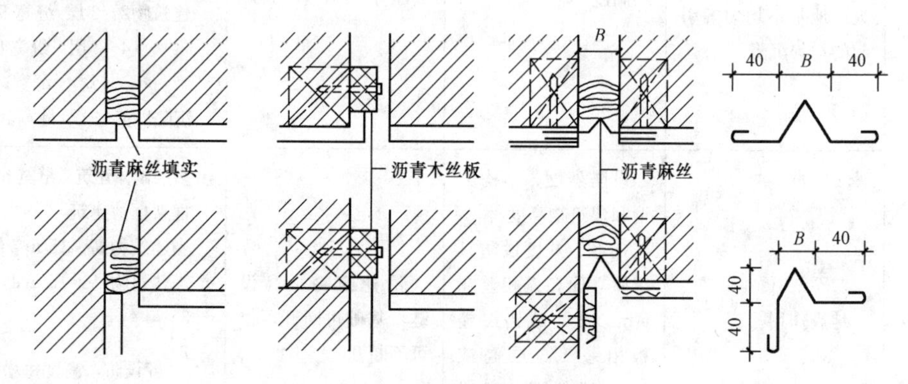

图 8.2　外墙伸缩缝的构造

内墙伸缩缝可采用木压条或金属盖缝条，一边固定在一面墙上；另一边允许左右移动，如图 8.3 所示。

2. 楼地层伸缩缝

楼地层伸缩缝的位置和缝宽尺寸，应与墙体、屋顶伸缩缝相对应，缝内也要用弹性材料作封缝处理。在构造上应保证地面面层和顶棚美观，又应使缝两侧的构造能自由伸缩。楼地层伸缩缝的构造如图 8.4 所示。

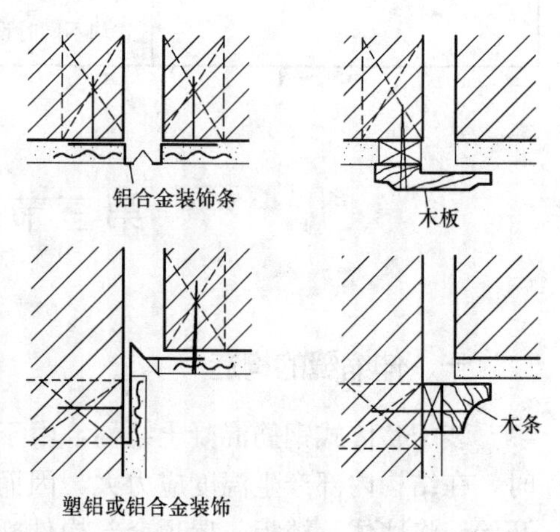

图 8.3　内墙伸缩缝构造

3. 屋顶伸缩缝

屋顶伸缩缝的位置有两种情况：一种是伸缩缝两侧屋面的标高相同；另一种是缝两侧屋面的标高不同。缝两侧屋面的标高不同时，上人屋面和不上人屋面伸缩缝的做法不相同；缝两侧屋

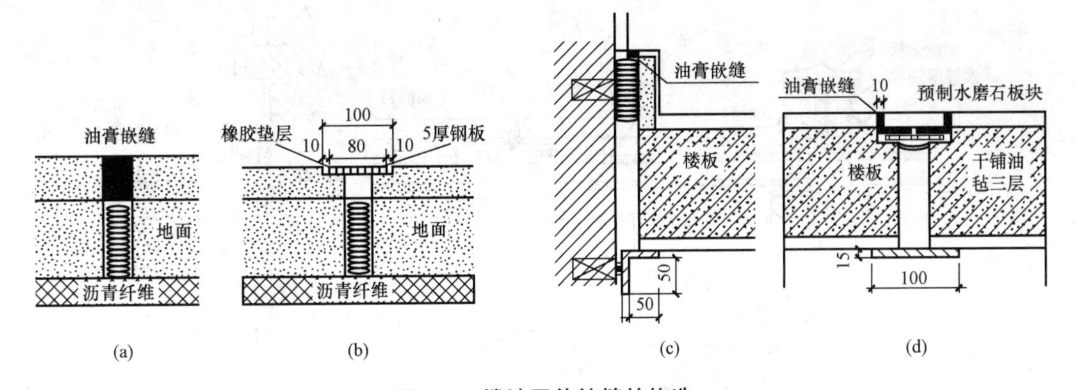

图 8.4　楼地层伸缩缝的构造

(a)地面油膏嵌缝；(b)地面钢板盖缝；(c)、(d)楼板变形缝

面的标高相同时，上人屋面和不上人屋面伸缩缝的做法也不相同。

(1)柔性防水屋面伸缩缝(图 8.5)。当屋顶伸缩缝两侧的屋面标高相同时，如为不上人屋面，一般在缝的两则各砌半砖厚的小墙，按泛水构造处理。与泛水构造不同之处是，在小墙上面加设钢筋混凝土盖板或镀锌盖板。

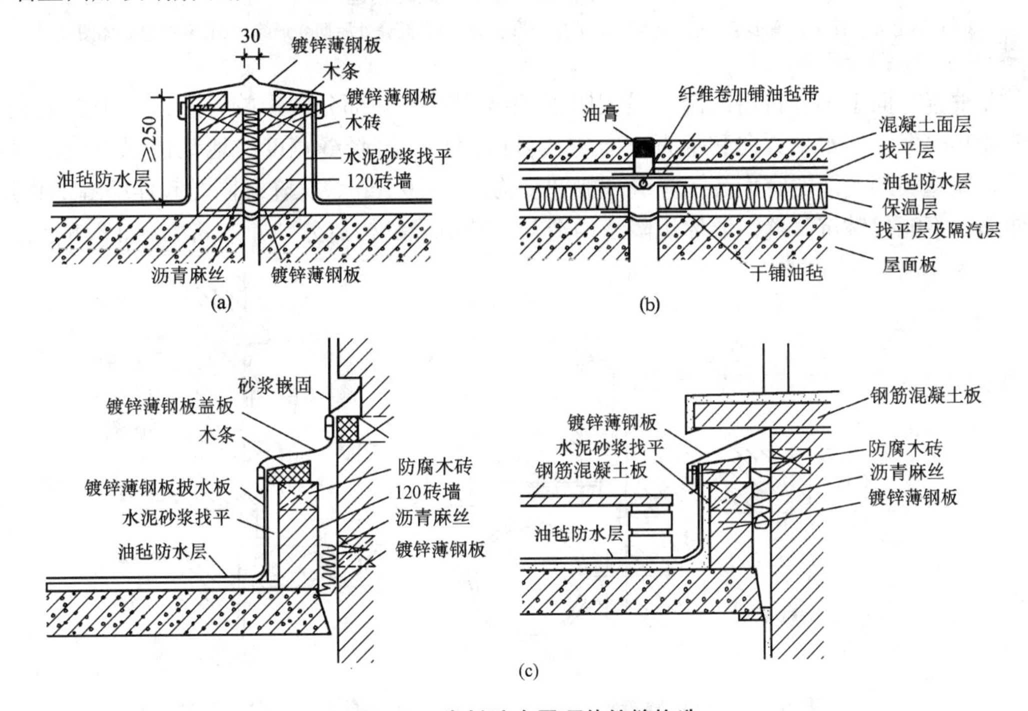

图 8.5　卷材防水屋顶伸缩缝构造

(a)不上人屋面平接变形缝；(b)上人屋面平接变形缝；(c)高低缝处屋面变形缝

(2)刚性防水屋面伸缩缝(图 8.6)。刚性防水屋面伸缩缝的构造与柔性防水屋顶的做法基本相同，只是防水材料不同而已。

二、沉降缝的构造

沉降缝处的屋顶、楼板、墙体以及基础必须全部分离，两侧的建筑成为独立单元，两

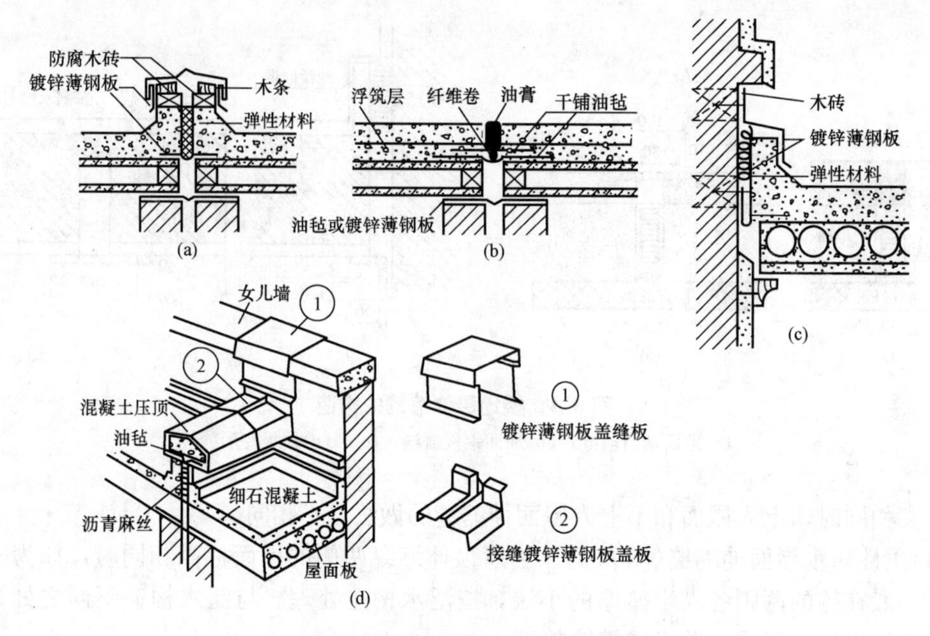

图 8.6　刚性防水屋面伸缩缝构造

(a)不上人屋面平接变形缝；(b)上人屋面平接变形缝；(c)高低缝处屋面变形缝；(d)变形缝立体图

单元在垂直方向上可以自由沉降，最大限度地减少对相邻部分的影响，所以，盖缝的金属调节片必须保证在水平方向和垂直方向均能自由变形。沉降缝宽度与地基情况及建筑高度有关，地基弱的，缝宽宜大。沉降缝一般宽度为 30～70 mm。沉降缝同时起伸缩缝的作用，但伸缩缝不能代替沉降缝。墙体沉降缝构造与屋顶沉降缝构造分别如图 8.7、图 8.8 所示。

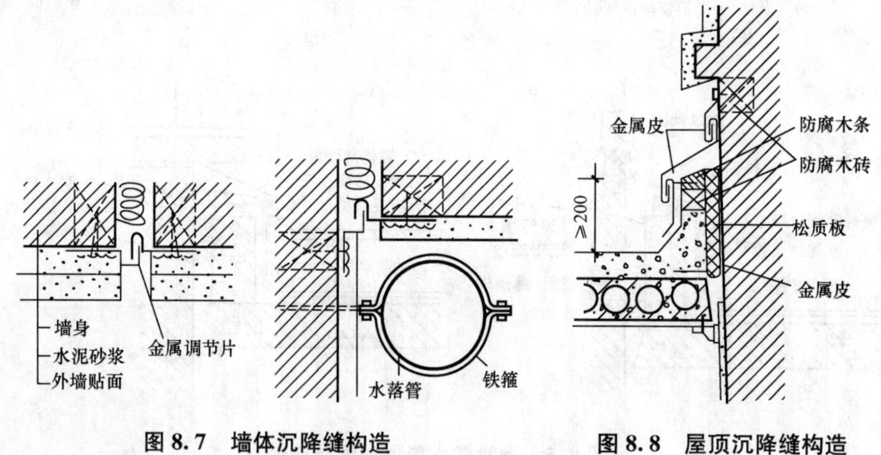

图 8.7　墙体沉降缝构造　　**图 8.8　屋顶沉降缝构造**

基础也必须设置沉降缝，以保证缝两侧能自由沉降。常见的沉降缝处基础的处理方案有双墙偏心式、交叉式和悬挑式三种(图 8.9)。

三、防震缝的构造

抗震工作必须贯彻预防为主的方针，保障人民生命财产和设备的安全。世界上大多数国家将烈度划分为 12 度，在 1～6 度时，一般建筑物的损失很小。而烈度在 10 度以上时，

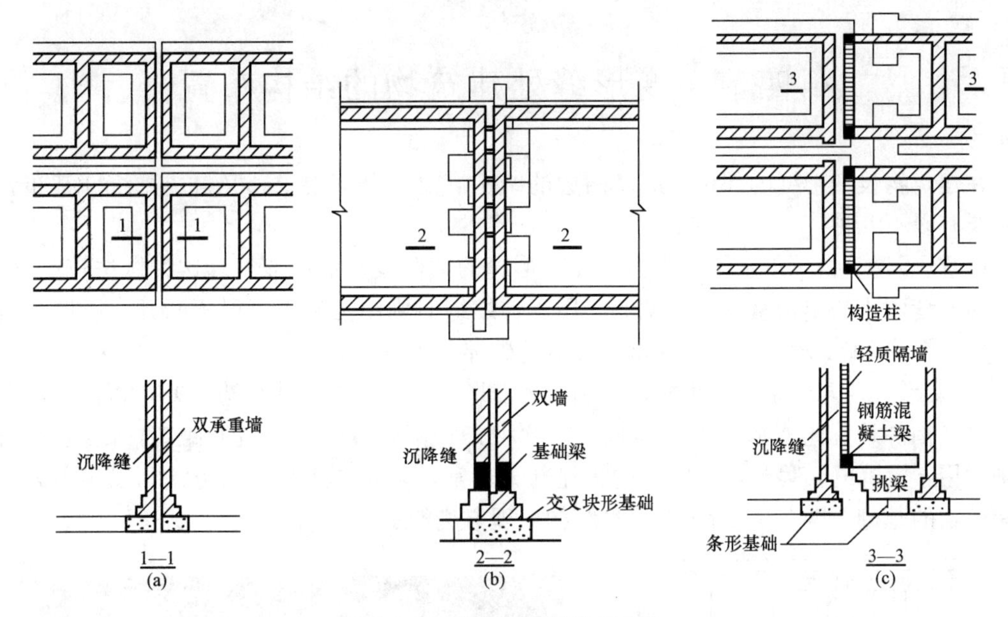

图 8.9　基础沉降缝处理示意

(a)双墙方案沉降缝；(b)双墙基础交叉排列方案的沉降缝；(c)悬挑基础方案的沉降缝

即使采取重大抗震措施也难确保安全。因此，建筑工程设防重点放在 7～9 度地区。一般情况下，基础内可不设抗震缝，但当防震缝与沉降缝结合设置时，基础要分开。建筑物高差在 6 m 以上、建筑构造形式不同、承重结构材料不同、在水平方向具有不同的刚度和建筑物楼板有较大高差的错层的情况下应预先设置防震缝。防震缝应同伸缩缝、沉降缝协调布置，相邻上部结构完全断开，并留有足够的缝隙，以保证在水平方向地震波的影响下，房屋相邻部分不致因碰撞而造成破坏。墙体防震缝的构造如图 8.10 所示。

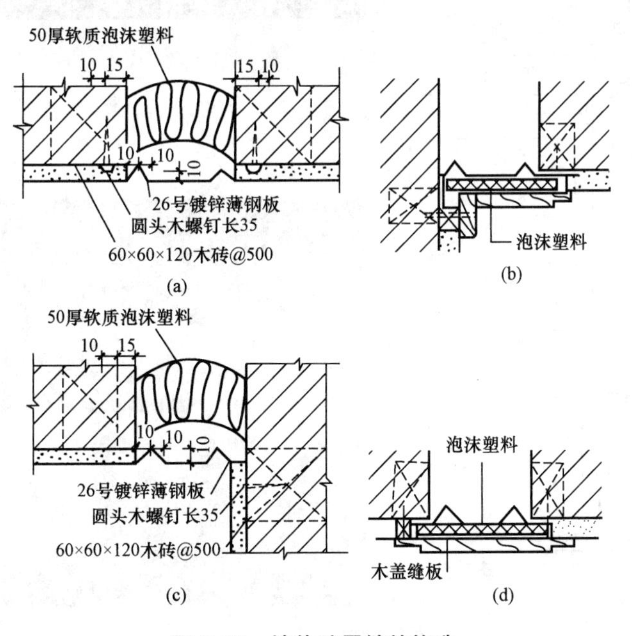

图 8.10　墙体防震缝的构造

(a)外墙平缝处；(b)外墙角处；(c)内墙转角；(d)内墙平缝

第四节　变形缝处建筑物的结构布置

在建筑物设变形缝的部位，应使两边的结构满足断开的要求，又自成系统。其布置方法主要有以下几种：

(1)按照建筑物承重系统的类型，在变形缝的两侧设双墙或双柱。这种做法较为简单，但容易使缝两边的结构基础产生偏心。用于伸缩缝时则因为基础可以不断开，所以可以无此问题。图 8.11 所示为双墙双柱承重方案基础部分示意图。

(2)变形缝两侧的垂直承重构件分别退开变形缝一定距离，或单边退开，再像做阳台那样用水平构件悬臂向变形缝的方向挑出。这种方法基础部分容易脱开距离，设缝较方便，特别适用于沉降缝。另外，建筑物的扩建部分也常常采用单边悬臂的方法，以避免影响原有建筑物的基础。图 8.12 所示为这种结构处理方法的示意图。

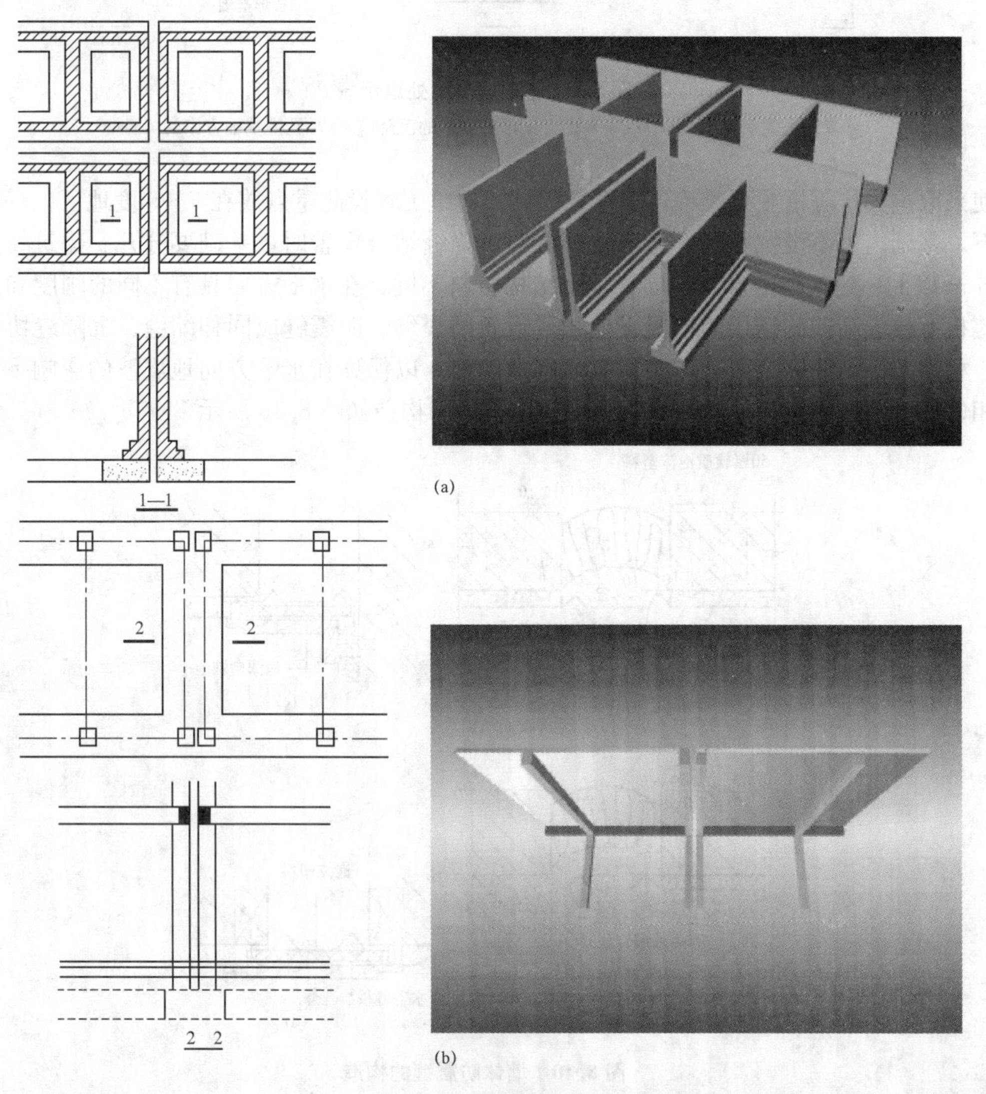

图 8.11　双墙双柱方案

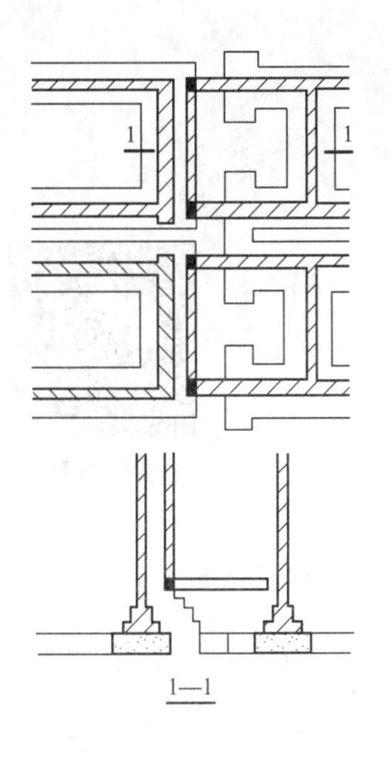

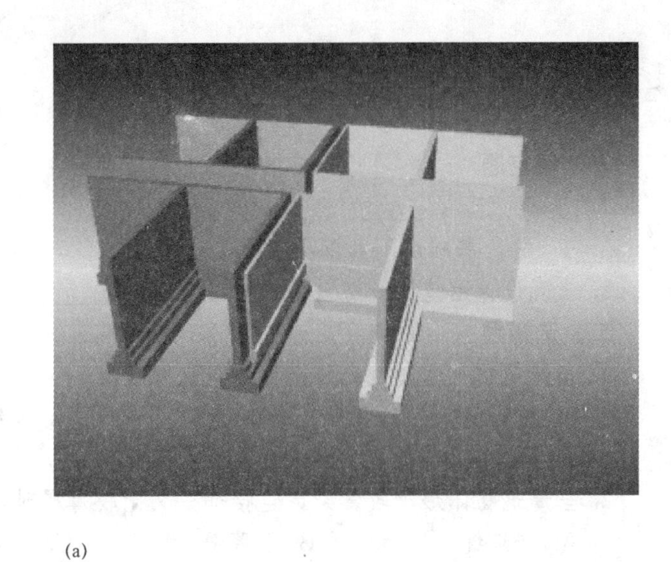

(a)

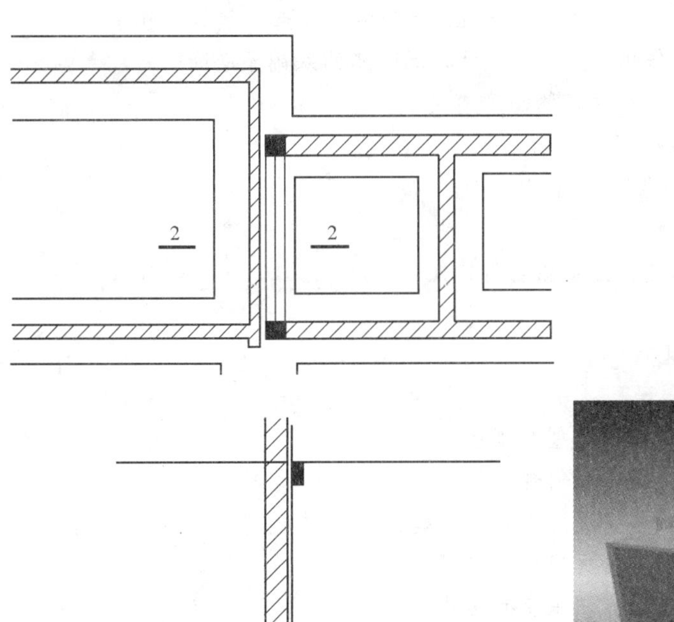

2—2

单墙方案

(b)

图 8.12　悬臂方案

(a)基础出挑；(b)楼盖出挑

复习思考题

参考答案

一、填空题

1. 变形缝有__________、__________、__________三种，其中__________缝，基础以下可以不断开。

2. 当既设伸缩缝又设防震缝时，缝宽按__________处理。

二、选择题

1. 当建筑物长度超过允许范围时，必须设置(　　)。

   A. 防震缝　　B. 伸缩缝
   C. 沉降缝　　D. 分仓缝

2. 当建筑物体形比较复杂，连接部分又比较薄弱时，应设置(　　)。

   A. 伸缩缝　　B. 沉降缝　　C. 防震缝　　D. 分仓缝

3. 以下关于变形缝的说法正确的是(　　)。

   A. 伸缩缝的基础不必断开　　B. 沉降缝可兼起伸缩缝的作用
   C. 伸缩缝可兼起沉降缝的作用　　D. 沉降缝的基础不必断开
   E. 防震缝的宽度与设防烈度和建筑物高度有关

4. 下列需要设置防震缝的情况有(　　)。

   A. 建筑平面为矩形的规则建筑
   B. 立面高差为 8 m 的建筑
   C. 建筑物各部分的结构刚度、重量相差悬殊处
   D. 楼板高差较大的错层建筑
   E. 建筑平面为 U 形的建筑

三、简答题

1. 什么是建筑物变形缝？变形缝的类型有哪些？
2. 什么是伸缩缝？伸缩缝的间距是如何规定的？
3. 什么是沉降缝？建筑物中哪些情况应设置沉降缝？
4. 什么是防震缝？建筑物中哪些情况应设置防震缝？
5. 设变形缝处建筑物的结构布置方法主要有哪几种？
6. 试用图形表示各种变形缝的盖缝构造。

第九章　民用建筑设计

第一节　建筑设计内容

每一项工程从拟订计划到建成使用都要通过编制工程设计任务书、选择建设用地、场地勘测、设计、施工、工程验收及交付使用等几个阶段。设计工作是其中的重要环节，具有较强的政策性和综合性。

建筑工程设计是指设计一个建筑物或建筑群所要做的全部工作，一般包括建筑设计、结构设计、设备设计三个方面的内容。

一、建筑设计

建筑设计是在总体规划的前提下，根据任务书的要求，综合考虑基地环境、使用功能、结构施工、材料设备、建筑经济及建筑艺术等问题，着重解决建筑物内部各种使用功能和使用空间的合理安排、建筑物及周围环境、与各种外部条件的协调配合，内部和外表的艺术效果、各个细部的构造方式等，创造出既符合科学性又具有艺术性的生产和生活环境。

建筑设计在整个工程设计中起着主导和先行的作用，除考虑上述各种要求外，还应考虑建筑与结构、建筑与各种设备等相关技术的综合协调，以及如何以更少的材料、劳动力、投资和时间来实现各种要求，使建筑物做到适用、经济、坚固、美观。

建筑设计在整个工程设计中起着主导和先行的作用。建筑设计包括总体设计和个体设计两个方面，一般是由建筑师来完成。

二、结构设计

结构设计主要是根据建筑设计选择切实可行的结构方案，进行结构计算及构件设计、结构布置及构造设计等。一般是由结构工程师来完成。

三、设备设计

设备设计主要包括给水排水、电气照明、采暖通风、动力等方面的设计，由有关工程师配合建筑设计来完成。

以上几个方面的工作既有分工，又密切配合，形成一个整体。各专业设计的图纸、计算书、说明书及预算书汇总，就构成一个建筑工程的完整文件，作为建筑工程施工的依据。

第二节　建筑设计程序

一、设计前的准备工作

建筑设计是一项复杂而细致的工作，涉及的学科较多，同时要受到各种客观条件的制约。为了保证设计质量，设计前必须做好充分准备，包括熟悉设计任务书，广泛深入地进行调查研究，收集必要的设计基础资料等设计准备工作。

1. 落实设计任务

(1)掌握必要的批文。建设单位必须具有上级主管部门对建设项目的批准文件、城市建设部门同意设计的批文，方可向设计单位办理委托设计手续。建设单位必须具有的批文有以下几项：

1)主管部门的批文。上级主管部门对建设项目的批准文件，包括建设项目的使用要求、建筑面积、单方造价和总投资等。

2)城市建设部门同意设计的批文。为了加强城市的管理及进行统一规划，一切设计都必须事先得到城市建设部门的批准。批文必须明确指出用地范围(常用红色线划定)，以及有关规划、环境与个体建筑的要求。

(2)熟悉设计任务书。设计任务书是经上级主管部门批准提供给设计单位进行设计的依据性文件，一般包括以下内容：

1)建设项目总的要求、用途、规模及一般说明。

2)建设项目的组成，单项工程的面积，房间组成，面积分配及使用要求。

3)建设项目的投资及单方造价，土建设备与室外工程的投资分配。

4)建设基地大小、形状、地形，原有建筑及道路现状，并附地形测量图。

5)供电、供水、采暖及空调等设备方面的要求，并附有水源、电源的使用许可文件。

6)设计期限及项目建设进度计划安排要求。

在熟悉设计任务书的过程中，设计人员应认真对照有关定额指标，校核任务书的使用面积和单方造价等内容。同时，设计人员在深入调查和分析设计任务书以后，从全面解决使用功能，满足技术要求，节约投资等考虑，从基地的具体条件出发，也可以对任务书中某些内容提出补充和修改，但必须征得建设单位的同意。

2. 调查研究、收集资料

除设计任务书提供的资料外，还应当收集必要的设计资料和原始数据，如建设地区的气象、水文地质资料；基地环境及城市规划要求；施工技术条件及建筑材料供应情况；与设计项目有关的定额指标及已建成的同类型建筑的资料；当地文化传统、生活习惯及风土人情等。

二、设计阶段的划分

建筑设计过程按工程复杂程度、规模大小及审批要求，划分为不同的设计阶段。一般分为两阶段设计或三阶段设计。

两阶段设计是指初步设计和施工图设计，一般的工程多采用两阶段设计。对于大型民用建筑工程或技术复杂的项目，采用三阶段设计，即初步设计、技术设计和施工图设计。除此之外，大型民用建筑工程设计，在初步设计之前应当提出方案设计供建设单位和城建部门审查。对于一般工程，这一阶段可以省略，把有关工作并入初步设计阶段。

1. 初步设计阶段

初步设计的内容一般包括设计说明书、设计图纸、主要设备材料表和工程概算四部分。具体的图纸和文件如下：

(1)设计总说明。设计总说明包括设计指导思想及主要依据，设计意图及方案特点，建筑结构方案及构造特点，建筑材料及装修标准，主要技术经济指标以及结构、设备等系统的说明。

(2)建筑总平面图。比例1∶500、1∶1 000，应表示用地范围，建筑物位置、大小、层数及设计标高，道路及绿化布置，技术经济指标。地形复杂时，应表示粗略的竖向设计意图。

(3)各层平面图、剖面图及建筑物的主要立面图。比例1∶100、1∶200，应表示建筑物各主要控制尺寸，如总尺寸、开间、进深、层高等，同时应表示标高，门窗位置，室内固定设备及有特殊要求的厅、室的具体布置，立面处理，结构方案及材料选用等。

(4)工程概算书。工程概算书为建筑物投资估算、主要材料用量及单位消耗量。

(5)大型民用建筑及其他重要工程，必要时可绘制透视图、鸟瞰图或制作模型。

2. 技术设计阶段

技术设计阶段的主要任务是在初步设计的基础上进一步解决各种技术问题。技术设计的图纸和文件与初步设计大致相同，但更详细一些。具体内容包括整个建筑物和各个局部的具体做法、各部分确切的尺寸关系、内外装修的设计、结构方案的计算和具体内容、各种构造和用料的确定、各种设备系统的设计和计算、各技术工种之间各种矛盾的合理解决、设计预算的编制等。

3. 施工图设计阶段

施工图设计是建筑设计的最后阶段，是提交施工单位进行施工的设计文件。施工图设计的主要任务是满足施工要求，解决施工中的技术措施、用料及具体做法。施工图设计的内容包括建筑、结构、水电、采暖通风等工种的设计图纸、工程说明书，结构及设备计算书和概算书。具体图纸和文件如下：

(1)建筑总平面图与初步设计基本相同。

(2)建筑物各层平面图、剖面图、立面图比例选用1∶50、1∶100、1∶200。除表达初步设计或技术设计内容外，还应详细标出门窗洞口、墙段尺寸及必要的细部尺寸、详图索引。

(3)建筑构造详图应详细表示各部分构件关系、材料尺寸及做法、必要的文字说明。根据节点需要，比例可分别选用1∶20、1∶10、1∶5、1∶2、1∶1等。

(4)各工种相应配套的施工图纸，如基础平面图、结构布置图、钢筋混凝土构件详图、水电平面图及系统图、建筑防雷接地平面图等。

(5)设计说明书包括施工图设计依据、设计规模、面积、标高定位、用料说明等。

(6)结构和设备计算书。

(7)工程预算书。

第三节　建筑设计的要求和依据

一、建筑设计的要求

1. 满足建筑功能要求

满足建筑物的功能要求，为人们的生产和生活活动创造良好的环境，是建筑设计的首要任务。如设计学校，首先要考虑满足教学活动的需要，教室设置应分班合理，采光通风良好，同时，还要合理安排教师备课、办公、储藏和厕所等行政管理和辅助用房，并配置良好的体育场和室外活动场地等。

2. 采用合理的技术措施

正确选用建筑材料，根据建筑空间组合的特点，选择合理的结构、施工方案，使房屋坚固耐久、建造方便。

例如，近年来，我国设计建造的一些覆盖面积较大的体育馆，由于屋顶采用空间网架结构和整体提升的施工方法，既节省了建筑物的用钢量，也缩短了施工期限。

3. 具有良好的经济效果

建造房屋是一个复杂的物质生产过程，需要大量人力、物力和资金，在房屋的设计和建造中，要因地制宜、就地取材，尽量做到节省劳动力，节约建筑材料和资金。设计和建造房屋要有周密的计划和核算，重视经济领域的客观规律，讲究经济效果。房屋设计的使用要求和技术措施，要与相应的造价、建筑标准统一起来。

4. 考虑建筑美观要求

建筑物是社会的物质和文化财富，它在满足使用要求的同时，还需要考虑人们对建筑物在美观方面的要求，考虑建筑物所赋予人们精神上的感受。建筑设计要努力创造具有我国时代精神的建筑空间组合与建筑形象。历史上创造的具有时代印记和特色的各种建筑形象，往往是一个国家、一个民族文化传统宝库中的重要组成部分。

5. 符合总体规划要求

单体建筑是总体规划中的组成部分，单体建筑应符合总体规划提出的要求。建筑物的设计，还要充分考虑和周围环境的关系，例如，原有建筑的状况、道路的走向、基地面积大小以及绿化等方面和拟建建筑物的关系。新设计的单体建筑，应使所在基地形成协调的室外空间组合，良好的室外环境。

二、建筑设计的依据

1. 使用功能

(1)人体尺度及人体活动的空间尺度。人体尺度及人体活动所需的空间尺度是确定民用建筑内部各种空间尺度的主要依据之一。如门洞、窗台及栏杆的高度，走道、楼梯、踏步的高宽，家具设备尺寸以及建筑内部使用空间的尺度等都与人体尺度和人体活动所需的空间尺度直接或间接有关。我国成年男子和成年女子的平均身高分别为 1 670 mm 和 1 560 mm。人体尺度和人体活动所需的空间尺度如图 9.1 和图 9.2 所示。

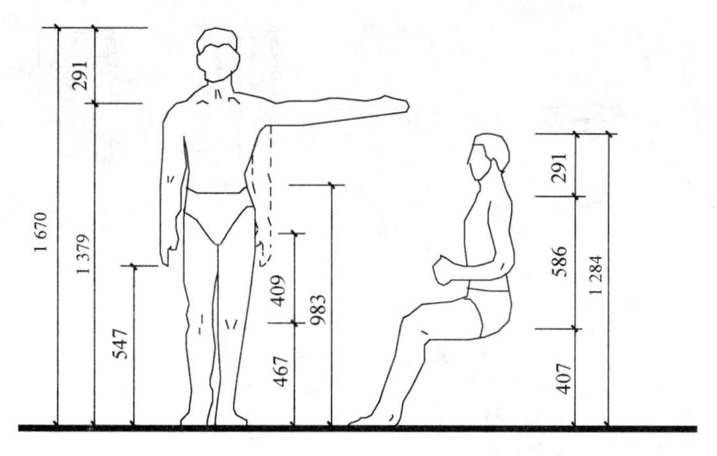

图 9.1　中等身材男子的人体基本尺度

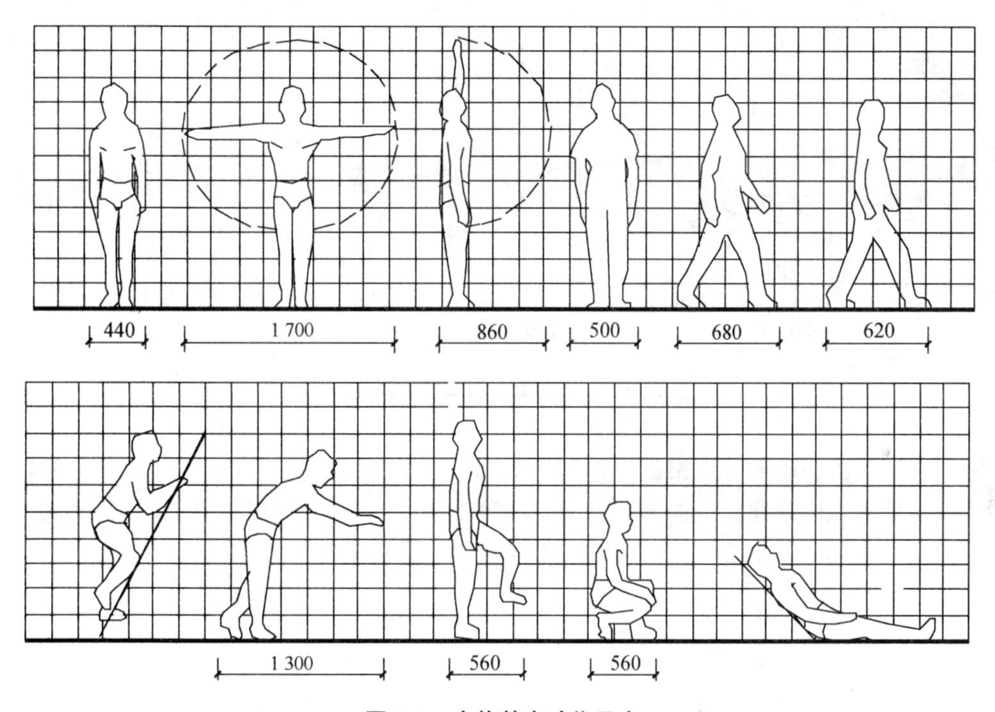

图 9.2　人体基本动作尺度

(2)家具、设备尺寸和使用它们所需的必要空间。房间内家具设备的尺寸，以及人们使用它们所需活动空间是确定房间内部使用面积的重要依据，如图 9.3 所示。

2. 自然条件

(1)气象条件。建设地区的温度、湿度、日照、雨雪、风向、风速等是建筑设计的重要依据，对建筑设计有较大的影响。例如，炎热地区的建筑应考虑隔热、通风、遮阳，建筑处理较为开敞；寒冷地区应考虑防寒保温，建筑处理较为封闭；雨量较大的地区要特别注意屋顶形式、屋面排水方案的选择，以及屋面防水构造的处理；在确定建筑物间距及朝向时，应考虑当地日照情况及主导风向等因素；风速是高层建筑、电视塔等设计中考虑结构布置和建筑体型的重要因素。

图 9.3　常用民用建筑家具尺寸

图 9.4 所示为我国部分城市的风向频率玫瑰图。图中实线部分表示全年风向频率，虚线部分表示夏季风向频率。风向是指由外吹向地区中心。风向频率玫瑰图(简称风玫瑰图)是依据该地区多年来统计的各个方向吹风的平均日数的百分数按比例绘制而成，一般用 16 个罗盘方位表示。

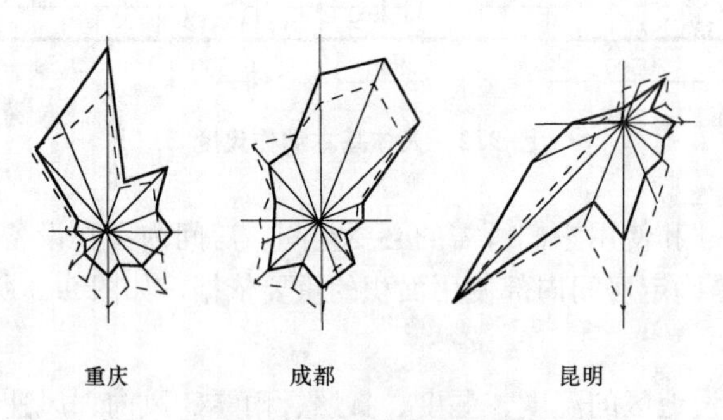

图 9.4　风向频率玫瑰图

(2)地形、地质及地震烈度。基地地形平缓或起伏，基地的地质构成、土壤特性和地耐力的大小，对建筑物的平面组合、结构布置、建筑构造处理和建筑体型都有明显的影响。坡度陡的地形，常使房屋结合地形采用错层、吊层或依山就势等较为自由的组合方式。复杂的地质条件，要求房屋的构成和基础的设置采取相应的结构与构造措施。

地震烈度表示当发生地震时，地面及建筑物遭受破坏的程度。烈度在6度以下时，地震对建筑物影响较小，一般可不考虑抗震措施。9度以上地区，地震破坏力很大，一般应尽量避免在该地区建造房屋。因此，按《建筑抗震设计规范(2016年版)》(GB 50011—2010)中国地震烈度区划图的规定，地震烈度为6度、7度、8度、9度地区均需进行抗震设计。

(3)水文条件。水文条件是指地下水水位的高低及地下水的性质，其直接影响到建筑物的基础及地下室。一般应根据地下水水位的高低及地下水性质确定是否在该地区建造房屋或采用相应的防水和防腐蚀措施。

3. 技术要求

设计标准化是实现建筑工业化的前提。为此，建筑设计应采用《建筑模数协调标准》(GB/T 50002—2013)。除此之外，建筑设计应遵照国家制定的标准、规范以及各地或国家各部委颁发的标准执行。

第四节　建筑平面设计

一般而言，一幢建筑物是由若干单体空间有机地组合起来的整体空间，任何空间都具有三度性。因此，在进行建筑设计的过程中，人们常从平面、剖面、立面三个不同方向的投影来综合分析建筑物的各种特征，并通过相应的图示来表达其设计意图。

建筑的平面、剖面、立面设计三者是密切联系而又互相制约的。平面设计是关键，它集中反映了建筑平面各组成部分的特征及其相互关系、使用功能的要求、是否经济合理。除此之外，建筑平面与周围环境的关系、建筑是否满足建筑平面设计的要求，不同程度地反映了建筑空间艺术构思及结构布置关系等。一些简单的民用建筑，如办公楼、单元式住宅等，其平面布置基本上能反映建筑空间的组合。因此，在进行方案设计时，总是先从平面入手，同时认真分析剖面与立面的可能性和合理性，以及其对平面设计的影响。只有综合考虑平、立、剖三者的关系，按完整的三度空间概念去进行设计，才能做好一个建筑设计。

一、平面设计的内容

民用建筑类型繁多，各类建筑房间的使用性质和组成类型也不相同。无论是由几个房间组成的小型建筑物或由几十个甚至上百个房间组成的大型建筑物，从组成平面各部分的使用性质来分析，均可归纳为两个组成部分，即使用部分和交通联系部分。

(1)使用部分是指各类建筑物中的主要使用房间和辅助使用房间。

1)主要使用房间是建筑物的核心，由于它们的使用要求不同，形成了不同类型的建筑物，如住宅中的起居室、卧室；教学楼中的教室、办公室；商业建筑中的营业厅；影剧院的观众厅等都是构成各类建筑的基本空间。

2)辅助使用房间是为保证建筑物主要使用要求而设置的，与主要使用房间相比，则属于建筑物的次要部分，如公共建筑中的卫生间、储藏室及其他服务性房间；住宅建筑中的厨房、厕所，一些建筑物中的储藏室及各种电气、水、采暖、空调通风、消防等设备用房。

(2)交通联系部分是建筑物中各房间之间、楼层之间和室内与室外之间联系的空间，如各类建筑物中的门厅、走道、楼梯间、电梯间等。

图 9.5 所示为某庭院式中学教学楼底层平面图。该教学楼平面通过中部的天井和门厅、主要楼梯将各部分连接成有机整体。教室、办公室、实验室、礼堂兼风雨操场显然是主要使用房间；而男、女厕所是辅助使用房间；门厅、楼梯间、走道则起着交通联系的作用。

以上几个部分由于使用功能不同，在房间设计及平面布置上均有不同，设计中应根据不同要求区别对待，采用不同的方法。建筑平面设计的任务，就是充分研究几个部分的特征和相互关系，以及平面与周围环境的关系，在各种复杂的关系中找出平面设计的规律，使建筑能满足功能、技术、经济、美观的要求。

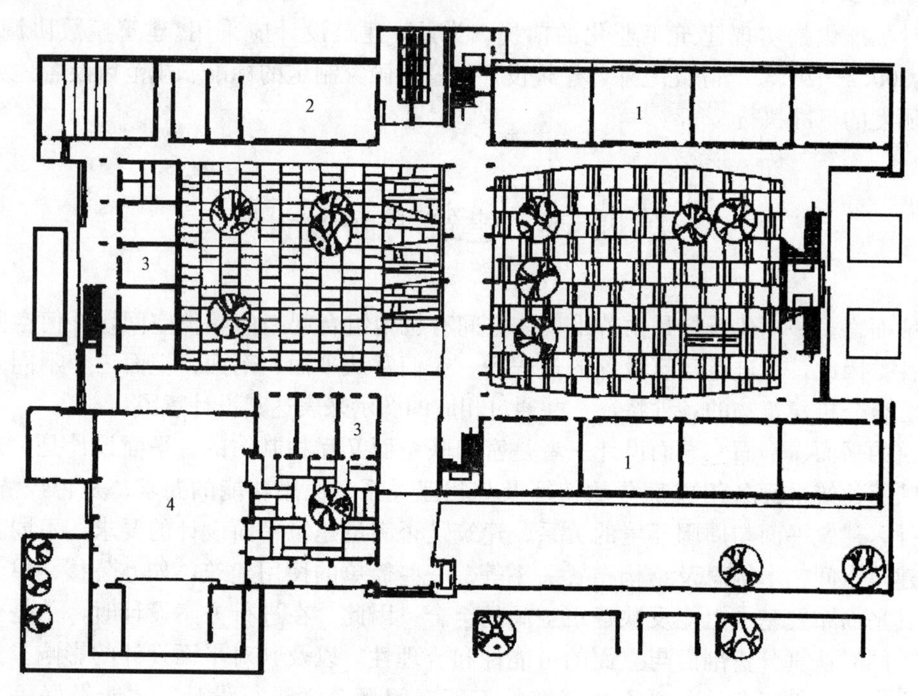

图 9.5　某庭院式中学教学楼底层平面图

1—教室；2—实验室；3—办公室；4—礼堂兼风雨操场

建筑平面设计包括单个房间平面设计及平面组合设计。

单个房间设计是在整体建筑合理而适用的基础上，确定房间的面积、形状、尺寸以及门窗的大小和位置；平面组合设计是根据各类建筑功能要求，抓住使用房间、辅助房间、交通联系部分的相互关系，结合基地环境及其他条件，采取不同的组合方式将各单个房间合理地组合起来。

二、主要使用房间设计

1. 房间的分类和设计要求

从主要使用房间的功能要求来分类有以下几种：

(1)生活用房：住宅的起居室、卧室，宿舍和招待所等。

(2)工作学习用房：各类建筑中的办公室、值班室，学校中的教室。

(3)公共活动用房：商场的营业厅，剧院、电影院的观众厅、休息厅等。

一般来说，生活、工作和学习用的房间要求安静，少干扰，由于人们在其中停留时间相对地较长，因此希望能有较好的朝向；公共活动房间的主要特点是人流比较集中，通常进出频繁，因此，室内人们活动和通行面积的组织比较重要，特别是人流的疏散问题较为突出。使用房间的分类，有助于平面组合中对不同房间进行分组和功能分区。

对使用房间平面设计的要求主要有以下几项：

(1)房间的面积、形状和尺寸要满足室内使用活动和家具、设备合理布置的要求。

(2)门窗的大小和位置，应考虑房间的出入方便，疏散安全，采光通风良好。

(3)房间的构成应使结构布置合理，施工方便，也要有利于房间之间的组合，所用材料要符合相应的建筑标准。

(4)室内空间及顶棚、地面、各个墙面和构件细部，要考虑人们的使用和审美要求。

2. 房间的面积

主要使用房间面积的大小，是由房间内部活动特点、使用人数的多少、家具设备的数量和布置方式等多种因素决定的。例如，住宅的起居室、卧室面积相对较小；剧院、电影院的观众厅，除人多、座椅多外，还要考虑人流迅速疏散的要求，所需的面积就大；又如室内游泳池和健身房，由于使用活动的特点，要求有较大的面积。

(1)房间的面积可由以下三部分组成：

1)家具和设备所占用的面积；

2)人们使用家具设备及活动所需的面积(包括使用家具及设备时，近旁所需的面积)；

3)房间内部的交通面积。

图 9.6 所示为教室和住宅卧室中室内使用面积分析示意。

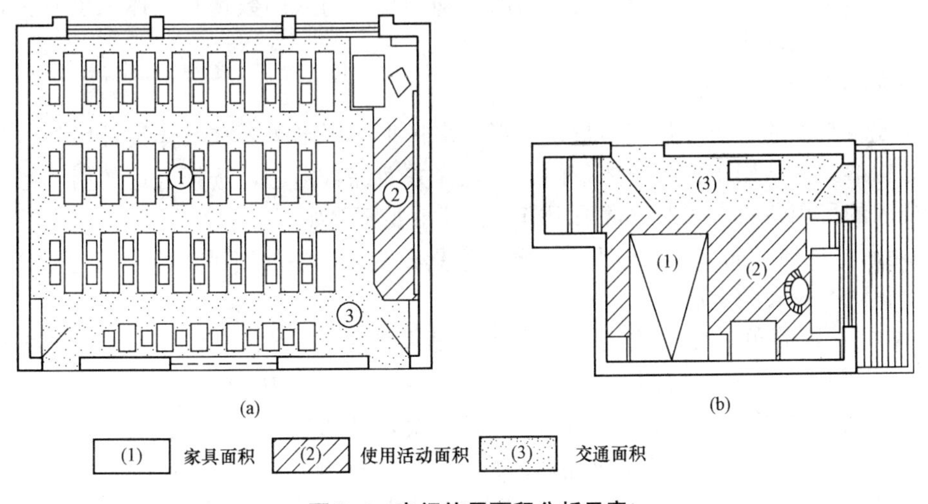

图 9.6 房间使用面积分析示意

(2)影响房间面积大小的因素。

1)容纳人数。从图 9.6 中可以看出，房间面积大小与使用要求有关。无论是家具设备所需的面积还是人们活动及交通面积，都与房间的规模及容纳人数有关。如设计一个教室，首先就必须弄清楚教室的规模、容纳多少学生上课、布置多少课桌椅；确定餐厅的面积大小则主要取决于就餐人数及就餐方式；而图书馆的书库面积大小决定藏书的册数等。一般来说，规模大、容纳人数多的房间，面积也需要大些。

在实际工作中，房间面积的确定主要是依据我国有关部门及各地区制定的面积定额指标。应当指出，每人所需的面积除面积定额指标外，还需通过调查研究并结合建筑物的标准综合考虑(表 9.1 是部分民用建筑房间面积定额参考指标)。

表 9.1　部分民用建筑房间面积定额参考指标

项目建筑类型	房间名称	面积定额/(m^2 · 人$^{-1}$)	备注
中小学	普通教室	1～1.2	小学取下限
办公楼	一般办公室	3.5	不包括走道
	会议室	0.5	无会议桌
		2.3	有会议桌
铁路旅客站	普通候车室	1.1～1.3	
图书馆	普通阅览室	1.8～2.5	4～6 座双面阅览桌

有些建筑的房间面积指标未作规定，使用人数也不固定，如展览室、营业厅等。这就要求设计人员根据设计任务书的要求，对同类型、规模相近的建筑物调查研究，通过分析比较得出合理的房间面积。

2)家具设备及人们使用活动面积。任何房间为满足使用要求，都需要有一定数量的家具、设备，并进行合理的布置。如卧室中有床、桌椅、柜子等；陈列室中有展板、陈列台、陈列柜等；教室中有课桌椅、黑板、讲台等；卫生间中有大小便器、洗脸盆等。这些家具、设备数量及布置方式，人们使用它们所需的活动面积均与人的数量和人体尺度有关，且直接影响到房间使用面积的大小。

3. 房间的形状

民用建筑常见的房间形状有矩形、方形、多边形、圆形等。在具体设计中，应从使用要求、结构形式与结构布置、经济条件、美观等方面综合考虑，选择合适的房间形状。一般功能要求的民用建筑房间形状常采用矩形。其主要原因如下：

(1)矩形平面体型简单，墙体平直，便于家具布置和设备的安排，使用上能充分利用室内有效面积，有较大的灵活性。

(2)结构布置简单，便于施工。一般功能要求的民用建筑，常采用墙体承重的梁板构件布置。以中小学教室为例，矩形平面的教室由于进深和面宽较大，如采用预制构件，结构布置方式通常有两种：一种是纵墙搁梁，楼板支承在大梁和横墙上；另一种是采用长板直接支承在纵墙上，取消大梁。以上两种方式均便于统一构件类型，简化施工。对于面积较小的房间，则结构布置更为简单，可将同一长度的板直接支承在横墙或纵墙上。

(3)矩形平面便于统一开间、进深，有利于平面及空间的组合。如学校、办公楼、旅馆等建筑常采用矩形房间沿走道一侧或两侧布置，统一的开间和进深使建筑平面布置紧凑，用地经济。当房间面积较大时，为保证良好的采光和通风，常采用沿外墙长向布置的组合方式。

当然，矩形平面也不是唯一的形式。就中小学教室而言，在满足视、听及其他要求的条件下，也可以采用方形及六角形平面，如图 9.7 所示。方形教室的优点是进深加大，长度缩短，外墙减少，相应交通线路缩短，用地经济。同时，方形教室缩短了最后一排的视距，视听条件有所改善，但为了保证水平视角的要求，前排两侧均不能布置课桌椅。

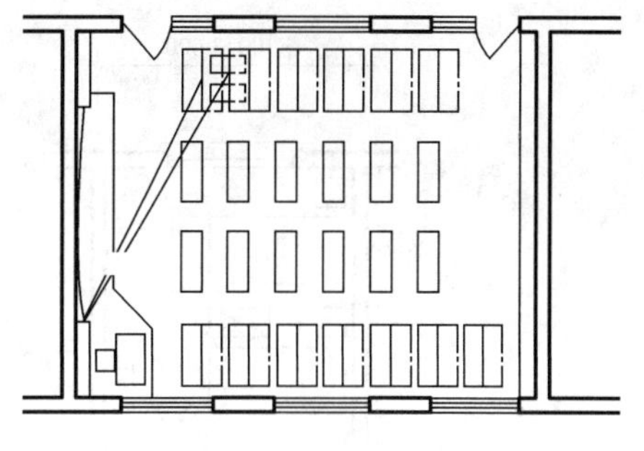

图 9.7　矩形教室

对于一些有特殊功能和视听要求的房间(如观众厅、杂技场、体育馆等)，它的形状则首先应满足这类建筑的单个使用房间的功能要求。例如，杂技场常采用圆形平面以满足演马戏时动物跑弧线的需要。观众厅要满足良好的视听条件，既要看得清也要听得好。观众厅的平面形状一般有矩形、钟形、扇形、六角形、圆形，如图 9.8 所示。

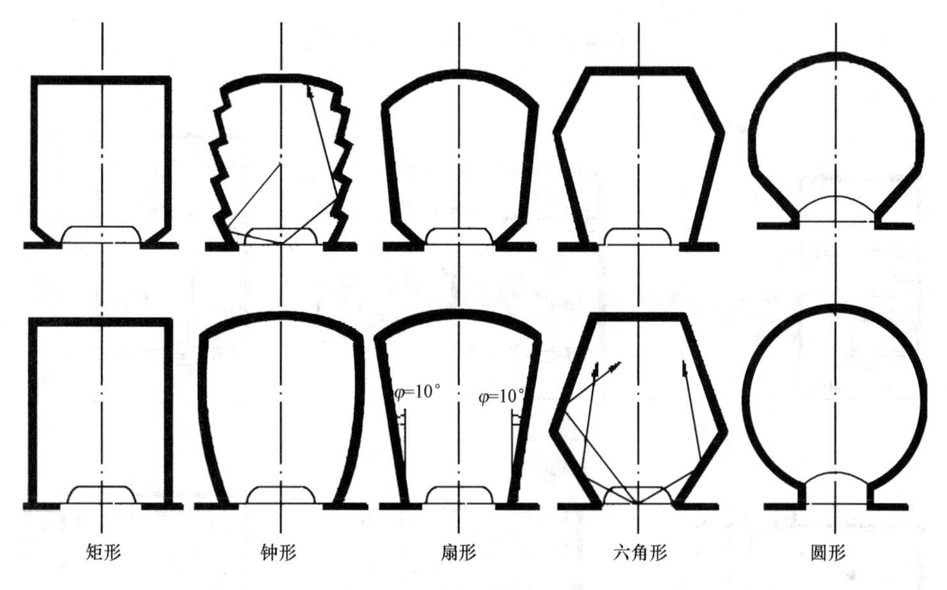

图 9.8　观众厅的平面形状

房间形状的确定，不仅取决于功能、结构和施工条件，也要考虑房间的空间艺术效果，使其形状有一定的变化，具有独特的风格，在空间组合中，还往往将圆形、多边形及不规则形状的房间与矩形房间组合在一起，形成强烈的对比，丰富建筑造型。

4. 房间的平面尺寸

房间尺寸是指房间的面宽和进深，而面宽常常是由一个或多个开间组成。在确定了房间面积和形状之后，确定合适的房间尺寸便是一个重要问题了。一般从以下几个方面进行综合考虑：

(1)满足家具设备布置及人们活动的要求。例如，主要卧室要求床能两个方向布置，因此开间尺寸常取 3.6 m，深度方向常取 3.90～4.50 m。小卧室开间尺寸常取 2.70～3.00 m。医院病房主要是满足病床的布置及医护活动的要求，3～4 人的病房开间尺寸常取 3.30～3.60 m；6～8 人的病房开间尺寸常取 5.70～6.00 m。图 9.9 和图 9.10 所示分别为卧室和病房的开间和进深尺寸。

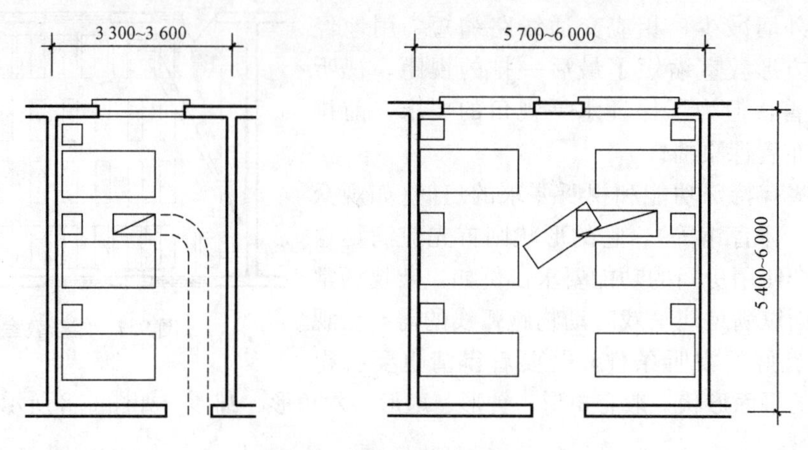

图 9.9　卧室开间和进深尺寸

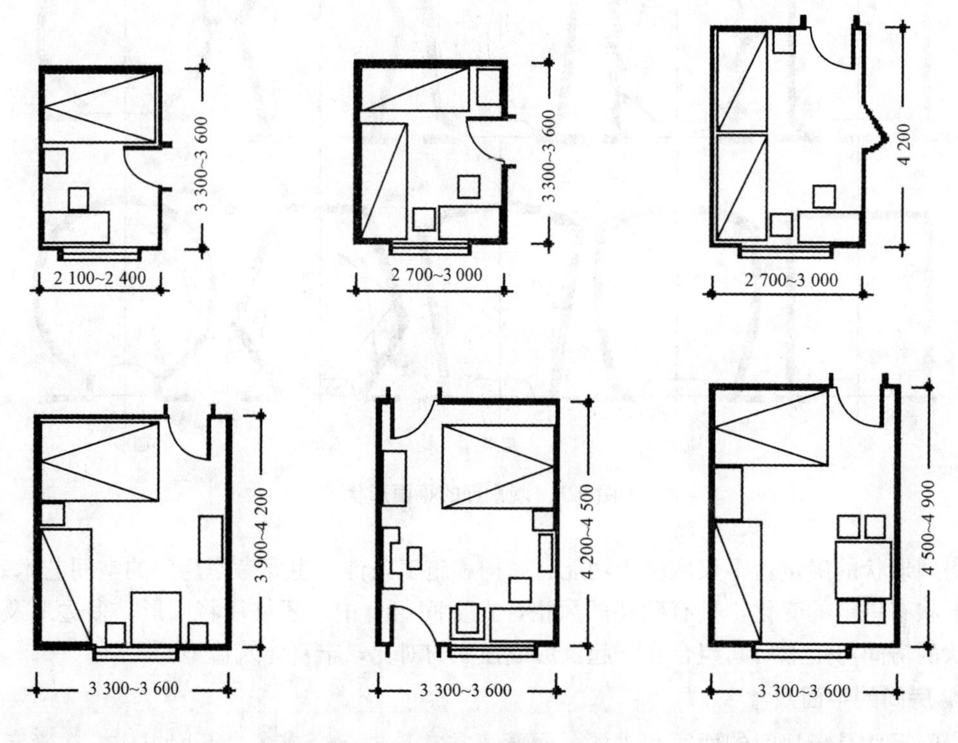

图 9.10　病房开间和进深尺寸

(2)满足视、听要求。有的房间如教室、会堂、观众厅等的平面尺寸除满足家具设备布置及人们活动要求外，还应保证有良好的视、听条件。从视、听的功能考虑，教室的平面尺寸应满足以下要求：第一排座位与黑板的距离≥2.00 m；后排与黑板的距离不宜大于8.50 m；为避免学生过于斜视，水平视角应≥30°。

中学教室平面尺寸常取6.00 m×9.00 m、6.00 m×9.00 m、6.60 m×9.00 m、6.90 m×9.00 m等。教室的视线要求与平面尺寸的关系如图9.11所示。

1)为防止第一排座位距黑板太近，垂直视角太小造成学生近视，第一排座位距黑板的距离必须>2.00 m，以保证垂直视角大于45°。

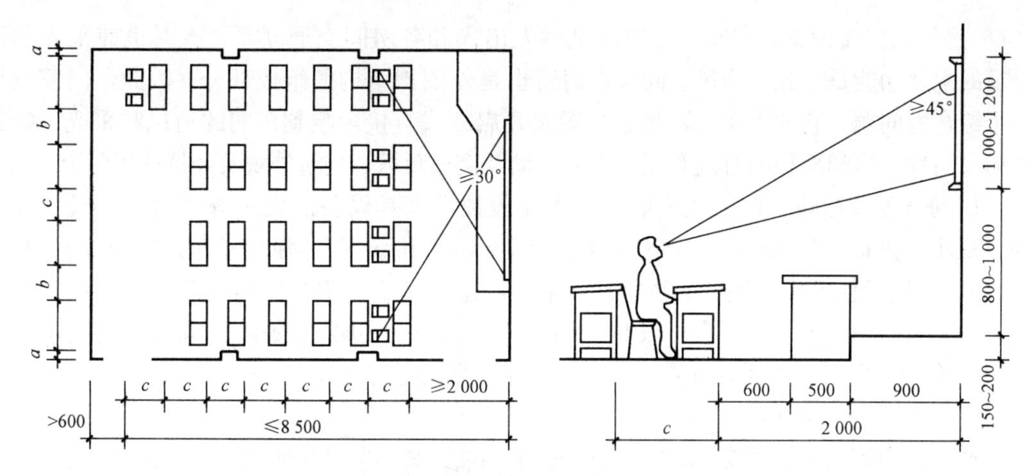

图 9.11　教室的视线要求与平面尺寸的关系

2)为防止最后一排座位距黑板太远，影响学生的视觉和听觉，后排距黑板的距离不宜大于 8.50 m。

3)为避免学生过于斜视而影响视力，水平视角(即前排边座与黑板远端的视线夹角)应 $>30^\circ$。

按照以上要求，并结合家具设备布置、学生活动要求、建筑模数协调统一标准的规定，中学教室平面尺寸常取 6.30 m×9.00 m、6.60 m×9.00 m、6.90 m×9.00 m 等。

(3)良好的天然采光。一般房间多采用单侧或双侧采光，因此，房间的深度常受到采光的限制。一般单侧采光时进深不大于窗上口至地面距离的 2 倍；双侧采光时进深可较单侧采光时增大一倍。采光方式对房间进深的影响如图 9.12 所示。

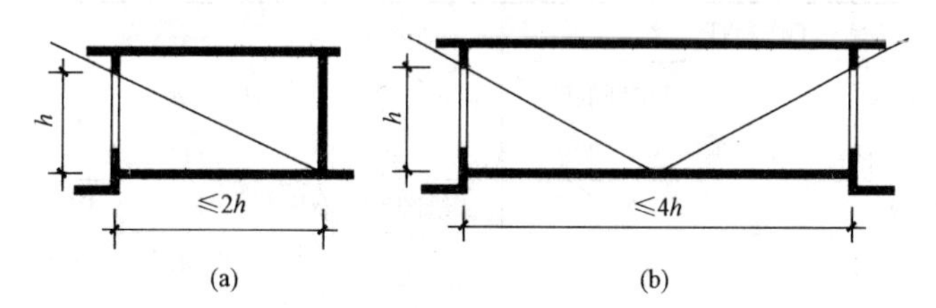

图 9.12　采光方式对房间进深的影响

(a)单侧采光；(b)双侧采光

(4)经济合理的结构布置。一般民用建筑常采用墙体承重的梁板式结构和框架结构体系。房间的开间、进深尺寸应尽量使构件标准化，同时，使梁板构件符合经济跨度要求。较经济的开间尺寸以不大于 4.00 m 为宜，而钢筋混凝土梁的经济跨度是不大于 9.00 m。对于由多个开间组成的大房间，如教室、会议室、餐厅等，应尽量统一开间尺寸，减少构件类型。

(5)符合建筑模数协调统一标准。为提高建筑工业化水平，必须统一构件类型，减少规格，这就需要在房间开间和进深上采用统一的模数，作为协调建筑尺寸的基本标准。按照《建筑模数协调标准》(GB/T 50002—2013)的规定，房间的开间和进深一般以 300 mm 为模数。如办公楼、宿舍、旅馆等以小空间为主的建筑，其开间尺寸常取 3.30～3.90 m，住宅楼梯间的开间尺寸常取 2.70 m 等。

(6)房间的门窗设置。房间门的作用是供人出入和各房间交通联系，有时也兼采光和通风。窗的主要功能是采光、通风。同时，门窗也是外围护结构的组成部分。因此，门窗设计是一个综合性问题，它的大小、数量、位置及开启方式直接影响到房间的通风和采光、家具布置的灵活性、房间面积的有效利用、人流活动及交通疏散、建筑外观及经济性等各个方面。

1)门的宽度及数量。门的宽度取决于人流股数及家具设备的大小等因素。一般单股人流通行最小宽度取550 mm，一个人侧身通行需要300 mm宽。因此，门的最小宽度一般为700 mm，常用于住宅中的厕所、浴室。住宅中卧室、厨房、阳台的门应考虑一人携带物品通行，卧室常取900 mm，厨房可取800 mm。普通教室、办公室等的门应考虑一人正面通行，另一人侧身通行，常采用1 000 mm。双扇门的宽度可为1 200～1 800 mm，四扇门的宽度可为2 400～3 600 mm。

按照《建筑设计防火规范》(GB 50016—2014)的要求，当房间使用人数超过50人，面积超过60 m^2 时，至少需设两个门。对于一些大型公共建筑如影剧院的观众厅、体育馆的比赛大厅等，由于人流集中，为保证紧急情况下人流迅速、安全地疏散，门的数量和总宽度应按每100人600 mm宽计算，并结合人流通行方便分别设双扇外开门于通道外，且每扇门宽度不应小于1 400 mm。影剧院、礼堂的观众厅，按≤250人/安全出口，人数超过2 000人时，超过部分按≤400人/安全出口；体育馆按≤400～700人/安全出口，规模小的按下限值。

2)窗的面积。为获取良好的天然采光，保证房间足够的照度值，房间必须开窗。窗口面积大小主要根据房间的使用要求、房间面积及当地日照情况等因素来考虑。根据不同房间的使用要求，建筑采光标准分为五级，每级规定相应的窗地面积比，即房间窗口总面积与地面积的比值(表9.2)。

表9.2 民用建筑采光等级

采光等级	视觉工作特征		房间名称	窗地面积比
	工作或活动要求精确程度	要求识别的最小尺寸/mm		
Ⅰ	极精密	0.2	绘图室、制图室、画廊、手术室	1/3～1/5
Ⅱ	精密	0.2～1	阅览室、医务室、健身房、专业实验室	1/4～1/6
Ⅲ	中精密	1～10	办公室、会议室、营业厅	1/6～1/8
Ⅳ	粗糙	>10	观众厅、居室、盥洗室、厕所	1/8～1/10
Ⅴ	极粗糙	不作规定	储藏室、走廊、楼梯间	1/10以下

当然，采光要求也不是确定窗口面积的唯一因素，还应结合通风要求、朝向、建筑节能、立面设计、建筑经济等因素综合考虑。南方地区气候炎热，可适当增大窗口面积以争取通风量，寒冷地区为防止冬季热量从窗口过多散失，可适当减小窗口面积。有时，为了取得一定立面效果，窗口面积可根据造型设计的要求统一考虑。

3)门窗位置。房间门窗的位置直接影响到家具布置、人流交通、采光、通风等。因此，合理地确定门窗位置是房间设计的重要因素。

①门窗位置应尽量使墙面完整，便于家具设备布置和充分利用室内有效面积。

②门窗位置应有利于采光、通风。窗口在房间中的位置决定了光线的方向及室内采光的均匀性。图9.13所示为普通教室窗的开设。该教室在外墙设普通侧窗，其中图9.13(a)、(b)三个窗相对集中，窗间设小柱或小段实墙，光线集中在课桌区内，暗角较小，对采光有

利。图 9.13(c)窗均匀布置在每个相同开间的中部，当窗宽不大时，窗间墙较宽，在墙后形成较大阴影区，影响该处桌面亮度。

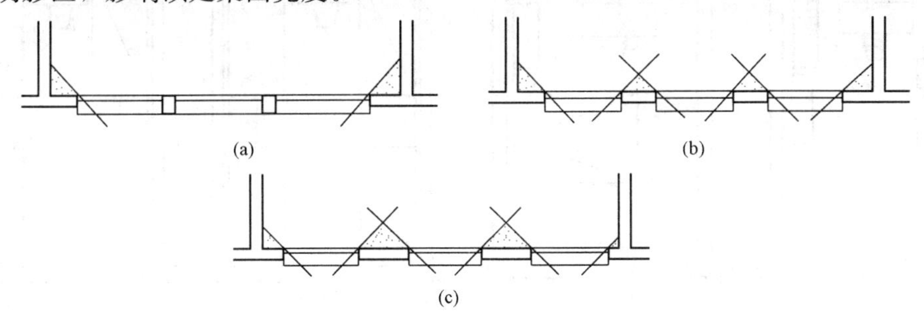

图 9.13　教室侧窗的布置

房间的自然通风由门窗来组织，门窗在房间中的位置决定了气流的走向，影响到室内通风的范围。因此，门窗位置应尽量使气流通过活动区，加大通风范围，并应尽量使室内形成穿堂风。图 9.14 所示为门窗平面位置对气流组织的影响。

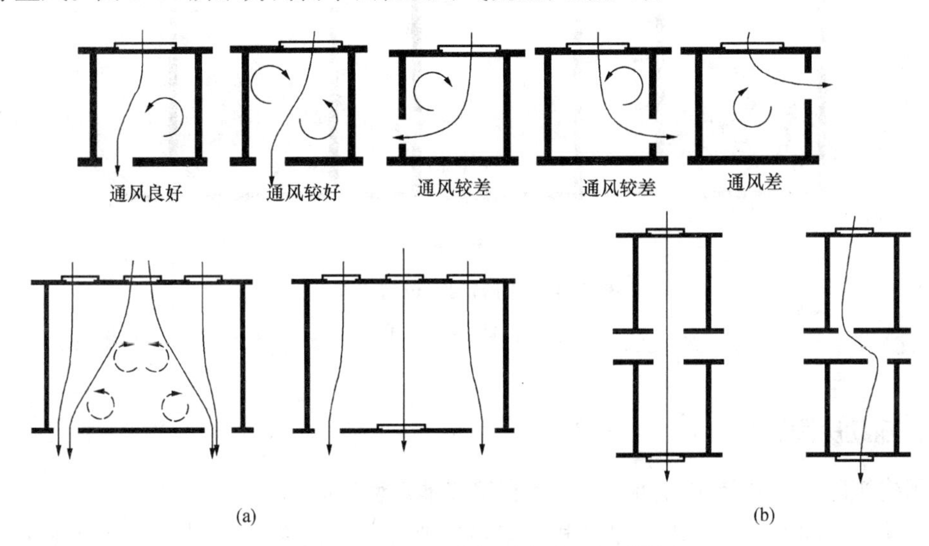

图 9.14　门窗平面位置对气流组织的影响

(a)教室门窗相互位置；(b)内廊式平面房间门窗相互位置

③门的位置应方便交通，利于疏散。在使用人数较多的公共建筑中，为便于人流交通和紧急情况下人们迅速、安全地疏散，门的位置必须与室内走道紧密配合，使通行线路简捷，如图 9.15 所示。

④门的开启方向。门窗的开启方向一般有外开和内开，大多数房间的门均采用内开方式，可防止门开启时影响室外的人行交通。对于公用房间如果面积超过 60 m^2，且容纳人数超过 50 人的建筑，如影剧院、候车厅、体育馆、商店的营业厅、合班教室，以及有爆炸危险的实验室等，为确保安全疏散，这些房间的门必须向外开。

有的房间由于平面组合的需要，几个门的位置比较集中，并且经常需要同时开启，这时要注意协调几个门的开启方向，防止门相互碰撞和妨碍人们通行，如图 9.16 所示。

为避免窗扇开启时占用室内空间，大多数的窗常采用外开方式。

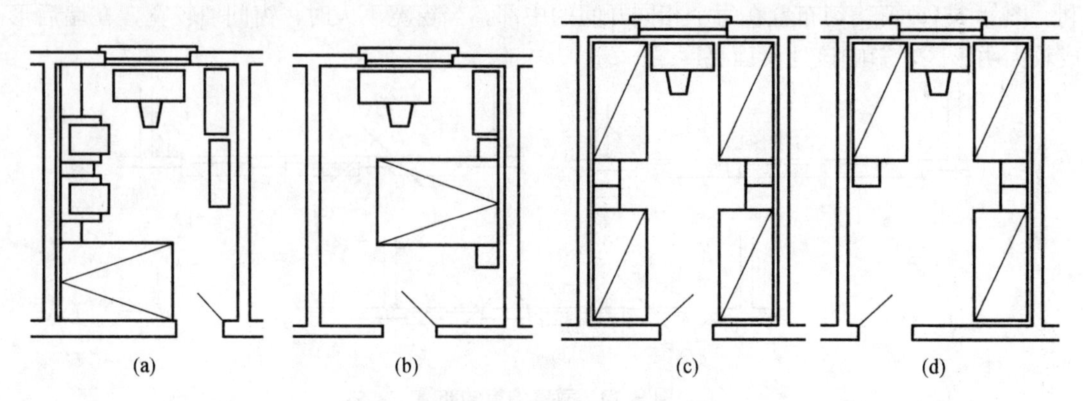

图 9.15　卧室、集体宿舍门位置的比较

(a)、(c)合理；(b)、(d)不合理

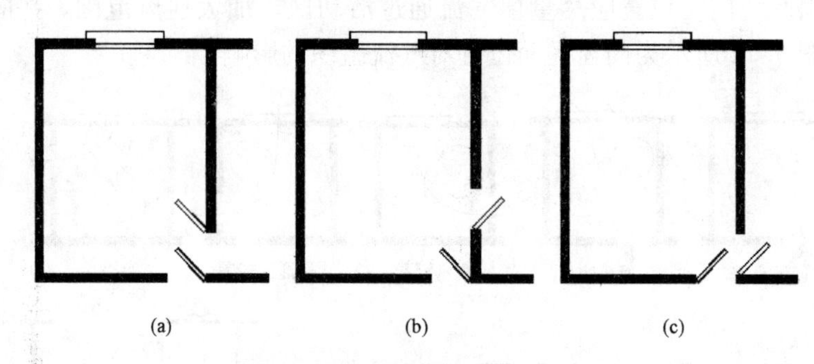

图 9.16　门的相互位置关系

(a)不好；(b)好；(c)较好

三、辅助房间设计

民用建筑除了主要使用房间以外，还有很多辅助性房间。

辅助使用房间的设计原理、原则和方法与主要使用房间基本相同。但由于在这类房间中大都布置有较多的管道、设备，因此，房间的大小及布置均受到设备尺寸的影响，如厕所、盥洗室、浴室、厨房、通风机房、水泵房、配电房、锅炉房等。

不同类型的建筑，辅助用房的内容、大小、形式均有所不同，而其中厕所、盥洗室、浴室、厨房是最为常见的。辅助用房设计往往不为人们所重视，而它们又是一些不可缺少的服务性房间，所以，辅助用房的设计也是建筑设计中不可忽视的一部分。

1. 厕所

厕所常与浴室、盥洗室布置在一起，称为卫生间，按使用对象不同，卫生间又可分为专用卫生间及公共卫生间。

(1)厕所设备及数量。厕所卫生设备有大便器、小便器、洗手盆、污水池等。

大便器有蹲式和坐式两种，可根据建筑标准及使用习惯分别选用。蹲式大便器使用卫生，便于清洁，对于使用频繁的公共建筑，如学校、医院、办公楼、车站等尤其适用。而标准较高、使用人数少或老年人使用的厕所，如宾馆、敬老院等则宜采用坐式大便器。

小便器有小便斗和小便槽两种。图 9.17 和图 9.18 所示为厕所设备及组合所需的尺寸。

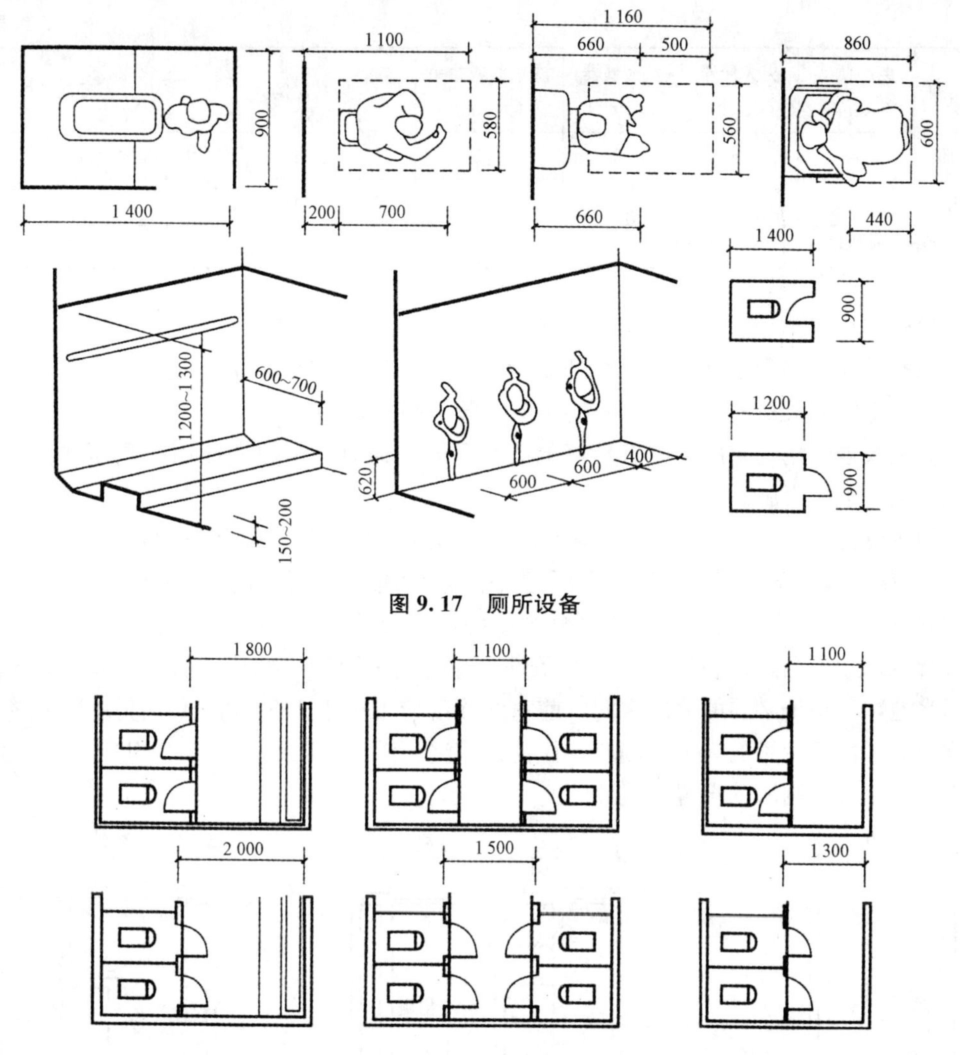

图 9.17　厕所设备

图 9.18　厕所设备组合尺寸

卫生设备的数量及小便槽的长度主要取决于使用人数、使用对象、使用特点。一般民用建筑每一个卫生器具可供使用的人数见表 9.3。具体设计中可按此表并结合调查研究最后确定其数量。

表 9.3　部分民用建筑厕所设备数量参考

建筑类型	男小便器（人/个）	男大便器（人/个）	女大便器（人/个）	洗手盆或龙头（人/个）	男女比例	备注
旅馆	20	20	12		按设计要求	
宿舍	20	20	15	15	按实际使用情况	
中小学	40	40	25	100	1∶1	小学数量应稍多
火车站	80	80	50	150	2∶1	
办公楼	50	50	30	50~80	3∶1~5∶1	
影剧院	35	75	50	140	2∶1~3∶1	

续表

建筑类型	男小便器（人/个）	男大便器（人/个）	女大便器（人/个）	洗手盆或龙头（人/个）	男女比例	备注
门诊部	50	100	50	150	1∶1	总人数按全日门诊人次计算
幼托		5～10	5～10	2～5	1∶1	
注：一个小便器折合 0.6 m 长小便槽。						

(2)厕所设计的一般要求。

1)厕所在建筑物中常处于人流交通线上与走道及楼梯间相联系，应设前室，以前室作为公共交通空间和厕所的缓冲地，并使厕所隐蔽一些。

2)大量人群使用的厕所，应有良好的天然采光与通风。少数人使用的厕所允许间接采光，但必须有抽风设施。

3)厕所位置应有利于节省管道，减少立管并靠近室外给水排水管道。同层平面中男、女厕所最好并排布置，避免管道分散。多层建筑中应尽可能把厕所布置在上下相对应的位置。

(3)厕所布置。厕所的平面形式可分为两种，一种是公共厕所，公共厕所应设置前室，可以改善通往厕所的走道和过厅的卫生条件，并有利于厕所的隐蔽。前室内一般设有洗手盆及污水池，为保证必要的使用空间，前室的深度应不小于 1.5～2.0 m。另一种是专用厕所，这类厕所由于使用的人少，因此，往往是盥洗、浴室、厕所三个部分组成一个卫生间，如住宅、旅馆等。厕所的布置形式如图 9.19 所示。

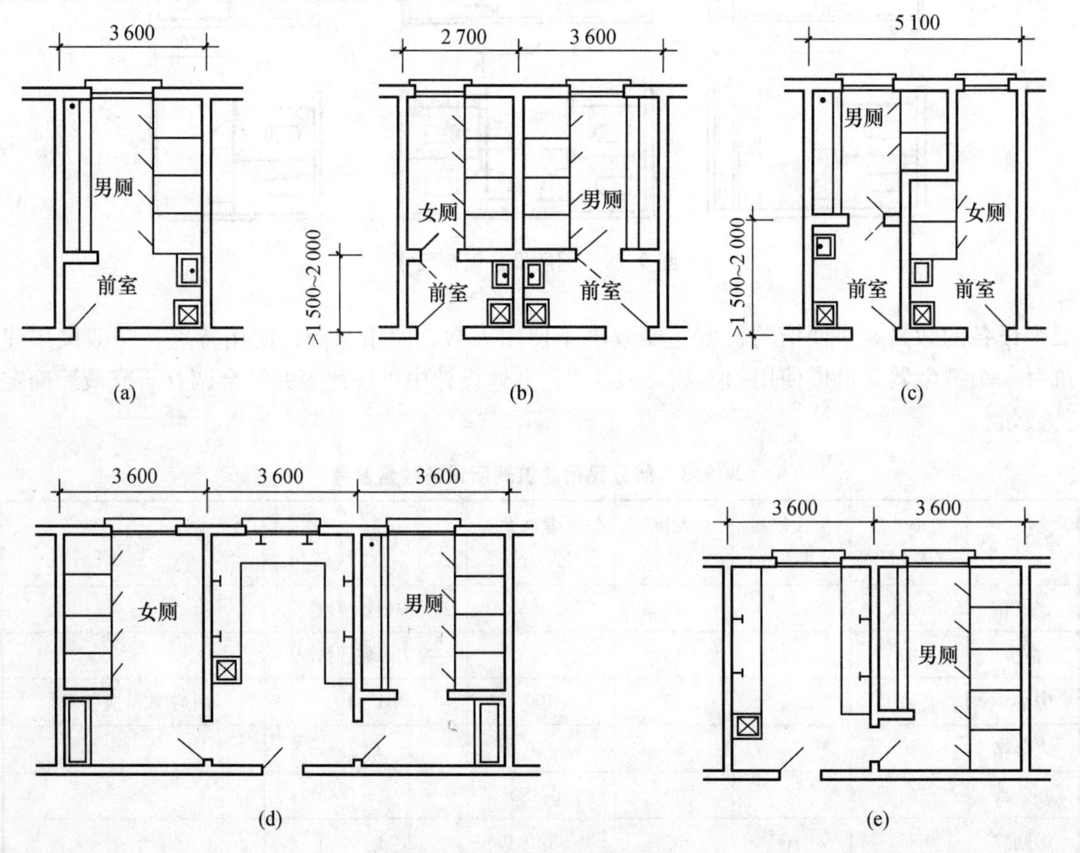

图 9.19　厕所的布置形式

2. 浴室、盥洗室

浴室和盥洗室的主要设备有洗脸盆、污水池、淋浴器，有的设置浴盆等。除此之外，公共浴室还有更衣室，其中主要设备有挂衣钩、衣柜、更衣凳等。设计时可根据使用人数确定卫生器具的数量，同时，结合设备尺寸及人体活动所需的空间尺寸进行布置。淋浴设备及组合尺寸如图 9.20 所示；面盆、浴盆设备及组合尺寸如图 9.21 所示。

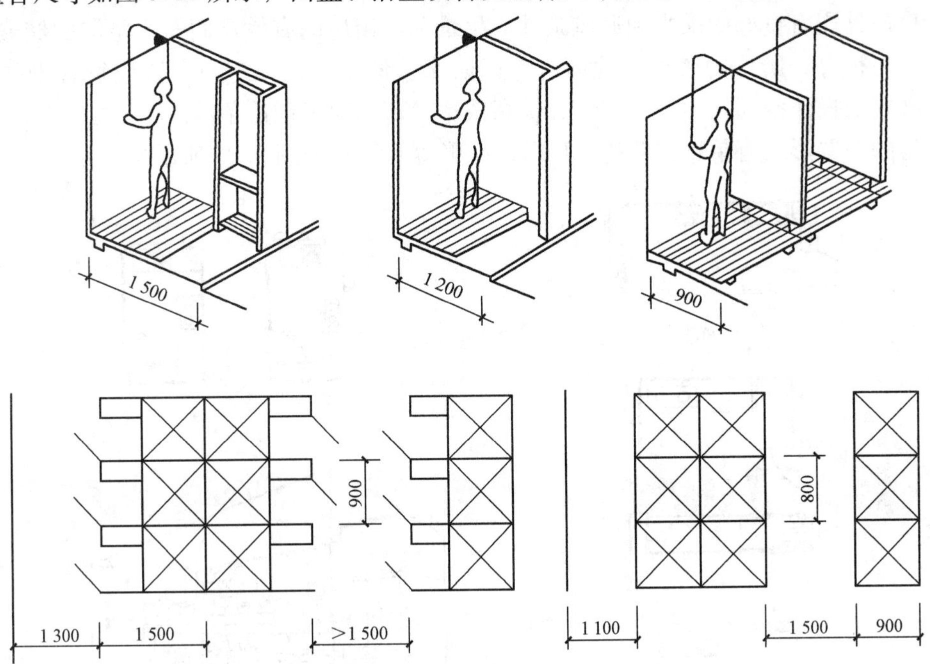

图 9.20　淋浴设备及组合尺寸

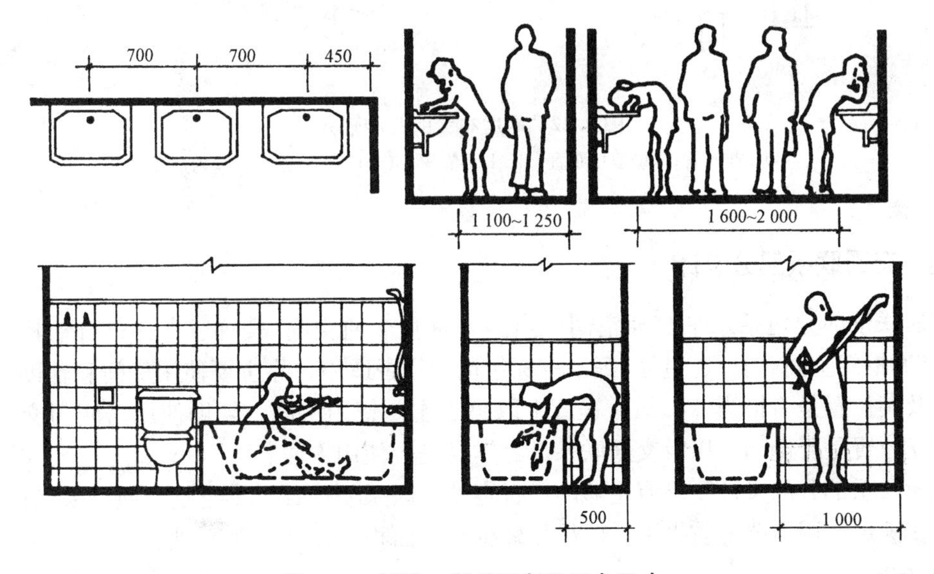

图 9.21　面盆、浴盆设备及组合尺寸

3. 厨房

这里主要讲住宅、公寓内每户使用的专用厨房，而食堂、餐厅、饭店等的厨房比较复杂，但其基本原理和设计方法与住宅、公寓内的家用厨房是基本相同的。家用厨房的主要设备有灶台、案台、水池、储藏设施及排烟装置等。家用厨房的使用现状包括厨房、餐厅合用和厨房、餐厅分开两种情况。

厨房设计应有良好的采光和通风条件，尽量利用厨房的有效空间布置足够的储藏设施，如壁龛、吊柜等；厨房的墙面、地面应考虑防水、便于清洁；室内布置应符合操作流程，并保证必要的操作空间，为使用方便、提高效率、节约时间创造条件。

厨房的布置形式有单排、双排、L形、U形等几种，如图9.22所示。

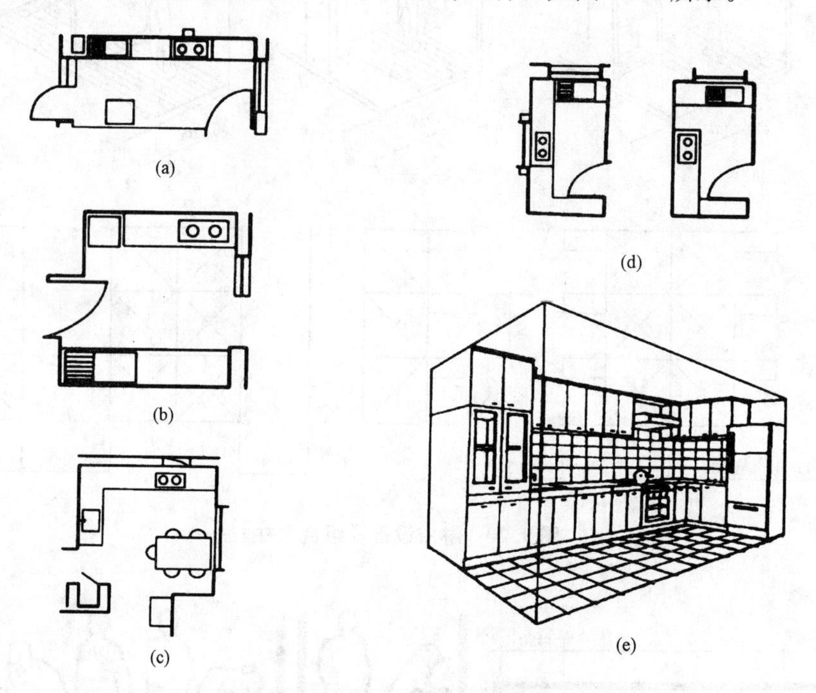

图9.22 厨房布置的几种形式

(a)单排布置；(b)双排布置；(c)L形布置；(d)U形布置；(e)盒内透视

四、交通联系部分设计

交通联系部分包括水平交通空间(走道)、垂直交通空间(楼梯、电梯、自动扶梯、坡道)、交通枢纽空间(门厅、过厅)等。一栋建筑物是否适用，除主要使用房间和辅助使用房间本身及其位置是否恰当外，很大程度上取决于主要使用房间、辅助使用房间与交通联系部分相互位置是否恰当，以及交通联系部分本身是否使用方便。

交通联系部分的设计要求有足够的通行宽度、联系便捷、互不干扰、通风采光良好等。另外，在满足使用需要的前提下，要尽量减少交通面积以提高平面的利用率。

1. 走道

走道又称为过道、走廊。凡走道一侧或两侧空旷者称为走廊。走廊有内廊和外廊之分。走道是用来联系同层内各大小房间用的，有时也兼有其他的从属功能。

(1)走道的类型。按走道的使用性质不同，可分为以下三种情况：

1)完全为交通需要而设置的走道。如办公楼、旅馆、电影院、体育馆的安全走道等都是供人流集散用的，这类走道一般不允许安排作其他用途。

2)主要为交通联系同时也兼有其他功能的走道。如教学楼中的走道，除作为学生课间休息活动的场所外，还可布置陈列橱窗及黑板，医院门诊部走道可作人流通行和候诊之用。这时过道的宽度和面积应相应增加。

3)多种功能综合使用的走道。如展览馆的走道应满足边走边看的要求。

(2)走道的宽度和长度。走道的宽度和长度主要根据人流和家具通行、安全疏散、防火规范、走道性质、空间感受来综合考虑。为了满足人的行走和紧急情况下的疏散要求，《建筑设计防火规范》(GB 50016—2014)规定学校、商店、办公楼等建筑低层的疏散走道、楼梯、外门的各自总宽度不应低于表 9.4 规定的指标。

表 9.4　楼梯、门和走道的宽度指标

宽度指标/(m·百人$^{-1}$) 耐火等级 / 层数	一、二级	三级	四级
一、二层	0.65	0.75	1.00
三层	0.75	1.00	
≥四层	1.00	1.25	

综上所述，一般民用建筑常用走道宽度见表 9.5。

表 9.5　常用走道宽度

建筑类别	常用宽度/m	建筑类别	常用宽度/m
住宅	1.2～1.5	病房	2.0～2.7
宿舍	1.5～2.4	学校	2.1～3.0
旅馆	1.5～2.1	门诊部	2.4～3.0
办公楼	2.1～2.4		

作为局部联系或住宅内部的走道，宽度不应小于 0.90 m。

走道的长度应根据建筑性质、耐火等级及防火规范来确定。按照《建筑设计防火规范》(GB 50016—2014)的要求，最远房间出入口到楼梯间安全出入口的距离必须控制在一定的范围内，见表 9.6。

表 9.6　房间门至外部出口或封闭楼梯间的最大距离　　m

名称	位于两个安全出口之间的疏散门			位于袋形走道两侧或尽端的疏散门		
	一、二级	三级	四级	一、二级	三级	四级
托儿所、幼儿园 老年人建筑	25	20	15	20	15	10
歌舞娱乐放映游艺场所	25	20	15	9	—	—

续表

名称			位于两个安全出口之间的疏散门			位于袋形走道两侧或尽端的疏散门		
			一、二级	三级	四级	一、二级	三级	四级
医疗建筑	单、多层		35	30	25	20	15	10
	高层	病房部分	24	—	—	12	—	—
		其他部分	30	—	—	15	—	—
教学建筑	单、多层		35	30	25	22	20	10
	高层		30	—	—	15	—	—
高层旅馆、公寓、展览建筑			30	—	—	15	—	—
其他建筑	单、多层		40	35	25	22	20	15
	高层		40	—	—	20	—	—

注：1. 建筑内开向敞开式外廊的房间疏散门至最近安全出口的直线距离可按本表的规定增加 5 m。

2. 直通疏散走道的房间疏散门至最近敞开楼梯间的直线距离，当房间位于两个楼梯间之间时，应按本表的规定减少 5 m；当房间位于袋形走道两侧或尽端时，应按本表的规定减少 2 m。

3. 建筑物内全部设置自动喷水灭火系统时，其安全疏散距离可按本表及注 1 的规定增加 25%。

(3)走道的采光和通风。走道的采光和通风主要依靠天然采光和自然通风。外走道由于只有一侧布置房间，可以获得较好的采光通风效果。内走道由于两侧均布置有房间，如果设计不当，就会造成光线不足、通风较差，一般是通过走道尽端开窗，利用楼梯间、门厅或走道两侧房间设高窗来解决。

2. 楼梯

楼梯是多层建筑中常用的垂直交通联系手段，应根据使用要求选择合适的形式，布置恰当的位置，根据使用性质、人流通行情况及防火规范综合确定楼梯的宽度及数量。并根据使用对象和使用场合选择最舒适的坡度。

(1)楼梯的形式。楼梯的形式主要有直行跑梯、平行双跑楼梯、三跑楼梯等形式。直行跑梯方向单一、不转向，构造简单，常给人以严肃向上的感觉。除常用于层高较小的建筑外，大型公共建筑为解决人流疏散和加强大厅的气氛也常采用这种形式，如北京人民大会堂宴会厅大楼梯。平行双跑楼梯是民用建筑中最为常用的一种形式，往往布置在单独的楼梯间中，占用面积少，使用方便。三跑楼梯体态灵活，造型美观，但梯井较大，常布置在公共建筑门厅和过厅中，可取得较好的效果。另外，楼梯还有弧形、螺旋形、剪刀式等多种形式(详见第五章)。

(2)楼梯的宽度和数量。楼梯的宽度和数量主要根据使用性质、使用人数和防火规范来确定。一般供单人通行的楼梯宽度应不小于 850 mm，双人通行为 1 100～1 200 mm。一般民用建筑楼梯的最小净宽应满足两股人流疏散要求，但住宅内部楼梯可减小到 850～900 mm。

楼梯的数量应根据使用人数及防火规范要求来确定，必须满足关于走道内房间门至楼梯间的最大距离的限制。通常情况下，每一幢公共建筑均应设两个楼梯。对于使用人数少或除幼儿园、托儿所、医院外的二层、三层建筑，当其符合表 9.7 的要求时，也可以只设一个疏散楼梯。

表 9.7 设置一个疏散楼梯的条件

耐火等级	层数	每层最大建筑面积/m²	人数
一、二级	二、三层	400	第二层和第三层人数之和不超过 100 人
三级	二、三层	200	第二层和第三层人数之和不超过 50 人
四级	二层	200	第二层人数不超过 30 人

3. 电梯

高层建筑的发展，使电梯成为不可缺少的垂直交通设施。高层建筑的垂直交通以电梯为主，其他有特殊功能要求的多层建筑，如大型宾馆、百货公司、医院等，除设置楼梯外，还需设置电梯以解决垂直升降的需求。除此之外，对高度超过 24 m 的重要建筑、12 层以上的住宅及高度超过 32 m 的其他建筑，还应设置消防电梯。

电梯的数量按使用要求和运载量通过计算确定，在以电梯为主要垂直交通的建筑物中，电梯的数量一般不少于两台。需设多部电梯时，宜集中布置，布置方式主要有单侧排列式和双侧排列式等，单侧排列的电梯不应超过 4 台，双侧排列的电梯不应超过 8 台。

电梯按其使用性质可分为乘客电梯、载货电梯、消防电梯、客货两用电梯、杂物梯等。确定电梯间的位置及布置方式时，应充分考虑以下几点要求：

(1)电梯间应布置在人流集中的地方，如门厅、出入口等，位置要明显，电梯前面应有足够的等候面积，以免造成拥挤和堵塞。

(2)按防火规范的要求，设计电梯时应配置辅助楼梯，供电梯发生故障时使用。布置时可将两者靠近，以便灵活使用，并有利于安全疏散。

(3)电梯井道无天然采光要求，布置较为灵活，通常主要考虑人流交通方便、通畅。电梯等候厅由于人流集中，最好有天然采光及自然通风。

4. 自动扶梯及坡道

自动扶梯是一种在一定方向上能大量、连续输送流动客流的装置。除提供乘客一种既方便又舒适的上下楼层间的运输工具外，自动扶梯还可引导乘客走一些既定路线，以引导乘客和顾客游览、购物，并具有良好的装饰效果。在具有频繁而连续人流的大型公共建筑中，如百货大楼、展览馆、游乐场、火车站、地铁站、航空港等建筑将自动扶梯作为主要垂直交通工具考虑。其布置方式有单向布置、转向布置、交叉布置，如图 9.23 所示。自动扶梯的驱动速度一般为 0.45～0.5 m/s，可正向、逆向运行。由于自动扶梯运行的人流都是单向，不存在侧身避让的问题，因此其梯段宽度较楼梯小，通常为 600～1 000 mm。

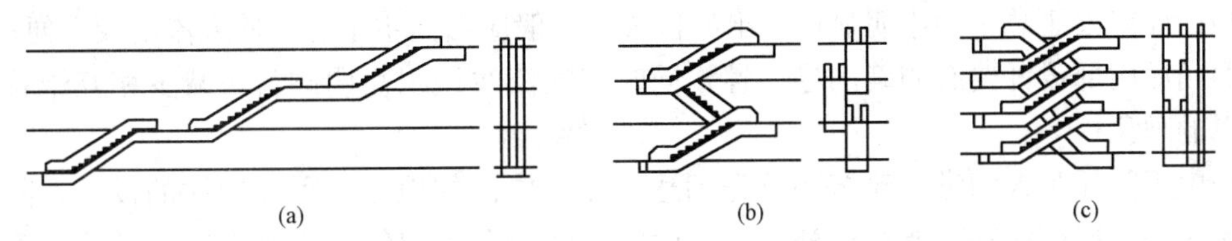

图 9.23 自动扶梯的布置形式

(a)单向布置；(b)转向布置；(c)交叉布置

垂直交通联系部分除楼梯、电梯和自动扶梯外还有坡道。室内坡道的特点是上下比较省力(楼梯的坡度为 30°～40°，室内坡道的坡度通常小于 10°)，通行人流的能力几乎和平地相当(当人群密集时，楼梯由上往下人流通行速度为 10 m/min，坡道人流通行速度接近于平地的每分钟 16 m)，但是坡道的最大缺点是所占面积比楼梯面积大得多。一些医院为了病人上下和手推车通行的方便，可采用坡道；为儿童上下的建筑物，也可采用坡道；有些人流量集中的公共建筑，如大型体育馆的部分疏散通道，也可用坡道来解决垂直交通联系。

5. 门厅

门厅作为交通枢纽，其主要作用是接纳、分配人流，室内外空间过渡及各方面交通(过道、楼梯等)的衔接。同时，根据建筑物的使用性质不同，门厅还兼有其他功能，如医院门厅常设挂号、收费、取药的房间，旅馆门厅兼有休息、会客、接待、登记、小卖店等功能。除此之外，门厅作为建筑物的主要出入口，其不同空间处理可体现出不同的意境和形象。因此，民用建筑中门厅是建筑设计重点处理的部分。

(1)门厅的大小。门厅的大小应根据各类建筑的使用性质、规模及质量标准等因素来确定，设计时可参考有关面积定额指标。部分民用建筑门厅面积参考指标见表 9.8。

表 9.8　部分民用建筑门厅面积参考指标

建筑名称	面积定额	备注
中小学校	0.06～0.08 m^2/每生	
食堂	0.08～0.18 m^2/每座	包括洗手、小卖店
城市综合医院	11 m^2/每日百人次	包括衣帽和问询处
旅馆	0.2～0.5 m^2/床	
电影院	0.13 m^2/每个观众	

(2)门厅的布局。门厅的布局可分为对称式与非对称式两种。对称式的布置常采用轴线方法来表示空间的方向感，将楼梯布置在主轴线上或对称布置在主轴线两侧，具有严肃的气氛；非对称式门厅布置没有明显的轴线，布置灵活。

楼梯可根据人流交通布置在大厅中任意位置，室内空间富有变化。在建筑设计中，常常由于自然地形、布局特点、功能要求、建筑性格等各种因素的影响采用对称式门厅和非对称式门厅。

门厅设计应注意以下几项：

1)门厅应处于总平面中明显而突出的位置，一般应面向主干道，使人流出入方便；

2)门厅内部设计要有明确的导向性，同时交通流线组织简明醒目，减少相互干扰或不知所以的现象；

3)由于门厅是人们进入建筑物首先到达、经常停留的地方，因此门厅的设计，除了合理地解决好交通枢纽等功能要求外，门厅内的空间组合和建筑造型要求，也是公共建筑中重要的设计内容之一；

4)门厅对外出口的宽度按防火规范的要求不得小于通向该门厅的走道、楼梯宽度的总和。外门的开启方向一般宜向外或采用弹簧门。

第五节　建筑平面组合设计

每一幢建筑物都是由若干房间组合而成。建筑平面组合涉及的因素很多，如基地环境、使用功能、物质技术、建筑美观、经济条件等。进行组合设计时，必须在熟悉各组成部分的基础上，紧密结合具体情况，通过调查研究综合分析各种制约因素，分清主次，认真处理好各方面的关系，如建筑内部与总体环境的关系，建筑物内部各房间与整个建筑之间的关系，建筑使用要求与物质技术、经济条件之间的关系等。在组合过程中反复思考，不断调整修改，使平面设计趋于完善。前面已经着重分析了组成建筑物的各种单个房间与交通联系部分的使用要求和平面设计。建筑平面的组合，实际上是建筑空间在水平方向的组合，这一组合必然导致建筑物内外空间和建筑形体，在水平方向予以确定，因此，在进行平面组合设计时，可以及时勾画建筑物形体的立体草图，考虑这一建筑物在三度空间中可能出现的空间组合及其形象，即本章开始叙述时着重指出的——从平面设计入手，但是着眼于建筑空间的组合。如何将单个房间与交通联系部分组合起来，使之成为一个使用方便、结构合理、体型简洁、构图完整、造价经济及与环境协调的建筑物，这就是平面组合设计的任务。

一、平面组合设计的要求

1. 使用功能

平面组合的优劣主要体现在合理的功能分区及明确的流线组织两个方面。当然，采光、通风、朝向等要求也应予以充分的重视。

合理的功能分区是将建筑物若干部分按不同的功能要求进行分类，并根据它们之间的密切程度加以划分，使之分区明确又联系方便。在分析功能关系时，常借助于功能分析图来形象地表示各类建筑的功能关系及联系顺序。图 9.24 和图 9.25(a)所示分别为教学楼和居住建筑房间的功能分析图。

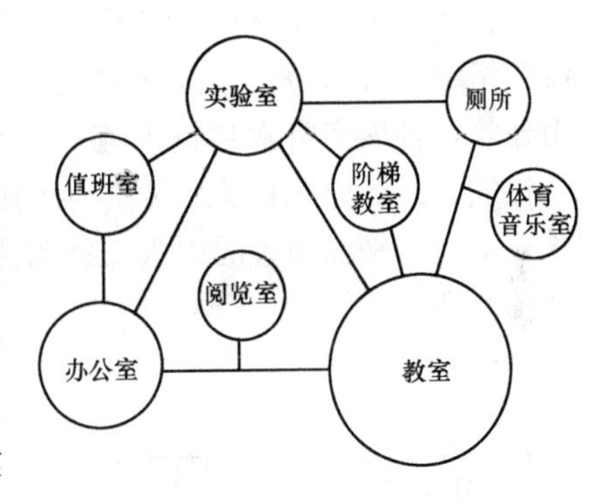

图 9.24　教学楼功能分析图

具体设计时，可根据建筑物不同的功能特征，从以下四个方面进行分析：

(1)主次关系。组成建筑物的各房间，按使用性质及重要性，必然存在着主次之分。在平面组合时应分清主次、合理安排。在平面组合中，一般是将主要使用房间布置在朝向较好的位置，靠近主要出入口，并有良好的采光通风条件，次要房间可布置在条件较差的位置，如图 9.25(b)所示。

(2)内外关系。各类建筑的组成房间中，有的对外联系密切，直接为公众服务，有的对内关系密切，供内部使用。一般是将对外联系密切的房间布置在交通枢纽附近，位置明显便于直接对外，而将对内性强的房间布置在较隐蔽的位置。对于饮食建筑，餐厅是对外的，人流量大，应布置在交通方便、位置明显处，而对内性强的厨房等部分则布置在后部，次要入口面向内院较隐蔽的地方。

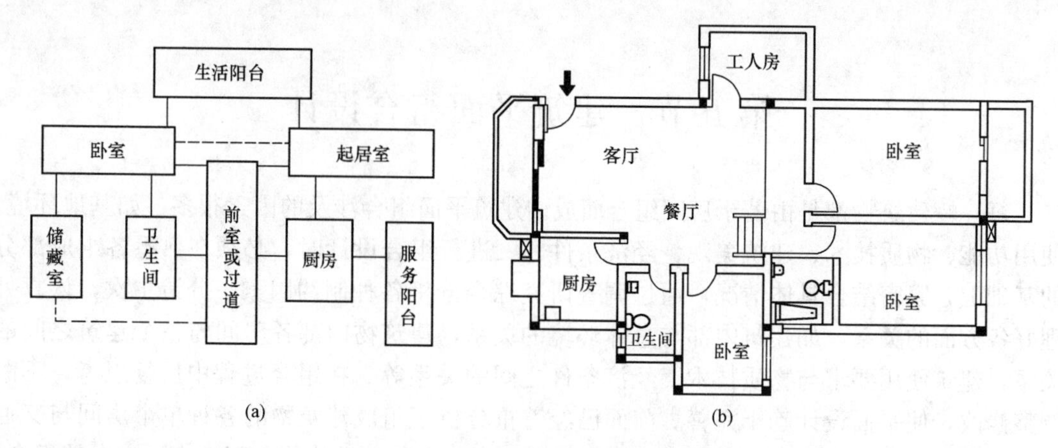

图 9.25　居住建筑房间的主次关系

(a)功能分析图；(b)住宅平面图

(3)联系与分隔。在分析功能关系时，常根据房间的使用性质如“闹”与“静”“清”与“污”等方面进行功能分区，使其既分隔而互不干扰，且又有适当的联系。如教学楼中的多功能厅、普通教室和音乐教室，它们之间联系密切，但为防止声音干扰，必须适当隔开。教室与办公室之间要求方便联系，但为了避免学生影响教师的工作，需适当隔开。

(4)流线组织明确。流线分为人流及货流两类。所谓流线组织明确，即是要使各种流线简捷、通畅，不迂回逆行，尽量避免相互交叉。

在建筑平面设计中，各房间一般是按使用流线的顺序关系有机地组合起来的。因此，流线组织合理与否，直接影响到平面组合是否紧凑、合理，平面利用是否经济等。如展览馆建筑，各展室常常是按人流参观路线的顺序连贯起来。火车站建筑有旅客进出站路线、行包线，人流路线按先后顺序为到站—问询—售票—候车—检票—上车，出站时经由站台验票出站。平面布置时以人流线为主，使进出站及行包线分开并尽量缩短各种流线的长度，如图 9.26 所示。

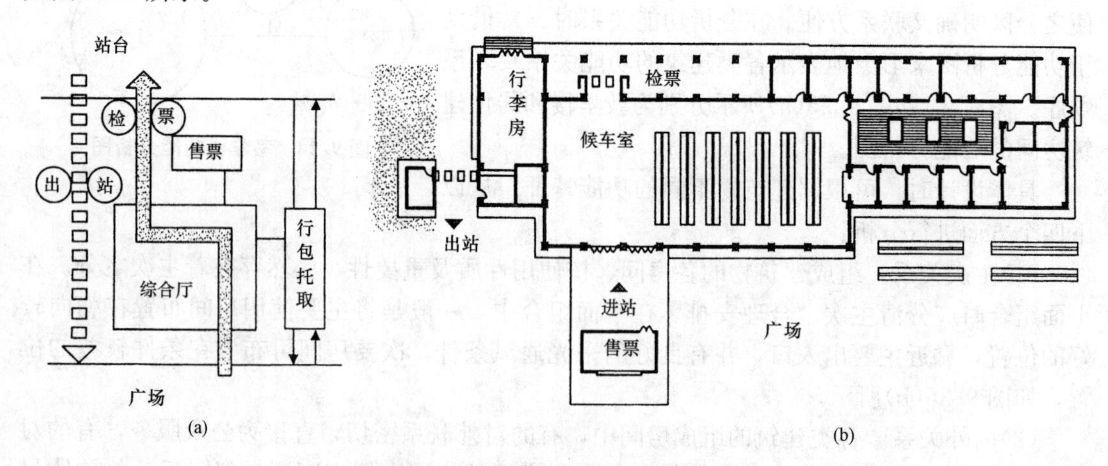

图 9.26　小型火车站流线关系及平面图

(a)小型火车站流线关系示意；(b)400 人火车站设计方案平面图

2. 结构类型

建筑结构与材料是构成建筑物的物质基础，在很大程度上影响着建筑的平面组合。因此，平面组合在考虑满足使用功能要求的前提下，应选择经济合理的结构方案，并使平面组合与结构布置协调一致。

目前民用建筑常用的结构类型有混合结构、框架结构、剪力墙结构、框架-剪力墙结构和空间结构。

(1)混合结构。混合结构多为砖混结构。这种结构形式的优点是构造简单、造价较低；其缺点是房间尺寸受钢筋混凝土梁板经济跨度的限制，室内空间小，开窗也受到限制，仅适用于房间开间和进深尺寸较小、层数不多的中小型民用建筑。如住宅、中小学校、医院及办公楼等。

(2)框架结构。框架结构的主要特点是：形式强度高，整体性好，刚度大，抗震性好，平面布局灵活性大，开窗较自由，但钢材、水泥用量大，造价较高。其适用于开间、进深较大的商店、教学楼、图书馆之类的公共建筑以及多、高层住宅、旅馆等。

(3)剪力墙结构。剪力墙结构的主要优点是：形式强度高，整体性好，刚度大，抗震性好；其缺点是房间尺寸受钢筋混凝土梁板经济跨度的限制，室内空间小，开窗也受到限制，适用于房间开间和进深尺寸较小、层数较多的中小型民用建筑。

(4)框架-剪力墙结构。框架-剪力墙结构的主要特点是：结合了框架结构和剪力墙结构的优点。

(5)空间结构。空间结构用材经济，受力合理，并为解决大跨度的公共建筑提供了有利条件。如薄壳、悬索、网架等。

3. 设备管线

民用建筑中的设备管线主要包括给水排水、采暖、空气调节以及电气照明、通信等所需的设备管线，它们都占有一定的空间。在进行平面组合时，除应考虑一定的设备位置，恰当地布置相应的房间，如厕所、盥洗间、配电房、空调机房、水泵房等外，对于设备管线比较多的房间，如住宅中的厨房、厕所；学校、办公楼中的厕所、盥洗室；旅馆中的客房卫生间、公共卫生间等，在满足使用要求的同时，应尽量将设备管线集中布置、上下对齐，以方便使用，有利于施工和节约管线。

图 9.27 中旅馆卫生间成组布置，利用两个卫生间中间的竖井作为管道垂直方向布置的空间，管道井上下叠合，管线布置集中。

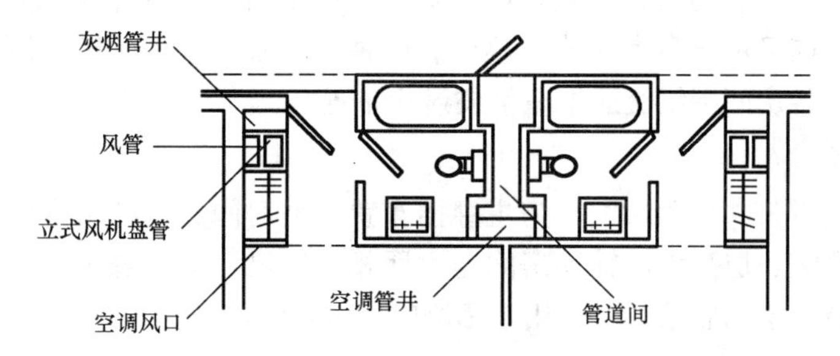

图 9.27　旅馆卫生间

4. 建筑造型

建筑造型也影响到平面组合。当然，造型本身是离不开功能要求的，它一般是内部空间的直接反映。但是，简洁、完美的造型要求以及不同建筑的外部特征又会反过来影响到平面布局及平面形状。一般来说，简洁、完整的建筑造型无论对于缩短内部交通流线，还是对于结构简化、节约用地、降低造价以及抗震性能等都是极为有利的。

二、平面组合形式

各类建筑由于使用功能不同，房间之间的相互关系也不同。有的建筑由一个个大小相同的重复空间组合而成，它们彼此之间没有一定的使用顺序关系，各房间形成既相互联系又相对独立的封闭形房间，如学校、办公楼；有的建筑主要有一个大房间，其他均为从属房间，环绕着这个大房间布置，如电影院、体育馆；有的建筑房间按一定序列排列而成，即排列顺序完全按使用联系顺序而定，如展览馆、火车站等。平面组合就是根据使用功能特点及交通路线的组织，将不同房间组合起来。这些平面组合大致可以归纳为如下几种形式。

1. 走道式组合

走道式组合的特点是使用房间与交通联系部分明确分开，各房间沿走道一侧或两侧并列布置，房间门直接开向走道，通过走道相互联系；各房间基本上不被交通穿越，能较好地保持相对独立性；各房间有直接的天然采光和通风，结构简单，施工方便等。这种形式广泛应用于一般民用建筑，特别适用于相同房间数量较多的建筑，如学校、宿舍、医院、旅馆等。

根据房间与走道布置关系不同，走道式又可分为外走道与内走道两种。

(1)外走道可保证主要房间有好的朝向和良好的采光通风条件，但这种布局造成走道过长，交通面积大。个别建筑由于特殊要求，也采用双侧外走道形式。

(2)内走道各房间沿走道两侧布置，平面紧凑，外墙长度较短，对寒冷地区建筑热工有利。但这种布局难免出现一部分使用房间朝向较差，且走道采光通风较差，房间之间相互干扰较大。

2. 套间式组合

套间式组合的特点是用穿套的方式按一定的序列组织空间。房间与房间之间相互穿套，不再通过走道联系。其平面布置紧凑，面积利用率高，房间之间联系方便，但各房间使用不灵活，相互干扰大。这种形式通常适用于房间的使用顺序和连续性较强，使用房间不需要单独分隔的情况下形成的组合方式，如展览馆、火车站、浴室等建筑类型。套间式组合按其空间序列的不同又可分为串联式和放射式两种。串联式是按一定的顺序关系将房间连接起来；放射式将各房间围绕交通枢纽呈放射状布置。

3. 大厅式组合

大厅式组合是以公共活动的大厅为主穿插布置辅助房间。这种组合的特点是主体房间使用人数多、面积大、层高大，辅助房间与大厅相比，尺寸大小悬殊，常布置在大厅周围并与主体房间保持一定的联系。其适用于影剧院、体育馆等。

4. 单元式组合

单元式组合是将关系密切的房间组合在一起成为一个相对独立的整体，称为单元。将一种或多种单元按地形和环境情况在水平或垂直方向重复组合起来成为一幢建筑，这种组合方式称为单元式组合。

单元式组合的优点是：能提高建筑标准化，节省设计工作量，简化施工；功能分区明确，平面布置紧凑，单元与单元之间相对独立，互不干扰；布局灵活，能适应不同的地形，满足朝向要求，形成多种不同组合形式，因此，广泛用于大量性民用建筑，如住宅、学校、医院等。

5. 庭院式

庭院式是将建筑物围合成院落。用于学校、医院、图书室、旅馆等。

以上是民用建筑常用的平面组合形式，随着时代的前进，使用功能也必然会发生变化，加上新结构、新材料、新设备的不断出现，新的形式将会层出不穷，如自由灵活的大空间分隔形式及庭院式空间组合形式等。

三、建筑平面组合与总平面的关系

任何一幢建筑物(或建筑群)都不是孤立存在的，而是处于一个特定的环境之中，它在基地上的位置、形状、平面组合、朝向、出入口的布置及建筑造型等都必然受到总体规划与基地条件的制约，由于基地条件不同，相同类型和规模的建筑会有不同的组合形式；即使是基地条件相同，由于周围环境不同，其组合也不会相同。为使建筑既满足使用要求，又能与基地环境协调一致，首先必须做好总平面设计，即根据使用功能要求，结合城市规划的要求、场地的地形地质条件、朝向、绿化以及周围建筑等因地制宜地进行总体布置，确定主要出入口的位置，进行总平面功能分区，在功能分区的基础上进一步确定单体建筑的布置。

1. 基地的大小、形状和道路布置

基地的大小和形状直接影响到建筑平面布局、外轮廓形状和尺寸。基地内的道路布置及人流方向是确定出入口和门厅平面位置的主要因素。因此，在平面组合设计中，应密切结合基地的大小、形状和道路布置等外在条件，使建筑平面布置的形式、外轮廓形状和尺寸以及出入口的位置等符合城市总体规划的要求。

图 9.28 所示为某大学附中教学楼的总平面图。该教学楼位于学校的主轴线上，建筑布局较好地控制了校园空间的划分与联系。

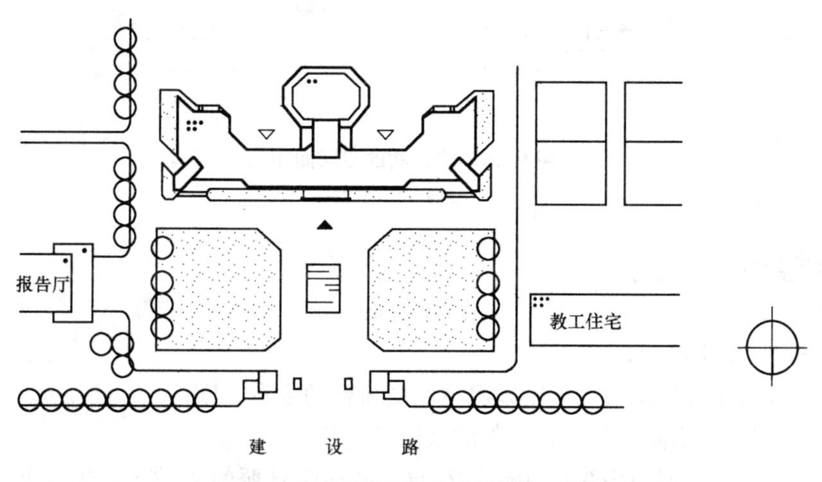

图 9.28　某大学附中教学楼的总平面图

2. 基地的地形条件

基地地形若为坡地时，则应将建筑平面组合与地面高差结合起来，以减少土方量，而且可以造成富于变化的内部空间和外部形式。

坡地建筑的布置方式有以下两种：

(1)地面坡度在25%以上时，建筑物适宜平行于等高线布置。

(2)地面坡度在25%以下时，建筑物应结合朝向要求布置。

3. 建筑物的朝向和间距

(1)朝向。

1)日照：我国大部分地区处于夏季热、冬季冷的状况。为保证室内冬暖夏凉的效果，建筑物的朝向应为南向、南偏东或偏西少许角度(15°)。在严寒地区，由于冬季时间长、夏季不太热，应争取日照，建筑朝向以东、南、西为宜。

2)风：根据当地的气候特点及夏季或冬季的主导风向，适当调整建筑物的朝向，使夏季可获得良好的自然通风条件，而冬季又可避免寒风的侵袭。

3)基地环境：对于人流集中的公共建筑，房屋朝向主要考虑人流走向、道路位置和邻近建筑的关系；对于风景区建筑，则应以创造优美的景观作为考虑朝向的主要因素。

(2)间距。建筑物之间的距离，主要应根据日照、通风等卫生条件与建筑防火安全要求来确定。除此之外，还应综合考虑防止声音和视线干扰，绿化、道路与室外工程所需要的间距以及地形利用、建筑空间处理等问题。

日照间距是为了保证房间有一定的日照时数，建筑物彼此互不遮挡所必须具备的距离。从早晨到晚上太阳的高度角在不断变化，春夏秋冬太阳的位置也在不断变化。为保证日照的卫生要求，日照间距的计算一般以冬至日正午12时太阳能照到底层窗台高度为设计依据，以此控制建筑的日照间距，如图9.29所示。

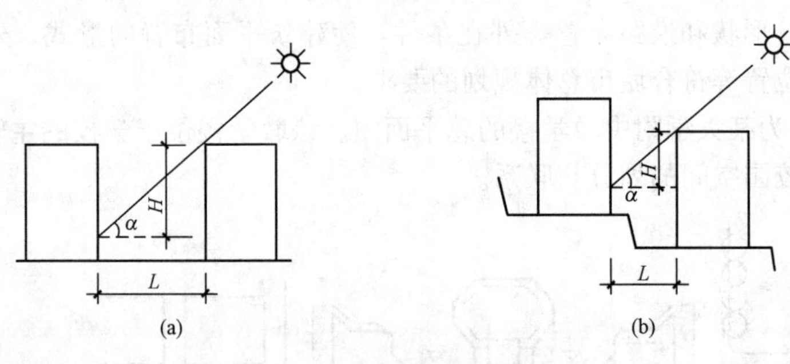

图9.29 建筑物的日照间距

(a)平地；(b)向阳坡

日照间距的计算公式为

$$L=H/\tan\alpha$$

式中 L——房屋水平间距；

H——南向前排房屋檐口至后排房屋底层窗台的垂直高度；

α——当房屋正南向时冬至日正午的太阳高度角。

我国大部分地区日照间距为(1.0～1.7)H。越往南日照间距越小，越往北则日照间距越大，这是因为太阳高度角在南方要大于北方的原因。

对于大多数的民用建筑，日照是确定房屋间距的主要依据，因为在一般情况下，只要满足了日照间距，其他要求也就能满足。但有的建筑由于所处的周围环境不同，以及使用功能要求不同，房屋间距也不同，如教学楼为了保证教室的采光和防止声音、视线的干扰，间距要求应大于或等于 $2.5H$，而最小间距不小于 12 m。又如医院建筑，考虑卫生要求，间距应大于 $2.0H$，对于 1～2 层病房，间距不小于 25 m；3～4 层病房，间距不小于 30 m；对于传染病房与非传染病房的间距，应不小于 40 m。为节省用地，实际设计采用的建筑物间距可能会略小于理论计算的日照间距。

第六节　建筑剖面设计

剖面设计确定建筑物各部分高度、建筑层数、建筑空间的组合与利用，以及建筑剖面中的结构、构造关系等。它与平面设计是从两个不同的方面来反映建筑物内部空间的关系。平面设计着重解决内部水平方向上的问题，而剖面设计则主要研究竖向空间的处理，两个方面同样都涉及建筑的使用功能、技术经济条件、周围环境等问题。

剖面设计主要包括以下内容：

(1)确定房间的剖面形状、尺寸及比例关系。

(2)确定房屋的层数和各部分的标高，如层高、净高、窗台高度、室内外地面标高。

(3)解决天然采光、自然通风、保温、隔热、屋面排水及选择建筑构造方案。

(4)选择主体结构与围护结构方案。

(5)进行房屋竖向空间的组合，研究建筑空间的利用。

一、房间的剖面形状

房间的剖面形状分为矩形和非矩形两类。大多数民用建筑均采用矩形，非矩形剖面常用于有特殊要求的房间。房间的剖面形状主要是根据使用要求和特点来确定，同时，也要结合具体的物质技术、经济条件及特定的艺术构思考虑，使之既满足使用又能达到一定的艺术效果。

1. 使用要求

在民用建筑中，绝大多数的建筑是属于一般功能要求的，如住宅、学校、办公楼、旅馆、商店等。这类建筑房间的剖面形状多采用矩形，因为矩形剖面不仅能满足这类建筑的使用要求，而且具有前文谈到的一些优点。对于某些有特殊功能要求(如视线、音质等)的房间，则应根据使用要求选择适合的剖面形状。

有视线要求的房间主要是指影剧院的观众厅、体育馆的比赛大厅、教学楼中的阶梯教室等。这类房间除平面形状、大小需满足一定的视距、视角要求外，地面应有一定的坡度，以保证良好的视觉要求，即舒适、无遮挡地看清对象。

(1)视线要求。在剖面设计中，为了保证良好的视觉条件，即视线无遮挡，需要将座位逐排升高，使室内地面形成一定的坡度。地面的升起坡度主要与设计视点的位置及视线升高值有关，另外，第一排座位的位置、排距等对地面的升起坡度也有影响。图 9.30 所示为电影院和体育馆设计视点与地面坡度的关系。

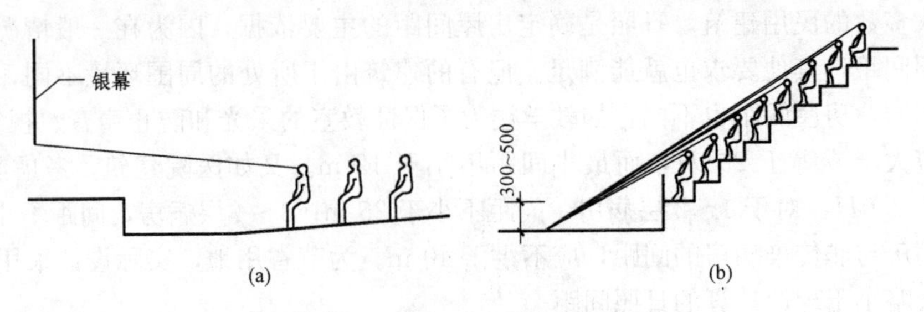

图 9.30 设计视点与地面坡度的关系

(a)电影院；(b)体育馆

视线升高值 C 的确定与人眼到头顶的高度和视觉标准有关，一般定为 120 mm。当对位排列(即后排人的视线擦过前排人的头顶而过)时，C 值取 120 mm；当错位排列(即后排人的视线擦过前面隔一排人的头顶而过)时，C 值取 60 mm。以上两种座位排列法均可保证视线无遮挡的要求，如图 9.31 所示。

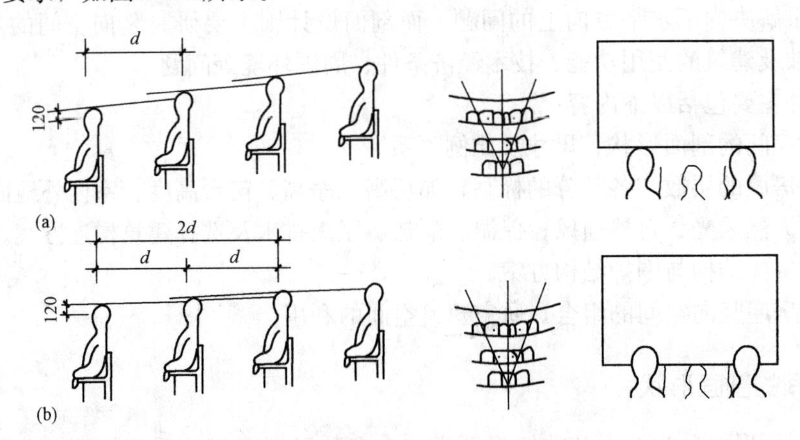

图 9.31 视觉标准与地面升起的关系

图 9.32 所示为中学演示教室地面升高剖面。其中，图 9.32(a)为对位排列，逐排升高，地面起坡大；图 9.32(b)为错位排列，每两排升高一级，地面起坡小。一般情况下，当地面坡度大于 1∶6 时，应做成台阶形。

(2)音质要求。凡剧院、电影院、会堂等建筑，大厅的音质要求对房间的剖面形状影响很大。为保证室内声场分布均匀，防止出现空白区、回声和聚焦等现象，在剖面设计中要注意顶棚、墙面和地面的处理。为有效地利用声能，加强各处直达声，必须使大厅地面逐渐升高，除此之外，顶棚的高度和形状是保证听得清楚、真实的一个重要因素。它的形状应使大厅各座位都能获得均匀的反射声，同时并能加强声压不足的部位。一般来说，凹面易产生聚焦，声场分布不均匀，凸面是声扩散面，不会产生聚焦，声场分布均匀。为此，大厅顶棚应尽量避免采用凹曲面或拱顶。

图 9.33 为观众厅的几种剖面形状示意。其中，图 9.33(a)平顶棚仅适用于容量小的观众厅；图 9.33(b)降低舞台口顶棚，并使其向舞台面倾斜，声场分布较均匀；图 9.33(c)采用波浪形顶棚，反射声能均匀分布到大厅各座位。以上几种形状都较常用。

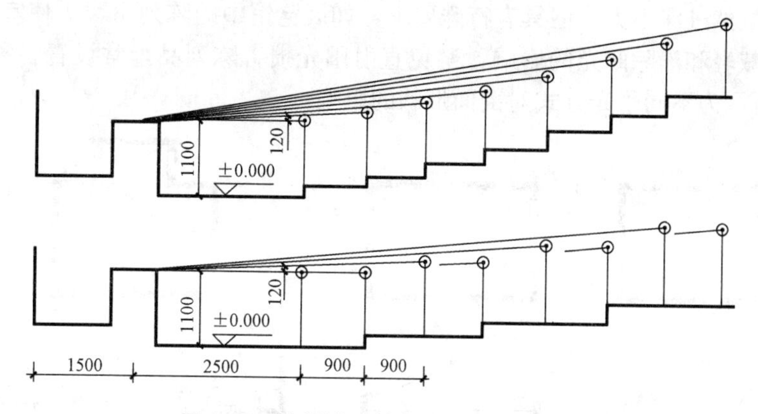

图 9.32　中学演示教室的地面升高剖面

(a)对位排列，每排升高 120；(b)错位排列，每两排升高 120

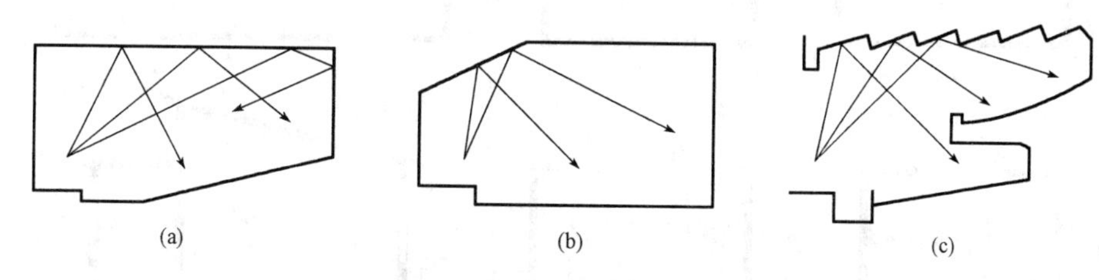

图 9.33　观众厅的几种剖面形状示意

(a)平顶棚；(b)降低舞台口顶棚；(c)波浪形顶棚

2. 结构、材料和施工的影响

长方形的剖面形状规整、简单、有利于采用梁板式结构布置，同时施工也比较简单，常用于大量性民用建筑。即使有特殊要求的房间，在能够满足使用要求的前提下，也宜优先考虑采用矩形剖面。

不同的结构类型对房间的剖面形状起着一定的影响。大跨度建筑的房间剖面由于结构形式的不同而形成不同于砖混结构的内部空间特征，如北京体育馆比赛大厅采用跨度为 50 多米的三位拱钢桁架，既满足使用要求，又具有独特的空间形状，如图 9.34 所示。

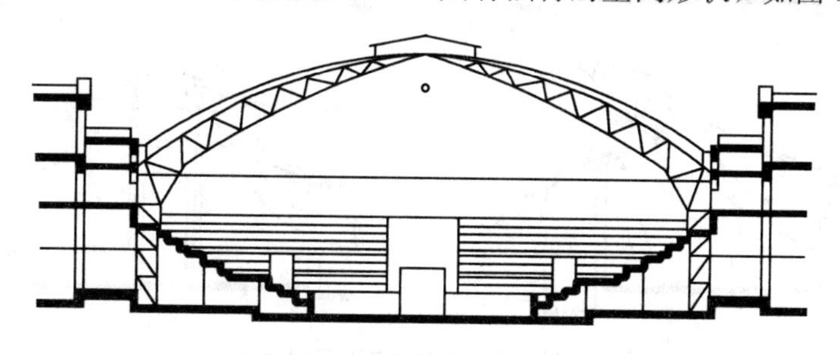

图 9.34　北京体育馆比赛大厅

3. 室内采光、通风的要求

一般进深不大的房间，通常采用侧窗采光和通风已足够满足室内卫生的要求。当房间进深大，侧窗不能满足上述要求时，常设置各种形式的天窗，从而形成了各种不同的剖面形状。

有的房间虽然进深不大，但具有特殊要求，如展览馆中的陈列室，为使室内照度均匀、稳定、柔和并减轻和消除眩光的影响，避免直射阳光损害陈列品，常设置各种形式的采光窗。图 9.35 所示为不同采光方式对剖面形状的影响。

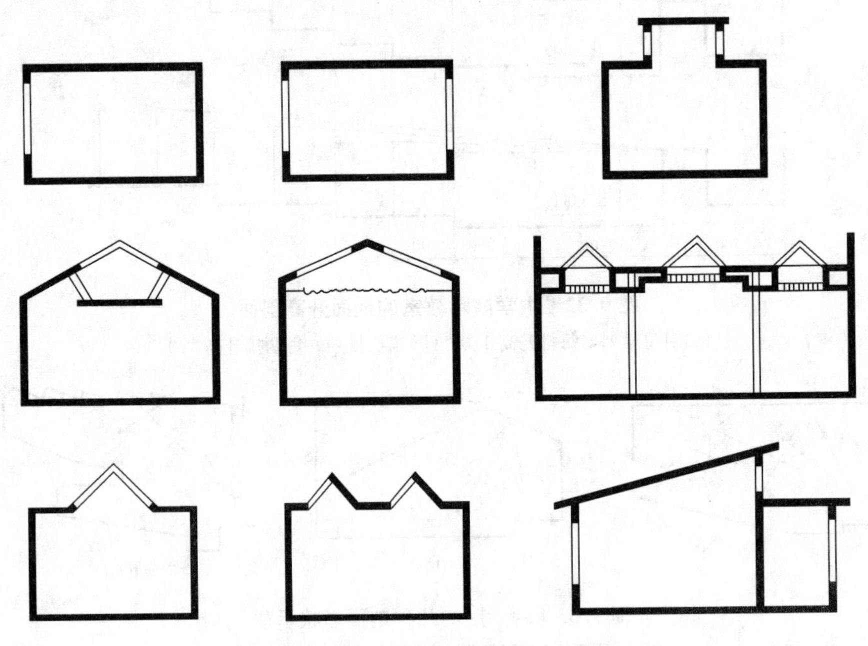

图 9.35　不同采光方式对剖面形状的影响

对于厨房一类房间，由于在操作过程中常散发出大量蒸汽、油烟等，可在顶部设置排气窗以加速排除有害气体，如图 9.36 所示。

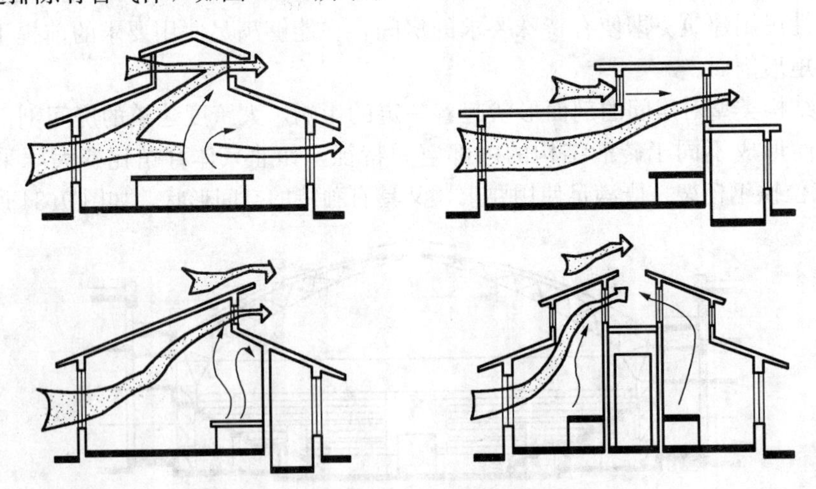

图 9.36　设置顶部排气窗的厨房剖面形状

二、房屋各部分高度的确定

1. 房间的净高和层高

房间的剖面设计，首先需要确定房间的净高和层高。房间的净高是指楼地面到结构层

(梁、板)底面或顶棚下表面之间的距离；层高是指该层楼地面到上一层楼面之间的距离。房间的高度恰当与否，直接影响到房间的使用、经济以及室内空间的艺术效果(图 9.37)。

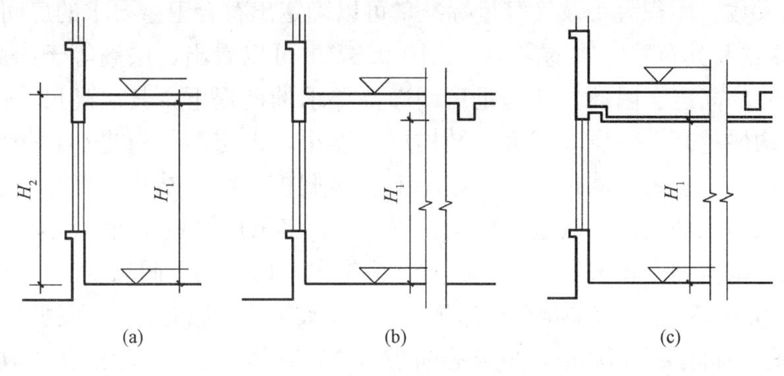

图 9.37 净高和层高

H_1—净高；H_2—层高

通常情况下，房间高度的确定主要考虑以下几个方面：

(1)人体活动及家具设备的要求。房间的净高与人体活动尺度有很大关系。为保证人们的正常活动，一般情况下，室内最小净高应使人举手不接触到顶棚为宜。为此，房间净高应不低于 2.20 m，如图 9.38 所示。

不同类型的房间，由于使用人数不同、房间面积大小不同，对房间的净高要求也不相同。卧室使用人数少、面积不大，常取 2.7～3.0 m；教室使用人数多，面积相应增大，净高宜高一些，一般取 3.30～3.60 m；公共建筑的门厅是接纳、分配人流及联系各部分的交通枢纽，是人们活动的集散地，人流较多，高度可较其他房间适当提高；商店营业厅净高受房间面积及客流量等因素的影响，国内大中型营业厅(无空调设备的)底层层高为 4.2～6.0 m，二层层高为 3.6～5.1 m。

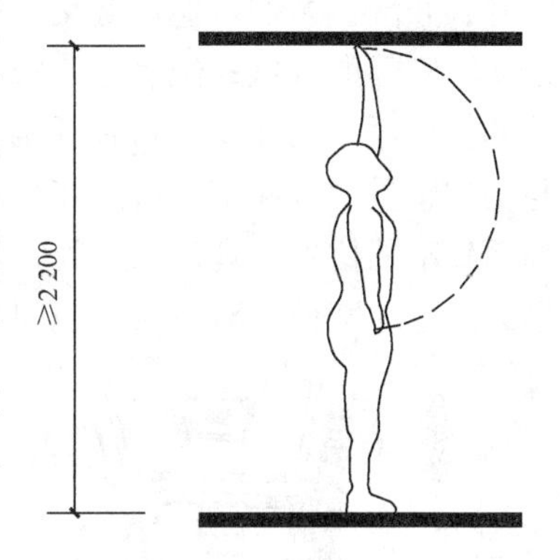

图 9.38 房间最小净高

除此之外，房间的家具设备以及人们使用家具设备的必要空间，也直接影响到房间的净高和层高。如学生宿舍通常设有双层床，则层高不宜小于 3.30 m；医院手术室净高应考虑手术台、无影灯以及手术操作所必要的空间，净高不应小于 3.0 m；游泳馆比赛大厅，房间净高应考虑跳水台的高度、跳水台至顶棚的最小高度；对于有空调要求的房间，通常在顶棚内布置有水平风管，确定层高时应考虑风管尺寸及必要的检修空间。

(2)采光、通风要求。房间的高度应有利于天然采光和自然通风。房间里光线的照射深度，主要靠窗户的高度来解决，进深越大，要求窗户上沿的位置越高，即相应房间的净高也要高一些。当房间采用单侧采光时，通常窗户上沿距离地的高度，应大于房间进深长度的一半。当房间允许两侧开窗时，房间的净高不小于总深度的 1/4。

房间内的通风要求、室内进出风口在剖面上的高低位置，也对房间净高有一定影响。潮湿和炎热地区的民用房屋，经常利用空气的气压差，来组织室内穿堂风，如在内墙上开设高窗，或在门上设置亮子等改善室内的通风条件，在这些情况下，房间净高就相应要高一些。

除此之外，容纳人数较多的公共建筑，应考虑房间正常的气容量，保证必要的卫生条件。按照卫生要求，中小学教室每个学生气容量为 3～5 m^3/人，电影院为 4～5 m^3/人。根据房间的容纳人数、面积大小及气容量标准，可以确定出符合卫生要求的房间净高。

(3)结构高度及其布置方式的影响。从图 9.37 中可以看出，层高等于净高加上楼板层(或屋顶结构层)的高度。因此，在满足房间净高要求的前提下，其层高尺寸随结构层的高度而变化。结构层越高，则层高越大；结构层高度小，则层高相应也小。一般住宅建筑由于房间开间进深小，多采用墙体承重，在墙上直接搁板，由于结构高度小，层高可取得小一些。随着房间面积加大，如教室、餐厅、商店等，多采用梁板布置方式，板搁置在梁上，梁支承在墙上，结构高度较大，确定层高时，应考虑梁所占的空间高度。

(4)建筑经济效果。层高是影响建筑造价的一个重要因素。因此，在满足使用要求和卫生要求的前提下，适当降低层高可相应减小房屋的间距，节约用地，减轻房屋自重，改善结构受力情况，节约材料。寒冷地区以及有空调要求的建筑，从减少空调费用、节约能源出发，层高也宜适当降低。实践表明，普通砖混结构的建筑物，层高每降低 100 mm 可节省投资 1%。

(5)室内空间比例。按照上述要求合理地确定房间高度的同时，还应注意房间的高宽比例，给人以适宜的空间感觉。一般来说，面积大的房间高度要高一些，面积小的房间则可适当降低。同时，不同的比例尺度往往得出不同的心理效果，高而窄的比例易使人产生兴奋、激昂、向上的情绪，且具有严肃感。但过高就会觉得不亲切，宽而矮的空间使人感觉宁静、开阔、亲切，但过低又会使人产生压抑、沉闷的感觉。住宅建筑要求空间具有小巧、亲切、安静的气氛；纪念性建筑则要求高大的空间以造成严肃、庄重的气氛；大型公共建筑的休息厅、门厅要求具有开阔、博大的气氛。巧妙地运用空间比例的变化，使物质功能与精神感受结合起来，就能获得理想的效果。图 9.39(a)所示的中国革命与历史博物馆运用高而较窄的比例处理门廊空间，从而获得庄严、雄伟的效果；图 9.39(b)所示的北京饭店新楼大宴会厅宽而相对较矮的空间使人感到亲切与开阔。

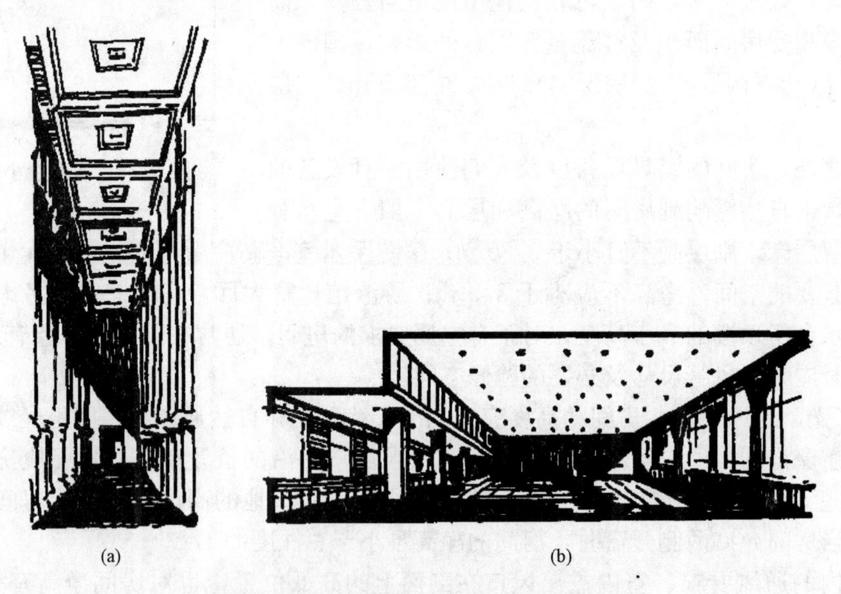

(a) (b)

图 9.39 空间比例不同给人以不同的感受

(a)高而较窄的空间比例；(b)宽而较矮的空间比例

2. 窗台高度

窗台高度与使用要求、人体尺度、家具尺寸及通风要求有关。大多数的民用建筑，窗台高度主要考虑方便人们工作、学习，保证书桌上有充足的光线。

一般常取900～1 000 mm，这样窗台距桌面高度控制在100～200 mm，保证了桌面上充足的光线，并使桌上纸张不致被风吹出窗外。

对于有特殊要求的房间，如设有高侧窗的陈列室，为消除和减少眩光，应避免陈列品靠近窗台布置。实践中总结出窗台到陈列品的距离要使保护角大于14°。为此，一般将窗下口提高到离地2.5 m以上。厕所、浴室窗台可提高到1 800 mm左右。托儿所、幼儿园窗台高度应考虑儿童的身高及较小的家具设备，医院儿童病房为方便护士照顾病儿，窗台高度均应较一般民用建筑低一些。

公共建筑的房间如餐厅、休息厅、娱乐活动场所，以及疗养建筑和旅游建筑，为使室内阳光充足和便于观赏室外景色，丰富室内空间，常将窗台做得很低，甚至采用落地窗。

3. 室内外地面高差

为了防止室外雨水流入室内，并防止墙身受潮，一般民用建筑常把室内地坪适当提高，以使建筑物室内外地面形成一定高差。该高差主要由以下因素确定：

(1)内外联系方便。住宅、商店、医院等建筑的室外踏步的级数常以不超过四级，即室内外地面高差不大于600 mm为好。而仓库类建筑为便于运输，在入口处常设置坡道，为不使坡道过长影响室外道路布置，室内外地面高差以不超过300 mm为宜。

(2)防水、防潮要求。为了防止室外雨水流入室内，并防止墙身受潮，底层室内地面应高于室外地面，一般为300 mm或300 mm以上。对于地下水水位较高或雨量较大的地区以及要求较高的建筑物，也有意识地提高室内地面以防止室内过潮。

(3)地形及环境条件。位于山地和坡地的建筑物，应结合地形的起伏变化和室外道路布置等因素，综合确定底层地面标高，使其既方便内外联系，又有利于室外排水和减少土石方工程量。

(4)建筑物的性格特征。一般民用建筑应具有亲切、平易近人的感觉，因此室内外高差不宜过大。纪念性建筑除在平面空间布局及造型上反映出它独自的性格特征外，还常借助于室内外高差值的增大，如采用高的台基和较多的踏步处理，以增强严肃、庄重、雄伟的气氛。

在建筑设计中，一般以首层室内地面标高为±0.000，高于它的为正值，低于它的为负值。

三、房屋的层数

影响房屋层数的因素很多，概括起来有以下几个方面。

1. 使用要求

住宅、办公楼、旅馆等建筑，使用人数不多、室内空间高度较低，多由若干面积不大的房间组成，即使是灵活分隔的大空间办公室，其空间高度、房间荷载也不大。因此，这一类建筑可采用多层和高层，利用楼梯、电梯作为垂直交通工具。

对于托儿所、幼儿园等建筑，考虑到儿童的生理特点和安全，同时为便于室内与室外活动场所的联系，其层数不宜超过三层。医院门诊部为方便病人就诊，层数也以不超过三层为宜。

影剧院、体育馆等一类公共建筑都具有面积和高度较大的房间，人流集中，为迅速而安全地进行疏散，宜建成低层。

2. 建筑结构、材料和施工的要求

建筑结构类型和材料是决定房屋层数的基本因素。例如，一般混合结构的建筑是以墙或柱承重的梁板结构体系，墙体材料多采用砖或砌块，自重大、整体性差，墙体厚度随层数的增加，下部墙体越来越厚，既费材料又减少有效的使用空间。因此，混合结构的建筑一般为1～6层。常用于一般大量性民用建筑，如住宅、宿舍、中小学教学楼、中小型办公楼、医院、食堂等。

多层和高层建筑，可采用梁柱承重的框架结构、剪力墙结构或框架-剪力墙结构等结构体系。表9.9和图9.40分别表示各种结构体系的适用层数及高层建筑的结构体系。

表9.9 各种结构体系的适用层数

体系名称	框架	框架-剪力墙	剪力墙	框筒	筒体	筒中筒	束筒	带刚臂框筒	巨型支撑
适用功能	商业、娱乐、办公	酒店、办公	住宅、公寓	办公、酒店、公寓	办公、酒店、公寓	办公、酒店、公寓	办公、酒店、公寓	办公、酒店、公寓	办公、酒店、公寓
适用高度	12层 50 m	24层 80 m	40层 120 m	30层 100 m	100层 400 m	110层 450 m	110层 450 m	120层 500 m	150层 800 m

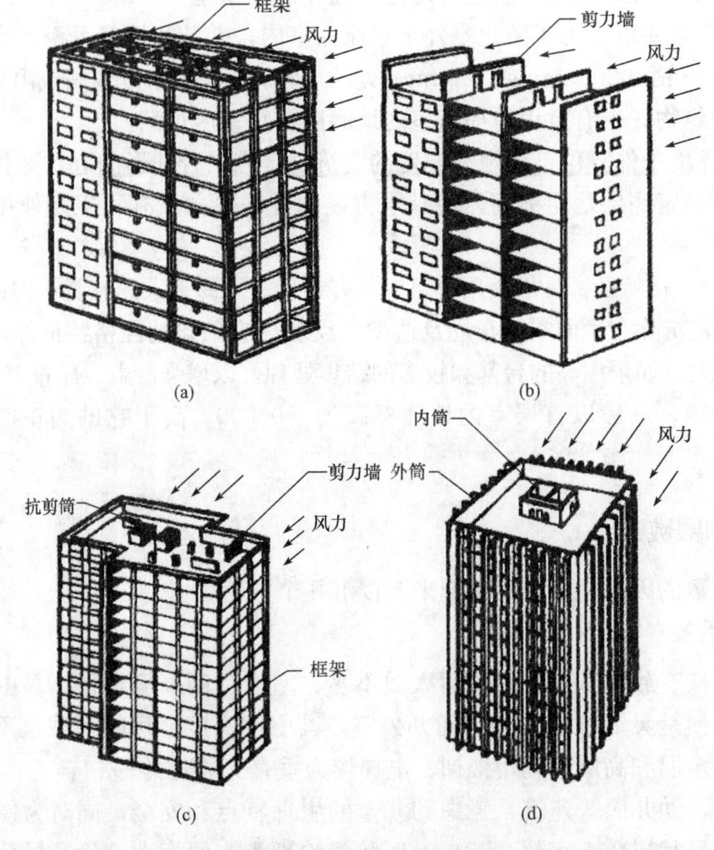

图9.40 高层建筑结构体系

(a)框架结构；(b)剪力墙结构；(c)框架-剪力墙结构；(d)筒体结构

空间结构体系，如薄壳、网架、悬索等则适用于低层大跨度建筑，如影剧院、体育馆、仓库、食堂等。确定房屋层数除受结构类型的影响外，建筑的施工条件、起重设备、吊装能力以及施工方法等均对层数有所影响，如吊装能力的大小对构件的重量、建筑总高度的限制；又如滑模施工，是利用一套提升设备使模板随着浇筑的混凝土不断向上滑升，直至完成全部钢筋混凝土工程量，建筑结构整体性较预制装配好，同时可以节约大量模板，缩短工期，降低造价。因此，对于多层和高层钢筋混凝土结构的建筑是适宜的，而且层数越多，经济效益也越显著。

3. 地震烈度

地震烈度不同，对房屋的层数和高度要求也不同。表 9.10 为砌体房屋总高度和层数限值；表 9.11 为钢筋混凝土房屋最大适用高度。

表 9.10　砌体房屋总高度和层数限值　　m

<table>
<tr><th rowspan="3">砌体类型</th><th rowspan="3">最小墙厚</th><th colspan="8">烈度</th></tr>
<tr><th colspan="2">6</th><th colspan="2">7</th><th colspan="2">8</th><th colspan="2">9</th></tr>
<tr><th>高度</th><th>层数</th><th>高度</th><th>层数</th><th>高度</th><th>层数</th><th>高度</th><th>层数</th></tr>
<tr><td>烧结普通砖</td><td>0.24</td><td>24</td><td>8</td><td>21</td><td>7</td><td>18</td><td>6</td><td>12</td><td>4</td></tr>
<tr><td>混凝土小砌块</td><td>0.19</td><td>21</td><td>7</td><td>18</td><td>6</td><td>15</td><td>5</td><td colspan="2" rowspan="3">不宜采用</td></tr>
<tr><td>混凝土中砌块</td><td>0.20</td><td>18</td><td>6</td><td>15</td><td>5</td><td>9</td><td>3</td></tr>
<tr><td>粉煤灰中砌块</td><td>0.24</td><td>18</td><td>6</td><td>15</td><td>5</td><td>9</td><td>3</td></tr>
</table>

表 9.11　钢筋混凝土房屋最大适用高度　　m

<table>
<tr><th rowspan="2">结构类型</th><th colspan="4">烈度</th></tr>
<tr><th>6</th><th>7</th><th>8</th><th>9</th></tr>
<tr><td>框架结构</td><td rowspan="2">同非抗震设计</td><td>55</td><td>45</td><td>25</td></tr>
<tr><td>框架-抗震墙结构</td><td>120</td><td>100</td><td>50</td></tr>
</table>

4. 建筑基地环境与城市规划的要求

房屋的层数与所在地段的大小、高低起伏变化有关。例如，在相同建筑面积的条件下，基地范围小，底层占地面积也小，相应层数可能多一些；地形变化陡，从减少土石方、布置灵活考虑，建筑物的长度、进深不宜过大，从而建筑物的层数也可相应增加。

另外，确定房屋的层数也与建筑设计的其他部分一样，不能脱离一定的环境条件。特别是位于城市街道两侧、广场周围、风景园林区等，必须重视建筑与环境的关系，做到与周围建筑物、道路、绿化等协调一致。同时要符合各地区城市规划部门对整个城市面貌的统一要求。而风景园林区显然与街道的环境特点不同，应以自然环境为主，充分借助大自然的美来丰富建筑空间，并通过建筑处理使风景更加增色，因此，应采用小巧、低层的建筑群，避免采用多层和高层形成喧宾夺主的效果。

5. 建筑防火要求

按照《建筑设计防火规范》(GB 50016—2014)的规定，建筑物层数应根据不同建筑的耐火等级来决定。如一、二级的民用建筑物，原则上层数不受限制；三级的民用建筑物，允许层数为 1～5 层；四级民用建筑物，允许层数为 2 层。不同耐火等级建筑防火分区的最大允许建筑面积见表9.12。

表9.12　不同耐火等级建筑防火分区的最大允许建筑面积

<table>
<tr><th>名称</th><th>耐火等级</th><th>防火分区最大允许建筑面积/m^2</th><th>备注</th></tr>
<tr><td>高层民用建筑</td><td>一、二级</td><td>1 500</td><td rowspan="2">对于体育馆、剧场的观众厅，防火分区的最大允许建筑面积可以适当增加</td></tr>
<tr><td rowspan="3">单、多层民用建筑</td><td>一、二级</td><td>2 500</td></tr>
<tr><td>三级</td><td>1 200</td><td>—</td></tr>
<tr><td>四级</td><td>600</td><td>—</td></tr>
<tr><td>地下或半地下建筑(室)</td><td>一级</td><td>500</td><td>设备用房的防火分区最大允许建筑面积不应大于1 000 m^2</td></tr>
<tr><td colspan="4">注：1. 表中规定的防火分区最大允许建筑面积，当建筑内设置自动灭火系统时，可按本表规定增加1.0倍；局部设置时，防火分区的增加面积可按该局部面积的1.0倍计算。
2. 裙房和高层建筑主体之间设置防火墙时，裙房的防火分区可按单、多层建筑的要求确定。</td></tr>
</table>

第七节　建筑体型及立面设计

建筑不仅要满足人们生产、生活等物质功能的要求，而且要满足人们精神文化方面的要求。为此，不仅要赋予它实用属性，同时，也要赋予它美观属性。建筑的美观主要是通过内部空间及外部造型的艺术处理来体现，同时，也涉及建筑的群体空间布局，而其中建筑物的外观形象经常地、广泛地被人们所接触，对人的精神感受上产生的影响尤为深刻。例如，轻巧、活泼、通透的园林建筑；雄伟、庄严、肃穆的纪念性建筑；朴素、亲切、宁静的居住建筑以及简洁、完整、挺拔的高层公共建筑等。

体型和立面设计着重研究建筑物的体量大小、体型组合、立面及细部处理等。在满足使用功能和经济合理的前提下，运用不同的材料、结构形式、装饰细部、构图手法等创造出预想的意境，从而不同程度地给人以庄严、挺拔、明朗、轻快、简洁、朴素、大方、亲切的印象，加上建筑物体型庞大、与人们目光接触频繁，因此具有独特的表现力和感染力。

建筑体型和立面设计是整个建筑设计的重要组成部分。外部体型和立面反映内部空间的特征，但绝不能简单地理解为体型和立面设计只是内部空间的最后加工，是建筑设计完成后的最后处理，而应与平、剖面设计同时进行，并贯穿于整个设计的始终。在方案设计一开始，就应在功能、物质技术条件等制约下按照美观的要求考虑建筑体型及立面的雏形。随着设计的不断深入，在平、剖面设计的基础上对建筑外部形象从总体到细部反复推敲、协调、深化，使之达到形式与内容完美的统一，这是建筑体型和立面设计的主要方法。

建筑体型和立面设计不能离开物质技术发展的水平和特定的功能、环境而任意塑造，它在很大程度上要受到使用功能、材料、结构施工技术、经济条件及周围环境的制约。因此，每一栋建筑物都具有自己独特的形式和特点。除此之外，还要受到不同国家的自然社会条件、生活习惯和历史传统等各方面综合因素的影响，建筑外形不可避免地要反映出特定历史时期、特定民族和地区的特点，使之具有时代气息、民族风格和地区特色。只有全面考虑上述因素，运用建筑艺术造型构图规律来塑造建筑体型和立面造型，才能创造出真实、纯洁、具有强烈感染力的建筑形象。

一、建筑体型和立面设计的原则

1. 反映建筑使用功能要求和特征

建筑是为了满足人们生产和生活需要而创造出的物质空间环境。各类建筑由于使用功能的千差万别，室内空间完全不同，在很大程度上必然导致不同的外部体型及立面特征。如住宅建筑，重复排列的阳台、尺度不大的窗户，形成了生活气息浓郁的居住建筑特征。

2. 反映物质技术条件的特点

建筑不同于一般的艺术品，它必须运用大量的材料并通过一定的结构施工技术等手段才能建成。因此，建筑体型及立面设计必然在很大程度上受到物质技术条件的制约，并反映出结构、材料和施工的特点。

3. 符合城市规划及基地环境的要求

建筑本身就是构成城市空间和环境的重要因素，它不可避免地要受到城市规划、基地环境的某些制约，所以，建筑基地的地形、地质、气候、方位、朝向、形状、大小、道路、绿化以及原有建筑群的关系等，都对建筑外部形象有极大影响。

例如，美国建筑大师莱特设计的流水别墅，建于幽雅的山泉峡谷之中，建筑凌跃于奔泻而下的瀑布之上，与山石、流水、树林融为一体(图 9.41)。

图 9.41　流水别墅

4. 适应社会经济条件

建筑外形设计应本着勤俭的精神，严格掌握质量标准，尽量节约资金。一般对于大量性建筑，标准可以低一些，而国家重点建造的某些大型公共建筑，标准则可高一些。

应当指出，建筑外形的艺术美并不是以投资的多少为决定因素。事实上，只要充分发挥设计者的主观能动性，在一定的经济条件下，巧妙地运用物质技术手段和构图法则，努力创新，完全可以设计出适用、安全、经济、美观的建筑物。

二、建筑美的构图规律

在日常生活中，人们对一幢建筑的外观形象总是会产生美与不美的印象。究竟什么样的建筑才算美？如何才能创造形式美的建筑？这是每一个设计工作者非常关心的问题。建筑造型是有其内在规律的，人们要创造出美的建筑，就必须遵循建筑美的法则，如统一、均衡、稳定、对比、韵律、比例、尺度等。不同时代、不同地区、不同民族，尽管建筑形式千差万别，尽管人们审美观各不相同，但这些建筑美的基本法则都是一致的，是被人们普遍承认的客观规律，因而具有普遍性。

1. 统一与变化

建筑物在客观上普遍存在着统一与变化的因素。一座建筑物中相同使用功能的房间在层高、开间、门窗及其他方面采取统一的做法和处理方式；工业化生产要求在建筑结构设计时尽可能地采取统一的构件和做法，外形上也必然有所反映。这些都是一些统一的因素。而不同使用功能的房间的不同处理方式，组成建筑的不同构件，如门窗、墙柱、屋顶、雨篷、凹凸阳台等，由于其不同的内容而在外形上反映出多样化的形式，这些则是一些变化的因素。在这些客观存在着的统一与变化的因素中，如何处理它们之间的相互关系，就成为建筑构图中的一个非常重要的问题。所谓"多样统一""统一中有变化""变化中求统一"都是为了取得整齐、简洁、有序而又不至于单调、呆板，体型丰富而又不致杂乱无章的建筑形象。

在建筑处理上，统一的概念并不仅局限在一栋建筑物的外形上，而必须是外部形象和内部空间及使用功能的有机统一。优秀的建筑作品，从总体到个体，从外部到内部，从形式到内容，从体型到立面和细部处理都必须是和谐统一的有机整体。

统一与变化是古今中外优秀建筑师必然要遵循的一个共同准则，是建筑构图的一条重要原则，也是艺术领域里各种艺术形式都要遵循的一般原则。它是一切形式美的基本规律，具有广泛的普遍性和概括性。其他如主从、对比、比例、均衡等构图诸要点，实际上是统一与变化在某一方面的体现，或者说是作为达到统一与变化的手段。

(1)以简单的几何形体求统一。任何简单的容易被人们辨认的几何形体都具有一种必然的统一性，如圆柱体、圆锥体、长方体、正方体、球体等(图 9.42)。这些形体也常常用于建筑上。由于它们的形状简单，很自然取得统一。如我国古代的天坛、园林建筑中的亭台也常以简单的几何形体而给人以明确统一的印象，又如法国的卢浮宫(图 9.43)。

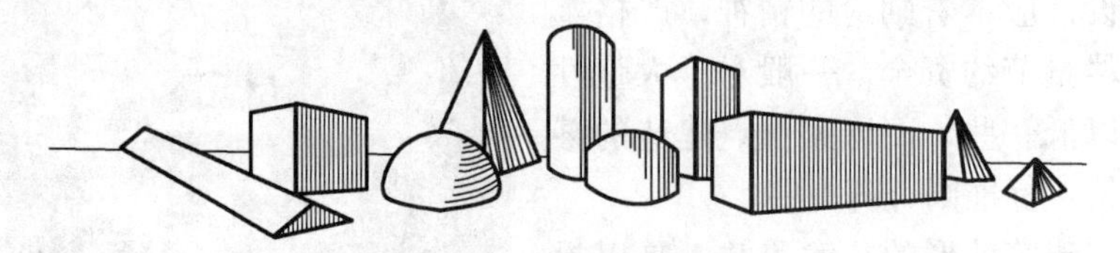

图 9.42　建筑的基本体形

图 9.43　简单的几何形体：法国卢浮宫

(2)主从分明，以陪衬求统一。复杂体量的建筑根据功能的要求常包括主要部分和从属部分。如果不加以区别对待，则建筑必然显得平淡、松散，缺乏统一性。在外形设计中，恰当地处理好主要与从属、重点与一般的关系，使建筑形成主从分明，以次衬主，就可以加强建筑的表现力，取得完整统一的效果。

2. 均衡与稳定

均衡与稳定既是力学概念也是建筑形象概念。如果一个建筑物看起来摇摇欲坠，或动荡不安、紧张吃力，就很难谈得上美观问题。因此，均衡与稳定也是建筑构图中的一个重要原则。均衡主要是研究建筑物各部分前后左右的轻重关系，并使其组合起来应给人以安定、平稳的感觉；稳定则是指建筑整体上下之间的轻重关系，应给人以安全可靠、坚如磐石的效果。均衡与稳定是相互联系的。

在处理建筑物的均衡与稳定时，还应考虑各建筑造型要素的质量轻重感的处理关系。一般来说，墙、柱等实体部分感觉上要重一些，门、窗、敞廊等空虚部分感觉要轻一些；材料粗糙的感觉要重一些，材料光洁的感觉要轻一些；色暗而深的感觉上要重一些，色明而浅的感觉要轻一些。另外，经过装饰(如绘画、雕刻等)或线条分割后的实体比没有处理的实体，在轻重感上也有很大的区别。

(1)均衡。均衡主要是研究建筑物各部分前后左右的轻重关系。

在建筑构图中，均衡与力学的杠杆原理是有联系的。如图 9.44 所示为均衡的力学原理，支点表示均衡中心，根据均衡中心的位置不同，又可分为对称的均衡与不对称的均衡。

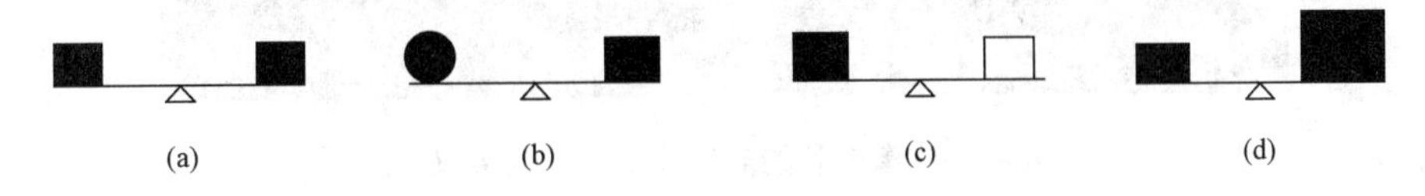

图 9.44 均衡的力学原理

(a)绝对对称均衡；(b)基本对称均衡；(c)、(d)不对称均衡

对称的建筑是绝对均衡的，以中轴线为中心并加以重点强调，两侧对称容易取得完整统一的效果，给人以端庄、雄伟、严肃的感觉，常用于纪念性建筑或者其他需要表现庄严、隆重的公共建筑。如毛主席纪念堂、人民大会堂等都是通过对称均衡的形式体现出不同建筑的特征，获得明显的完整统一。

不对称均衡是将均衡中心(视觉上最突出的主要出入口)偏于建筑的一侧，利用不同体量、材质、色彩、虚实变化等的平衡达到不对称均衡的目的。它与对称均衡相比显得轻巧、活泼。

(2)稳定。稳定是指建筑整体上下之间的轻重关系。一般来说，上面小，下面大，由底部向上逐层缩小的手法易获得稳定感。

近代建造了不少底层架空的建筑，利用悬臂结构的特性、粗糙材料的质感和浓郁的色彩加强底层的厚重感，同样达到稳定的效果。

3. 韵律

韵律是任何物体各要素重复出现所形成的一种特性，它广泛渗透于自然界一切事物和现象中，如心跳、呼吸、水纹、树叶等。这种有规律的变化和有秩序的重复所形成的节奏，能给人以美的感受。

建筑物由于使用功能的要求和结构技术的影响，存在着很多重复的因素，如建筑形体、空间、构件乃至门窗、阳台、凹廊、雨篷、色彩等，这就为建筑造型提供了很多有规律的依据，在建筑构图中，有意识地对自然界一切事物和现象加以模仿和运用，从而出现了具有条理性、重复性和连续性为特征的韵律美。

4. 对比

建筑造型设计中的对比，具体表现在体量的大小、高低、形状、方向、线条曲直、横竖、虚实、色彩、质地、光影等方面。在同一因素之间通过对比，相互衬托，就能产生不同的形象效果。对比强烈，则变化大，感觉明显，建筑中很多重点突出的处理手法往往是采取强烈对比的结果；对比小，则变化小，易于取得相互呼应、和谐、协调统一的效果。因此，在建筑设计中恰当地运用对比的强弱是取得统一与变化的有效手段，如巴西会议大厦(图 9.45)。

图 9.45 体量形状的对比实例：巴西会议大厦

5. 比例

比例是指长、宽、高三个方向之间的大小关系。无论是整体或局部以及整体与局部之间、局部与局部之间都存在着比例关系。良好的比例能给人以和谐、完美的感受；反之，比例失调就无法使人产生美感。

一般来说，抽象的几何形状以及若干几何形状之间的组合，处理得当就可获得良好的比例而易于为人们所接受。如圆形、正方形、正三角形等具有肯定的外形而引起人们的注意；“黄金率”的比例关系(即长宽之比为 1∶1.618)要比其他长方形好；大小不同的相似形，它们之间对角线互相垂直或平行，由于具有“比率”相等而使比例关系谐调，如图 9.46 所示。

6. 尺度

尺度是研究建筑物整体与局部构件给人感觉上的大小与其真实大小之间的关系。

抽象的几何形体显示不了尺度感，但一经尺度处理，人们就可以感觉出它的大小来。在建筑设计过程中，常常以人或与人体活动有关的一些不变因素如门、台阶、栏杆等作为比较标准，通过与它们的对比而获得一定的尺度感。

在建筑设计中，尺度的处理通常有以下三种方法：

(1)自然的尺度：以人体大小来度量建筑物的实际大小，从而给人的印象与建筑物真实大小一致。常用于住宅、办公楼、学校等建筑。

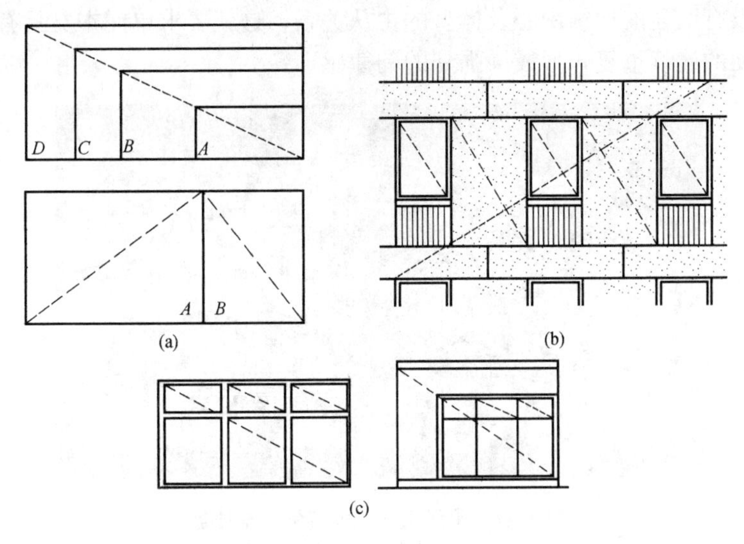

图 9.46　比例关系谐调图

(2)夸张的尺度：运用夸张的手法给人以超过真实大小的尺度感。常用于纪念性建筑或大型公共建筑，以表现庄严、雄伟的气氛。

(3)亲切的尺度：以较小的尺度获得小于真实的感觉，从而给人以亲切宜人的尺度感。常用来创造小巧、亲切、舒适的气氛，如庭院建筑。

三、建筑体型及立面设计的方法

体型是指建筑物的轮廓形状，它反映了建筑物总的体量大小、组合方式以及比例尺度等。而立面是指建筑物的门窗组织、比例与尺度、入口及细部处理、装饰与色彩等。体型和立面是建筑统一体相互联系、不可分割的两个方面。在建筑外形设计中，可以说体型是建筑的雏形，而立面设计则是建筑物体型的进一步深化。因此，只有将二者作为一个有机的整体统一考虑，才能获得完美的建筑形象。

民用建筑类别繁多，体型和立面千变万化。但无论哪一类建筑，尽管在体型和立面的处理上有各自不同的特点和方法，但基本的构图原则是一致的。在设计过程中，应充分考虑建筑功能、材料和结构等的制约因素，运用前面所讲的构图法则，从体型入手，逐步深入到每个立面，进行反复推敲，不断修改，使体型和立面相协调，达到完美统一。

1. 体型的组合

(1)单一体型。单一体型是将复杂的内部空间组合到一个完整的体型中。外观各面基本等高，平面多呈正方形、矩形、圆形、Y 形等。

这类建筑的特点是没有明显的主从关系和组合关系，造型统一、简洁、轮廓分明，给人以鲜明而强烈的印象，也可以将复杂的功能关系、多种不同用途的大小房间，合理、有效地加以简化、概括在简单的平面空间形式之中，便于采用统一的结构布置。

(2)单元组合体型(图 9.47)。一般民用建筑如住宅、学校、医院等常采用单元组合体型。它是将几个独立体量的单元按一定方式组合起来的。具有以下特点：

1)组合灵活。结合基地大小、形状、朝向、道路走向、地形起伏变化，建筑单元可随意增减，高低错落，既可形成简单的一字形体型，也可形成锯齿形、台阶式等体型。

2)建筑物没有明显的均衡中心及体型的主从关系，这就要求单元本身具有良好的造型。

3)由于单元的连续重复，形成了强烈的韵律感。

图 9.47　单元组合体型实例：某住宅

(3)复杂体型(图 9.48)。复杂体型是由两个以上的体量组合而成的，体型丰富，更适用于功能关系比较复杂的建筑物。由于复杂体型存在着多个体量，进行体量与体量之间相互协调与统一时应着重注意以下几点：

1)主次关系。进行组合时应突出主体，有重点，有中心，主从分明，巧妙结合以形成有组织、有秩序又不杂乱的完整统一体。

2)对比。运用体量的大小、形状、方向、高低、曲直等方面的对比，可以突出主体，破除单调感，从而求得丰富、变化的造型效果。

3)均衡与稳定。体型组合的均衡包括对称与非对称两种方式。对称的构图是均衡的，容易取得完整的效果。对于非对称方式要特别注意各部分体量大小变化、轻重关系、均衡中心的位置以求得视觉上的均衡。

图 9.48　复杂体型实例：某教学楼

2. 体型的转折与转角处理

在特定的地形或位置条件下，如丁字路口、十字路口或任意角度的转角地带布置建筑物时，如果能够结合地形巧妙地进行转折与转角处理，不仅可以扩大组合的灵活性以适应地形的变化，而且可以使建筑物显得更加完整统一。

转折主要是指建筑物顺道路或地形的变化作曲折变化。因此，这种形式的临街部分实际上是长方形平面的简单变形和延伸，具有简洁流畅、自然大方、完整统一的外现形象。

根据功能和造型的需要，转角地带的建筑体型常采用主附体相结合，以附体陪衬主体，主从分明的方式。也可采取局部体量升高以形成塔楼的形式，以塔楼控制整个建筑物及周围道路，使交叉口、主要入口更加醒目。

3. 体量的连接

复杂体型中各体量的大小、高低、形状各不相同，如果连接不当，不仅影响到体型的完整，而且将会直接损害到使用功能和结构的合理性。组合设计中常采取以下几种连接方式：

(1)直接连接。在体型组合中，将不同体量的面直接相连称为直接连接。这种方式具有体型分明、简洁、整体性强的优点，常用于功能要求各房间联系紧密的建筑。

(2)咬接。各体量之间相互穿插，体型较复杂，但组合紧凑，整体性强，较前者易于获得有机整体的效果，是组合设计中较为常用的一种方式。

(3)以走廊或连接体相连。这种方式的特点是各体量之间相对独立而又互相联系，走廊的开敞或封闭、单层或多层，常随不同功能、地区特点、创作意图而定，建筑给人以轻快、舒展的感觉。图 9.49 所示为西昌某中学走廊连接实例。

4. 立面设计

建筑立面是由许多部件组成的，这些部件包括门窗、墙柱、阳台、遮阳板、雨篷、檐口、勒脚、花饰等。立面设计就是恰当地确定这些部件的尺寸大小、比例关系以及材料色彩等。通过形的变换、面的虚实对比、线的方向变化等，求得外形的统一与变化和内部空间与外形的协调统一。

图 9.49　西昌某中学走廊连接实例

(1)进行立面处理，应注意以下几点：

1)建筑立面是为满足施工要求而按正投影绘制的，分别为正立面、背立面和侧立面。而一般人看到的是两个面。因此，在推敲建筑立面时不能孤立地处理每个面，必须注意几个面的相互协调和相邻面的衔接以取得统一。

2)建筑造型是一种空间艺术，研究立面造型不能只局限在立面的尺寸大小和形状，应考虑到建筑空间的透视效果。例如，对高层建筑的檐口处理，其尺度需要夸大。如果仍采用常规尺度，从立面图看虽然合适，但建成后在地面观看由于透视的原因，就会感到檐口尺度过小。

3)立面处理是在符合功能和结构要求的基础上，对建筑空间造型的进一步深化。因此，建筑外形应立足于运用建筑物构件的直接效果、入口的重点处理以及少量装饰处理等。对于中小型建筑更应力求简洁、明朗、朴素、大方，避免烦琐装饰。

(2)立面处理方法如下：

1)立面的比例与尺度。立面的比例与尺度的处理是与建筑功能、材料性能和结构类型分不开的，由于使用性质、容纳人数、空间大小、层高等不同，形成全然不同的比例和尺度关系。

建筑立面常借助于门窗、细部等的尺度处理反映出建筑物的真实大小。

2)立面的虚实与凹凸。建筑立面中"虚"的部分是指窗、空廊、凹廊等，给人以轻巧、通透的感觉；"实"的部分主要是指墙、柱、屋面、栏板等，给人以厚重、封闭的感觉。巧妙地处理建筑外观的虚实关系，可以获得轻巧生动、坚实有力的外观形象。

以虚为主、虚多实少的处理手法能获得轻巧、开朗的效果。以实为主、实多虚少能产生稳定、庄严、雄伟的效果。虚实相当的处理容易给人以单调、呆板的感觉。在功能允许的条件下，可以适当将虚的部分和实的部分集中，使建筑物产生一定的变化。

由于功能和构造上的需要，建筑外立面常出现一些凹凸部分。凸的部分一般有阳台、雨篷、遮阳板、挑檐、凸柱、凸出的楼梯间等；凹的部分有凹廊、门洞等。通过凹凸关系的处理可以加强光影变化，增强建筑物的体积感，丰富立面效果。

3)立面的线条处理。任何线条本身都具有一种特殊的表现力和多种造型的功能。从方向变化来看，垂直线具有挺拔、高耸、向上的气氛；水平线使人感到舒展与连续、宁静与亲切；斜线具有动态的感觉；网格线有丰富的图案效果，给人以生动、活泼而有秩序的感觉。从粗细、曲折变化来看，粗线条表现厚重、有力；细线条具有精致、柔和的效果；直线表现刚强、坚定；曲线则显得优雅、轻盈。

建筑立面上客观存在着各种线条，如立柱、墙垛、窗台、遮阳板、檐口、通长的栏板、窗间墙、分格线等。

4)立面的色彩与质感。不同的色彩具有不同的表现力，给人以不同的感受。以浅色为基调的建筑给人以明快清新的感觉，深色显得稳重，橙黄等暖色调使人感到热烈、兴奋；青、蓝、紫、绿等色使人感到宁静。运用不同色彩的处理，可以表现出不同建筑的性格、地方特点及民族风格。

建筑外形色彩设计包括大面积墙面的基调色的选用和墙面上不同色彩的构图两个方面。设计中应注意以下问题：

①色彩处理必须和谐统一且富有变化，在用色上可采取大面积基调色为主，局部运用其他色彩形成对比而突出重点。

②色彩的运用必须与建筑物性质相一致。

③色彩的运用必须注意与环境的密切协调。

④基调色的选择应结合各地的气候特征。寒冷地区宜采用暖色调，炎热地区多偏于采用冷色调。

建筑立面由于材料的质感不同，也会给人以不同的感觉。如天然石材和砖的质地粗糙，具有厚重及坚固感；金属及光滑的表面感觉轻巧、细腻。在立面设计中，常常利用质感的处理来增强建筑物的表现力。

5)立面的重点与细部处理。根据功能和造型需要，在建筑物某些局部位置进行重点和细部处理，可以突出主体，打破单调感。立面的重点处理常常是通过对比手法取得的。建筑物重点处理的部位如下：

①建筑物的主要出入口及楼梯间是人流最多的部位。

②根据建筑造型上的特点，重点表现有特征的部分，如体量中转折、转角、立面的凸出部分及上部结束部分，如车站钟楼、商店橱窗、房屋檐口等。

③为了使建筑统一中有变化，避免单调以达到一定的美观要求，也常在反映该建筑性格的重要部位，如住宅阳台、凹廊、公共建筑中的柱头、檐等部位进行处理。

在立面设计中，对于体量较小或人们接近时才能看得清的部分，如墙面勒脚、花格、漏窗、檐口细部、窗套、栏杆、遮阳板、雨篷、花台及其他细部装饰等的处理称为细部处理。细部处理必须从整体出发，接近人体的细部应充分发挥材料色泽、纹理、质感和光泽度的美感作用。对于位置较高的细部，一般应着重于总体轮廓和注意色彩、线条等大效果，而不宜刻画得过于细腻。

第八节 中学教学楼设计

一、设计题目

18 班中学教学楼设计

二、设计条件

(1)修建地点：某市新建职工住宅区内。

(2)总平面位置及地形条件：如图 9.50 所示

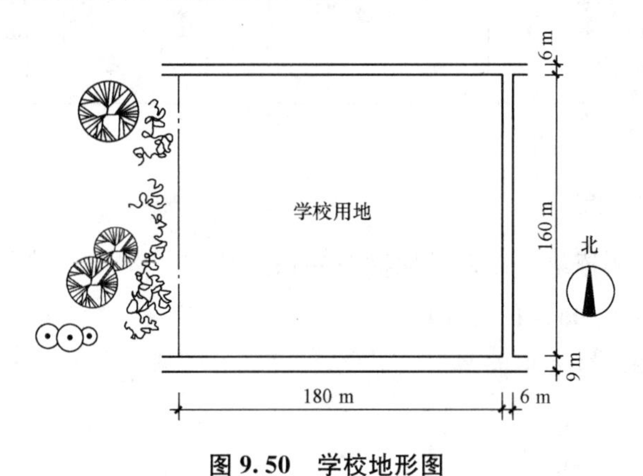

图 9.50 学校地形图

(3)地震烈度及耐火等级：8 度、二级。

(4)结构类型：框架结构为主。

(5)建筑层数：4～5 层为主。

(6)房间名称及使用面积指标：总建筑面积为 3 000 m^2 左右。

(7)总平面布置：

1)教学楼。

2)运动场：设 250 m 环形跑道(附 100 m 直跑道)田径场一个，篮球场 2 个，排球场 2 个，羽毛球场 1 个。

3)通道及绿化。

(8)房间名称和使用面积：见表 9.13。

表 9.13　房间名称和使用面积

<table>
<tr><th></th><th>房间名称</th><th>间数</th><th>每间使用面积/m²</th><th>备注</th></tr>
<tr><td rowspan="9">教学用房</td><td>普通教室</td><td>18</td><td>53～57</td><td rowspan="9">每班定员 50 人
语言教室附加控制室 40～45 m²
美术室附加教具室 40～45 m²
教师休息室可每层或隔层设</td></tr>
<tr><td>实验室</td><td>3～4</td><td>85～90</td></tr>
<tr><td>仪器准备室</td><td>3～4</td><td>40～46</td></tr>
<tr><td>音乐教室</td><td>1</td><td>70～75</td></tr>
<tr><td>乐器室</td><td>1</td><td>15～20</td></tr>
<tr><td>语言教室</td><td>1</td><td>85～90</td></tr>
<tr><td>电脑教室</td><td>2～4</td><td>85～90</td></tr>
<tr><td>美术教室</td><td>1</td><td>85～90</td></tr>
<tr><td>教师休息室</td><td>2～4</td><td>16～20</td></tr>
<tr><td rowspan="4">行政用房</td><td>教学办公室</td><td>15</td><td>13～20</td><td rowspan="4">传达、值班室可设在楼外</td></tr>
<tr><td>党政办公室</td><td>8</td><td>13～20</td></tr>
<tr><td>社团办公室</td><td>2～3</td><td>13～20</td></tr>
<tr><td>传达、值班室</td><td>2</td><td>10～20</td></tr>
<tr><td>生活、
辅助用房</td><td>教职工宿舍
教职工食堂
厕所</td><td></td><td></td><td>宿舍、食堂在总平面中布置。
运动场中心距教学楼内厕所
超过 90 m时，按 15%人设计</td></tr>
</table>

三、设计内容及深度

图幅规格：2#，用铅笔绘制，另加描图一套。

1. 平面图(比例 1∶200～1∶150)

(1)按制图规范绘制各层平面图。

(2)纵、横轴线及编号。

(3)平面尺寸：

1)总尺寸——外包尺寸。

2)轴线尺寸。

3)洞间墙段及门窗洞口尺寸——凡洞间墙段为轴线等分者，只需注明洞间的总尺寸，非等分者则应分别注出。

4)准确绘出楼梯的踏步和扶手，标出上下行线，并写出步数和踏步尺寸。

5)标出室外地坪及楼地面标高。

6)标注门窗编号、门的开启方向及方式。

7)详图索引号。

8)剖切线及剖面编号(在底层平面中标注)。

2. 剖面图(比例 1∶150～1∶100)

绘 1～2 个剖面，其中一个必须为楼梯间。

(1)外柱轴线及轴线编号。

(2)剖面尺寸。

1)总高尺寸：从室外地坪到女儿墙顶面或挑檐口的上表面。

2)层高尺寸：室外地坪到底层地面，底层地面到上一层楼面，楼面到屋顶。

3)门窗洞口的高度和窗台高、梁高。

4)梯段长(步数×步宽)、平台宽、梯段高(步数×步高)

(3)标高：楼地面、平台面、室外地坪、檐口上表面、女儿墙压顶上表面、雨篷底面等。

(4)剖面节点详图索引：如墙脚、窗台、檐口等。

3. 立面图(比例1∶200～1∶150)

绘制两个以上主要立面。

(1)标出房屋两端轴线。

(2)各部分用料、色彩及做法。包括檐口、外墙、勒脚、雨篷等说明及索引。

(3)标出层高、总高和楼地面的标高。

4. 屋顶构造详图

本设计均做平屋顶，防水采用柔性或刚性防水屋面，排水方案为有组织排水，屋顶作隔热处理。

(1)屋顶平面图(比例1∶150～1∶200)。

1)各转角部分定位轴线及其间距。

2)四周出檐尺寸及屋面各部分的标高。

3)屋面排水方向、坡度及各坡面的交线，天沟、檐沟、泛水、出水口、雨水斗的位置、规格与用料说明或详图索引号。

(2)屋顶构造详图。

1)绘制2～3个大样，比例1∶10 、1∶5、1∶2。

2)屋顶的大样应选择与排水、防水、隔热构造有关的主要构造节点。

3)要求具有详细尺寸和详细的用料做法说明，并须把有关的结构构件位置、形状与建筑部位的构造关系表达清楚。具体绘制内容及深度可参考各地区的标准图和屋顶参考图。

5. 总平面图(比例1∶500或1∶1 000)

要求在给定的地形中布置出所设计的建筑物以及道路和绿化。

6. 设计说明

(1)所设计的建筑物的性质、用途及设计意图和依据。

(2)技术经济指标：建筑面积、使用面积、建筑平面系数K。

(3)装修标准：墙面、楼地面、屋面、楼梯、门窗、顶棚等所用材料、色彩和做法。

四、参考资料

(1)建筑设计资料集。

(2)建筑设计规范。

(3)中小型建筑设计图集。

(4)中小学建筑设计实例。

复习思考题

参考答案

一、填空题

1. 建筑工程设计包括__________、__________和__________三个方面的内容。

2. 建筑设计过程按工程复杂程度、规模大小及审批要求，划分为不同的设计阶段。一般分为__________设计或__________设计。

3. 为了防止室外雨水流入室内，并防止墙身受潮，一般民用建筑常把室内地坪适当提高，以使建筑物室内外地面形成一定高差，该高差主要由__________、__________、__________和__________四个方面因素确定。

4. 建筑物之间的距离，主要应根据__________、__________、__________和__________四方面因素确定。

5. 厕所卫生设备有__________、__________、__________和__________等。

二、选择题

1. 住宅中卧室、厨房、阳台的门应考虑一人携带物品通行，卧室常取(　　)mm。

A. 900　　B. 1 000　　C. 1 200　　D. 1 500

2. 按照《建筑设计防火规范》(GB 50016—2014)的要求，当房间使用人数超过 50 人，面积超过 60 m^2 时，至少需设(　　)个门。

A. 2　　B. 3　　C. 4　　D. 5

3. 房间的净高是指(　　)之间的距离。

A. 楼地面到结构层(梁、板)底面或顶棚下表面

B. 楼板层到楼板层

C. 楼板层到结构层

D. 楼地面到上一层楼面

4. 一般供单人通行的楼梯宽度应不小于(　　)mm。

A. 850　　B. 900　　C. 1 000　　D. 1 100

5. 厨房的墙面、地面应考虑防水，便于清洁。地面应比一般房间地面低(　　)mm。

A. 0～10　　B. 10～20　　C. 20～30　　D. 30～40

6. 图 9.51 所示的风玫瑰图，表示全年主导风向为(　　)。

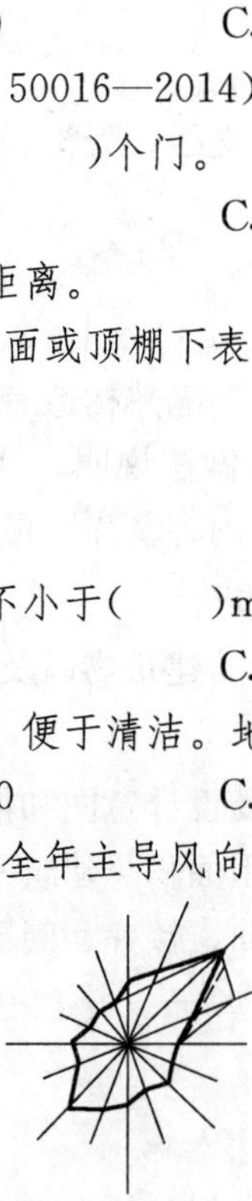

西安

图 9.51　风玫瑰图

A. 西北风　　B. 南北风　　C. 西南风　　D. 东北风

7. 下列不适合采用大厅式平面组合形式的建筑是(　　)。

A. 火车站　　B. 大型商场　　C. 体育馆　　D. 教学楼

8. 两阶段设计指的是(　　)。

A. 建筑设计和结构设计

B. 平面设计和立面设计

C. 初步设计和施工图设计

D. 总平面图设计和平面、立面、剖面图设计

9. 建筑设计的依据包括(　　)。

A. 人体尺度和人体活动的空间尺度

B. 家具、设备的尺寸和使用它们的必要空间

C. 气象条件、水文

D. 地形、地质、地震烈度

E. 建筑模数协调统一标准

三、简答题

1. 影响房屋层数的因素有哪些?
2. 建筑平面由哪几部分组成，各部分包括哪些内容?
3. 如何确定楼梯的宽度、数量和选择楼梯形式?
4. 建筑空间的组合有哪几种方式?
5. 建筑立面设计有哪些处理方法?

下篇　工业建筑构造

第十章　工业建筑

第一节　工业建筑概述

现代工业建筑体系的发展已有二百多年的历史，其中以第二次世界大战之后的数十年进步最大，更显示出自己独有的特征和建筑风格。工业建筑起源于工业革命最早的英国，随后在美国、德国以及欧洲的几个工业发展较快的国家，大量厂房的兴建对工业建筑的提高和发展也起了重要的推动作用。我国在新中国成立后新建和扩建了大量工厂和工业基地，在全国已形成了比较完整的工业体系。我国在工业建筑设计中，贯彻了“坚固适用、经济合理、技术先进”的设计原则，设计水平不断提高，设计力量迅速壮大。未来，在把我国建设成为现代化强国的实践中，工业建筑必将得到更大的发展。

一、工业建筑的特点

工业建筑是进行工业生产的房屋，在其中根据一定的工艺过程及设备组织生产。它与民用建筑一样具有建筑的共同性，在设计原则、建筑技术及建筑材料等方面有相同之处，但由于生产工艺不同、技术要求高，对建筑平面空间布局、建筑构造、建筑结构及施工等，都有很大影响。因此，在工业建筑设计中必须注意以下几个方面的特点：

(1)工业建筑必须紧密结合生产，满足工业生产的要求，并为工人创造良好的劳动卫生条件，以利于提高产品质量及劳动生产率。

(2)工业生产类别很多、差异很大，有重型的、轻型的；有冷加工、热加工；有的要求恒温、密闭；有的要求开敞……这些对建筑平面空间布局、层数、体型、立面及室内处理等有直接的影响。因此，生产工艺不同的厂房具有不同的特征。

(3)不少工业厂房有大量的设备及起重机械，不少厂房为高大的敞通空间，无论在采光、通风、屋面排水及构造处理上都较一般民用建筑复杂。

例如，机械制造厂金工装配车间主要进行机器零件的加工及装配，车间分成若干工段，各工段之间需相互联系和运送原材料、半成品及成品。厂房内设有各种起重运输设备，如车辆、吊车等。因此，厂房常需修建为多跨敞通的空间，并多采用排架结构承重。这种方式不但能适应工段之间的相互联系，而且能满足组织工艺、布置设备和改变工艺的要求。由于采用多跨厂房，为了解决好天然采光及自然通风的问题，厂房常需设置天窗，屋面也增加了排水与防水的复杂性。

二、工业建筑的分类

随着科学技术及生产力的发展，工业生产的种类越来越多，生产工艺也更为先进复杂，技术要求也更高，相应地对建筑设计提出的要求也更为严格，从而出现各种类型的工业建筑。为了掌握建筑物的特征和标准，便于进行设计和研究，工业建筑可归纳为如下几种类型。

1. 按用途分类

(1)主要生产厂房。主要生产厂房是指从原料、材料至半成品、成品的整个加工装配过程中直接从事生产的厂房。如在拖拉机制造厂中的铸铁车间、铸钢车间、锻造车间、冲压车间、铆焊车间、热处理车间、机械加工及装配等车间，这些车间都属于主要生产厂房。“车间”一词，本意是指工业企业中直接从事生产活动的管理单位，后也被用来代替“厂房”。

(2)辅助生产厂房。辅助生产厂房是指间接从事工业生产的厂房。如拖拉机制造厂中的机器修理车间、电修车间、木工车间、工具车间等。

(3)动力用厂房。动力用厂房是指为生产提供能源的厂房。这些能源有电、蒸汽、煤气、乙炔、氧气、压缩空气等。其相应的建筑是发电厂、锅炉房、煤气发生站、乙炔站、氧气站、压缩空气站等。

(4)储存用房屋。储存用房屋是指为生产提供储备各种原料、材料、半成品、成品的房屋。如炉料库、砂料库、金属材料库、木材库、油料库、易燃易爆材料库、半成品库、成品库等。

(5)运输用房屋。运输用房屋是指管理、停放、检修交通运输工具的房屋。

(6)其他。如水泵房、污水处理站等。

2. 按层数分类

(1)单层厂房(图 10.1)。这类厂房主要用于重型机械制造工业、冶金工业、纺织工业等。

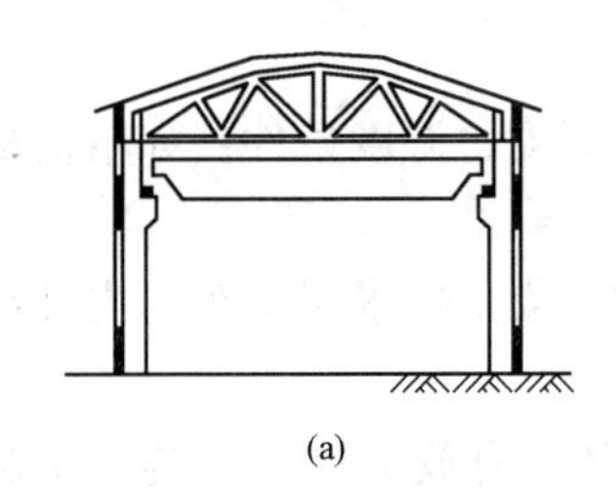

(a)

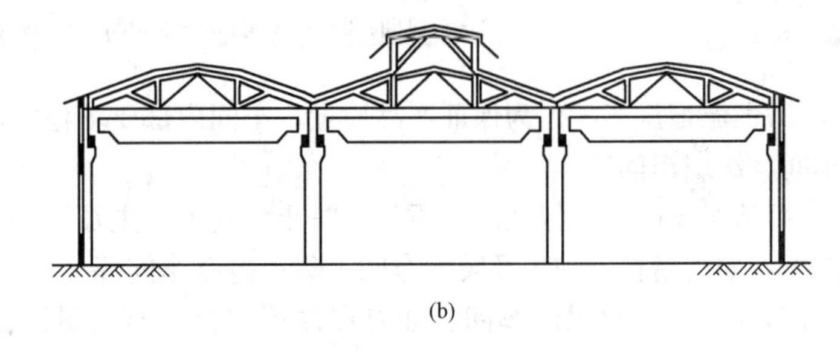

(b)

图 10.1　单层厂房

(a)单跨厂房；(b)多跨厂房

(2)多层厂房(图 10.2)。这类厂房广泛用于食品工业、电子工业、化学工业、轻型机械制造工业、精密仪器工业等。

(3)混合层次厂房(图 10.3)。厂房内既有单层跨，又有多层跨。如图 10.3(a)所示为热电厂主厂房，汽轮发电机设在单层跨内，其他为多层。图 10.4(b)所示为化工车间，高大的生产设备位于中间的单层跨内，边跨则为多层。

3. 按生产状况分类

(1)冷加工车间。生产操作是在常温下进行，如机械加工车间、机械装配车间等。

(2)热加工车间。生产中散发大量余热，有时伴随烟雾、灰尘、有害气体。如铸工车间、锻工车间等。

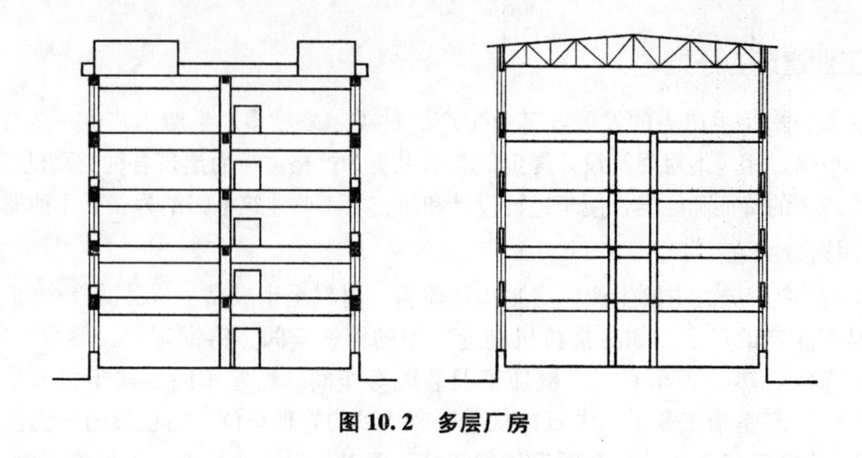

图 10.2 多层厂房

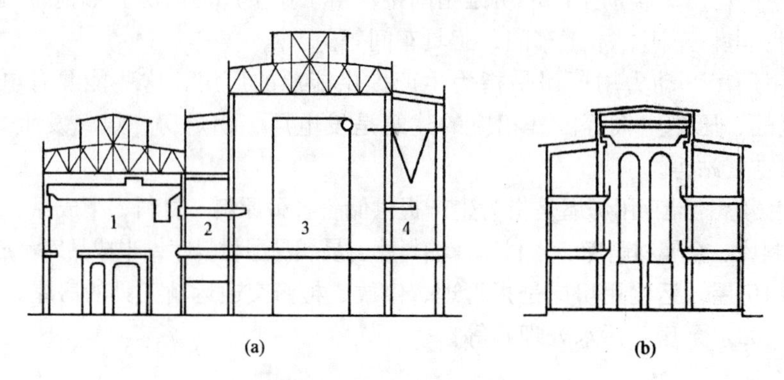

图 10.3 混合层次厂房

(a)热电厂；(b)化工车间

1—汽机间；2—除氧间；3—锅炉间；4—煤斗间

(3)恒温恒湿车间。为保证产品质量，车间内部要求稳定的温度、湿度条件。如精密机械车间、纺织车间等。

(4)洁净车间。为保证产品质量，防止大气中灰尘及细菌的污染，要求保持车间内部高度洁净，如精密仪表加工及装配车间、集成电路车间等。

(5)其他特种状况的车间。如有爆炸可能性、有大量腐蚀物、有放射性散发物、防微振、高度隔声、防电磁波干扰等。

第二节 单层厂房的组成与结构类型

一、单层厂房的组成

单层厂房的组成是指单层厂房内部生产房间的组成。生产车间是工厂生产的基本管理单位，它一般由以下四部分组成：

(1)生产工段(也称生产工部)，是加工产品的主体部分。

(2)辅助工段，是为生产工段服务的部分。

(3)库房部分，是存放原料、材料、半成品、成品的地方。

(4)行政办公生活用房。

每一幢厂房的组成应根据生产的性质、规模、总平面布置等因素来确定。

二、单层厂房的结构类型

1. 按主要组成材料分

单层厂房的结构按其主要承重结构的材料来分，有混合结构、钢结构和钢筋混凝土结构三种。

(1)混合结构。混合结构的主要承重结构为墙或带壁柱墙，屋架可用钢筋混凝土结构、钢木结构或轻钢结构，主要用于无吊车或吊车吨位不超过 5 t、跨度在 15 m 以内、柱顶标高不超过 8 m 且无特殊工艺要求的小型厂房。

(2)钢结构。对于重型吊车(如 150 t 以上的吊车)，跨度在 36 m 以上，或者有特殊工艺要求(如设有 10 t 以上锻锤的车间)的大型厂房，通常为全钢结构的厂房。

(3)钢筋混凝土结构。除上述结构外，其余大部分都可选用钢筋混凝土结构。在应当选用钢筋混凝土结构的单层厂房工程中，应尽可能地采用装配式或预应力混凝土结构。

2. 按施工方法分

单层厂房按施工方法来分，有装配式和现浇式两种。图 10.4 所示为装配式钢筋混凝土结构的单层厂房构件组成。

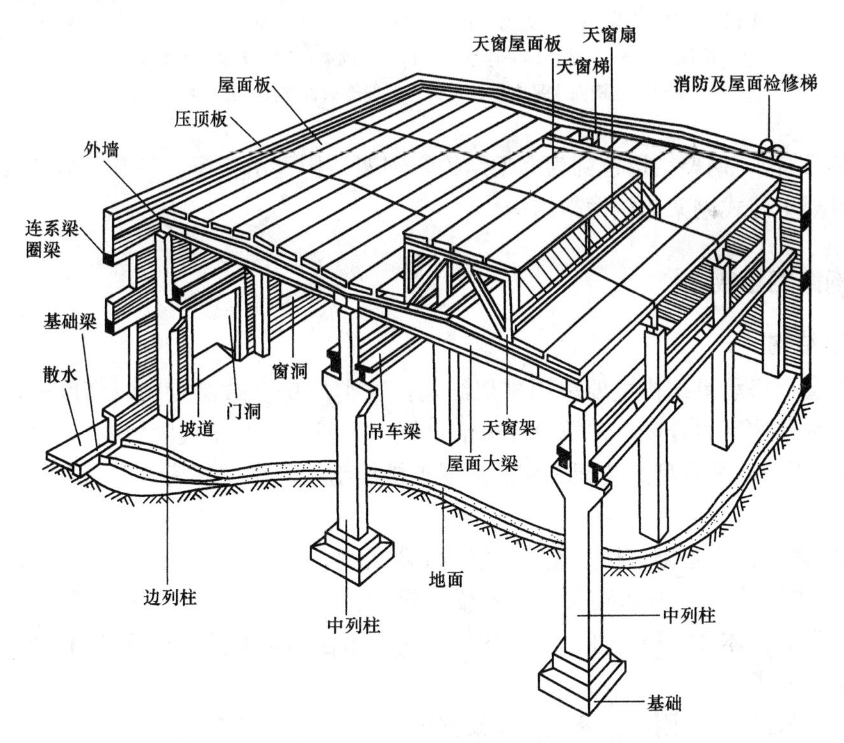

图 10.4 装配式钢筋混凝土结构的单层厂房构件组成

3. 按承重结构的形式分

单层厂房的结构按其主要承重结构的形式分，有排架结构和钢架结构两种。

(1)排架结构。装配式单层厂房的主要承重结构是屋架或屋面梁、柱和基础。当屋架和柱顶为铰接，柱与基础顶面为刚接时，这样的组成结构称为排架。

排架结构按其所用的材料可分为钢筋混凝土排架结构，钢屋架和钢筋混凝土柱组成的排架结构等。图 10.5 所示为单层厂房排架结构组成。

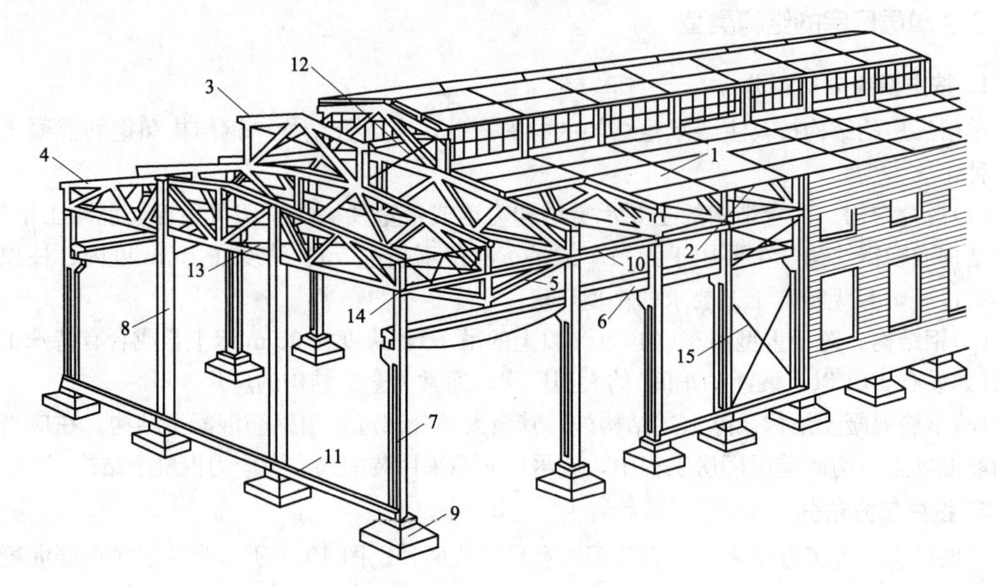

图 10.5　单层厂房排架结构组成

1—屋面板；2—天沟板；3—天窗架；4—屋架；5—托架；6—吊车梁；7—排架柱；8—抗风柱；9—基础；10—连系梁；11—基础梁；12—天窗架垂直支撑；13—屋架下弦横向水平支撑；14—屋架端部垂直支撑；15—柱间支撑

(2)钢架结构。钢架结构也称为框架结构，钢架结构是由横梁、柱和基础组成的。常用的有钢筋混凝土门式钢架和钢框架结构。

三、构件的组成

1. 承重结构

我国单层厂房承重结构主要采用排架结构，这类厂房多数跨度大、高度较高，吊车吨位也大。这种结构受力合理，建筑设计灵活，施工方便，工业化程度较高。

图 10.4 所示就是典型的装配式钢筋混凝土排架结构的单层厂房。它包括以下几部分承重构件：

(1)横向排架：由基础、柱、屋架(或屋面梁)组成。

(2)纵向连系构件：由基础梁、连系梁、圈梁、吊车梁等组成。它与横向排架构成骨架，保证厂房的整体性和稳定性。纵向构件承受作用在山墙上的风荷载及吊车纵向制动力，并将它传递给柱子。

(3)为了保证厂房的刚度，还设置屋架支撑、柱间支撑等支撑系统。

2. 围护结构

单层厂房的外围护结构包括外墙、屋顶、地面、门窗、天窗等。

3. 其他

单层厂房还包括其他构件，如隔断、作业梯、检修梯等。

第三节　单层厂房屋面构造

单层厂房屋面面积大，经常受日晒、雨淋、冷热气候等自然条件和振动、高温、腐蚀、积灰等内部生产工艺条件的影响，若屋面的排水、防水处理不当便容易出现裂漏现象而影响生产和厂房的耐久性。如果屋面能迅速排除雨水，便可减少渗漏，有益于防水；反之，若屋面防水质量较好，对屋面排水也有补益。故二者须互相结合，综合考虑。单层厂房屋面的基本构造与民用房屋类似，下面仅介绍其特点。

一、屋盖结构类型及组成

屋盖结构主要由屋面、屋架、天窗架、檩条、支撑等构件组成。

根据屋面结构布置情况的不同，可分为无檩体系屋盖和有檩体系屋盖，如图 10.6 所示。

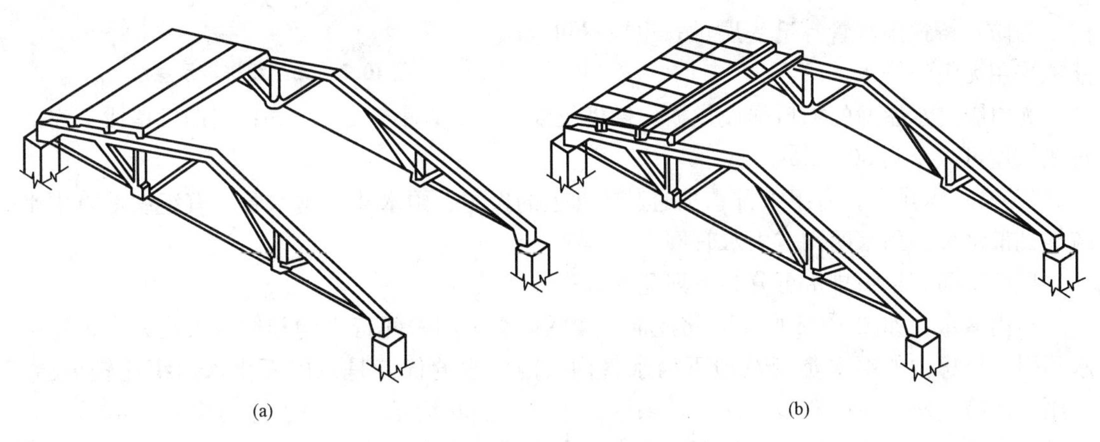

(a)　　　　(b)

图 10.6　屋面基层结构类型

(a)有檩体系；(b)无檩体系

(1)无檩体系屋盖：屋面板常采用钢筋混凝土大型屋面板。屋架间距为大型屋面板的跨度，一般为 6 m 或 6 m 的倍数，当柱距较大时，可在柱间设置托架或中间屋架。屋面一般采用卷材防水。无檩体系屋盖适用于较小屋面坡度，常用坡度为 1∶8～1∶12。无檩体系屋盖的特点是屋面构件的种类和数量少，构造简单，安装方便，施工速度快，且屋盖刚度大、整体性能好；但屋面自重大，常需增大屋架杆件和下部结构的截面，对抗震不利。

(2)有檩体系屋盖：屋面材料常用压型钢板、压型铝合金板、石棉瓦、镀锌瓦楞钢板等轻型材料。屋架的经济间距为 4～6 m。一般适用于较陡的屋面坡度，以便于排水，常用坡度为1∶2～1∶3。特点是质量轻、用料省、运输安装方便，但构件数量多、构造复杂、吊装次数多、屋盖整体刚度差。用量比实腹式梁有所减少，而刚度有所增加。桁架的杆件和节点较多，构造较复杂，制造较为费工。

二、屋面排水方式与排水坡度

1. 排水方式

屋面排水方式应结合厂房的剖面形式、生产工艺特点、地区气候状况、技术经济条件等因素来选择。屋面排水方式基本上可分为无组织排水和有组织排水两大类。

(1)无组织排水。无组织排水是使雨水顺屋坡流向屋格，然后自由泻落到地面，因此也称自由落水(图 10.7)。

无组织排水的特点是在屋面上不设天沟，厂房内部也不需设置雨水管及地下雨水管网，构造简单、施工方便、造价经济。它适用于降雨量不大的地区，檐高较低的单跨或多跨厂房的边跨屋面，以及工艺上有特殊要求的厂房。例如，铸铁车间冲天炉等处有积灰的屋面应尽量作无组织排水，以免积灰堵塞天沟和雨水斗。又如在具有腐蚀性介质作用的铜冶炼车间内，为防止铸铁雨水管等遭受腐蚀，也应尽可能地采用无组织排水。

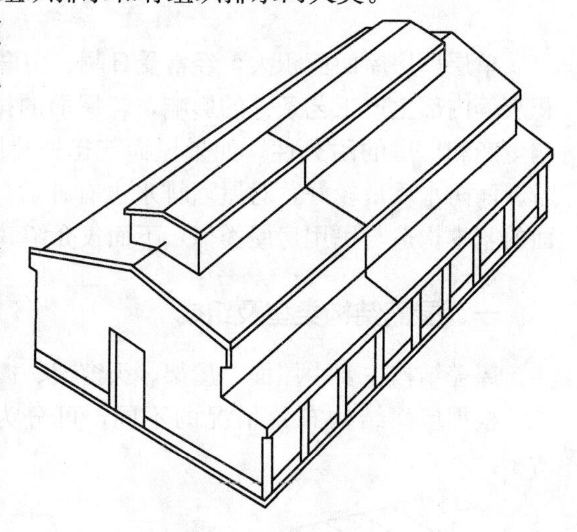

图 10.7　无组织排水示意

无组织排水屋面的檐口须设挑檐。挑檐长度一般不宜小于 500 mm；辅助厂房或天窗的挑檐长度可减小到 300 mm。

(2)有组织排水。有组织排水是通过屋面上的天沟、雨水斗、雨水管等有组织地将雨水疏导到散水坡、雨水明沟或雨水管网。

厂房屋面有组织排水可分为下列几种方式：

1)内落水：如图 10.8 所示，将屋面汇集的雨水引向中间跨天沟和边墙天沟处，再经雨水斗引入厂房内的雨水竖管及地下雨水管网。内落水的优点是：屋面排水组织比较灵活，多用于多跨厂房；在严寒多雪地区，采用内落水可防止因结冻胀裂引起屋檐和外部雨水管的破坏。内落水的缺点是：材料消耗量大，室内须设雨水地沟，有时还会妨碍工艺设备的布置，造价较高，构造较为复杂。

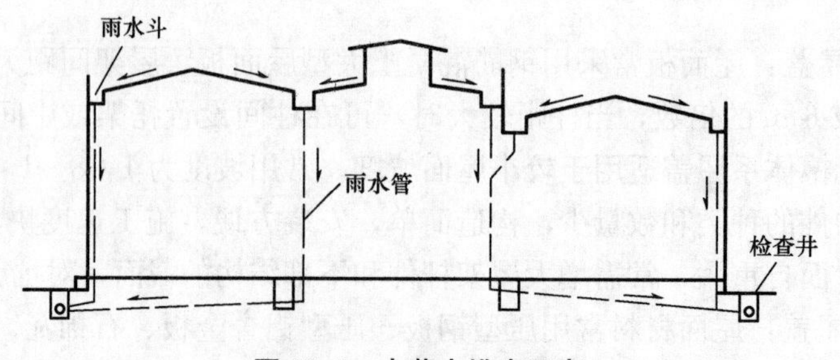

图 10.8　内落水排水示意

2)内落外排水：在多跨厂房内可用水平悬吊管将雨水斗连通到外墙的雨水竖管处，悬吊管穿过外墙，使雨水在场外经竖管排入地下雨水管网或明沟内，如图 10.9 所示。也可将竖管设在场内侧从墙角处穿出室外。水平悬吊管可沿屋架横向设置，也可沿柱子纵向设置。

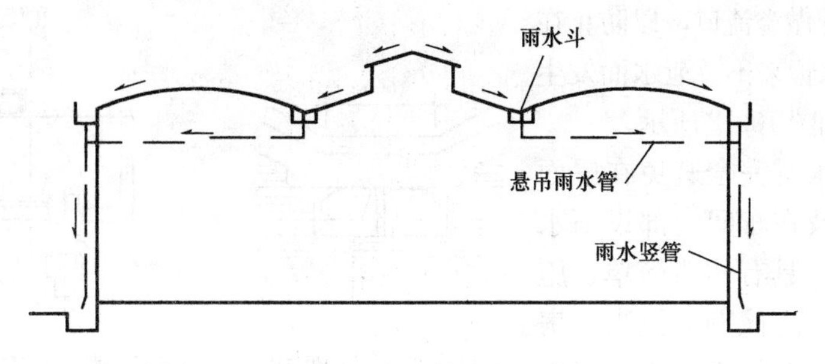

图 10.9　内落外排水示意

内落外排水方式可避免在厂房内部敷设雨水地沟，对工艺设备布置较为有利。但是，当水平悬吊管跨越室内的长度较大时，则水平管总的坡降会占据厂房的有效空间，而且水平悬吊管须加大管径以防止堵塞。

3)檐沟外排水：当厂房较高，或降雨量较大，不宜作无组织排水时，可在厂房檐口处作檐沟外排水。即在檐口处设置檐沟板用来汇集雨水，并安装雨水斗连接雨水竖管，如图 10.10 所示。

檐沟外排水可弥补内落水的缺点，又可免去自由落水的局限性。其具有构造简单、施工方便的优点，因此，在南方地区采用较多。对具有特殊防水要求的生产厂房，如炼钢车间，熔化的钢水遇到屋面漏下的雨水将引起爆炸事故，所以，这类车间不宜采用内落水，而应采用有组织外排水。又如湿陷性黄土地区，为保护厂房地基不受侵袭，也宜采用有组织外排水。

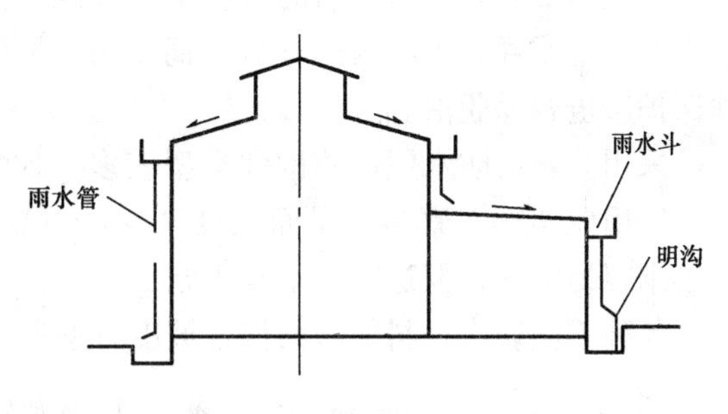

图 10.10　檐沟外排水示意

4)长天沟外排水：长天沟外排水是沿厂房屋面的长度做贯通的天沟，并利用天沟的纵向坡度将雨水引向端部山墙外部的雨水竖管排出，如图 10.11 所示。

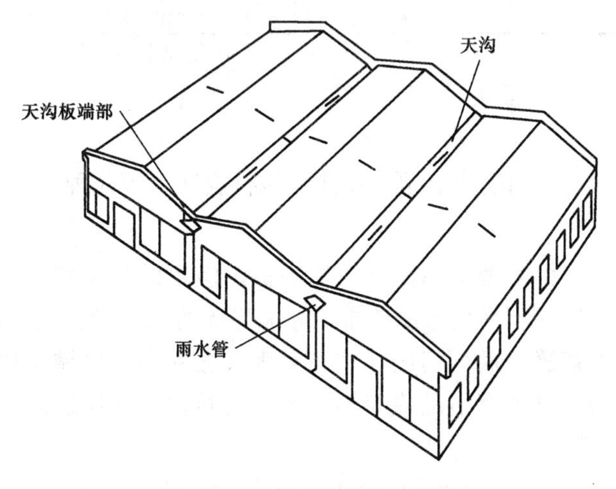

图 10.11　长天沟外排水示意

长天沟板端部做溢流口，以防止在暴雨时因竖向雨水管来不及泄水而发生天沟漫水现象，如图 10.12 所示。

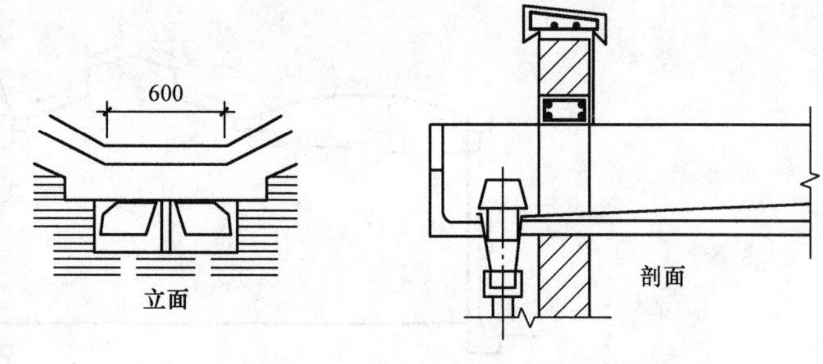

图 10.12 长天沟端部溢流口

长天沟外排水可完全避免在屋面范围内设雨水斗及在车间内部设雨水管及地沟，所以，具有构造简单、施工方便、排水简捷的优点。但当厂房较长时，天沟坡降总值将增大，而天沟的有效过水断面是有限的，因此天沟长度受到限制，全长一般以不超过 100 m 为宜。

2. 排水坡度

屋面具有合适的坡度，才能使雨水顺利地排除。合理的排水坡度与屋面的防水材料、屋盖构造、屋架形式、地区降雨量等都有密切关系。我国厂房现在常用的屋面防水方式有卷材防水、构件自防水和刚性防水等数种。构件自防水屋面中又有嵌缝式和搭盖式两种形式。不同防水方式对屋面坡度的要求也不同。

一般情况下，卷材屋面的坡度不宜过陡。因为卷材是用沥青作胶结材料的，如果坡度过大，在夏季卷材容易因沥青流淌而下滑。同时，坡度过陡，卷材防水层上面铺撒的绿豆砂保护层也容易脱落。

采用非卷材防水屋面的构件类型较多，如大型屋面板(油膏嵌缝)及其他板材(搭盖缝)等，所用屋架形式繁多，屋面坡度各异，但总的来说，构件自防水的屋面坡度不宜过小。过小则容易漏水；但过陡也不利于施工。

各种不同防水材料的屋面排水坡度可参考表 10.1。

表 10.1 屋面坡度选择参考

防水类型	卷材防水	构件自防水			
		嵌缝式	F板	槽瓦	石棉瓦等
选择范围	1∶4～1∶50	1∶4～1∶10	1∶3～1∶8	1∶2.5～1∶5	1∶2～1∶5
常用坡度	1∶5～1∶10	1∶5～1∶8	1∶4～1∶5	1∶3～1∶4	1∶2.5～1∶4

三、屋面防水

单层厂房屋面防水有卷材防水、刚性防水、构件自防水等几种。

1. 卷材防水

卷材屋面在单层厂房中的做法与民用房屋类似，但屋面基层稍异。单层厂房卷材屋面基层必须保证一定的刚度和不易变形的要求，才能保证防水质量。因卷材本身是柔性材料，又靠玛𤥽脂粘贴，且有接缝，而厂房中往往荷载大、振动多、机械作用频繁，能产生变形的条件既多又大，基层一旦刚度不足或变形过大，则卷材易被拉裂或从接缝处被拉开，难以保证防水质量。

下面仅以基层用 6 m×1.5 m 装配式预应力钢筋混凝土屋面板为例说明单层厂房卷材屋面的构造特点。

(1)接缝：大型屋面板的接缝，必须嵌填密实。实践证明，屋面板长边主肋交接缝，只需将缝嵌好，一般不另作其他处理。而屋面板短边端肋相接处，如不妥善处理，卷材有被拉裂的可能。一般是在接缝处找平层上，盖以宽约 30 cm 的干铺油毡条，为定位，可一面点粘(或条粘)；但在檐口处 50 cm 以内则满铺玛瑅脂，以防风揭卷材。其做法如图 10.13 所示。

(2)檐沟、天沟：在少雨地区，屋顶檐沟及中间天沟，可直接在屋面板上用垫坡形成，如图 10.14 所示。

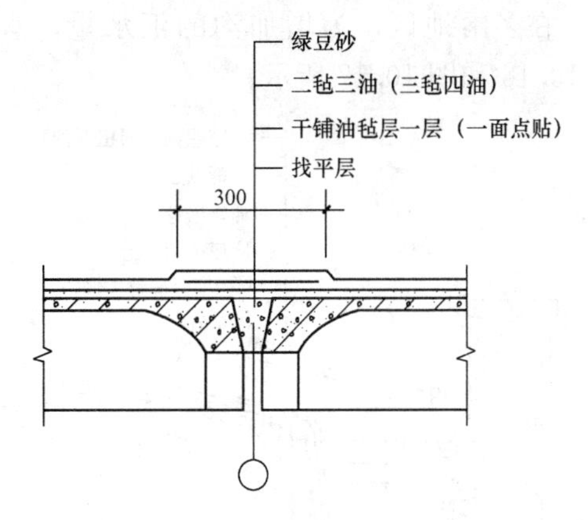

图 10.13　大型屋面板卷材屋面端肋接缝

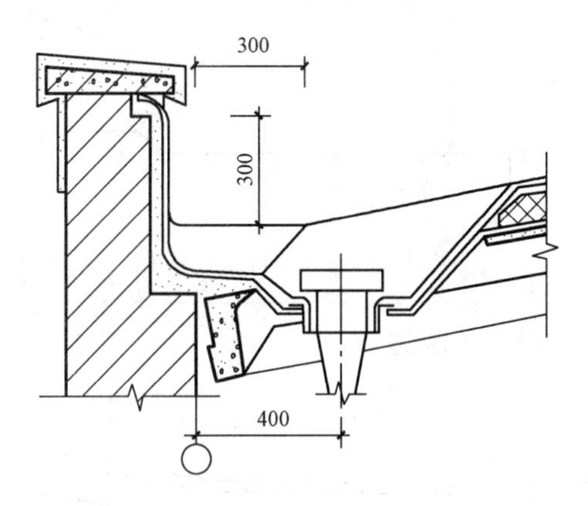

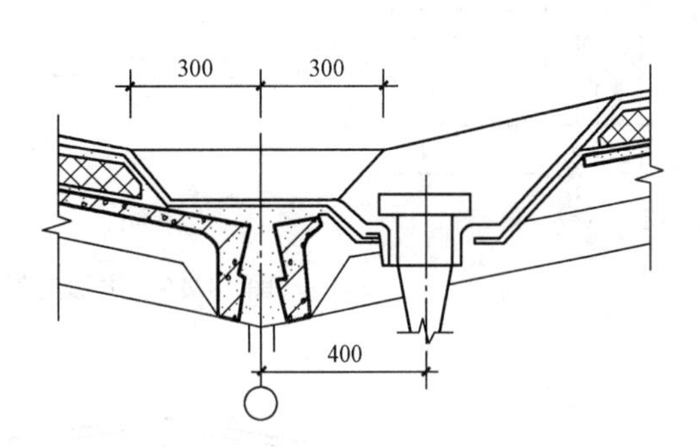

图 10.14　直接在屋面板上做天沟或檐沟

该例为寒冷地区保暖做法，在檐沟及天沟处不做保温层，既便于利用室内传热融雪化冰，使排水畅通，又便于在屋面板上打洞和设置集水盘，并适当降低雨水斗位置，使泄水畅通。图 10.15 所示为天沟或檐沟雨水斗的构造示例。

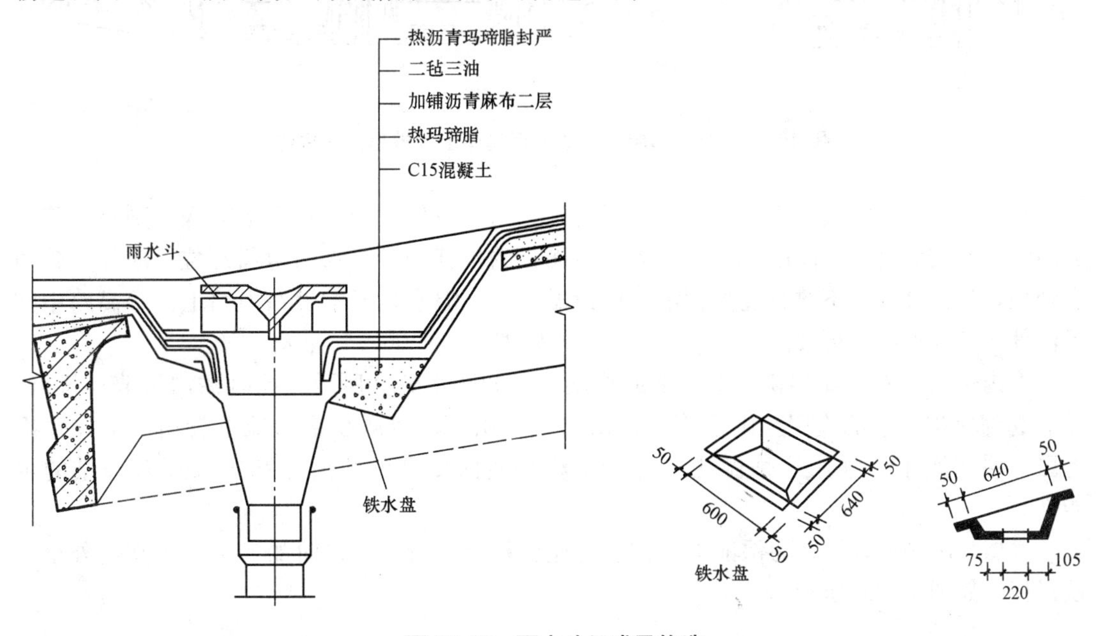

图 10.15　雨水斗组成及构造

在多雨地区，为增加沟的汇水量，宜设断面为槽形的天沟及檐沟。其做法可参考图 10.16 和图 10.17 所示。

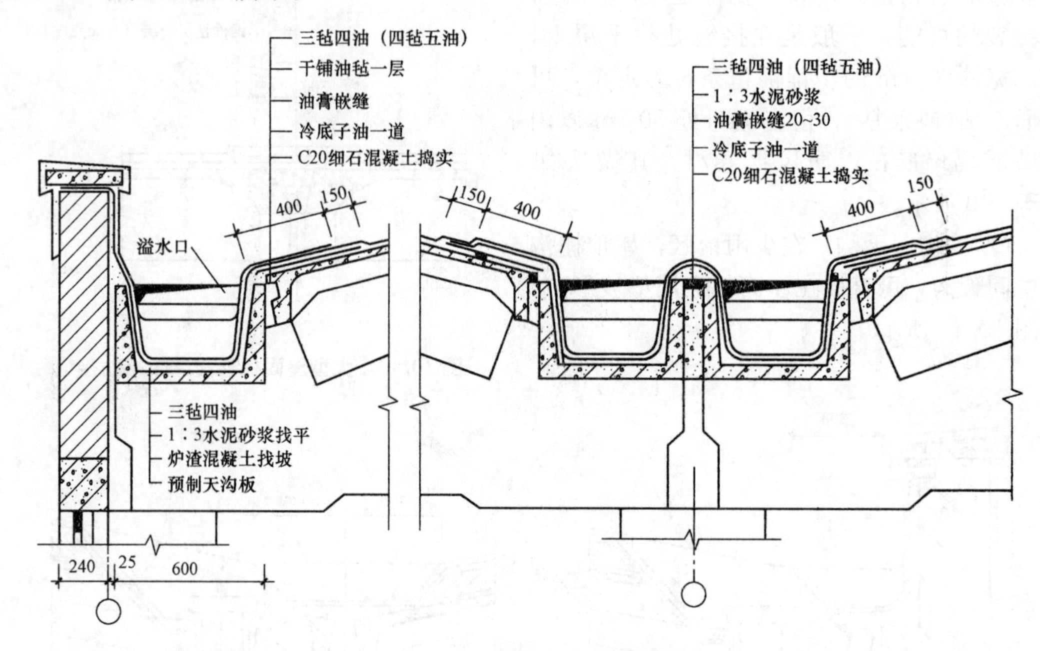

图 10.16 拱形屋架上设槽形天沟构造

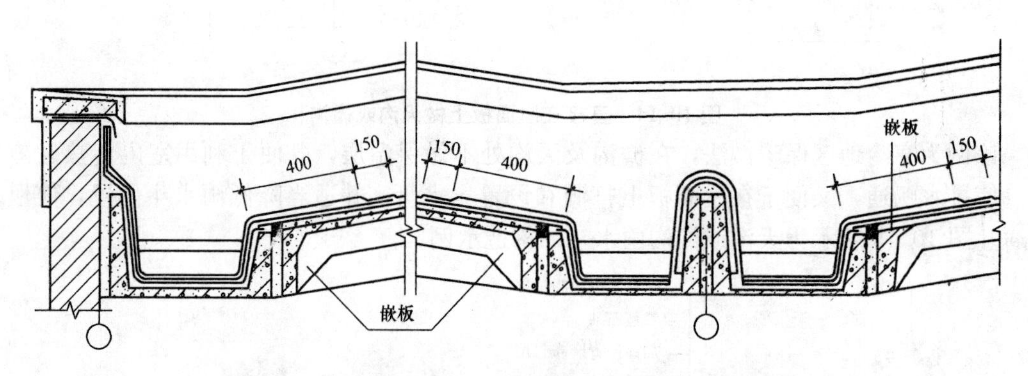

图 10.17 折线形屋架上或梯形屋架上设槽形天沟构造

平行等高跨中间天沟用双沟式，是因为施工吊装方便。如用较宽单天沟，则只有待相邻两跨屋架安装后，才能吊天沟板。沟与屋面板的接缝处是防水的薄弱部位，应作加强防水处理，为保证沟内不致有过多积水，可设溢水口，溢水口通常设在山墙上。等高跨中间天沟处如有变形缝，可按图 10.18 所示的方式处理。

檐沟也可设置在屋架挑出的牛腿或挑梁上，如图 10.19 所示，此时檐沟可兼作挑檐，并能起到保护外墙的作用。雨水管直接沿外墙面引下，可减少室内地下管道。但在寒冷地区保暖房屋中若采用这种做法，则不易获得室内传来的热融化冰雪，还有冻结的可能性。

挑檐沟因沟壁较矮，为保证工人在进行屋面检修、清灰工作时的安全，可在沟外壁设铁栏杆，如图 10.20 所示。

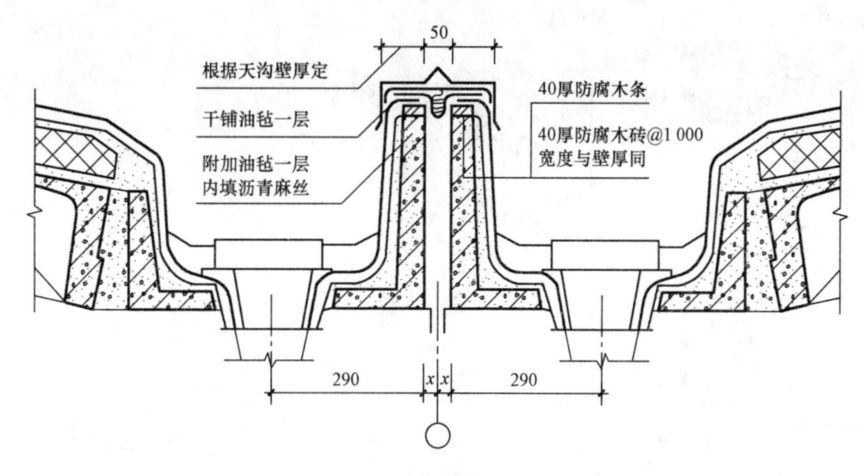

图 10.18　折线形或梯形屋架上中间天沟变形缝

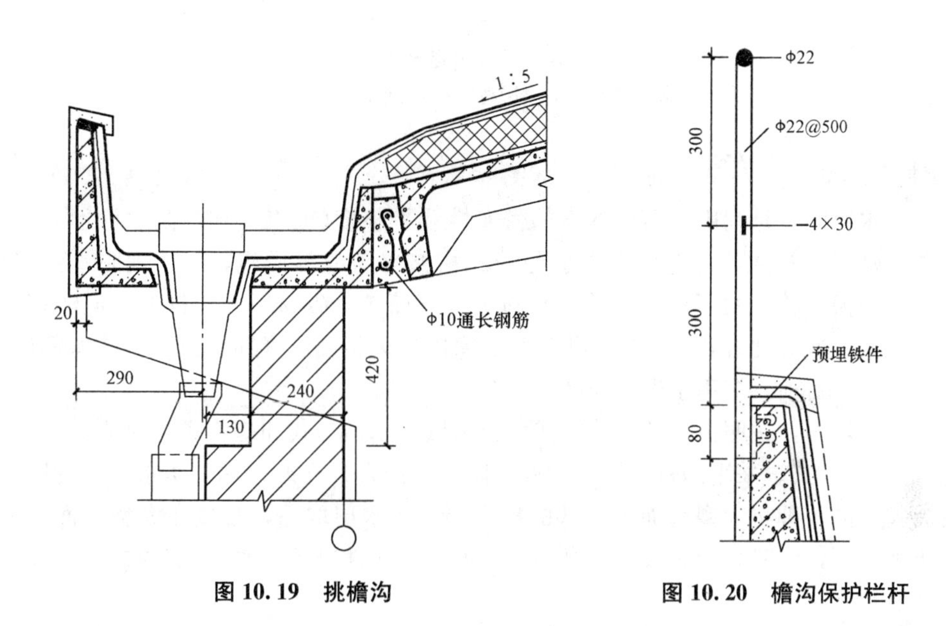

图 10.19　挑檐沟

图 10.20　檐沟保护栏杆

(3)高低跨处泛水：如在厂房平行高低跨处无变形缝，而用墙梁承受高跨侧墙墙体荷载时，墙梁下需设牛腿。由于牛腿有一定高度，因此高跨墙梁与低跨屋面之间形成一段较大的空隙，该段空隙的泛水做法如图 10.21(a)所示。

在高低跨处，若必须将上部屋面的雨水用雨水管引至下部屋面，则应在下部屋面上设混凝土滴水板，如图 10.21(b)所示，以免雨水直接冲刷屋面而降低耐久性。

2. 刚性防水

在工业厂房中如做刚性防水屋面，由于厂房的不利因素，往往容易引起刚性防水层开裂，加之钢材、水泥用量较大，重量也较大，因而一般情况不使用。国内也有成功的例子，其做法多在基层上加做如黄泥砂浆或废油料等隔离层，使承重结构变形不影响刚性防水层，并在刚性防水层中采用配筋方案抗裂。分仓缝一般≤6 m，缝最好带泛水，并做适应变形的嵌缝与盖缝，嵌缝填密实，搭盖妥帖，充分保证质量；其基层大多为预应力或非预应力大型屋面板。

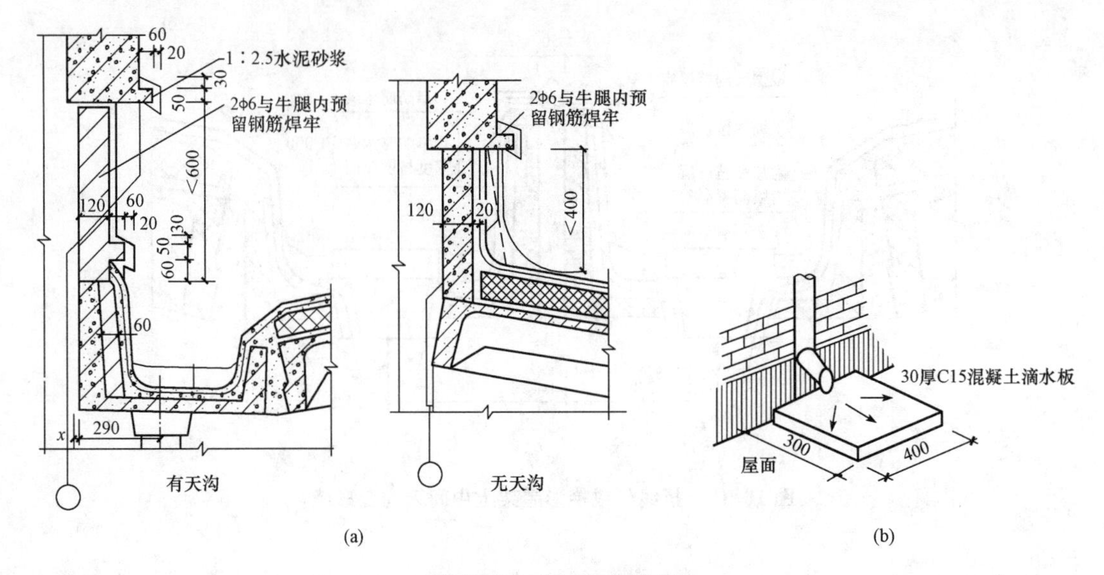

图 10.21 泛水和滴水板

(a)高低跨处泛水；(b)高低屋面处设滴水板

3. 构件自防水

构件自防水屋面，是利用屋面板本身的密实性和平整度(或者再加涂防水涂料)，大坡度，再配合油膏嵌缝及油毡贴缝或者靠板与板相搭接来盖缝等措施，以达到防水的目的。因此，不宜用于振动较大的厂房。这种防水施工程序简单，省材料，造价低。但还存在板面后期风化开裂、嵌缝油膏和涂料的老化龟裂、寒冷地区板面冻融粉化及保温防寒等问题，尚待进一步完善。目前，多用于南方地区。

构件自防水屋面，按照板缝的构造方式可分为嵌缝(脊带)式和搭盖式两种基本类型。

(1)嵌缝(脊带)式。采用油膏嵌缝的构件自防水屋面，是在改进油毡防水和刚性防水的基础上发展起来的。即将大型屋面板上部的找平层、防水层取消，直接在大型屋面板的板缝中嵌灌防水油膏，同时，依靠板面本身的平整度和密实性进行防水(必要时加防水涂料)，如图 10.22 所示。

为改进上述构造的板缝防水性能，在其上面再粘贴卷材防水层就构成了脊带式防水。为增强屋面的整体刚度，无论板的纵缝、横缝和脊缝均应灌以水泥砂浆或细石混凝土，其表面应低于板面 20～30 mm，以保证嵌灌油膏的深度。为增加油膏与混凝土的粘结力，在嵌灌油膏之前须将槽口清扫干净，并满涂冷底子油一遍。嵌缝油膏的质量，对嵌缝式构件的防水屋面起着关键的作用，它必须具备良好的弹塑性、耐热性、耐久性和粘结力等性能。

(2)搭盖式。搭盖式构件自防水的特点是利用屋面板的搭接构造解决板缝间的防水问题。它不需在屋面上铺设防水卷材。构件在加工厂制作，现场吊装后，屋面的防水工程即告完成。因而改善了施工条件，加快了施工进度。

搭盖式构件自防水，按屋盖的结构体系来分，可分为无檩式和有檩式两种。前者构件仍属大型的屋面板，如 F 板等；后者为轻型构件，如钢筋混凝土槽瓦等。现分述如下：

1)预应力混凝土 F 板：简称 F 板，其尺寸与大型屋面板一致(1.5 m×6 m)，是大型的自防水构件，安装方便，防水构造简单。F 板因其自防水特点，在板型设计上必须满足构

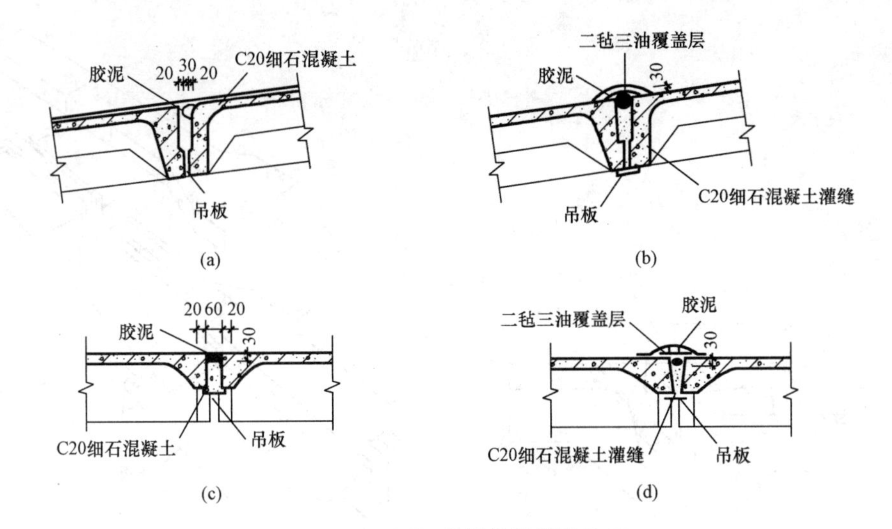

图 10.22　屋面纵横缝的嵌缝处理

(a)纵缝无覆盖层；(b)纵缝有覆盖层；(c)横缝无覆盖层；(d)横缝有覆盖层

造防水的需要，妥善处理挑檐、挡水条、盖瓦等处的构造。F 板屋面的构件组成如图 10.23 所示。

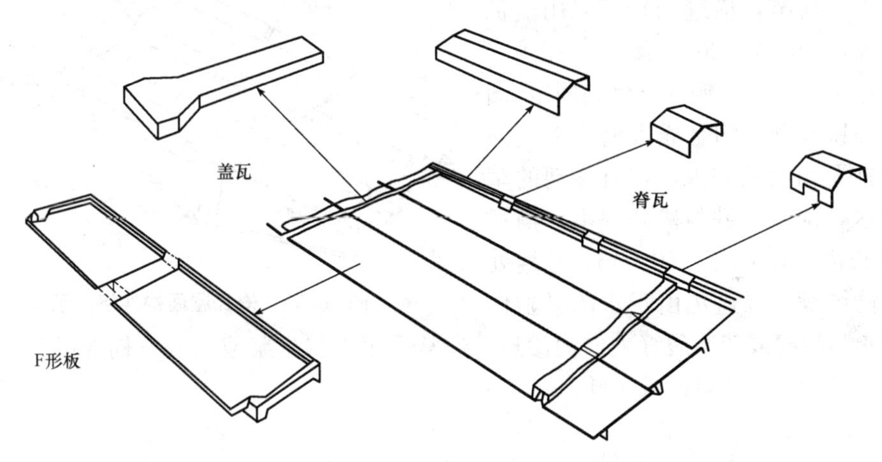

图 10.23　F 板屋面构件组成示意

①挑檐：F 板的纵向搭盖，是通过纵向挑檐来完成的。挑檐端部做滴水线，挑檐搭接长度应不小于 150 mm。必要时，在板缝间作防水处理，如图 10.24 所示。

②挡水条和盖瓦：板的横向缝是水平连接的，纵向缝是搭接的，为防止雨水漫流，除一边为挑檐外，板的其余三边(两端边及上纵边)设有不小于 30 mm×30 mm 的挡水条与混凝土板一次浇捣成型。在纵横交叉处，将板端的挡水条处做成喇叭形的企口，使下面一块盖瓦能插入喇叭口中，再用上层盖瓦盖住，如图 10.25 所示。

盖瓦是用来封盖 F 板横缝的配件。盖瓦的前端做封头滴水线。当屋面坡度较大，吊车振动较大时，应考虑盖瓦的防滑措施。可用铅丝将盖瓦上端的预埋钢筋钩与 F 板两端的吊钩绑扎固定。

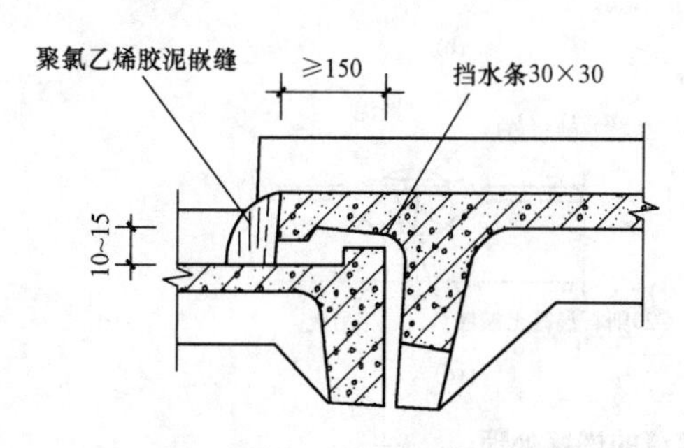

图 10.24　F 板的纵横搭盖

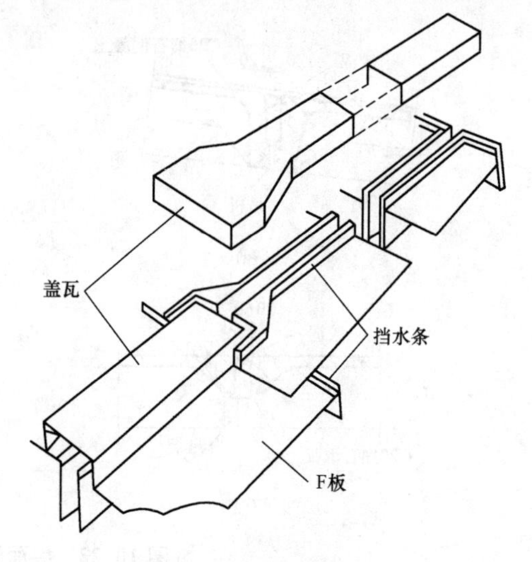

图 10.25　F 板盖瓦示意

2)钢筋混凝土槽瓦：槽瓦多为预应力钢筋混凝土轻型构件，用于有檩结构体系中。槽瓦上下叠搭，横缝和脊缝采用盖瓦和脊瓦封盖，如图 10.26 所示。

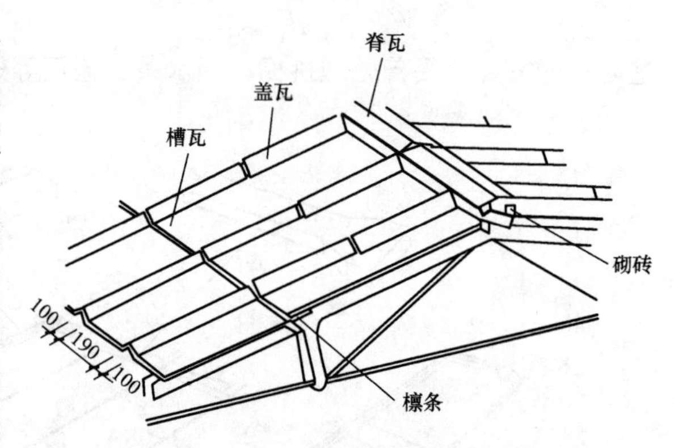

图 10.26　槽瓦屋面构件组合示意

槽瓦用插铁、钢筋钩等与檩条固定(图 10.27)，插铁或钢筋钩是插入槽瓦上端的预埋环中或预留的孔洞内，在有振动的车间或地震区，应将插铁与檩条焊牢。槽瓦上下搭接长度应不小于 150 mm。瓦缝处的灰浆不能铺满，以避免由于水的吸附作用而使雨水顺板缝或灰浆裂缝处向内渗透。通常采用点状坐浆或压入石棉绳(浸沥青)。如用坐浆时应将砂浆从缝口退入 100 mm。

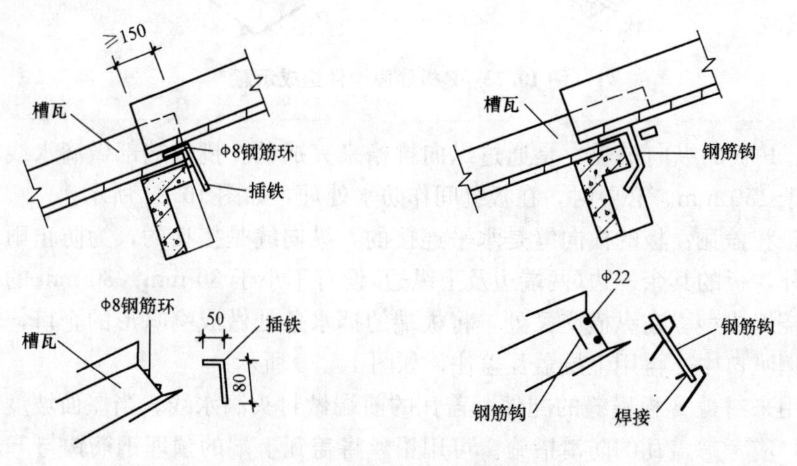

图 10.27　槽瓦与檩条的连接

槽瓦的横向盖缝采用盖瓦。盖瓦间搭接长度不小于 150 mm。盖瓦间可用S形钩或钢筋钩固定，檐口处盖瓦也必须用钢筋钩与檩条(或槽沟)固定，否则盖瓦将依次下滑。盖瓦间的搭接构造如图 10.28 所示。

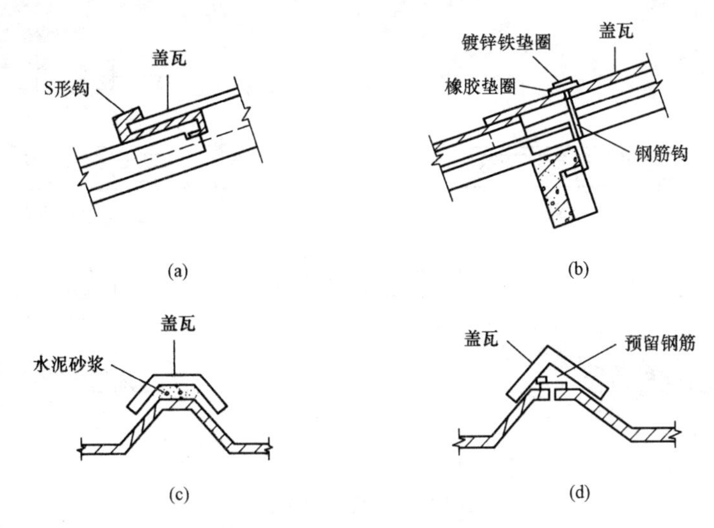

图 10.28　盖瓦间的搭接构造

(a)S形钩搭接；(b)镀锌钢筋钩；(c)水泥砂浆坐浆；(d)预留钢筋绑扎

四、屋面保温、隔热

厂房屋面保温、隔热与民用房屋做法类似，但应注意以下问题。

1. 保温

保温一般只在采暖及空调厂房中考虑。保温层大多数设在屋面板上，如民用房屋中平屋顶所述，此处从略。设在屋面板下的保温层构造如图 10.29 所示，主要用于构件自防水。

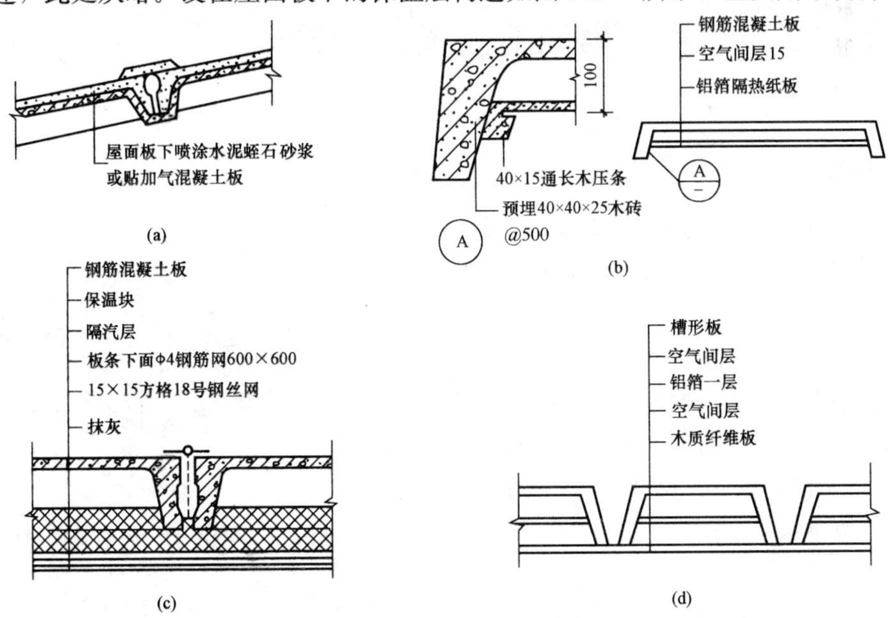

图 10.29　屋面板下设保温层构造

(a)直接喷涂；(b)钉铝箔隔热纸板；(c)吊保温块板条抹灰；(d)同(b)加钉木质纤维板

夹心板材如图 10.30 所示，兼承重、保温、防水等功能，但裂缝、变形、冷桥问题还需进一步解决。另外，厂房和民用房屋一样，也可以在屋面下设顶棚，在顶棚内设保温层，这是较好的方法，但造价较高。

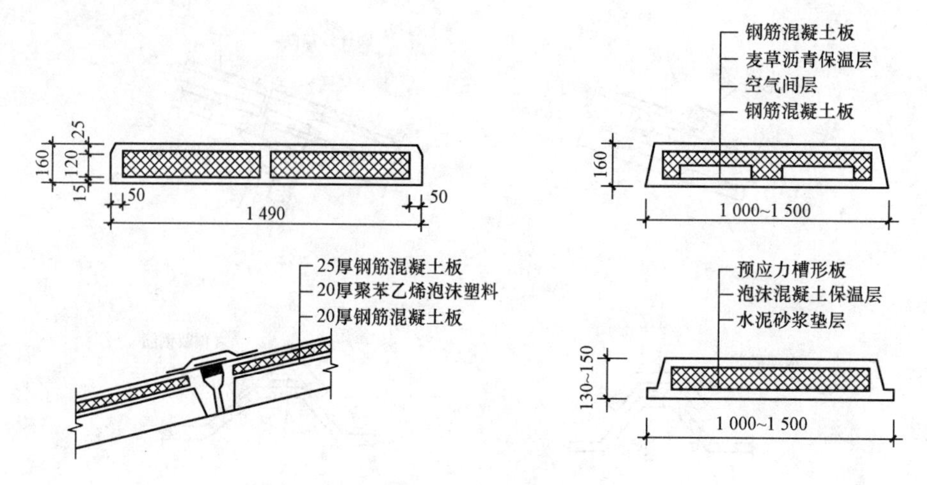

图 10.30 夹心保温板

2. 隔热

厂房屋面隔热，除有空调的厂房外，一般只是在炎热地区较低矮的厂房才作隔热处理。如厂房屋面高度大于 9 m，可不隔热，主要靠通风解决屋面散热问题；如厂房屋面高度小于或等于 9 m，但大于 6 m，且高度大于跨度的 1/2 时不需隔热；若高度小于或等于跨度的 1/2 时可隔热；如厂房屋面高度小于或等于 6 m，则需隔热。厂房屋面隔热原理与构造做法均同民用房屋。

第四节 天窗构造

一、矩形天窗

矩形天窗主要由天窗架、天窗扇、天窗屋面板、天窗侧板及天窗端壁等构件组成，如图 10.31 所示。

1. 天窗架

天窗架是天窗的承重构件，它支承在屋架上弦。天窗架常用钢筋混凝土或型钢制作。

钢筋混凝土天窗架与钢筋混凝土屋架配合使用，它的形式一般为 Π 形或 W 形，也可做成双 Y 形，如图 10.32 所示。

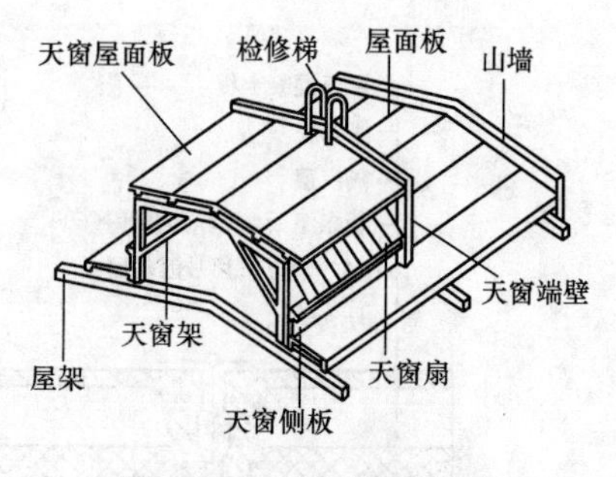

图 10.31 矩形天窗组成

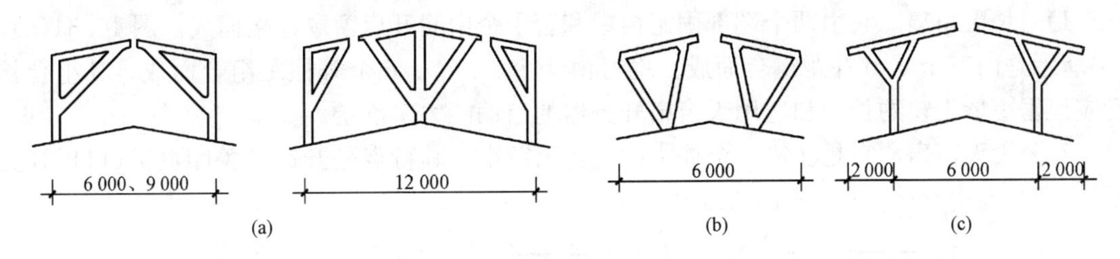

图 10.32 钢筋混凝土天窗架

(a)Ⅱ形；(b)W形；(c)Y形

天窗架的宽度应根据采光、通风要求，屋面板的尺寸以及天窗架必须支承在屋架节点上等因素确定。目前标准天窗架宽度采用3 m倍数，即6 m、9 m、12 m等。为了便于制作和安装，6 m和9 m宽的天窗架通常用两块预制构件拼装而成；12 m宽的天窗架则由三块预制构件拼装而成。6 m宽的天窗架适用于12～18 m跨度厂房；9 m宽的天窗架适用于21～30 m跨度厂房。当跨度更大或有特殊要求时，也可采用12 m宽的天窗架。天窗架的高度是根据采光、通风要求并结合所选用天窗扇的尺寸配套使用。目前我国工业厂房建筑构配件标准图中，常用的Ⅱ形和W形钢筋混凝土天窗架的尺寸见表10.2。

表 10.2 常用混凝土天窗架的尺寸 mm

天窗架形式	Ⅱ形							W形	
天窗架跨度(标志尺寸)	6 000				9 000			6 000	
天窗扇高度	1 200	1 500	2×900	2×1 200	2×900	2×1 200	2×1 500	1 200	1 500
天窗架高度	2 070	2 370	2 670	3 270	2 670	3 270	3 870	1 950	2 250

钢天窗架的质量轻，制作及吊装均方便，除用于钢屋架上外，也可用于钢筋混凝土屋架上。钢天窗架常用的形式有桁架式和多压杆式两种，如图10.33所示。

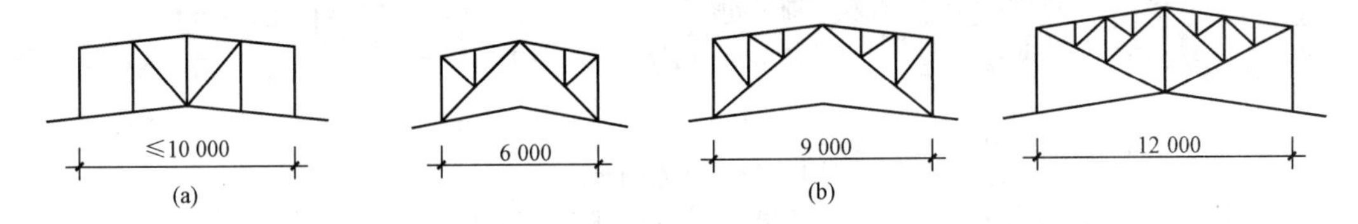

图 10.33 钢天窗架

(a)多压杆式；(b)桁架式

2. 天窗扇

矩形天窗设置天窗扇的作用是采光、通风和挡雨。天窗扇可用木材、钢材及塑料等材料制作，由于钢天窗扇具有坚固、耐久、耐高温，不易变形和关闭较严密等优点，故被广泛采用。钢天窗扇的开启方式有两种：一种是上悬式，其特点是防雨性能较好，但窗扇上方开启角度不能大于45°，故通风较差；另一种是中悬式，其特点是窗扇开启角度可达60°～80°，故通风流畅，但防雨性能欠佳。

(1)上悬式钢天窗扇。我国J815定型上悬钢天窗扇的高度有三种，即900 mm、1 200 mm、1 500 mm(标志尺寸)，根据天窗采光需要可组合出所需要的天窗扇的高度。

上悬钢天窗扇可布置成通长和分段两种。

1)通长天窗扇。它由两个端部固定窗扇和若干个中间开启窗扇连接而成。图 10.34(a)、(b)所示是由三个 6 m 柱距组合而成。也可由 4 个、5 个、6 个等柱距组合而成，其组合长度应根据矩形天窗的长度和选用天窗扇开关器的启动能力来确定。

2)分段天窗扇。它是在每一个柱距内设置天窗扇，其特点是开启及关闭灵活(可用开关器)，但窗扇用钢量较多[图 10.34(c)、(d)]。

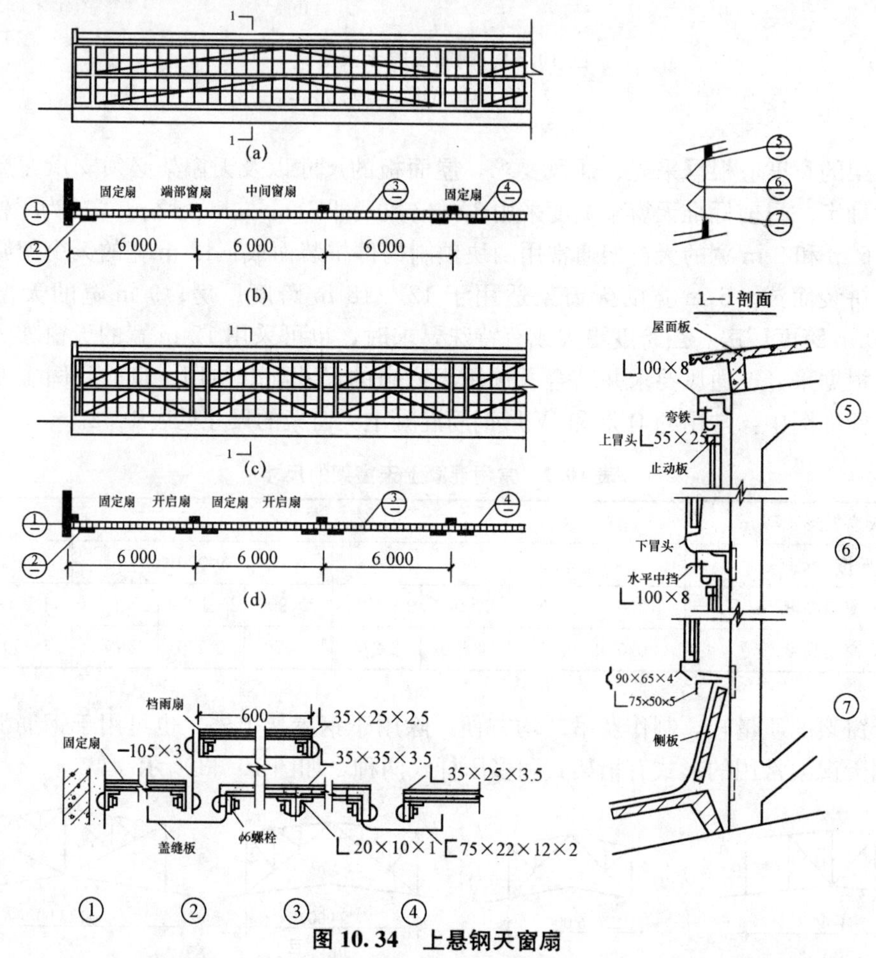

图 10.34　上悬钢天窗扇

(a)通长天窗扇立面；(b)通长天窗扇平面；(c)分段天窗扇立面；(d)分段天窗扇平面

无论是通长天窗扇，还是分段天窗扇，其开启扇与外启扇之间、开启扇与天窗端壁之间均应设固定扇，该固定扇起着窗框的作用。防雨要求较高的厂房，应在固定扇的后侧设置倾斜的挡雨扇，以防止从开启扇两侧飘入雨水。

上悬钢天窗扇的构造如图 10.34 中的大样图，它是由上冒头、下冒头、边梃、窗芯、盖缝板及玻璃组成。在钢筋混凝土天窗架上部预埋铁板，用短角钢与预埋铁板焊接，再将通长角钢∟100×8 焊接在短角钢上，用螺栓将弯铁固定在通长角钢∟100×8 上，而上悬钢天窗扇的槽钢上冒头则悬挂在弯铁上。窗扇的下冒头为异形断面的型钢，天窗扇关闭时，下冒头位于横档或侧板外缘以利排水。为控制天窗扇开启角度，在边梃及窗芯的上方设止动板。

(2)中悬式钢天窗扇。中悬钢天窗扇因受天窗架的阻挡和受转轴位置的影响，只能分段设置，在一个柱距内设一樘窗扇。我国定型产品的中悬钢天窗扇高度有 900 mm、1 200 mm

和 1 500 mm 三种，可以组合成一排、二排、三排等不同高度的中悬钢天窗扇。窗扇的上冒头、下冒头及边梃均为角钢，窗芯为 T 形钢，窗扇转轴固定在两侧的竖框上。

3. 天窗端壁

矩形天窗两端的承重围护构件称为天窗端壁。通常采用预制钢筋混凝土端壁板或钢天窗架石棉水泥瓦端壁，如图 10.35 所示。

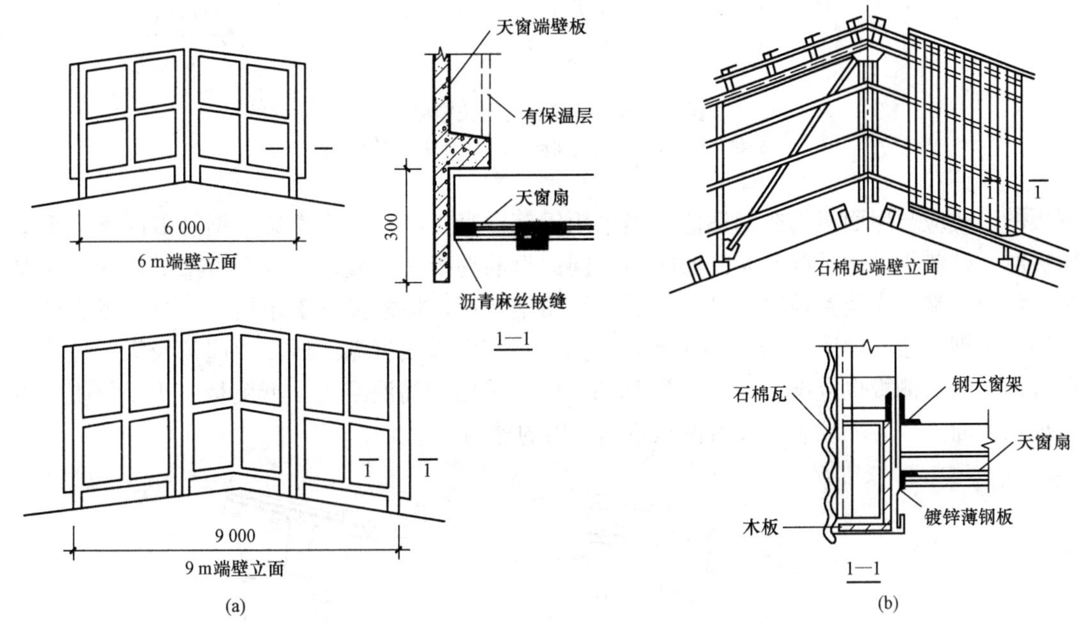

图 10.35　天窗端壁

(a)钢筋混凝土端壁；(b)石棉水泥瓦端壁

前者用于钢筋混凝土屋架；后者多用于钢屋架。为了节省钢筋混凝土端壁的材料，常做成肋形板代替钢筋混凝土天窗架，支承天窗屋面板。当天窗架跨度为 6 m 时，端壁板由两块预制板拼接而成；当天窗架跨度为 9 m 时，端壁板由三块预制板拼接而成。端壁板及天窗架与屋架上弦的连接均通过预埋铁件焊接。寒冷地区的钢筋混凝土端壁板，当车间为冷加工车间或需要保温的车间时，应在其内表面加设保温层。

4. 天窗屋顶和檐口

天窗的屋顶构造一般与厂房屋顶构造相同。当采用钢筋混凝土天窗架、无檩体系的大型屋面板时，其檐口构造有如下两类：

(1)带挑檐的屋面板。无组织排水的挑檐出挑长度一般为 500 mm，若采用上悬式天窗扇，因防雨较好，故出挑长度可小于 500 mm；若采用中悬式天窗扇时，因防雨较差，其出挑长度可大于 500 mm[图 10.36(a)]。

(2)设檐沟板。有组织排水可采用带槽沟屋面板[图 10.36(b)]，或者在钢筋混凝土天窗架端部预埋铁件焊接钢牛腿，支承天沟[图 10.36(c)]。需要保温的厂房，天窗屋面应设保温层。

5. 天窗侧板

在天窗扇下部需设置天窗侧板，侧板的作用是防止雨水溅入车间及防止因屋面积雪挡住天窗扇。从屋面至侧板上缘的距离，一般为 300 mm，积雪较深的地区，可采用 500 mm。

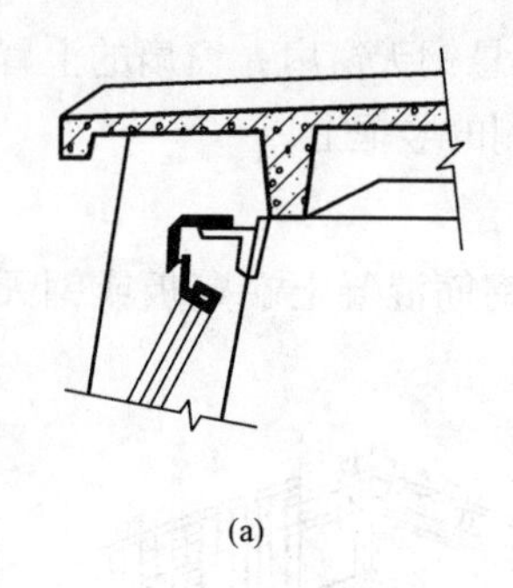
(a)

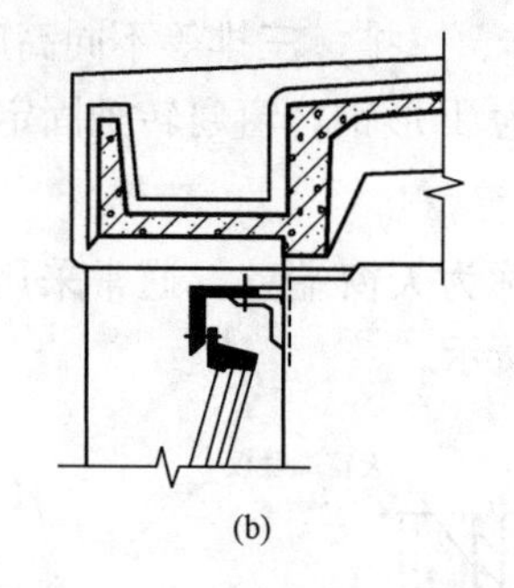
(b)

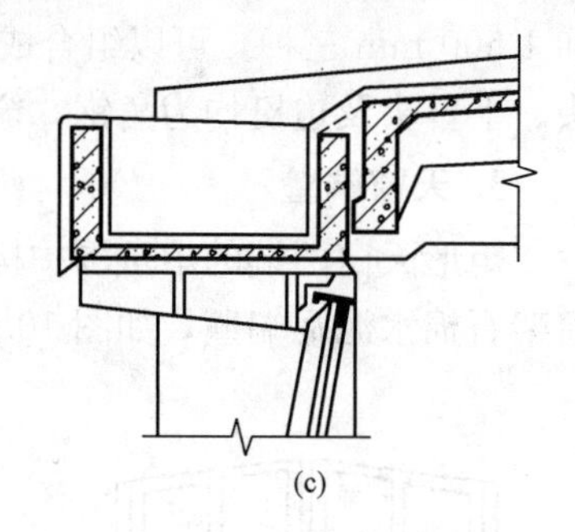
(c)

图 10.36 钢筋混凝土天窗檐口

(a)挑檐板；(b)带檐沟屋面板；(c)牛腿支承檐沟板

侧板的形式应与屋面板构造相适应。当采用钢筋混凝土门字形天窗架、钢筋混凝土大型屋面板时，则侧板采用长度与天窗架间距相同的钢筋混凝土槽板，它与天窗架的连接方法是在天窗架下端相应位置预埋铁件，然后用短角钢焊接，将槽板置于角钢上，再将槽板的预埋件与角钢焊接。如图 10.37(a)所示，该图表示车间需要保温，所以，屋顶及天窗屋面均设有保温层，侧板也应设保温层。图 10.37(b)是采用钢筋混凝土小型侧板，小型侧板一端支承在屋面上，另一端靠在天窗窗框角钢下挡的外侧。

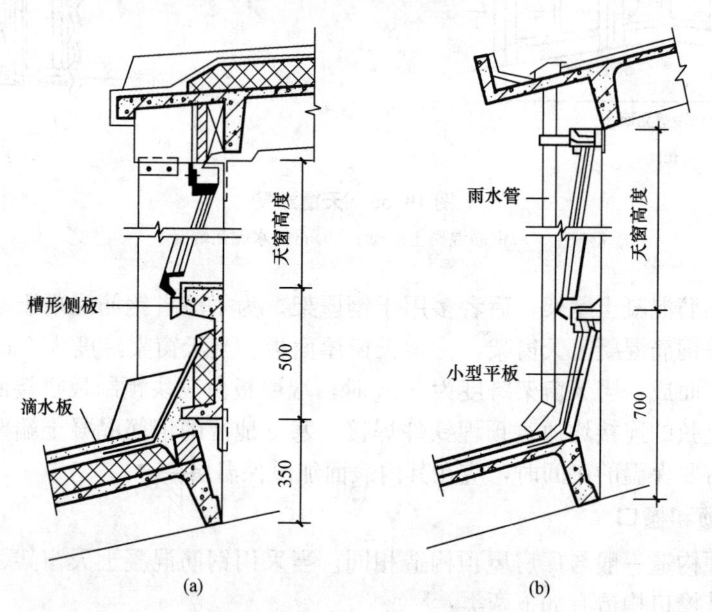

图 10.37 钢筋混凝土侧板

(a)槽形侧板；(b)小型侧板

当屋面为有檩体系时，则侧板常采用石棉瓦、压型钢板等轻质材料，如图 10.38 所示。

二、矩形通风天窗

矩形通风天窗由矩形天窗及其两侧的挡风板所构成。

1. 挡风板的形式及构造

挡风板由面板和支架两部分组成。面板材料常采用石棉水泥瓦、玻璃钢瓦、压型钢板

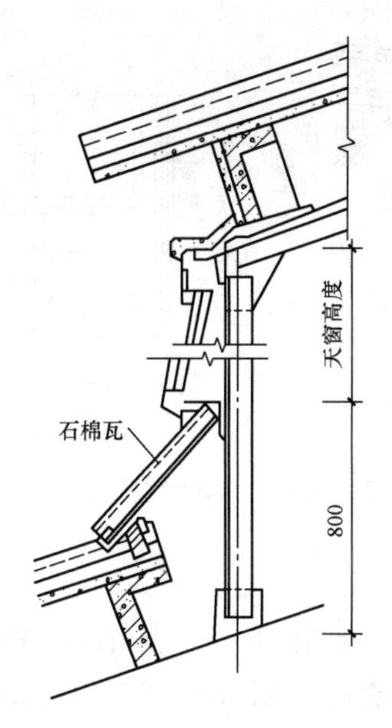

图 10.38　钢天窗架轻质侧板

等轻质材料；支架的材料主要采用型钢及钢筋混凝土。

挡风板支架有以下两种支承方式：

(1)立柱式：钢或钢筋混凝土立柱支承在大型屋面板纵肋处的柱墩上(图 10.39)。用支撑将柱和天窗架连接，以增加其稳定性，但立柱式挡风板与天窗架的距离受到屋面板布置的限制。若为有檩体系的屋面，则立柱应支承在檩条上，其构造复杂，故有檩体系很少采用立柱式的支承方式。

(2)悬挑式：挡风板支架固定在天窗架上，屋面不承受天窗挡风板的荷载，挡风板与天窗之间的距离不受屋面板的限制，布置比较灵活(图 10.40)。悬挑式挡风板增加天窗架的荷载，用料较多，对抗震不利。两种方式支承的挡风板都可垂直或倾斜布置。

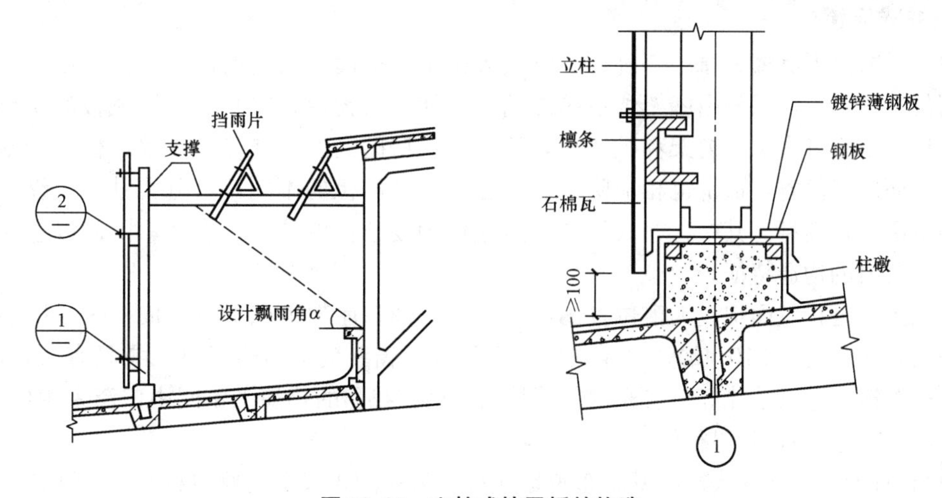

图 10.39　立柱式挡风板的构造

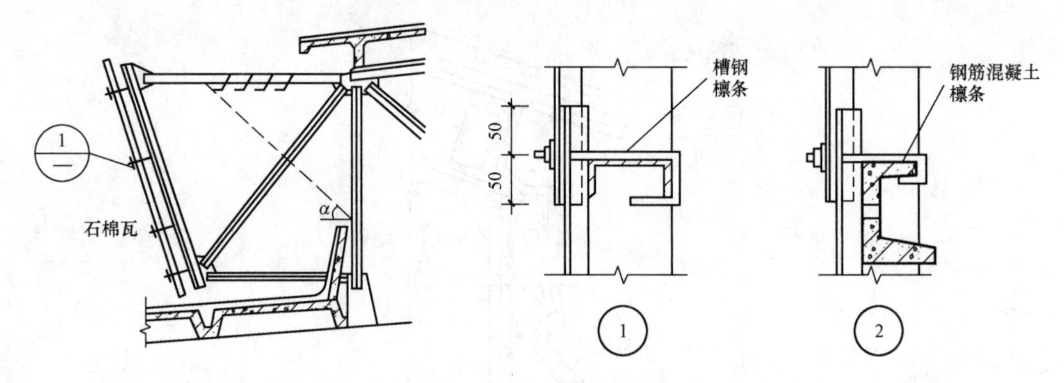

图 10.40　悬挑式挡风板构造

2. 挡雨方式及挡雨片的布置

天窗的挡雨方式可分为水平口设挡雨片、垂直口设挡雨片和大挑檐挡雨三种(图 10.41)。挡雨方式和挡雨角(指挡雨片或挑檐遮挡雨滴的角度，以 α 表示)不同，对天窗排风性能产生的影响也不同。在挡雨角相同的情况下，水平口设挡雨片及大挑檐式挡雨的天窗，其通风性能一般比垂直口设挡雨片的好。

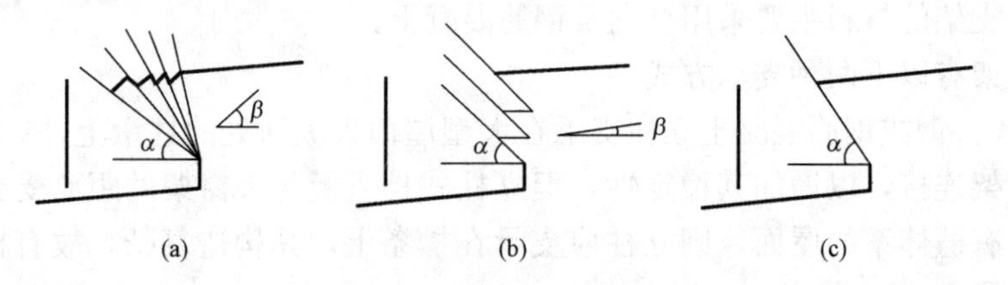

图 10.41　天窗的挡雨方式

(a)水平口设挡雨片；(b)垂直口设挡雨片；(c)大挑檐挡雨

α—挡雨角；β—挡雨片与水平夹角

3. 井式天窗

井式天窗是下沉式天窗的一种。下沉式天窗是在拟设置天窗的部位，把屋面板下移铺在屋架的下弦上，从而利用屋架上下弦之间的空间构成天窗。它们与带挡风板的矩形避风天窗相比，由于省去了天窗架和挡风板，降低了厂房的高度，减轻了屋盖、柱子和基础的荷载，因而用料较省，造价也相应降低。根据其下沉部位的不同，可分为井式、纵向下沉和横向下沉三种类型。其中，井式天窗的构造更为复杂，更具有代表性，因此以它为例介绍下沉式天窗的构造特征。

井式天窗是将屋面拟设天窗位置的屋面板下沉铺在屋架下弦上，形成一个个凹嵌在屋架空间的井状天窗(图 10.42)。这是我国对下沉式天窗新的创造性发展。它具有布置灵活、排风路径短捷、通风性能好、采光均匀等特点，已在我国的热加工车间中广泛采用(某些冷加工车间也有应用)，效果很好。

(1)布置形式。井式天窗的基本布置形式可分为一侧布置、两侧对称布置、两侧错开布置和跨中布置等几种(图 10.43)。前三种可称为边井式天窗；后一种可称为中井式天窗。由基本布置又可排列组合成各种连跨布置形式(图 10.44)。采用何种布置形式，应根据生产工艺对通风采光的要求、热源布置、结构形式、厂房跨数、排水及清灰等要求来决定。

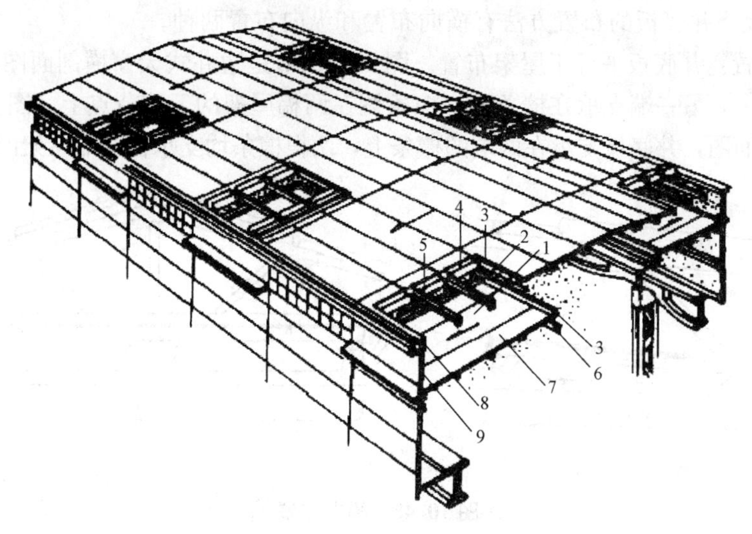

图 10.42　井式天窗

1—水平口；2—垂直口；3—泛水；4—挡雨片；5—空格板；6—檩条；7—井底板；8—天沟；9—挡风侧墙

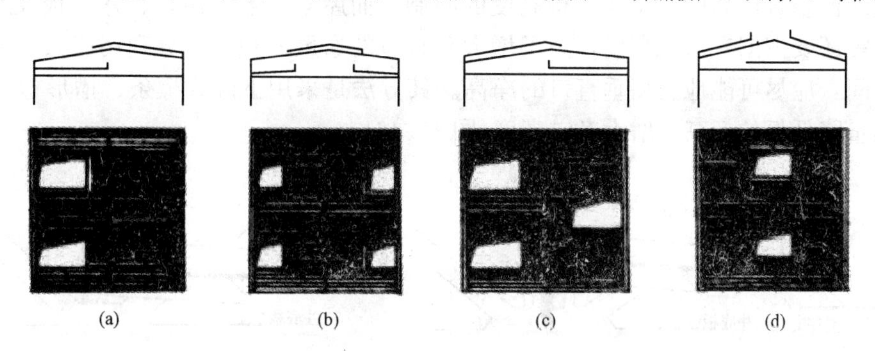

图 10.43　井式天窗基本布置形式

(a)一侧布置；(b)两侧对称布置；(c)两侧错开布置；(d)跨中布置

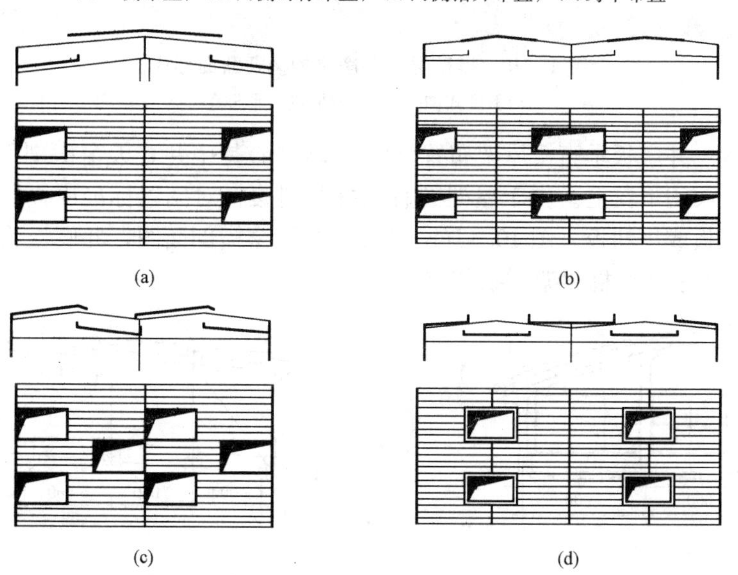

图 10.44　井式天窗组合布置示意

(a)一侧连跨布置；(b)两侧对称连跨布置；(c)两侧错开连跨布置；(d)跨中连跨布置

(2)井底板。井底板的布置方法有横向布置和纵向布置两种。

1)横向布置：井底板平行于屋架布置。图 10.45(a)是边井式天窗横剖面图，井底板一端支承在天沟板上，另一端支承在檩条上。檩条搁在两榀屋架的下弦节点上。图 10.45(b)是中井式天窗横剖面图，井底板支承在两端的檩条上，两根檩条均支承在两榀屋架的下弦节点上。

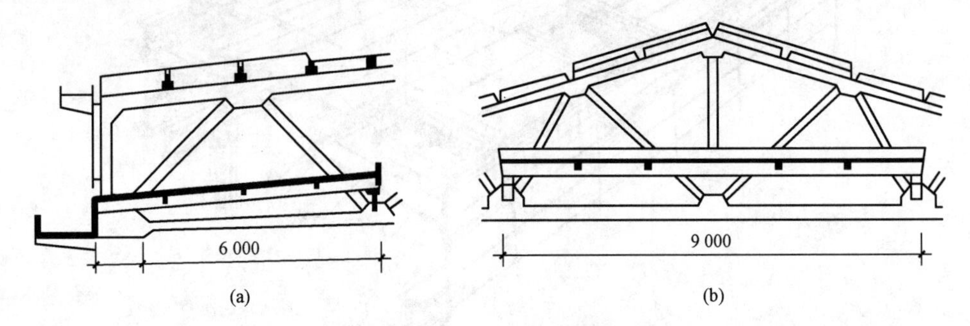

图 10.45　横向布置

(a)井底板搁在天沟及檩条上；(b)井底板搁在檩条上

井式天窗垂直口高度受屋架结构高度的限制，而屋架节点、檩条、井底板及井底板四周的泛水等还要占据一部分高度，为了增大垂直口的通风面积及充分利用屋架上弦与下弦之间的空间，应尽可能地提高垂直口的净高。其方法是采用下卧式檩条、槽形檩条或 L 形条，以尽量降低板的标高，增大净空高度(图 10.46)。

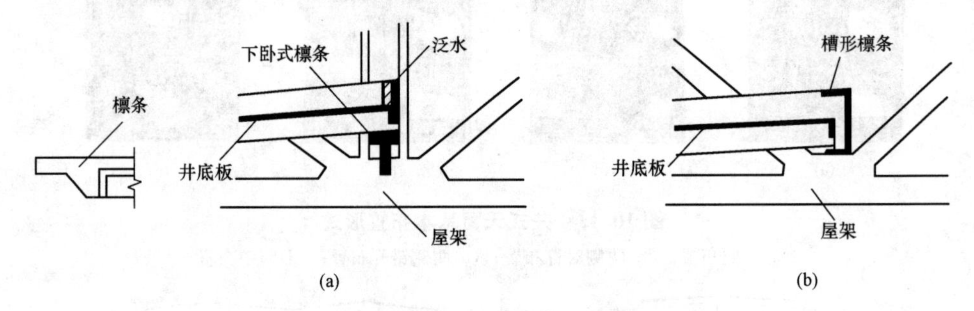

图 10.46　提高垂直口净高的檩条断面形式

(a)下卧式檩条；(b)槽形或 L 形檩条

2)纵向布置：井底板垂直于屋架布置。图 10.47(a)是中井式天窗横剖面图，井底板两端支承在两榀屋架的下弦上。由于屋架的直腹杆和斜腹杆对搁置标准屋面板有影响，井底板应设计成卡口板或出肋板。图 10.47(b)是边井式天窗横剖面图，井底板为 F 形断面屋面板，F 板的纵肋支承在两榀屋架下弦节点上。

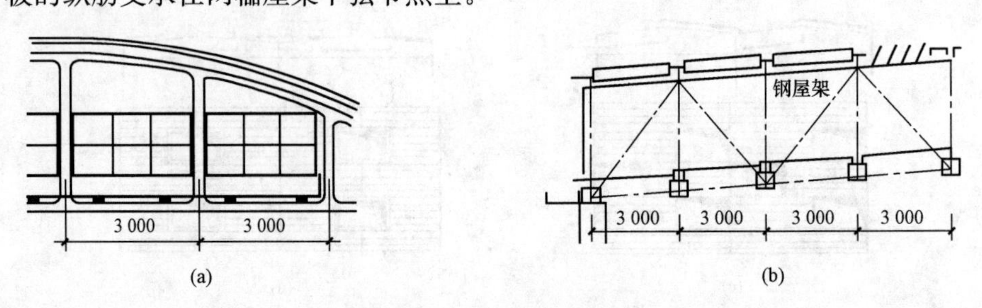

图 10.47　纵向布置

(a)竖腹杆屋架，用卡口板或出肋板；(b)搁在下弦节点块座上

第五节　外墙构造

单层厂房的外墙按其材料类别可分为砖墙、砌块墙、板材墙等；按其承重形式则可分为承重墙、自承重墙和框架墙等。当厂房跨度及高度不大，没有或只有较小的超重运输设备时，一般可采用承重墙直接承担屋盖与起重运输设备等荷载。当厂房跨度及高度较大、起重运输设备较重时，通常由钢筋混凝土(或钢)排架柱来承担屋盖与起重运输设备等荷载，而外墙只承担自重，仅起围护作用，这种墙称为自承重墙。某些高大厂房的上部墙体及厂房高低跨交接处的墙体则用架空支承在排架柱上的墙梁(连系梁)来承托，这种墙称为框架墙。

单层厂房外墙构造与民用建筑外墙构造有许多相似之处，在这里着重介绍其特殊的部分。

一、承重砖墙与砌块墙

承重砖墙及砌块墙的高度一般不宜超过 11 m。为了增加其刚度、稳定性和承载能力，通常平面每隔 4～6 m 间距应设置壁柱。当地基较弱或有较大振动荷载等不利因素时，还应根据结构需要在墙体中设置钢筋混凝土圈梁或钢筋砖圈梁。一般情况下，当无吊车厂房的承重砖墙厚度小于 240 mm，檐口标高为5～8 m 时，要在墙顶设置一道圈梁，超过8 m 时应在墙中间部位增设一道；当车间有吊车时，还应在吊车梁附近增设一道圈梁。

承重山墙宜每隔 4～6 m 设置抗风壁柱，屋面采用钢筋混凝土承重构件时，山墙上部沿屋面板应设置截面不小于 240 mm×240 mm(在壁柱处宜局部放大)的钢筋混凝土卧梁，并须与屋面板妥善连接。承重砖墙与砌块墙的壁柱、转角墙及窗间墙均应经结构计算确定，并不宜小于图 10.48 所示的构造尺寸。墙身防潮层应设置在相对标高为－0.050 m 处。

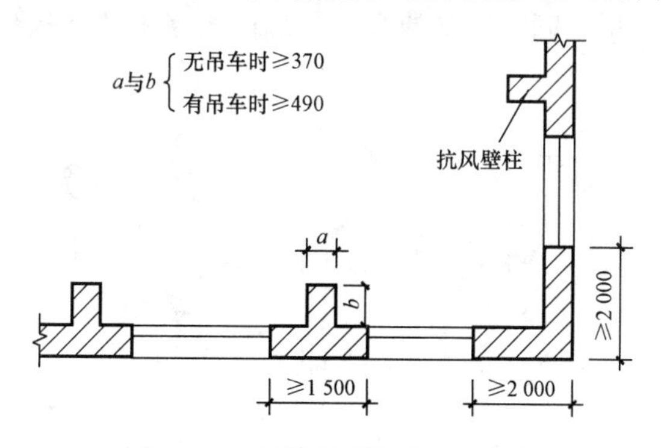

图 10.48　砖墙承重厂房平面局部

二、自承重砖墙与砌块墙

自承重墙是单层厂房常用的外墙形式之一。其适用于跨度、高度、风荷载和振动荷载较大的大中型厂房，可以由砖或其他砌块砌筑。

1. 墙和柱的相对位置及连接构造

(1)墙和柱的相对位置。厂房外墙和柱的相对位置通常可以有四种构造方案，如图 10.49 所示。其中，图 10.49(a)具有构造简单、施工方便、热工性能好，便于基础梁与连系梁等构配件的定型化和统一化等优点。所以，单层厂房外墙多用此种方案。图 10.49(b)由于把排架柱部分嵌入墙内，可比前者稍节省建筑占地面积，并能增强柱列的刚度，但要增加部分砍砖，施工较麻烦。同时，基础梁与连系梁等构配件也随之复杂化。图 10.49(c)和图 10.49(d)基本相似，构造较复杂、施工不便、砍砖多，框架结构外露易受气温变化的影响，且其基础梁与连系梁等构配件均不能实现定型化和统一化。一般仅用于厂房连接有露天跨或有待扩建的边跨的临时性封闭墙。然而这两种方案却有节约建筑用地和能增强柱间刚度等优点。当吊车吨位不大时，厂房可不另设柱间支撑，因此用于我国南方还是有利的。

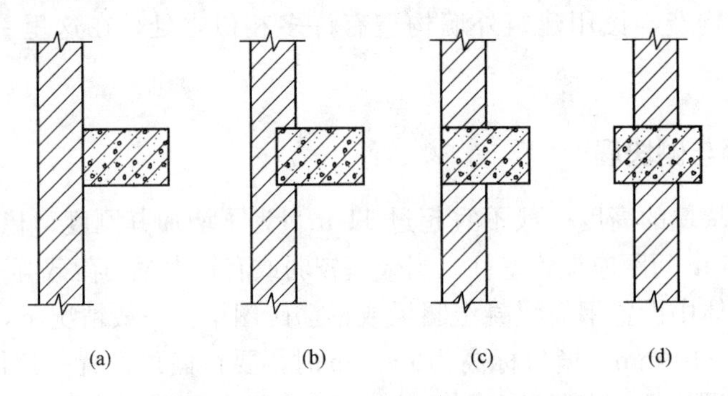

图 10.49 厂房外墙与柱的相对位置

(2)墙和柱的连接构造。为使支承在基础梁上的自承重砖墙与排架柱保持一定的整体性与稳定性，防止由于风力及地震力等使墙倾倒，厂房外墙可用各种方式与柱子相连接。其中最简单、常用的做法是采用钢筋拉结，如图 10.50 所示。这种连接方式属于柔性连接。它既保证了墙体不离开柱子，同时，又使自承重墙的重量不传递给柱子，从而维持墙与柱的相对整体关系。

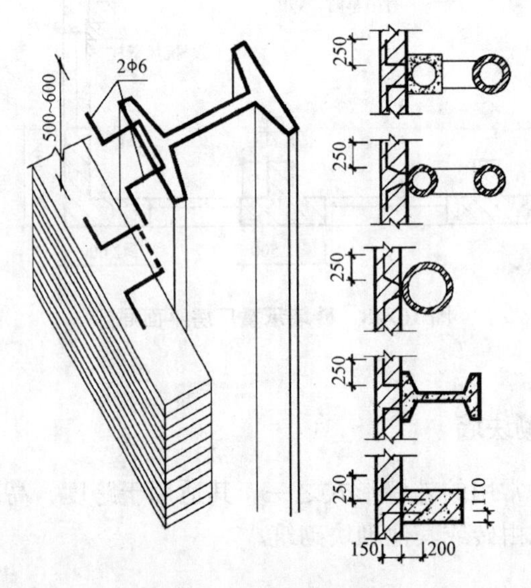

图 10.50 墙和柱的连接

2. 女儿墙的拉结构造

女儿墙是墙体上部的外伸段，其厚度一般不小于 240 mm(南方地区有的用 180 mm)，其高度不仅应满足构造设计的需要，还要保证在屋面从事检修、清灰、擦洗天窗等工作人员的安全。因此，在非地震区当厂房较高或屋坡较陡时，一般宜设置高度为 1 m 左右的女儿墙，或在厂房的檐口上设置相应高度的护栏。受设备振动影响较大的或地震区的厂房，其女儿墙的高度则不应超过 500 mm，并须用整浇的钢筋混凝土压顶板加固。女儿墙拉结构造如图 10.51 所示。

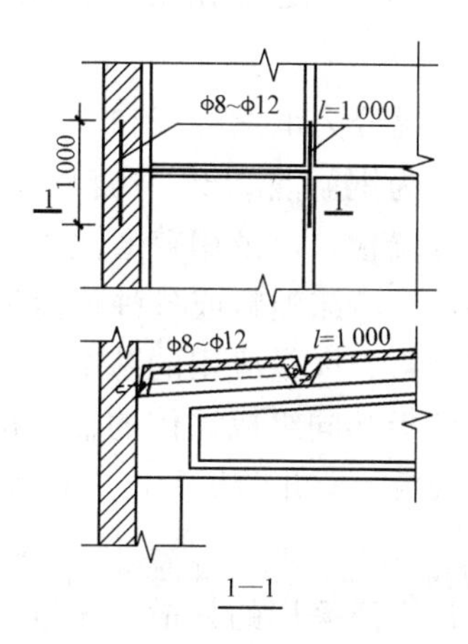

图 10.51　女儿墙拉结构造

3. 抗风柱的连接构造

厂房山墙比纵墙高，且墙面随跨度的增加而增大，故山墙承受的水平风荷载也较纵墙大。通常应设置钢筋混凝土抗风柱来保证自承重山墙的刚度和稳定性。抗风柱的间距以 6 m 为宜，个别不能被 6 m 整除的跨度允许采用 5 m 和 7.5 m 等非标准柱距。当山墙的三角形部分高度较大时，为保证其稳定性和抗风、抗震能力，应在山墙上部沿屋面设置钢筋混凝土圈梁。抗风柱与山墙、屋面板与山墙之间也应采用钢筋拉结，如图 10.52 所示。

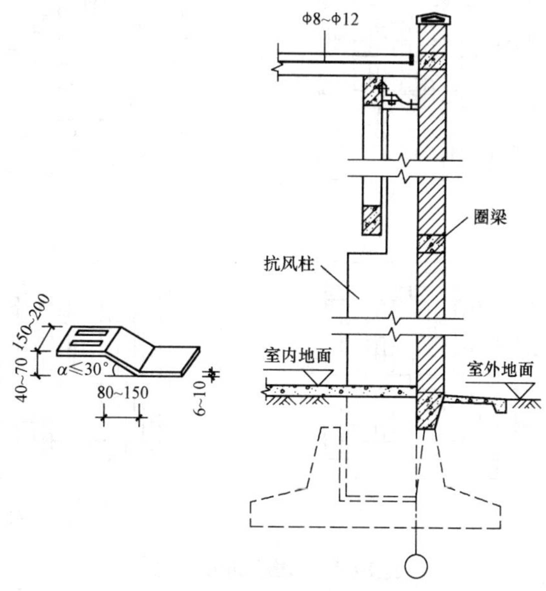

图 10.52　山墙与抗风柱的连接

抗风柱的下端插入基础杯口形成下部的嵌固端，在柱的上端通过一个特制的“弹簧”钢板与屋架相连接，使二者之间只传递水平力而不传递垂直力，既有连接而又互不改变各自的受力体系。

三、大型板材墙

采用大型板材墙可成倍地提高工程效率，加快建设速度。同时，它还具有良好的抗震性能。因此，墙板将成为我国工业建筑广泛采用的外墙类型之一。

1. 墙板的类型

墙板的类型很多，按其受力状况分为承重墙板和非承重墙板；按其保温性能分为保温墙板和非保温墙板；按所用材料分为钢筋混凝土、陶粒混凝土、加气混凝土、膨胀蛭石混凝土和矿渣混凝土等混凝土材料类墙板，以及用普通混凝土板、石棉水泥板与铝和不锈钢等金属薄板夹以矿棉毡、玻璃棉毡、泡沫塑料或各种蜂窝板等轻质保温材料构成的复合材料类墙板等；按其规格分有形状规整、大量应用的基本板，有形状特殊、少量应用的异形板(如加长板、山尖板等)，有和墙板共同组成墙体的辅助构件(如墙梁、转角构件等)；按其在墙面的位置分为檐下板、一般板、女儿墙板和山尖板等。

2. 墙板的布置

墙板在墙面上的布置方式，最广泛采用的是横向布置，其次是混合布置，竖向布置采用较少，如图 10.53 所示。横向布置时板型少，以柱距为板长，板柱相连，可省去窗过梁和连系梁，板缝处理也较易。图 10.53(a)所示为有带窗板的横向布置，带窗板预先装好窗扇再吊装，故现场安装简便，但带窗板制作较复杂；图 10.53(b)所示为用通长带形窗的横向布置，采光好，无带窗板，但窗用钢材以及现场安装量均较多；图 10.53(c)所示为混合布置，板型较多，优点是立面处理较灵活；图 10.54(d)所示为竖向布置，构造复杂，须设墙梁固定墙板，优点是不受柱距限制，布置灵活。

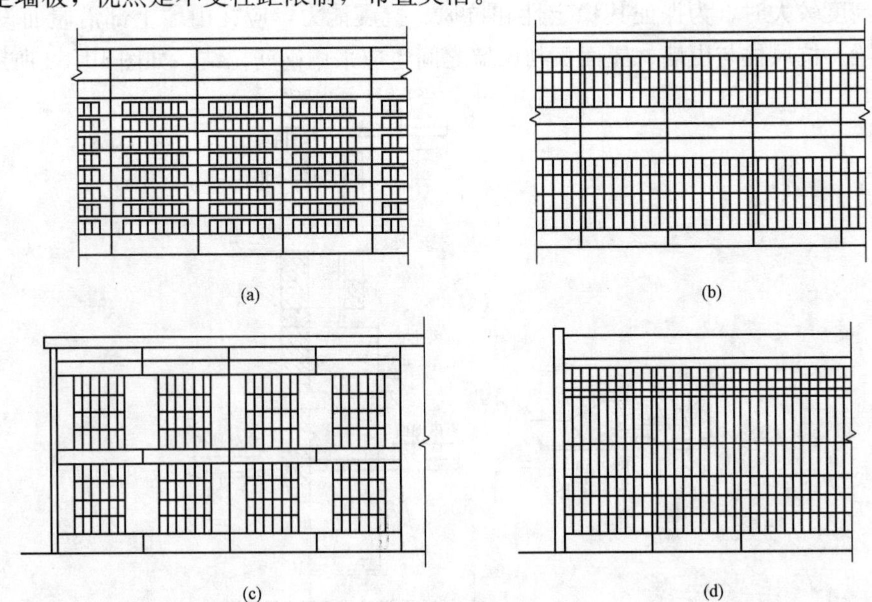

图 10.53　墙板布置方式

(a)横向布置；(b)纵向布置；(c)混合布置；(d)竖向布置

山墙墙身部位布置墙板方式与侧墙相同，山尖部位则随屋顶外形可布置成台阶形、人字形、折线形等，如图 10.54 所示。台阶形山尖异形墙板少，但连接用钢较多，人字形则相反，折线形介于两者之间。

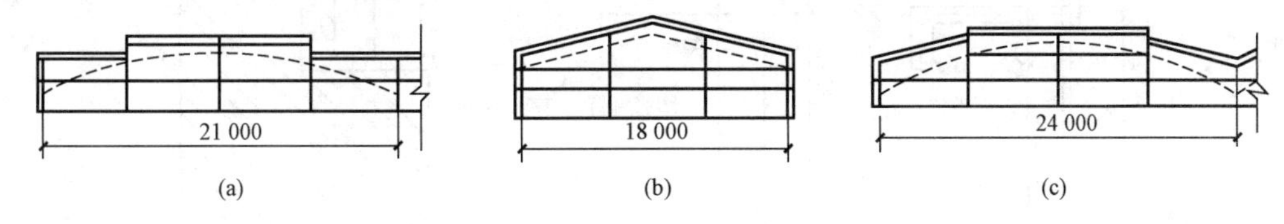

图 10.54　山墙山尖墙板布置

(a)台阶形 ；(b)人字形；(c)折线形

3. 墙板的规格

单层厂房的基本板长度应符合《厂房建筑模数协调标准》(GB/T 50006—2010)的规定，并考虑山墙抗风柱的设置情况，一般把板长定为 4 500、6 000、7 500、12 000(mm)等数种。但有时由于生产工艺的需要，并具有较好的技术经济效果时，也允许采用 9 000 mm 的规格。

基本板高度应符合 3M 标准，规定为 1 800、1 500、1 200 和 900(mm)四种。6 m 柱距一般选用 1 200 mm 或 900 mm 高；12 m 柱距选用 1 800 mm 或 1 500 mm 高。根据预制厂的生产情况，基本板的厚度应符合 1/5M(20 mm)。具体厚度则按结构计算确定(保温墙板同时考虑热工要求)。

四、轻质板材墙

随着建筑工业的不断发展，国内外单层厂房采用石棉水泥波瓦、镀锌薄钢板波瓦、塑料墙板、铝合金板以及压型钢板等轻质板材建造的外墙在不断增加。它们的连接构造基本相同，现以压型钢板墙为例介绍。

压型钢板墙板是靠固定在柱上的水平墙梁固定的。墙梁与连系梁相似，但采用型钢(槽钢或角钢)制作。墙梁与柱的固结有预埋钢板焊接或螺栓连接两种，如图 10.55 所示。压型钢板与墙梁的连接，是在压型钢板上钻 ϕ6.5 mm 的孔洞。然后用钩头螺栓固定在墙梁上，也可采用木螺钉或拉铆钉固定(图 10.56)。外墙转角和有伸缩缝处的细部构造如图 10.57 所示。

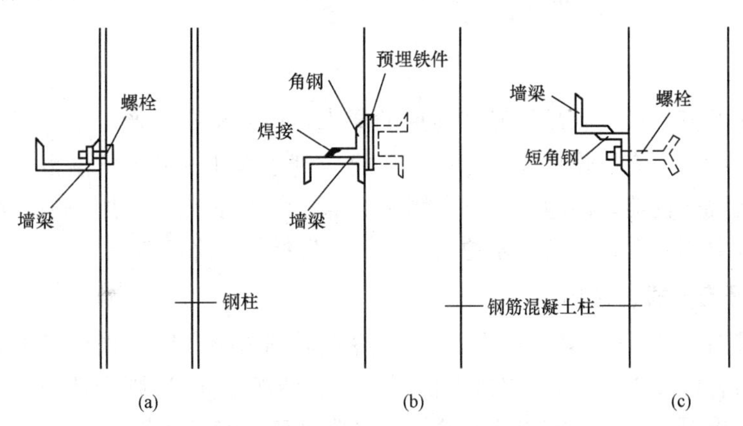

图 10.55　墙梁与柱的连接

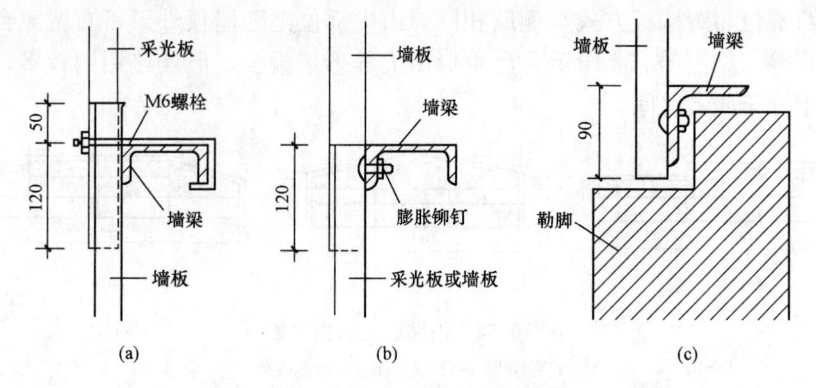

图 10.56　压型钢板上下搭接

(a)压型墙板在墙上部；(b)压型墙板在墙梁下；(c)勒脚部位

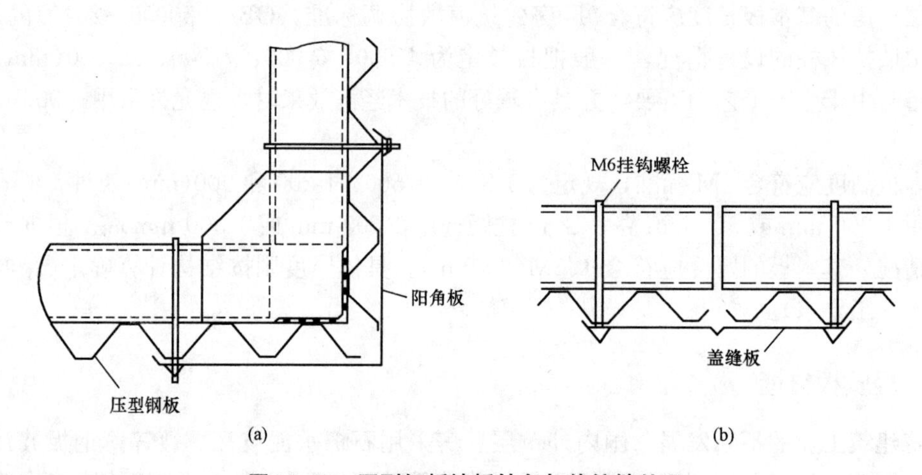

图 10.57　压型钢板墙板转角与伸缩缝处理

第六节　侧窗、大门、地面及其他构造

一、侧窗

工业建筑中侧窗不仅要满足采光和通风的要求，还要根据生产工艺的特点，满足其他一些特殊要求。例如，有爆炸危险的车间，侧窗应利于泄压；要求恒温恒湿的车间，侧窗应有足够的保温隔热性能；洁净车间要求侧窗防尘和密闭等。工业建筑侧窗面积往往较大，构造设计时应在坚固耐久、开关方便的前提下，节省材料，降低造价。

1. 层数、开启方式、材料

工业建筑侧窗一般都是单层窗。只是在寒冷地区的采暖车间应根据热工的要求采用双层窗。当生产有特殊要求的车间(如恒温恒湿车间、洁净车间等)则全部采用双层窗。双层窗冬季保温、夏季隔热、防尘密闭性能较好，但造价高，施工复杂。

工业建筑侧窗常用的开启方式有以下几种：

(1)中悬窗：窗扇沿水平轴转动，开启角可达 80°。便于采用机械或手动的开关装置，常用于厂房外墙的上部，但中悬窗开启时防雨性能较差。通过调整其水平转轴的位置，它还可作为防爆车间的泄压窗。

(2)平开窗：窗口阻力系数小，通风效果好，构造简单，开启方便，便于做成双层窗。由于不便设置联动开关器，通常布置在外墙的下部。

(3)立转窗：窗扇沿垂直轴转动，通风好，可根据不同风向调节开启角度，常布置在外墙下部，但密闭性较差，不宜用于寒冷和多风沙的地区。

(4)固定窗：仅作采光用，构造简单，造价低。有防尘密闭要求时，也多采用固定窗以减少缝隙渗透。

工业建筑的侧窗常用的是钢窗和塑钢窗。也有采用钢筋混凝土作窗框，配以木制或钢制开启扇的侧窗。

2. 侧窗构造

(1)钢侧窗。钢侧窗具有坚固耐久、防火、关闭紧密、透光率高等优点，目前我国生产采用的主要是实腹钢窗，其断面形式和构造与民用建筑钢窗相同。

实腹钢窗有三种窗料规格，即 24、32、40(mm)。工业建筑中一般采用 32 mm。当窗面积较大时用 40 mm 窗料。为了便于制作和运输，基本窗的尺寸小一般不大于 1 800 mm×2 400 mm(宽×高)。而工业建筑中每樘窗(一个洞口内的窗称为一樘)的面积往往较大，需要几个基本窗组合而成。宽度方向组合时，两个基本窗扇之间加竖梃。高度方向组合时，两个基本窗之间加横档。横档与竖梃均需与四周墙体连接。当窗洞高度大于 4.8 m 时，为保证窗有一定的刚度，应增设钢筋混凝土横梁或钢横梁。

(2)塑钢窗。目前，我国工业建筑用的塑钢窗其断面形式和构造与民用建筑塑钢窗相似，参见第七章的介绍。

3. 特殊窗

(1)立转窗(立转引风窗)。立转窗可采用钢材、钢丝网水泥、钢筋混凝土等材料制作。窗扇高度一般小于 3 000 mm，基本扇的宽度有 710、810、910(mm)三种，窗扇之间横向搭缝长度为 10 mm，故窗扇的标志尺寸应为 700、800、900(mm)。立转窗不设窗框，窗扇的上下转轴分别支承于洞口的墙体上(窗过梁与窗台上)。为避免立转窗开启时雨水从窗扇之间飘入室内，在窗洞上部应设置挡雨板，板的伸出长度应大于窗扇开启 90°时伸出墙面的长度。为增加引风入室的效果，窗台高度可取 400～600 mm，立转窗还可起垂直遮阳板的作用。当车间有采光要求时，可在立转窗上部镶上玻璃。

(2)固定式通风高侧窗(图 10.58)。近年来在我国南方地区，结合气候特点，创造出多种形式的通风高侧窗。它们的特点是：能采光，能防雨，能常年进行通风，不需设开关器，构造较简单，管理和维修方便。

4. 百叶窗

百叶窗主要作通风用，可用金属、木材、钢筋混凝土等材料制成，其形式有固定式和活动式两种。工业建筑中多采用固定式百叶窗，叶片常做成 45°或 60°角，以利于通风、挡雨、遮阳。百叶窗常用 1.5 mm 厚铜板冷弯成叶片，用铆钉固定在窗框上(图 10.59)。为了防止鸟、鼠、虫进入车间引起事故，可在百叶窗后加设一层钢丝网或者窗纱。

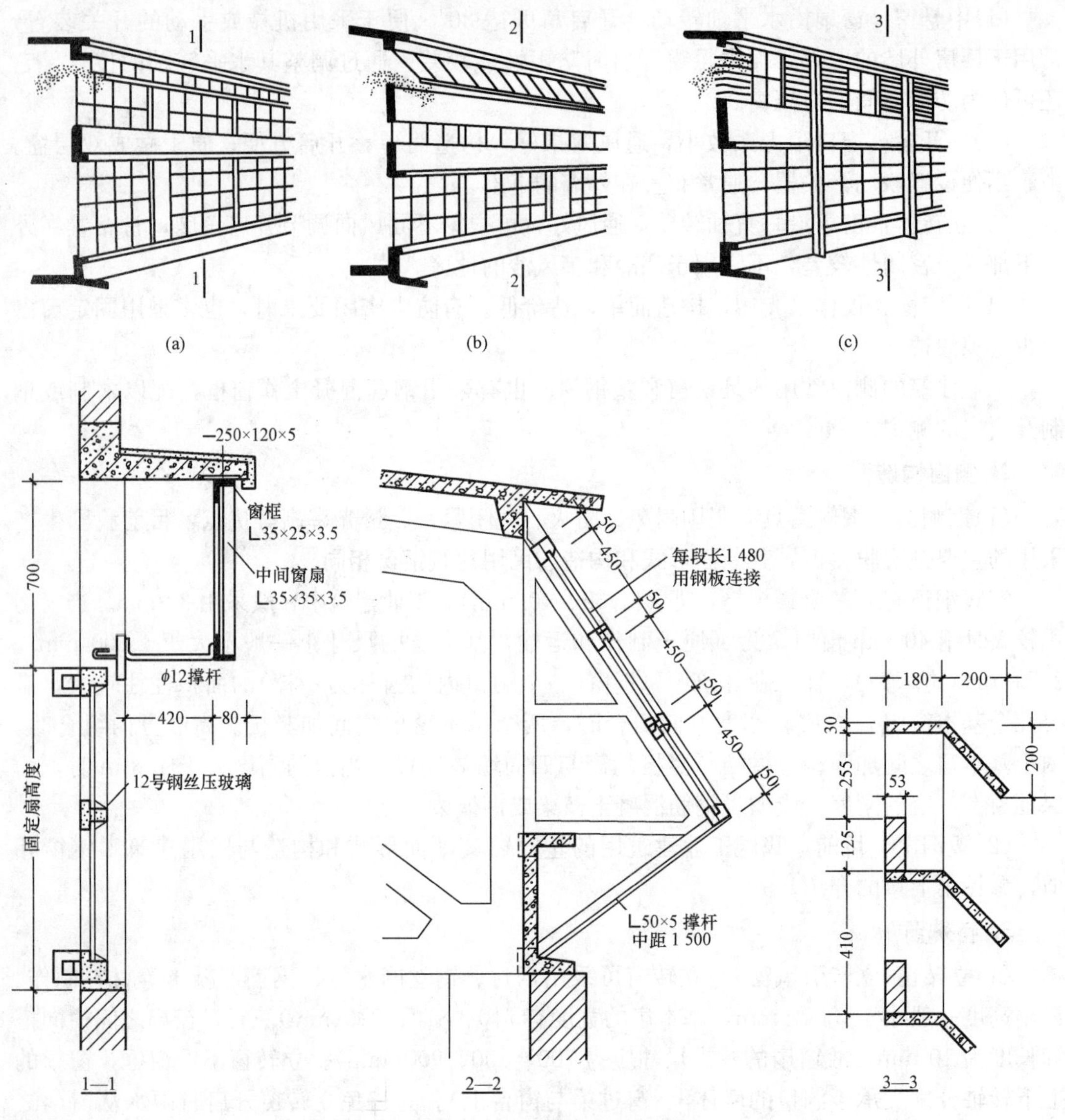

图 10.58 固定式通风高侧窗

(a)垂直错开；(b)倾斜固定；(c)通风百叶

二、大门

1. 门的尺寸与类型

工业厂房大门主要是供日常车辆和人员通行，以及紧急情况疏散之用。因此，门的尺寸应根据所需运输工具类型、规格、运输货物的外形并考虑通行方便等因素来确定。一般门的宽度应比满装货物时的车辆宽 600～1 000 mm，高度应高出 400～600 mm。常用厂房大门的规格尺寸如图 10.60 所示。

一般大门的材料有木、钢木、普通型钢和空腹薄壁型钢等几种。门宽 1.8 m 以内时采用木制大门；当门洞口尺寸较大时，为了防止门扇变形和节约木材，常采用型钢作骨架的钢木大门或钢板门；高大的门洞采用各种钢门或空腹薄壁钢门。

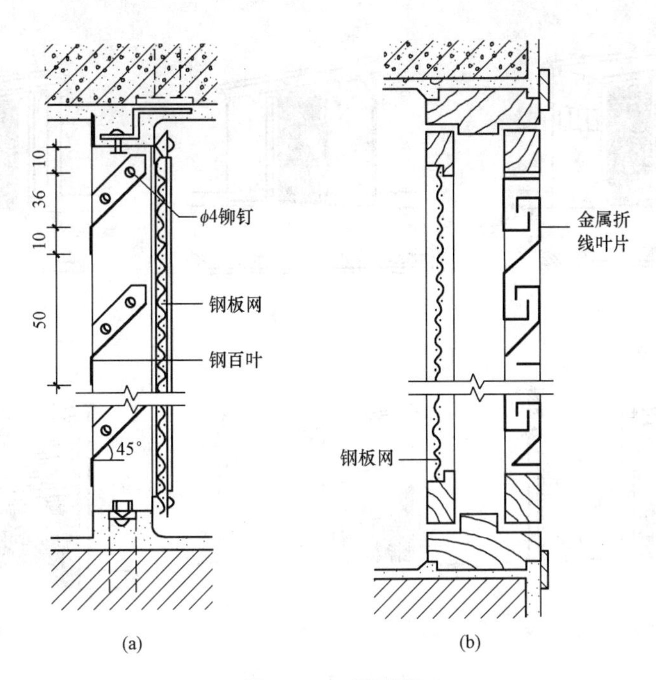

图 10.59　百叶窗

(a)钢百叶；(b)遮光通风百叶

运输工具 \ 洞口宽	2 100	2 100	3 000	3 300	3 600	3 900	4 200 4 500	洞口高
3 t矿车								2 100
电瓶车								2 400
轻型卡车								2 700
中型卡车								3 000
重型卡车								3 900
汽车起重机						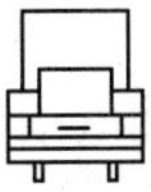		4 200
火车								5 100 5 400

图 10.60　常用厂房大门的规格尺寸

大门的开启方式有平开、推拉、折叠、升降、上翻、卷帘等，如图 10.61 所示。

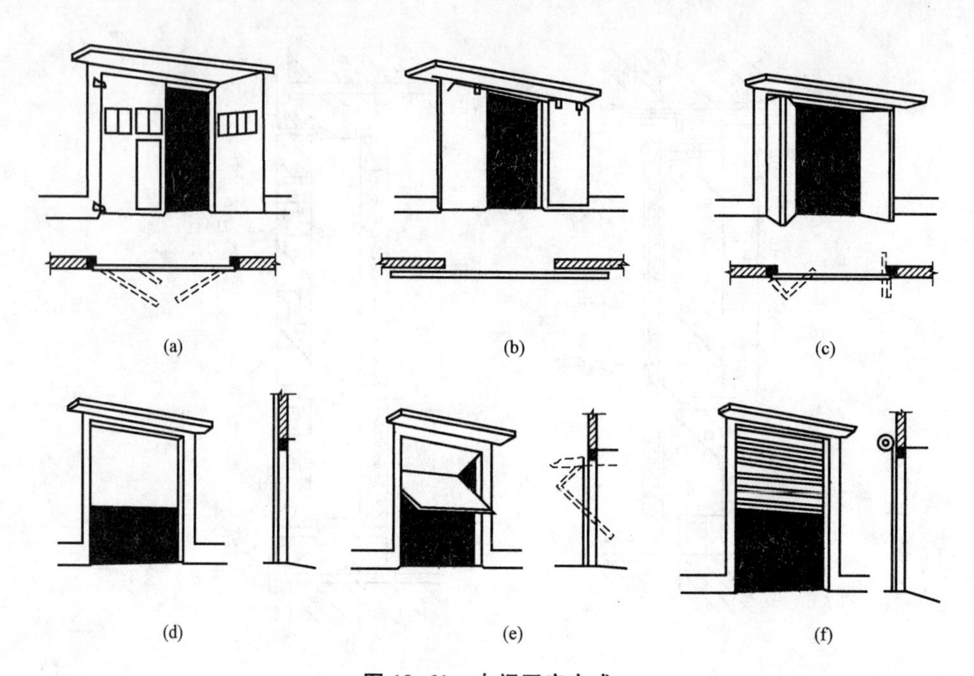

图 10.61　大门开启方式

(a)平开门；(b)推拉门；(c)折叠门；(d)升降门；(e)上翻门；(f)卷帘门

(1)平开门。平开门构造简单，门扇常向外开门，门洞应设雨篷。当运输货物不多，大门不需经常开启时上开设供人通行的小门。平开门受力状态较差，易产生下垂或扭曲变形，门洞较大时不宜采用。

(2)推拉门。推拉门的开关是通过滑轮沿着导轨向左右推拉，门扇受力状态较好，构造简单，不易变形，常设在墙的外侧。雨篷沿墙的宽度最好为门宽的两倍。工业厂房中广泛采用推拉门，但不宜用于密闭要求高的车间。

(3)折叠门。折叠门由几个较窄的门扇相互间以铰链连接组合而成。开启时通过门扇上下滑轮沿着轨道可左右移动。这种形式在开启时可使几个门扇折叠在一起，占用的空间较少，适用于较大的门洞。

(4)升降门。升降门开启时门扇沿导轨向上升。门洞高时可沿水平方向将门扇分为几扇。这种门不占使用空间，只需门洞上部留有足够上升高度，开启的方式有手动和电动两种。

(5)上翻门。上翻门的门扇侧面有平衡装置，门的上方有导轨，开启时门扇沿导轨向上翻起。平衡装置可用重锤或弹簧。这种形式可避免门扇被碰损，常用于车库大门。

(6)卷帘门。卷帘门是用很多冲压成型的金属页片连接而成。开启时，由门洞上部的转动轴将页片卷起。卷帘门有手动和电动两种。它适用于 4 000～7 000 mm 宽的门洞，高度不受限制。但不适用于频繁开启的大门。

设计时，确定门的形式应根据使用要求、门洞大小以及技术经济条件等综合考虑确定。

2. 一般大门的构造

(1)平开门。平开门的门洞尺寸一般不宜大于 3.6 m×3.6 m，当门的面积大于 5 m^2 时，宜采用角钢骨架。大门门框有钢筋混凝土和砖砌两种。当门洞宽度大于 3 m 时，设钢筋混凝土门框，在安装铰链处须埋铁件；洞口较小时可采用砖砌门框，墙内砌入有预埋铁件的混凝土块，砌块的数量和位置应与门扇上铰链的位置相适应。一般是每个门扇设两个铰链。

图 10.62 所示为常用钢木平开大门示例。

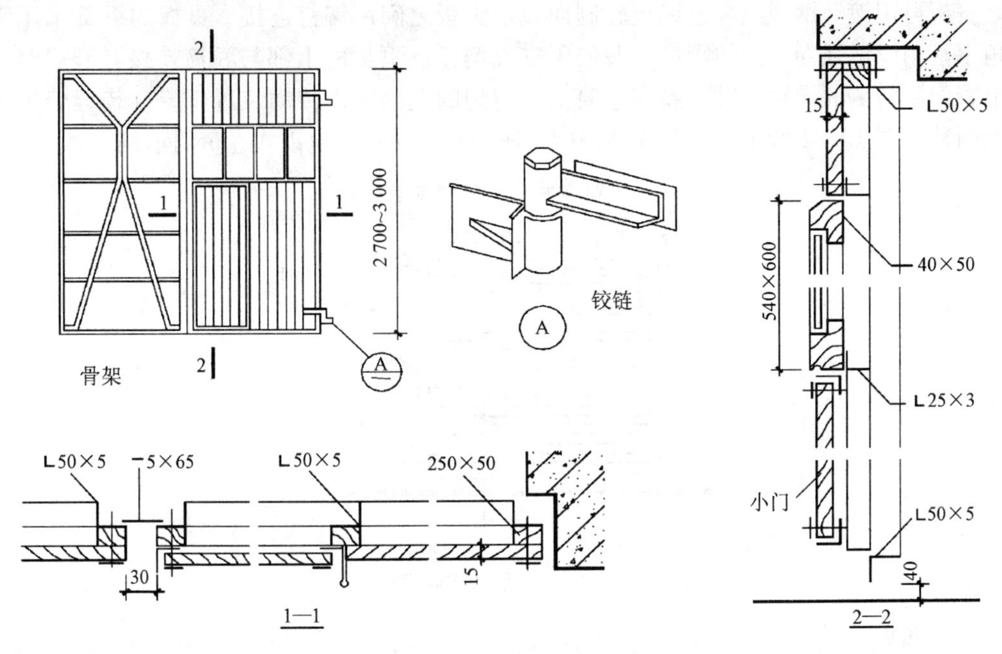

图 10.62　常用钢木平开门

(2)推拉门。推拉门由门扇、门轨、地槽、滑轮及门框组成。门扇可采用钢木门、钢板门、空腹薄壁钢门等，每个门扇宽度不大于 1.8 m。推拉门的支承方式分为上挂式和下滑式两种。当门扇高度小于 4 m 时，用上挂式，即门扇通过滑轮挂在门洞上方的导轨上；当门扇高度大于 4 m 时，多用下滑式，在门洞上下均设导轨，门扇沿上下导轨推拉，下面的导轨承受门扇的重量。推拉门位于墙外时，门上方需设雨篷。图 10.63 所示为上悬式钢木推拉门示例。

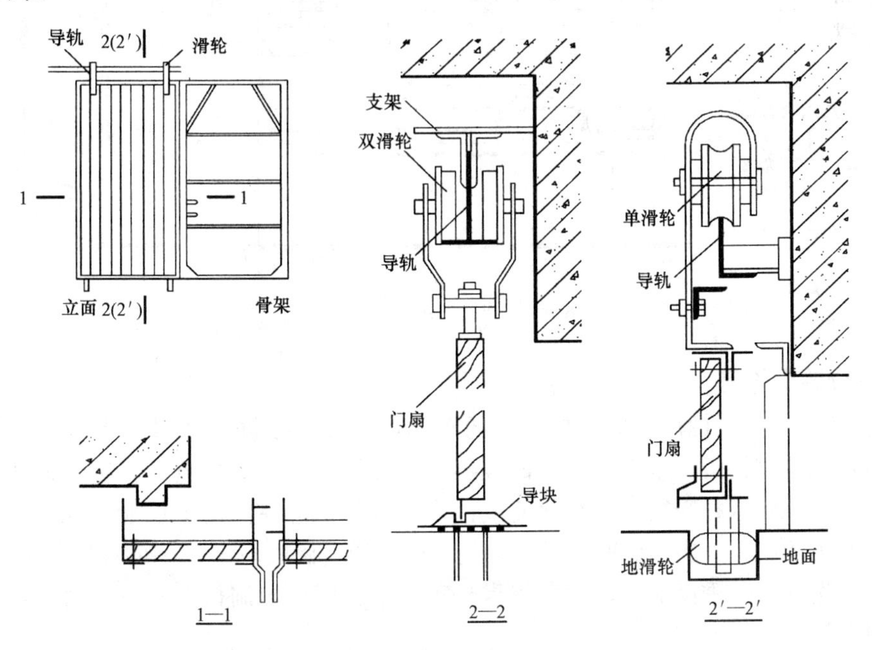

图 10.63　上悬式推拉门

(3)卷帘门。卷帘门主要由帘板、导轨及传动装置组成。工业建筑中的帘板常采用页板式，页板可用镀锌钢板或合金铝板轧制而成，页板之间用铆钉连接。页板的下部采用钢板和角钢，用以增强卷帘门的刚度，并便于安设门钮。页板的上部与卷筒连接，开启时，页板沿着门洞两侧的导轨上升，卷在卷筒上。门洞的上部安设传动装置，传动装置分手动和电动两种。图 10.64 所示为手动式卷帘门；图 10.65 所示为电动式卷帘门示例。

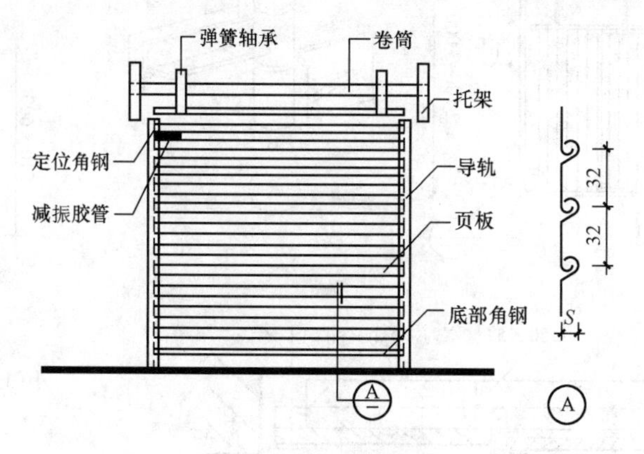

图 10.64　手动式卷帘门

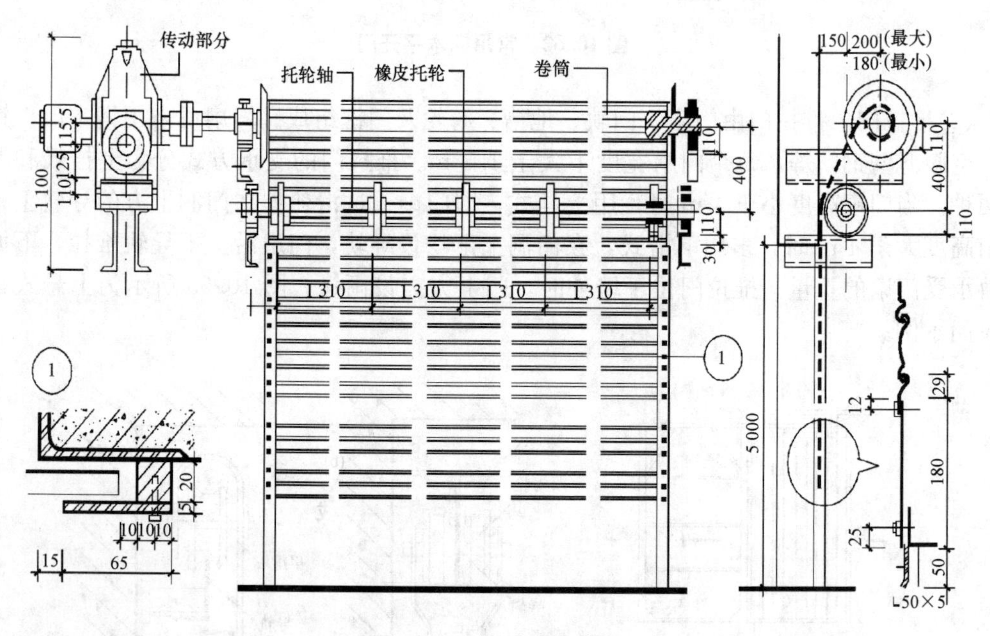

图 10.65　电动式卷帘门

3. 特殊要求的门

(1)防火门。防火门用于加工易燃品的车间或仓库。根据车间对防火门耐火等级的要求，门扇可以采用钢板、木板外贴石棉板再包以镀锌薄钢板或木板外直接包镀锌薄钢板等构造措施。考虑到木材受高温会炭化而放出大量气体，应在门扇上设泄气孔。防火门常采用自重下滑关闭门，如图 10.66 所示。它是将门上导轨做成 5%～8%的坡度，火灾发生时，易熔合金片熔断后，重锤落地，门扇依靠自重下滑关闭。当洞口尺寸较大时，可做成两个门扇相对下滑。

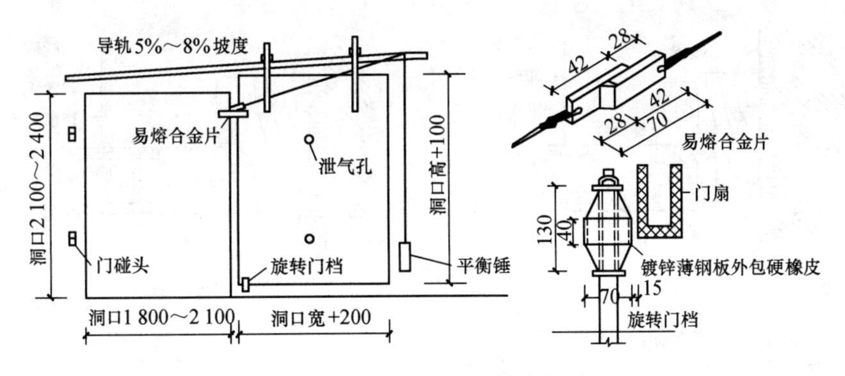

图 10.66　自重下滑防火门

(2)保温门、隔声门。保温门要求门扇具有一定的热阻值和门缝密闭处理，故常在门扇两层面板之间填以轻质、疏松的材料(如玻璃棉、矿棉等)。隔声门的隔声效果与门扇的材料及门缝的密闭有关，虽然门扇超重隔声越好，但过重开关不便，五金零件也易损坏，因此，隔声门常采用多层复合结构，即在两层面板之间填吸声材料(如玻璃棉、玻璃纤维板等)。一般保温门和隔声门的面板常采用整体板材(如五层胶合板、硬质木纤维板等)，不易发生变形。门缝密闭处理对门的隔声、保温以及防尘有很大影响，通常采用的措施是在门缝内粘贴填缝材料，如橡胶管、海绵橡胶条、泡沫塑料条等。还应注意裁口形式，斜面裁口比较容易关闭紧密，可避免由于门扇胀缩而引起的缝隙不密合。一般保温门、隔声门的组成如图 10.67 所示；其门缝处理如图 10.68 所示。

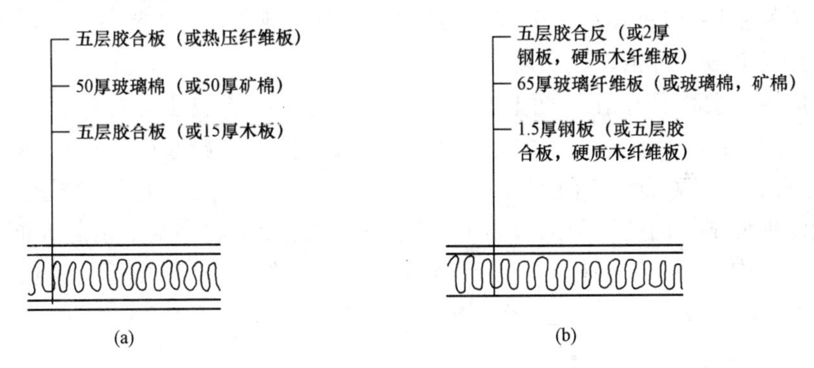

图 10.67　保温门、隔声门的组成

三、地面

工业建筑的地面不仅面积大、荷载重、材料用量多，而且还要满足各种生产使用的要求。因此，正确而合理地选择地面材料及构造层次，不仅有利于生产，而且对节约材料和投资都有较大的影响。

工业建筑地面与民用建筑地面构造基本相同。一般由面层、垫层和基层组成。为了满足一些特殊要求还要增设结合层、找平层、防水层、保温层、隔声层等功能层次。现将主要层次分述如下。

1. 面层选择

面层是直接承受各种物理和化学作用的表面层，应根据生产特征、使用要求和影响地

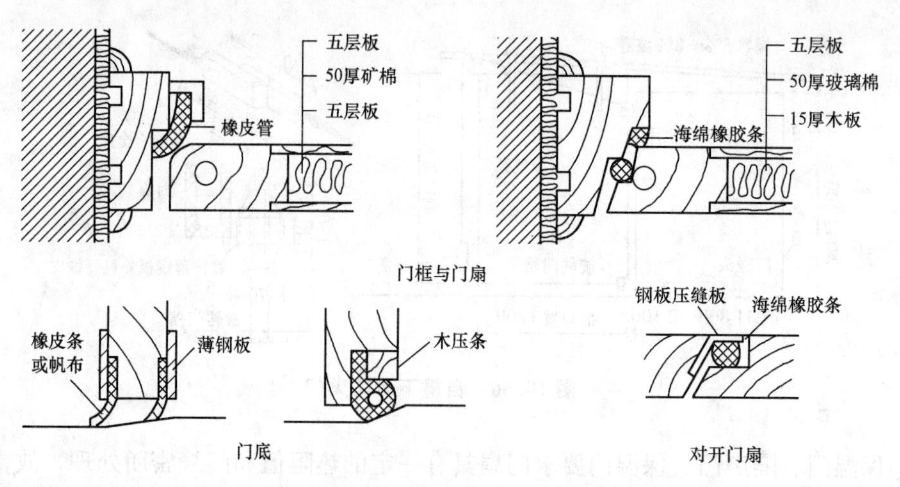

图 10.68　保温门、隔声门门缝处理

面的各种因素来选择地面，例如，生产精密仪器和仪表的车间，地面要求防尘；在生产中有爆炸危险的车间，地面应不致因摩擦撞击而产生火花；有化学侵蚀的车间，地面应有足够的抗腐蚀性；生产中要求防水、防潮的车间，地面应有足够的防水性等。

2. 垫层的设置与选择

垫层是承受并传递地面荷载至地基的构造层次，可分为刚性和柔性两类。刚性垫层(混凝土、沥青混凝土、钢筋混凝土)整体性好、不透水、强度大，适用于荷载较大且要求变形小的场所；柔性垫层(砂、碎石、矿渣、三合土等)在荷载作用下产生一定的塑性变形；造价较低，适用于有较大冲击、剧烈震动作用的地面。

垫层的厚度主要由作用在地面上的荷载确定，地基的承载能力对它也有一定的影响，较大荷载则需经计算确定。但一般不应小于下列数值：混凝土 80 mm，灰土、三合土 100 mm，碎石、沥青碎石、矿渣 80 mm，砂、煤渣 60 mm。混凝土垫层(或垫层兼面层)需考虑温度变化促使垫层内产生附加应力的影响，防止混凝土收缩变形引起地面产生不规则裂缝。一般厂房内混凝土垫层按 6～12 m 距离设置分仓缝，分仓缝有平头缝、企口缝、假缝等(图 10.69)，一般多为平头缝。企口缝适用于垫层厚度大于 150 mm 时，假缝只能用于横向分仓缝。

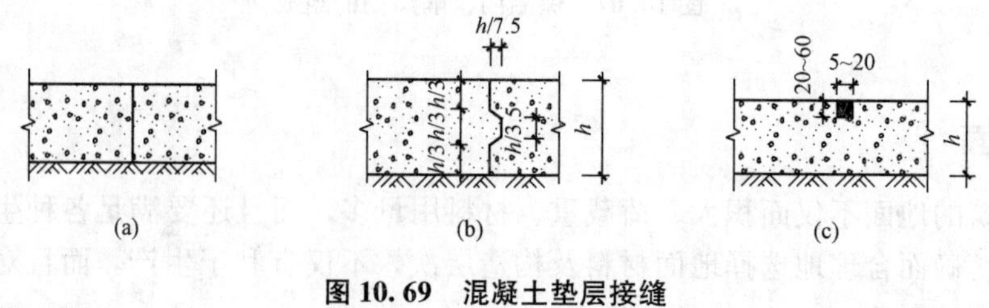

图 10.69　混凝土垫层接缝

(a)平头缝；(b)企口缝；(c)假缝

3. 基层

地面应铺设在均匀密实的基土上。垫层下的基土层不够密实时，应用夯实、掺集料、铺设灰土层等加强。因为单纯从增加垫层厚度和提高其强度等级来加大地面的刚度，往往是不经济的，而且还会增加地面的内应力。因此，对地基进行适当处理，使地基与垫层有恰当的关系是十分重要的。

4. 细部构造

(1)变形缝。地面变形缝的位置应与建筑物的变形缝(温度缝、沉降缝、防震缝)一致。同时，在地面荷载差异较大和受局部冲击荷载的部分也应设变形缝。变形缝应贯穿地面各构造层次，并用沥青类材料填充。图 10.70 所示为地面变形缝示例。

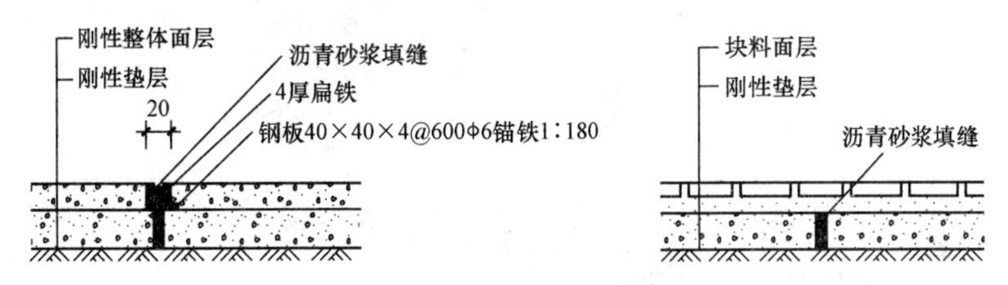

图 10.70　地面变形缝示例

(2)交界缝。两种不同材料的地面，由于强度不同接缝处是易破坏的地方，应根据不同情况采取措施。厂房内铺有铁轨时，为使铁轨不影响其他车辆和行人的通行，轨顶应与地面相平，铁轨附近宜铺设块材地面，其宽度应大于枕木的长度，以便维修和安装。当防腐地面与非防腐地面交接时，应在交接处设置挡水，以防止腐蚀性液体泛流。

(3)地沟。在厂房地面范围内常设有排水沟和通行各种管线的地沟。当室内水量不大时，可采用排水明沟，沟底须做垫坡，其坡度为 0.5%～1%，沟边则采用边堵构造方法[图 10.7(a)]。室内水量大或有污染性时，应用有盖板的地沟或管道排走，图 10.71(b)所示为一般地沟构造示意。沟壁多用砖砌，考虑土塌倒压力，厚度一般不小于 240 mm。要求防水时，沟壁及沟底均作防水处理，盖板应根据地面荷载不同制成配筋预制板。

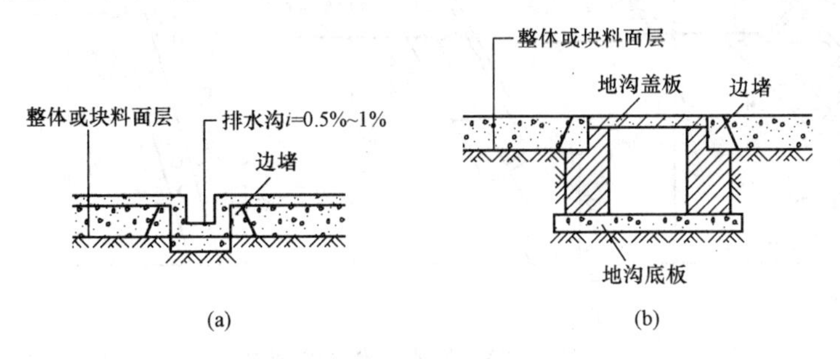

图 10.71　排水沟及地沟构造示意

(4)坡道。厂房出入口，为便于各种车辆通行，在门外侧须设坡道，其材料常采用混凝土。坡道宽度较门口两边各大 500 mm，坡度为 5%～10%，若采用大于 10%的坡度，其面层应做防滑齿槽。图 10.72 所示为坡道构造。

四、其他构造

1. 金属梯

在厂房中由于使用的需要，常设置各种钢梯，主要有作业平台梯、吊车梯和消防检修梯等。它们的宽度一般为 600～800 mm，梯级每步高为 300 mm。其形式有直梯和斜梯两种。直梯的梯梁常采用角钢，踏步用 Φ18 圆钢；斜梯的梯梁多用 6 mm 厚钢板，踏步用 3 mm

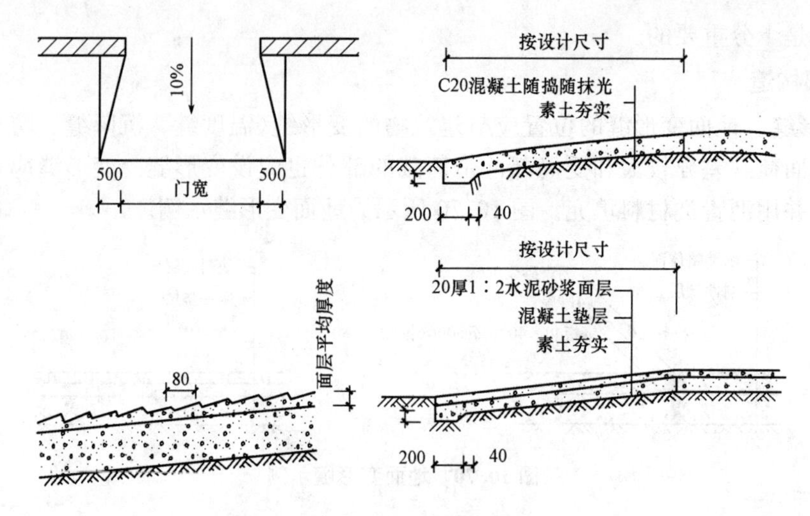

图 10.72 坡道构造

厚花纹钢板，也可用不少于 2 根的 ϕ18 圆钢做成。金属梯易腐蚀，须先涂防锈漆，后再刷油漆，并须定期维修。

(1)作业平台梯。作业平台梯是供工人上、下操作平台或跨越生产设备的交通联系构件。作业平台梯的坡度有 45°、59°、73°及 90°等。前三种均为斜梯；后一种为直梯。当梯段超过 4～5 m 时，宜设中间休息平台。作业平台梯的形式如图 10.73 所示。

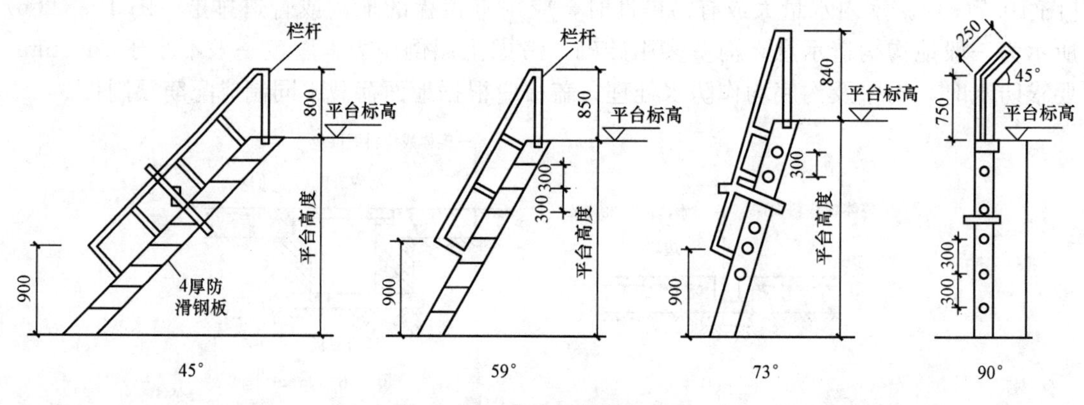

图 10.73 作业平台梯的形式

(2)吊车梯。吊车梯是为吊车司机上、下吊车而设，其位置应设在便于上吊车操纵室的地方，同时，应考虑不妨碍工艺布置及生产操作。因此常设在端部第二个柱距内。一般每台吊车应设一具吊车梯，在多跨厂房相邻跨为等高时在中柱处设一具有两侧平台的吊车梯，可供两台吊车使用。图 10.74 所示为吊车梯的形式及连接。

(3)消防检修梯。单层厂房屋顶高度大于 10 m 时，应有梯子自室外地面通至屋面，以及由屋面通至天窗屋面，以作为消防检修之用。相邻屋面高差在 2 m 以上，也应设置消防检修梯。

消防检修梯(图 10.75)一般沿外墙设置，且多设在端部山墙处，它的形式多为直梯，当厂房很高时，使用直梯既不方便也不安全，应采用设有休息平台的斜梯。消防检修梯底端应高于室外地面 1 000～1 500 mm，以防儿童爬登。梯与外墙表面距离通常不小于 250 mm，

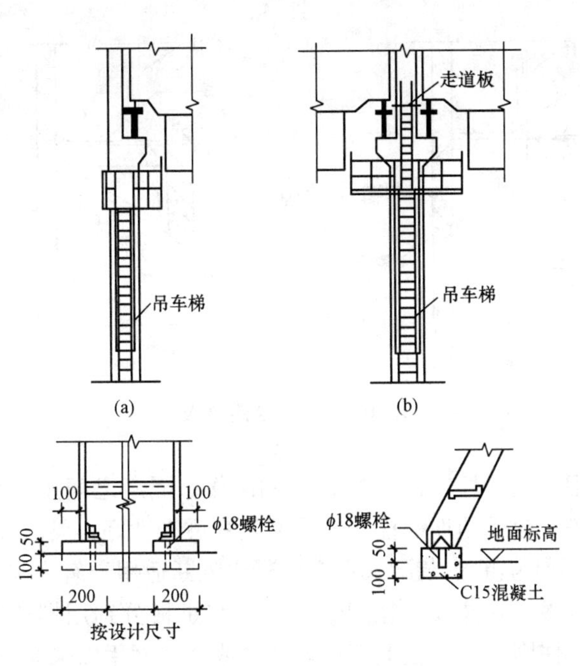

图 10.74　吊车梯的形式及连接

梯梁用焊接的角钢埋入墙内，墙预留 260 mm×260 mm 孔，深度最小为 240 mm，然后用混凝土嵌固或做成带角钢的预制块随墙砌筑。

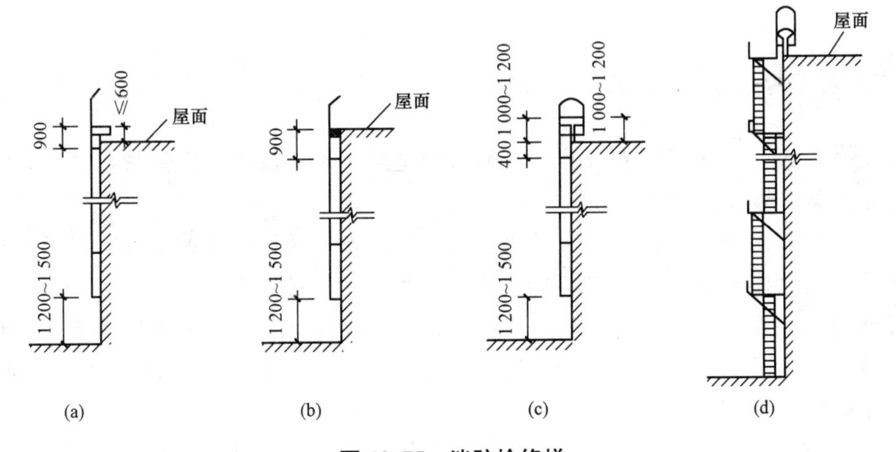

图 10.75　消防检修梯

(a)端墙处设置；(b)、(c)纵墙处设置；(d)厂房很高时消防检修梯形式

2. 走道板

走道板又称安全走道板(图 10.76)，是为维修吊车轨道及检修吊车而设。走道板均沿吊车梁顶面铺设。根据具体情况可单侧或双侧布置走道板。走道板的宽度不宜小于 500 mm。

走道板的构造一般均由支架(若利用外侧墙作为支承时，可不设支架)、走道板及栏杆三部分组成。支架及栏杆均采用钢材，走道板通常多采用钢筋混凝土走道板。

3. 隔断

(1)金属网隔断。金属网隔断是由金属网及框架组成，金属网可用钢板网或镀锌钢丝

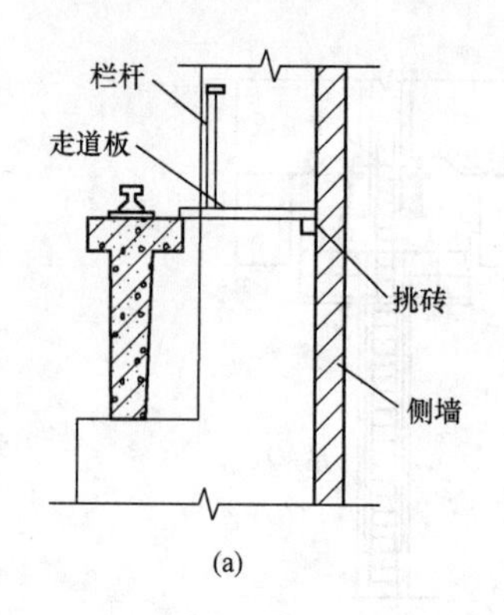

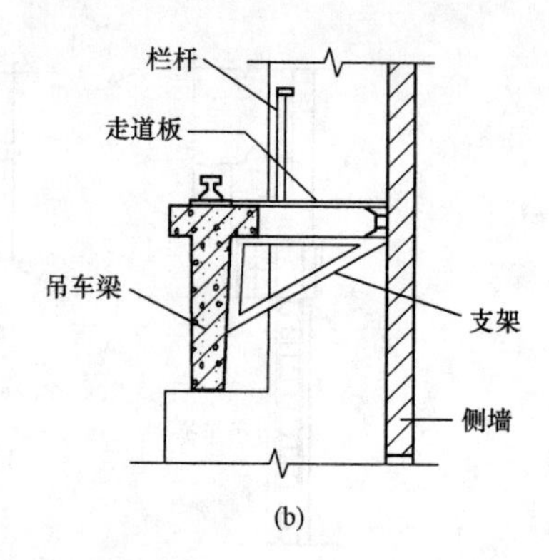

图 10.76　安全走道板

网，框架可用普通型钢、钢管柱或冷弯薄壁型钢制作。隔扇之间用螺栓连接或焊接。隔扇与地面的连接可用膨胀螺栓或预埋螺栓。金属网隔断透光性好，灵活性大，但用钢量较多。

(2)装配式钢筋混凝土隔断。装配式钢筋混凝土隔断适用于有火灾危险或湿度较大的车间。它由钢筋混凝土拼板、立柱及上槛组成，立柱与拼板分别用螺栓与地面连接，上槛卡紧拼板，并用螺栓与立柱固定。拼板上部可装玻璃或金属网用以采光和通风。

(3)混合隔断。混合隔断常采用 240 mm×240 mm 砖柱，柱距为 3 m 左右，中间砌以 1 m 左右高度的 120 mm 厚度的砖墙，上部装上玻璃木隔断或金属隔断。前者适用于车间办公室、工具间、存衣室等；后者适用于车间仓库。

复习思考题

1. 试绘简图表示无保温层卷材防水屋面的构造层次及各层的通常做法，并指出挑檐沟、高低跨处泛水等细部做法。

2. 什么是钢筋混凝土构件自防水屋面？它有何特点？根据板缝的处理如何分类？

3. 矩形天窗由哪些构件组成？各构件通常采用哪些材料制作？

4. 矩形通风天窗挡雨板如何构成？水平口设挡雨板时，其固定方式通常有哪几种？

5. 井式天窗由哪些部分构成？井底板不同的铺设方式各有什么特点？水平口设挡雨设施有哪几种处理方式？

6. 平天窗有哪几种？采用平天窗应注意的问题及解决问题的主要措施是什么？

7. 试绘简图说明布置在厂房承重柱外侧的非承重砖墙的构造。

8. 钢筋混凝土大型墙板的布置方式有哪几种？横向布置大型墙板时与柱的连接有哪几种方式？各有何特点？

9. 对大门的构造要求是什么？大门如何分类？简述平开门和推拉门的一般构造。

10. 地面垫层有哪几种？各有什么特点？

参考文献

[1] 李必瑜，魏宏杨，覃琳. 建筑构造(上册)[M]. 5版. 北京：中国建筑工业出版社，2013.

[2] 刘建荣，翁季，孙雁. 建筑构造(下册)[M]. 5版. 北京：中国建筑工业出版社，2013.

[3] 同济大学，西安建筑科技大学，东南大学，重庆大学. 房屋建筑学[M]. 4版. 北京：中国建筑工业出版社，2005.

[4] 杨金铎，房志勇. 房屋建筑构造[M]. 3版. 北京：中国建材工业出版社，2001.

[5] 夏广政，吕小彪，黄艳雁. 建筑构造与识图[M]. 武汉：武汉大学出版社，2011.